工业设计思想基础

Approaches to Industrial Design

（第二版）

李乐山 著

中国建筑工业出版社

图书在版编目（CIP）数据

工业设计思想基础/李乐山著. —2版. —北京：
中国建筑工业出版社，2007
ISBN 978-7-112-09542-1

Ⅰ. 工… Ⅱ. 李… Ⅲ. 工业设计-理论 Ⅳ. TB47

中国版本图书馆CIP数据核字（2007）第144783号

责任编辑：吴 绫 李东禧
责任设计：董建平
责任校对：王雪竹 关 健

工业设计思想基础（第二版）
Approaches to Industrial Design
李乐山 著

*

中国建筑工业出版社出版、发行（北京西郊百万庄）
各地新华书店、建筑书店经销
北京广厦京港图文有限公司制作
北京密东印刷有限公司印刷

*

开本：787×1092毫米 印张：19 字数：508千字
2007年11月第二版 2019年9月第十一次印刷
定价：38.00元
ISBN 978-7-112-09542-1
（16206）

版权所有 翻印必究
如有印装质量问题，可寄本社退换
（邮政编码 100037）

内容提要

本书主要包括两方面内容，首先对工业设计发展作了简要的历史回顾，从中读者可以理解工业国家的技术发展过程的经验和教训；然后探讨了工业设计的主要思想，从中读者可以得到启发和借鉴。

本书"准确地勾画出起决定作用的设计思想的历史轮廓，从而给未来打开了眼界"。

本书不仅可以作为工业设计专业的教科书，也可以作为计算机专业和机械专业的人机界面教科书，同时也是建筑师、设计师和工程师难得的一本参考书。

为乐山写的序言

　　从本质上说，人是由文化所决定的。而工业设计塑造了一个工业社会中的第二个自然界，并正在全世界发生根本变化。由人塑造的这个世界每一天都变得更复杂。与此相反，我们设计东西的方法却是面向古老的、简单的模式，这些模式大多数产生于手工业时代，与自然科学相比，这些人造产品的设计过程显得很不相称，因此，急需从根本上改变设计思想。

　　李乐山在这里献上了一本书，对此作出了总结。这本书准确地勾划出起决定作用的设计思想的历史轮廓，从而给未来打开了眼界。设计质量早就不是单独一个国家的事情，设计是一门国际学科，正如自然科学那样。

　　未来的任务是什么？设计必须为人服务，决不能让技术来虐待人和奴役人，也不能用技术来苛求人。只有通过美学、心理学和工程科学的紧密合作，才能产生一个人道的世界环境。李乐山写了一本重要的书，他明确指出了这个方向，我们必须按照这个方向前进。多年来，他在我的位置上作出了卓越的工作，并且创造出杰出的设计思想。我非常希望他这本书能引起在中华人民共和国里的重视，这种重视对他来说当之无愧。

H·范登堡
(德国布伦瑞克艺术造型大学工业设计系主任)
1997年10月27日

前　言

《工业设计思想基础》一书最初写于1997年，当时作者已经在德国工作了8年，大致了解一些国外工业设计的情况，基本不了解国内的情况。1999年作者归国后，逐渐对国内工业设计界有所了解，五年来作者征求了一些设计师、教师和学生的建议，完成了第二版修改。

本书系统而简要地分析工业化国家的工业设计思想发展过程。所谓"设计思想"主要包括设计价值及目的、设计调查及分析、设计行为方式以及其指导思想。这不仅是工业设计的基础，也是工程设计的基础。

什么是工业设计？这要先了解什么是工程设计。简单说，工程设计的主要对象是机器各部分的功能和结构，工程设计是研究物与物的关系。工业设计是研究人与物、以及社会和环境的关系，其对象是工业社会中一切人造物品的人使用面、感知面和认知面。人使用面包括操作使用的那些外观部位和结构，例如椅子的座面、靠背、高度、宽度、材料等，以及机器和工具的操作柄、杆、钮、键等，这些部位构成了使用表面。现在人们更习惯用"人机界面"、"用户界面"等来表达这个概念。感知面指对人感知和思维起作用的那些部分，例如产品的形体、颜色和表面处理。认知面主要针对各类信息产品，例如计算机的信息表达、数字产品常用的图标、网页的信息表达、交通标志等，这些信息涉及到用户的理解、思维和交流活动。这三方面都属于人造物品的表面层，可以都被称为"界面"。高质量的界面设计必然涉及到内部功能、结构和原理设计。工业设计思想可以按照设计对象分为下列五大类：

第一，规划人们未来的生活方式。西方现代化给人们带来的富裕的物质财富，同时也引起许多社会和心理问题，例如加速贫富差距，人情淡漠，家庭破裂，工作紧张，无暇顾及家人等。工业设计的作用之一是设法减少这些社会和心理问题。因此，要从人们长远的稳定和睦生活考虑，规划人居建筑环境的整体概念和完整健康的生活方式。在这种设计思想下，设计室内家具、生活环境和日用品。在这方面，工业设计与建筑设计、环境设计、室内设计有密切联系。其主要设计思想基础是来自对西方现代主义观念的思考，包括社会学、心理学和设计美学考虑。

第二，规划现代家庭生活环境和公共环境的机器。例如各种家电、公共电话亭、自动售货机、家庭花园用品、垃圾桶等。工业革命以来，西方曾经以"机器时代"而自豪，把大量机器工具引入家庭生活，其中大多数家庭机器并没有减轻家庭劳动负担，只是把厨房变成了钳工车间，是把手工劳动变成了操作机器的劳动，使得一个家庭主妇必须成为电工、钳工、管子工和水工，所需要的科学技术知识远多于诸葛亮。冰冷的机器取代了家庭温情。工业设计需要认真研究这种生活方式的负面作用。为此需要研究心理学。

第三，规划机器与人的关系。工业革命以来出现了大量工具、机器、生产方法、流水线布局和工位，以及劳动组织关系。当时，强调机器效率和利润，把工人设计成机器的一部分，为机器服务。这种以机器为本的设计导致了大量的劳资冲突、职业病和工伤事故。如何看待机器？人是不是机器？人需要什么样的机器？如何建立人与机器的关系？这四个问题已经在西方争论了大约两千年了。这些问题被归纳成机器的"可用性"设计。工业革命以来，机器的可用性设计已经成为一个严峻的设计问题。在这些工业环境中，人的行为可被分为技能行为、规则行为和知识行为。为了解决人机关系问题，社会学、心理学和符号学被引入工业设计。

第四，用户界面（人机界面）设计与信息设计。计算机已经成为日常生活中的工具，被称为认知工具，由此还出现了网络、网页和各种数字信息产品，它们的用户界面（或人机界面）设计和信息设计已经成为新的专业方向，其基础是动机心理学、认知心理学、社会心理学、符号学以及信息论。使用界面为了人的需要和使用，它的设计标准应当是符合人们的认知过程和可用过程，而不是为刺激消费（它强调装潢、包装和时髦流行性），这表明了工业设计的职业道德和社会责任感。用户界面有以下含义。凡与用户的感知、思维、动作、情绪产生互动关系的接触部分都叫使用界面，例如书写印刷格式是视觉界面，数学物理符号是思维界面，椅子的座面是动作界面，颜色往往影响情绪。这些界面设计应当适应人的感知（视觉、听觉、触觉等）能力、思维能力、人体动作能力和情绪。不同的目的决定了使用界面也不同，例如对计算机用户来说，键盘、鼠标、显示屏是使用界面，对制造计算机的人来说，机器的装配部位是他们的用户界面，叫制造界面。同样还有搬运界面（提手、包装等）、安装界面、维修界面。设计过程中忘记这些界面的后来设计，必然会给搬运、现场安装、维修带来困难。

第五，可持续的生存方式设计。可持续生存方式的设计指不依赖地矿资源，而依赖可再生资源的规划与设计。主要针对问题是摆脱对石油、稀有金属地矿等的依赖。

第六，生态设计。生态设计把人类当作大自然循环中的环节，只有在符合大自然循环规律的规划下，人类才能够生存。

1980年代后可持续生存、环境保护和生态平衡成为工业设计的新任务。其目的是针对西方现代化生存方式的负面作用，探索未来人类的生存方式、生产方式、生产概念、交通概念和能源概念等。面对未来，以往的知识体系无法系统解决未来问题，人类需要探索新的价值观念和新的知识体系。

本书献给培育我的父亲李辛凯和母亲雷淑芬，他们时时在关心鼓励我为祖国的工业设计事业献出自己的精力。本书作者真诚感谢下列各位的热心帮助：欧洲最著名的工业设计理论家之一、德国范登堡(Holger van den Boom)教授，符号学家科佛(Georg Kiefer)教授，科学技术史门德(Michael Mende)教授，重庆大学计算机图像识别李见为教授，陆建成高级工程师，经济师费舍(Volker Fisher)先生，西安交通大学李华，艺术史博士生齐玛(Nina Zimmer)，布伦瑞克市历史博物馆第二馆长K.Franz-Josef。本书作者衷心感谢Petra Herrmann的经济资助，还衷心感谢下列单位：巴黎国际经济合作和发展组织(Organisation for Economic Co-operation and Development)的原子能机构(Nuclear Energy Agency)，瑞典工业设计学会，德国慕尼黑西门子公司档案和博物馆，布伦瑞克西门子公司，ORTOPEDIA（残疾老人用品），Bosch公司（工具），AEG公司（工具），Georg Ott公司（支架锯），布伦瑞克市Object by Loeser（家具公司）。

在编辑的策划和协助下，本书顺利地在一周内修改完成，增加了第六章，这一章内容主要是针对2000年以后国内设计界出现的一些情况而写的。

1997年10月20日于德国布伦瑞克第一版
2007年09月10日于西安交通大学第二版

目 录

/ 为乐山写的序言

/ 前言

/ **第一章 功能主义与技术美** 1
   第一节 历史背景：英德工业化历史过程的比较 1
   第二节 英国的工艺美术运动 13
   第三节 19世纪德国工业设计发展简介 19
   第四节 德国工作联盟 21
   第五节 包豪斯 33
   第六节 第二次世界大战后功能主义在德国的发展 44
   第七节 斯堪的纳维亚设计 51
   第八节 工作座椅设计 54
   第九节 为弱幼病残设计 60

/ **第二章 其他国家工业设计** 67
   第一节 艺术流派简介 67
   第二节 意大利现代设计简介 72
   第三节 意大利后现代设计 75
   第四节 美国设计 81
   第五节 日本设计 85
   第六节 办公室设计 87
   第七节 法国设计 91
   第八节 工业设计协会国际委员会（ICSID） 93

/ **第三章 劳动学：机器、工具和劳动方法设计** 95
   第一节 美国行为主义心理学 95
   第二节 泰勒管理方法和定时动作研究 99
   第三节 欧洲劳动学和美国人机学 107
   第四节 机器中心论设计思想 117
   第五节 自动化和技术决定论 121
   第六节 劳动学和人工程学 126
   第七节 人中心设计思想 132
   第八节 可用性设计 137
   第九节 手工电动工具的可用性设计 149
   第十节 几个具体设计问题 155

第十一节　安全设计原则 ………………………………………… 158
　　第十二节　产品符号学 …………………………………………… 161

第四章　计算机人机界面设计 …………………………………… 165
　　第一节　认知心理学与认知科学的产生 ………………………… 165
　　第二节　认知心理学的用户模型 ………………………………… 170
　　第三节　用户知觉 ………………………………………………… 174
　　第四节　含义，理解，学习 ……………………………………… 177
　　第五节　计算机的可用性 ………………………………………… 184
　　第六节　非理性用户模型 ………………………………………… 198
　　第七节　人机界面设计与输入器件 ……………………………… 203
　　第八节　用户说明书设计 ………………………………………… 212
　　第九节　软件工程人员对用户界面的设计思想 ………………… 214
　　第十节　多媒体和虚拟现实 ……………………………………… 217

第五章　生态设计 …………………………………………………… 229
　　第一节　生态概念 ………………………………………………… 229
　　第二节　生态设计 ………………………………………………… 238
　　第三节　可持续设计 ……………………………………………… 243

第六章　西方现代性分析 …………………………………………… 249
　　第一节　西方现代性 ……………………………………………… 249
　　第二节　西方工业革命经验与现代化的负面作用 ……………… 253
　　第三节　西方现代科学的问题 …………………………………… 256
　　第四节　西方矛盾的现代价值体系 ……………………………… 261
　　第五节　西方现代科学对道德的作用 …………………………… 265
　　第六节　古希腊古罗马与文艺复兴批判 ………………………… 266
　　第七节　西方现代艺术批判 ……………………………………… 269
　　第八节　评论四人 ………………………………………………… 275
　　第九节　当前设计界的不足与改进方法 ………………………… 280

本书结论 ……………………………………………………………… 285

参考文献 ……………………………………………………………… 287

插图来源 ……………………………………………………………… 294

第一章 功能主义与技术美

第一节 历史背景：英德工业化历史过程的比较

一、什么叫设计

世界著名的设计学校包豪斯的教师、后来创立美国著名的芝加哥设计学院的莫霍伊-纳吉（Laszlo Moholy-Nagy）说："设计不是一种职业，它是一种态度和观点，一种规划（计划）者的态度观点"（Wingler，1980）。德国著名乌尔姆造型学院教师利特说："设计是包含规划的行动，是为了控制它的结果。它是很艰难的智力工作，并且要求谨慎的广见博闻的决策。它不总是把外形摆在优先地位，而是把与有关的各个方面后果结合起来考虑，包括制造、适应手形使用操作、感知，而且还要考虑经济、社会、文化效果"。由于利特的影响，1960年代美国工业设计院校（当时主要是建筑系）进行了学制改革，形成了本科和研究生两段制（Reuter，1992，2）。

这一概念揭示了"设计规划"在人类社会中的功能作用，以及设计师的职业责任感。美国20世纪五六十年代著名设计师伊姆斯（Eames），前苏联科技委员会副主席格维夏尼等等许多国家著名设计师和设计机构都对设计有类似的解释。设计远不是仅把思想局限于家具、机器、日用品、建筑这些对象，并不局限于外形。西方整个工业化过程是通过工业设计有目的地规划出来的，它规划一个工业社会和国家的文化，规定社会价值、道德和行为准则。这些构成了文化的主要方面。设计依赖文化，又开拓文化。有些文化规划强调怎么样使该社会群体稳定，有些强调发展而不是稳定，还有些强调在危难时怎么样求生存。这些东西主要体现在行为方式以及时代精神上。这些规划必须要依赖和假设一种人的本质（叫人模型），用它说明人的动因和人的追求，在这个基础上，规划社会怎么发展，规划人与人的关系、社会和劳动分工、国家政府的功能、经济发展的策略、生活方式……以及规划设计各种人工产品（Artifact），包括建筑、机器、工具、日用品、劳动组织和管理等等，用它们来达到各种社会及个人目的。这一切规划设计都是以特定的人本质或人模型为基础的。要想了解一个国家的核心设计思想，首先要看它对人本质或人模型的解释。从这个含义上说，"设计"同"规划"和"计划"（Planning）是近义词，美国著名的芝加哥设计学院的许多研究生课程并不是以"设计"命名，而是以"规划"命名，例如：设计规划，交流规划，策略设计规划，设计规划与技术创新，设计规划与市场力，以及高级设计规划等。从实际社会现实看，任何产品和建筑的设计从不可能与社会价值分开，不可能脱离时代。离开社会的时代精神和历史，就难以了解该社会中人的思维方法和追求，就看不到工业设计的指导思想。同样，封建社会和其他社会也存在社会规划，它也决定了需要什么，不需要什么，也决定了各种人工产品的设计。正是基于对设计的这种理解，英国《百科全书》把孔子称为伟大的设计师。老庄也是伟大的设计师。从这个意义上说，设计不是只靠一个人的行动，而是文化建设，是社会性的行动，是群体行动。从这一理解出发，要了解德国功能主义设计（包括工程设计和工业设计），就应当了解康德哲学、洪堡新人本位教育思想。要了解英国设计，必须了解亚当·斯密的《国富论》（The Wealth of Nations）的中心思想以及它对英国工业化过程的影响。要了解美国的设计，就应当了解泰勒管理理论和心理学的行为主义理论以及科学技术决定论。这些东西对德国、英国、美国的工程设计和工业设计起了历史性的主导作用。当然，本书尽量简单概括这些内容。另一方面，具体产品的设计过程并不是一个人单枪匹马能够完成的,通过规划,使各种因素协调合作,按照尽可能好的方式去实现目的。

"规划"概念不能完全概括设计的含义。意大利著名设计师吉诺·瓦莱(Gino Valle)认为,"工业设计是一种创造性活动,它的任务是强调工业生产对象的形状特性,这种特性不仅仅指外貌式样,它首先指结构和功能,它应当从生产者的立场以及使用者的立场出发,使二者统一起来"(Nulli/Bosoni,1991)。这一定义的前半部分强调创造性,后半部分强调了计划性。换句话说,设计不是抄袭,不是模仿。这个定义可能与瓦莱长期的成功的创造性设计体会和思考有关。他的代表性设计产品是翻牌式显示器,几乎被应用在西方各个大型飞机场和火车站的运行时间显示牌,以及某些座钟显示牌。然而"创造性"带有一些神秘色彩,人们往往认为它不可学、不可教。有些人的确有创造性,有些人故作玄虚,有些人望洋兴叹。然而,工业设计的确可学、可教,它的出发点是以使用为设计目的,这样又出现了第三种定义。

范登堡把工业设计定义为塑造用户界面或使用界面。这个定义指明了工业设计思想与工程设计思想的区别(工程设计是构造功能)。范登堡的这个定义表明了设计目的:使用界面为了人的需要和使用,它应当具有高质量,而不是为刺激消费(它强调装潢、包装和时髦流行性),这表明了工业设计的职业道德和社会责任感,在当代地矿资源面临枯竭的情况下,这种职业责任感显得更重要。这个定义还建立了设计思想的理论框架,工业设计主要依赖心理学。使用界面有几层含义:

第一,凡与人的知觉、思维、动作、情绪相接触的部分都叫使用界面,例如书写印刷格式是视觉界面,数学物理符号和各种定义是思维界面,椅子的座面是动作界面,颜色往往影响情绪。这些界面设计应当适应人的知觉(视觉、听觉、触觉等等)能力、思维能力、人体动作能力和情绪。

第二,人使用任何一个产品的过程,是一个连续的动态过程,在这个过程中,视觉、思维、动作和情绪相互配合,形成很复杂的有机整体。设计必须符合这种动态行为过程。

第三,不同的目的决定了使用界面也不同,例如对计算机用户来说,键盘、鼠标、显示屏是使用界面,对制造计算机的人来说,机器的装配部位是他们的用户界面,叫制造界面。同样还有搬运界面(提手、包装等等)、安装界面、维修界面。设计过程中忘记这些界面的后者设计,必然会给搬运、现场安装、维修带来困难。与此相反,对上述任何一种界面的精心设计,都会收到特殊的效果。例如运输家具是一件很麻烦的事情,通过设计解决这个问题会给家具公司和用户带来很多方便,这正是瑞典IKEA的设计特点之一,它设计家具时特别强调可拆卸和可安装性,这也是近十年来IKEA成为世界最大的跨国家具公司的原因之一。

二、亚当·斯密的《国富论》

亚当·斯密的《国富论》一书对英国的工业化有决定性作用。亚当·斯密(Adam Smith,1723～1790年)毕业于牛津大学,于1776年出版了《国富论》一书,它恰好在英国工业革命(1780～1850年)前夕。它系统地规划了英国的国家政

图1.1.1 翻牌式显示器广泛应用在火车站和飞机场

府功能、财富的含义、怎么样致富和殖民地的实惠。

他在该书中系统地提出了一种致富办法，后人用法文词"lassez-faire"概括它，这个词的含义是"放手干，不要管"，即国家应当实行"放手政策"，在我国被翻译成"自由竞争"，所谓的"资本主义自由竞争"就是从这儿来的。同任何社会学和工业设计理论一样，他首先提出"人的本性"（人模型），他认为"自我利益是经济和竞争的原动力"，通过"市场竞争"这个"无形的手"可以"自动调节"平衡。这一模型实质上是利用了人的动物性的生存竞争特性。他还提出，"消费是一切生产的惟一目的，生产者的利益应当被引导去促进消费"。在这种出发点基础上，他设计了下列主要"放手"自由竞争政策，形成了野蛮资本主义基础理论。

第一，"财富由钱或者银两组成，它自然产生于钱的两重功能，它既是商业手段，又是价值的衡量"。"一个富裕的国家就同一个富翁一样，是堆满了金钱的国家。堆满金银的国家能最迅速地致富"。这一条建立了金钱价值观念和财富观念。

第二，"教育太花时间"，"太花钱，很麻烦，而且不一定能够得到应有的回报"。换句话说，以金钱为价值标准的话，教育没有经济价值，因此应当"更放手、更自由，采用多样化方式"。教育的最基本作用是"教会读、写、算"，或者说仅仅是扫盲。国家教育机构主要应当对各种年龄的国民实行"宗教教育"。19世纪英国争论最激烈的问题是普及教育。在整个工业化时期，英国没有建立国家的普及教育，而是用宗教来代替全民的识字和普及教育，目的是把"圣经作为一种特殊的警察手册，像一剂鸦片把猛兽变成虚弱的病人"(Royle, 1985)。

第三，自由竞争在他的经济理论中起中心作用，因此他"坚决反对国家任何政府干预经济事务"，他把贸易限制、最低工资法律、产品规章统统看成不利于"国家经济"。

第四，建立殖民地。他在第七章中专门论述了通过殖民地可以占有金矿和物质财富，并用古罗马历史来证明殖民地的正统性。他说，"古罗马的富人都占有土地，并靠奴隶养活，商业贸易都是为了奴隶主的利益，他们的财富、权势和（法律）保护使穷苦自由人难以进行竞争和反抗。如果法律要限制这种私有财产，人民就会争土地，富人就会去占领殖民地，这样就会满足人民的要求"。他说，"欧洲人从美洲和西印度的殖民地获得了很大实惠，印度的谷物、甘薯、土豆、香蕉对欧洲人来说统统没见过，受到了从未有过的美好评价"。印度的"棉花的确提供了一种很重要的原料，无疑是欧洲人最有价值的收获"。他又介绍了哥伦布的美洲之行，"哥伦布许诺，以后将发现金银总数的一半奉交西班牙王室，从而促使西班牙决定出兵占领美洲，去寻找金矿"。他还论述了怎么样"从美洲殖民地获得糖、猪、生铁和谷物"，并建议"在殖民地的奴隶最好任其奴隶主任意控制，而不要由国家政府控制"。他在分析了殖民地后，在第九章中分析了中国，他说"中国有巨大的市场"，"中国比欧洲任何一个国家都要富裕"，"中国的大米很便宜"，"而西方在中国的贸易一直受阻"，似乎是受欺负者。从书中不难看出，在这种殖民地政策指导下，侵略中国，侵占殖民地的政策已经确定，剩下只是个时机问题。该书还规定了国家政府的三大任务：建立国防，建立法律和相应机构，对外扩张占领殖民地。英国工业化过程中的"最大成就"之一就是对外发动战争占领了大量殖民地，其中包括鸦片战争和占领香港。

他设计了英国工业革命的总方针。与公众的想像相反，他从不为这种野蛮资本主义理论感到内疚，并说竞争使经济增长，从而每个社会成员都会获益，只要市场增加，对劳动力的需求就会增加，这就会防止雇主剥削工人。凡对亚当·斯密经济学乐观的人，很快都发现它是一部"悲惨的科学"。后来德国、美国和其他各个工业化国家都放弃了英国"老大哥"的榜样，工业化过程的基本政策不是"放手"，而是"控制"。美国工业化过程被称为

"管理资本主义",德国被称为"有组织的资本主义"。另外,亚当·斯密的理论还提供了帝国主义的理论基础。根据它,一个国家的经济势力发展到一定程度时,就要向外侵略扩张。英国吃尽了这一理论的千辛万苦后,在19世纪后期也放弃了这一理论,但是太晚了。从那时起直到今天为止,由这个设计理论造成的国家和社会问题已经变成了顽症。1980年代末期,一本书引起了全英国的震惊。巴尼特在《战争总结帐:英国的大国梦和现实》中指出,英国现代社会关系、经济、科学技术、教育各方面的许多深层问题都可以追溯到二百年前的工业革命时代。19世纪英国著名的工艺美术运动代表人物、工业设计创始人之一莫里斯在1879年曾写道:"的确,令人痛心的是,如今假若你请人干一件活,不论是让花匠、木匠、泥瓦匠、染织匠还是铁匠,如果他干的活能让你满意,那算你有福气。现实相反,你会碰到来自各方的各种借口、扯皮、推卸明摆的责任,根本不管别人的权利;然而,我认为英国劳动人民不应承受全部谴责,的确,主要责任不在他们。他们被鞭驱,他们毫无希望,没有欢乐,他们会好好干活吗,没人不想开小差"。据豪喀特1950年代对英国社会的观察分析,这种社会风尚仍然如故,基本上没有一点变化(Hoggart,234)。巴尼特分析了英国民心、煤炭工业、钢铁工业、造船业、军用航空工业的兴衰,同德国进行了历史的对比,历史的对比使英国人大吃一惊。英国比德国工业化早70年到100年,为什么德国很快能够赶上和超过英国?他用词文雅地指出,从工业革命以来英国政府像满清末年的朝廷一样昏庸无能,鼠目寸光,完全按照亚当·斯密的理论,实施自由竞争的放手政策,不管全民教育,不管经济政策,不管科学技术规划和高等教育,不管工业设计,在整个19世纪,只顾向外扩张占领殖民地。这种政策曾一度使英国成为世界上最富有的国家,但是那些堆积如山的金银财富如今到哪里去了?他用了大量篇幅分析了在工业革命中起主导作用的"有实践经验"、"讲求实惠"的企业主,痛惜地批评他们只顾个人赚钱,只顾眼前自己的经济利益,不顾国家利益和工人利益。英国在1960年代同其他工业国家一样经济繁荣。但是到了1970年代,英国变成了欧洲工业国家中"最落后"的国家。他说,从工业革命以来英国的阶级对立和斗争一直阻碍了国家的稳定发展。至今下层社会的阶级意识仍然很强烈。他认为,其原因在于国家。国家、法律、教育把这个阶级"忘掉"了,没有给他们生活和受教育的权利,而是放手任凭企业主残酷压榨。在对外贸易上,这些对内蛮横的英国"土"资本家们在受过严格高等教育、高度团结一致对外、如同军队一般的德国资本家面前,却各自为战,相互拆台。同许多历史学家一样,他也指出,金钱不是真正的财富。那么,什么是真正的财富?德国历史回答说:全面教育才是真正的财富。

他把各方面积重难返的问题归结成一个原因,那就是教育,包括全民普及教育、职业教育和高等工程技术教育。他沉重地说:怎么会变成这样?世界上第一个、长期最伟大的工业强国怎么会忽视了它最重要的基础?而且只会不断地纸上谈兵、高谈阔论?从亚当·斯密的理论中不难找到一些答案。英国许多学者在分析英德工业化过程的历史对比中,突然发现德国的发展过程很有远见,它使德国在整个19世纪一直相当稳定地发展,不像英国总在"危机,复苏,危机,复苏"循环中挣扎,总在那种头痛医头、脚痛医脚的短眼光行为中乱忙,从亚当·斯密理论中也不难找到一些答案。德国工业化历史向人类指出,教育才是真正的财富。它是国家的财富,也是个人的财富。

只要稍微研究一下英国工业革命以来的历史,例如若利(Edward Roule)的《现代英国社会史》(Modern Britain: A Social History, London),都会发现巴尼特的观点并不新奇,各种历史事实在英国历史书上早已经谈过了。而且,英国各学术界的研究,包括教育、文化、哲学、科学、技术、经济、外贸等等,早有一系列英德对比研究了。这些研究都公认,德国工业化过程的整体规划设计具有长远眼光,德国全民普及教育起了决定性作用。他们还公认,德国没有遵循亚当·斯密的理论(德国工业化初期曾受其一些影响),而是以康德哲学体系为指导,这些哲学对19世纪德国和西方工业化国家产生了巨大正面影响。

似乎蹊跷,达尔文的《物种起源》也出现在英国,这一理论也强调"竞争"、"物竞天择"、"适者生存",它与亚当·斯密的政治经济学理论似乎是异工同曲。它把生命发展过程描述成生存竞争过程,物种之间的竞争,人和动物的竞争,人同自然的竞争,动物同自然的竞争。如果把达尔文主义看成是一门科学,不如把它看成是一种文化的哲学和世界观。在进化论理论的影响下,形成了社会达尔文主义,它认为,社会也像有机体,通过自然过程来进化,最适应的成员(民族、阶级)得到生存,并且最成功,这些最成功的成员是由生理上最优等的人组成。这种理论不仅支持了纳粹,而且也支持了西方的帝国主义世界观(这一点至今往往被小心地掩盖起来),那些人把自己看成"文化先进"的优种,最适合统治他们认为的"落后"民族,最适合统治国内的贫弱阶层。在这种理论指导下,人的生存也被看成同自然的竞争过程一样。亚当·斯密的政治经济学的哲学基础实际上就是先于达尔文的社会达尔文主义。在理论价值基础上也形成了一种工业设计哲学:人与自然的关系也是竞争,人必须设法征服自然,必须掠夺式地开采自然资源,以求他们的生存。英国在工业革命前就已经把全国的森林砍伐一尽。1945年战胜了纳粹德国后,英国军队立即砍伐北德哈茨山上的森林,表明这种世界观是那种文化价值的一部分。社会达尔文主义认为,劣等民族和下层阶级必然被淘汰,为他们做事和设计只是浪费。英国工业革命时期的事实正是这样,机器工具的设计只是为了矿主和企业主的利润,为了提高工人的体力劳动强度,为了解雇工人。这种竞争果真是物种生存的主要因果关系吗?我国古代老庄哲学描述了另一种世界观:天人合一,人不能与自然分开,人属于自然的一部分。日本人根据这些哲学,建立了后现代工业设计哲学。1870年德国生物学家海克尔(Ernst Heinrich Haeckel,1834~1919年)在研究达尔文进化论时,也提出了类似的理论,认为生存关系不仅仅是竞争或"你死我活",还存在相互友好、合作和支持的关系,存在各种直接和间接关系,他把这种依赖关系称为生态学概念。生态学的世界观也与我国道家相似。它强调发现相互依赖关系,强调生命体之间的合作依赖关系,生命体与自然环境之间的合作依赖关系。这种世界观形成了生态设计的哲学基础。

三、德国工业化之路

德国工业化过程改变了英国模式,被现代历史称为"德国之路"或德国模式。近二百年来德国历史上存在两大潮流:军国主义和人本主义。前者导致了纳粹。后者以康德哲学体系和洪堡教育改革为基础,导致了德国的人本主义的全面发展。牛津大学教授施密斯(Smith,1991,61)曾写道,"除了自然科学外,在德国19世纪中期发展最快、对欧洲有最大影响的是康德哲学体系。19世纪初德国哲学之所以能够变成一门学科,主要因为它与普鲁士的教育改革相联系"。这句话概括了德国模式的工业革命的三条主要经验:康德的理性主义(而不是以金钱为基础的亚当·斯密政治经济学)、教育和自然科学技术。在进行工业经济发展之前,德国首先进行了全民教育改革。全民教育使德国从殖民地变成了世界最强大的国家之一,这一历史经验使各国从学习英国模式转向学习德国模式,从此以教育救国和教育兴国代替了英国的土办法和野蛮自由竞争。从德国这一段历史中,也可以发现德国工业设计中的功能主义的哲学和历史根源。

什么叫哲学?这个词出自希腊,原义是"热爱智慧"、"追求智慧"。简单说,哲学指人生智慧性的知识。同样,设计的基础是哲学,也就是设计智慧。康德哲学的主要内容可以被概括成"三大理性":理论理性、实践理性和美学理性,这是他的代表性著作《纯理性批判》(1781年),《实践理性批判》(1788年)和美学的《判断力批判》(1790年)的核心内容。它建立了德国理性主义的理论框架。什么叫理性?理性是认识理解能力,它不是把事情看成为单独孤立的,而是从总体上、相互关系上把各种事物看作为一个整体,从这种系统的、广泛的、有秩序的原理来理解一个个事情。按照康德的理论,理论理性是出自特定的基本准则去判断评价。什么叫理性行动(实践理性)?康德说,"应当这样行动,使你的意志的准则始终受万物规律的约束",美德是这种实践理性的产物。换句话说,人应当按照最高的万物规律行动。范登堡认为,这个"万物的规律"在其他文化中也有相似的概念,例如,老子哲学中"道"的概念,孔子"中庸"的思维方法(冷静全面考虑问题),或者阿拉伯的"有理数"概念。康德提出三条行为方法标准:"自己思考",而不是人云亦云;"从别人角度思考",而不是以自己为中心;"自己的思想应当始终一致",而不是出尔反尔。康德提出的道德学中,责任感是其中的重要成分。他认为这种理性行动是人本质,说谎是卑鄙下流的行为,使人失去尊严。这种人性的理论对德国教育起了重要作用。康德批判了莱布尼茨的"数学是科学皇后"理论,坚持知识中需要有经验成分,它形成了德国教育"学"与"干"合一的主导思想。康德哲学对德国的作用不仅仅在于他的观点,而且他那种严谨思维的方式对德国科学家、教育家、企业家有很重要的影响,它使人形成长远眼光、谨慎小心、全面的思考习惯,这种思维方法对德国发展起了长远的稳定的作用。例如1870年德国生物学家海克尔(Haeckel)创立了生态学,他对自然发展的认识要比同时代的达尔文的进化论(1859年)具有更高立足点、更全面分析,这对德国现代发展起了决定性作用。康德哲学以及洪堡教育对企业家的作用将在后面以西门子为例进行分析。这种哲学使德国的功能主义在20世纪成为工业设计思想的主流。康德哲学有三个直接继承人:费希特(G. Fichte, 1762~1814年)、谢林(Schelling)和黑格尔(Hegel)。费希特继续了人的理性本质理论,建立科学论和自然法基础,并提出"教育救国"方针。他与黑格尔两人都曾任世界上第一所以现代科学为基础的柏林大学校长。康德的学生洪堡建立了世界上第一个国家教育体制。根据康德的理性主义,德国社会学家韦伯认为经济发展不能简单看成是以金钱为原因的结果。

  马可斯·韦伯(Marx Weber)的《新教伦理和资本主义精神》比较集中反映德国理性资本主义的价值。在这篇文章中,他批判了美国本杰明·弗兰克林的"时间就是金钱"和"信誉就是金钱"观点。他认为"这种规则不是现代资本主义精神","弗兰克林的道德态度是有色的功利主义","眼光太浅薄","许多德国人都感到美国式的价值优越是纯粹虚伪的"。他指出金钱不能作为价值,只是工具手段。他认为,"经济获利只能下属于满足物质需要的手段","把金钱作为目的的人是绝对不理性的","它来自于古代和中世纪最低级的吝啬,完全缺乏人的自尊,这种社会群体根本不适应现代资本主义条件"。资本主义有伦理标准,"资本主义的社会伦理的最主要特征和基础是责任感"(社会责任感如今仍然是德国普及教育方针的基本目的之一)。经历了1930年代"大萧条"后,美国有些社会学家也提出"发展有道德的商业契约"。韦伯认为,"按照西方标准来衡量,绝对无顾虑地通过赚钱来追求自私利益,是落后的资本主义国家","在现代经济秩序中,有义务使每个人对他的职业活动感到满意"。这种社会哲学是德国企业管理理论和工业设计理论基础,形成了以人为中心的设计哲学。"在理性的组织劳动中,为人提供物质财富无疑总是代表了资本主义精神,这是我们人生最重要的目的之一"。"同样,个人资本主义经济的基本特征之一是:在严格计算的基础上,有远见地、小心谨慎地朝经济成功进行合理化。""赚钱只是这种优越性的一种表现结果"(而不是原因)。"这也是与手工式的盲目资本主义的区别,它是利用政治机会和不合理的投机"（指英国）。"从本质上说，人并不想赚很多的钱，而只想简单地过他所习惯的生活，只想赚必要的钱去达到这种目的"（这种价值概念成为德国工业发展和设计的指导思想），"只要现代资本主义去通过增加劳动强度来提高人劳动的生产率，它就会遇到巨大的阻力"。这正是英国和美国的基本问题之一，形成了以机器为中心的设计哲学和技术决定论。"对金钱毫无控制能力的冲动"、"为金钱敢下地狱"不能代表现代资本主义的精神的普遍现象，"资本主义不会雇佣没有纪律的任意自由的劳工"。最后，韦伯总结道，"理性主义是包含了整个世界各种事物的概念"，"不能像意大利和法国那样，把世界看成仅仅是个人私利的世界"。"因此，资本主义精神的发展，最好被看成是从整体上发展理性主义的一部分，可以从理性主义在人生问题的基本位置上推论出来。"他这种思想并不属于他个人，而是反映了德国的普遍思想。至今这种思想在德国仍然占主流。

  教育（包括幼儿教育、全民普及教育、职业教育和高等教育）在德国起的历史作用使全世界改变了工业化战略规划方针。19世纪初欧洲教育改革先驱者是一代有理想、有献身精神、有哲学思想、有人道主义、求实可行的理论家和实践家。这一教育改革运动起源于瑞士人裴斯塔洛齐（J.H.Pestalozzi，1746~1827年）。在1798年拿破仑战争期间，他一人接管了一所孤儿院，在极艰苦的条件下，他既当父亲又当母亲，还当教师，昼夜与那50~80个孤儿在一起。从长期实践中，他深入思考人的本性以及教育的作用，建立了现代教育理论。他认为，人有两重本性：动物性和人性，人性包括道德性和社会性。教育使人从动物性转变成人性。通过教育使人从德、智、体三方面形成有机整体。在体力方面，应当鼓励动手实干。在道德方面，应当促使形成良好的行动习惯，性格和谐发展，"使性格的内向性尽量较少，如果不可能完全实现外向性的话"。在智力方面，应当引导正确观察具体事物能力、独立思考能力和判断能力。通过教育使学生知道什么是完美，并追求完美。这些观点明显被融入德国文化中了，追求完美是德国功能主义设计思想的一个重要特征。在社会腐败的情况下，怎么实施这种教育呢？他认为慈爱是教育的基础，家庭是最好的学校，尤其依赖母亲对孩子的爱和关心，因此"国家应当关心家庭"，"使家庭变成崇高的园地"。他用"自然"教育代替"强制"教育，平静才能使学生展开思维、主观能动性和求知欲望。他用直观教学代替填鸭式的灌输。他承认差别，因材施教。他的新教育思想在当时宗教时代产生了巨大的影响，很快传遍了整个欧洲，许多国家要人和无数教师去访问参观，其中有费希特和弗里贝尔，后者建立了儿童教育理论并创建世界上第一个幼儿园。从那时起，裴斯塔洛齐就被公认为世界现代教育之父。

  两百年前的德国完全是另一幅景象，它在经济上落后于英国、法国以及若干其他欧洲国家，以农业为主的社会正转向重商主义，国家四分五裂，人心像一片散沙，分成了二百多个诸侯国和独立城，落后贫穷，如同清末民初的中国。因此1806年拿破仑军队很容易就把德国变成了殖民地。大量的割地和赔款使德国完全崩溃。举国沉陷在一片悲哀低沉的气氛中。怎么使德国获得独立解放？怎么使德国繁荣富强？迅速发展科学和民主？迅速建立强大的军队？号召民众上街游行？德国知识分子没有这样干，而是冷静理性地思考，许多哲学家、知识分子和官员把德国落后亡国的原因归咎于教育，他们研究教育思想，这样在德国工业革命前夕出现了一大批有远见的教育家，他们多数是哲学家，其中不少人是政府官员，这在其他国家历史上是很罕见的。这种历史现象被称为教育功能主义。费希特在柏林发表了德国历史上著名的《向全德国的呼吁书》，这是世界上第一部国家教育宣言，第一部教育救国纲领。他没有把亡国归咎于军队和政府，也没有抱怨国民愚昧和劣根性，而是很有远见地指出，德国的社会弊病以及德国的许多社会问题（例如以金钱为目的的商业交易行为）的根源，"都是由教育放任自流而造成的"，"教育应当使人能够自然地去作正确的事情","把个性和能力全面发挥出来"。"只有教育才能使人具有创造性、智慧、爱国","因此教育不应当有惩罚、奖励和消极的服从","因为这些东西刺激不出上述动机和能力"。"教育还应当培养人们的合作团结的行为规则","培养社会责任感",教育"必须突出严格的纪律"。"老百姓是国家的最大量最重要的部分,绝不能被排除在教育之外","只有通过全体国民的教育才能改变德国的国民特性,使德国获得独立解放",的确,德国历史表明,只有全面义务普及教育才能改变民族的劣根性。他还痛斥当时社会上的"金钱交易是动物式的残杀行为",认为"商业行为只有在高度理性和自我限制的状态下,才是有意义的活动"。金钱是工具手段,金钱不是目的,不能作为价值。这一系列观点至今仍然是中学的社会学的基本内容之一。关于教育方法,他推荐了裴斯塔洛齐。

德意志各诸侯国在18世纪已经形成了相当有效率的地方政府机构,在西方首先建立了公务员制度。虽然变成了殖民地,各地方政府仍然保持着功能。德国各级政府对工业化的领导和控制作用远超过英国、美国、法国。1807年普鲁士政府在拿破仑鼻子底下冒着危险开始改革。国王任命施泰因(F. Stein)为政府首席大臣秘密开始改革。他的首批法令之中就废除了半教会的教育体制。1808年普鲁士发出文件,规定各地方政府应当设立四个部门:警察局、教育局、财政局、军务局。建立了第一个政府教育部门。他在任仅仅一年,就被拿破仑宣称为"人民的敌人",被迫逃亡。在他离任前,向国王推荐洪堡(W. von. Humboldt, 1767~1835年)领导教育改革。1809年洪堡秘密就任国务院参议,被任命为教育局局长,隶属内务部。这是西方国家历史上政府功能的一次重大改革,第一次把政府功能扩大到全面义务教育,这叫政府功能主义。洪堡在任仅仅16个月,他领导的教育局一共只有四个人,但是建立了普鲁士的国家义务教育体制,建立了现代科学楷模柏林大学。洪堡教育思想被称为"人本位化",或人本主义,核心是把神学教育转变成以人为中心的教育。他认为,应当用教育使每一个人获得自己的能力,而不是寄托在宗教精神上,人生的目的是培养自己的能力以追求达到最高级、最和谐的均衡,是追求完美。要达到这个目的,必须使人从德、智、劳全面方面树立人的价值,发挥出个人的潜能和主观能动性。他认为,教育应当首先是纯粹哺育人,完整无缺地发展能力,使每个人具有广泛、均称、完整的能力,并使性格和谐。教育增长应当使学生具有自学能力。应当让每一个国民(而不是贵族子弟)接受这种做人的教育,使每一个国民都通过教育获得做人的自信和尊严。只有国家统一的教育,才能培养出有一致价值、一致道德标准、一致行为准则的国民。这种一致性造就了新的德国民族特性:守纪律、重群体精神、强烈的民族精神和爱国主义(19世纪末发展成为军国主义,后来又发展成为纳粹)。这就叫普及教育的社会化作用。这也正是德国理性资本主义对人的基本要求,没有这种一致的行为准则,就无法实现以人为中心的大生产,就没有国家标准化观念,就没有社会和人际合作观念,这些恰恰是德国资本主义工业化成功的价值和行为准则的关键,这正是资本主义与封建社会的小农家庭生产方式根本不同,也是英国所头疼的问题。正是这个教育体制培养出了有德国特色的"有组织的资本主义",他们在19世纪末的国际市场的竞争中像"军团"一样组织严密,击败了各自为战、放手自由竞争的英国"土资本家"。

洪堡建立了世界上第一个小学、中学、大学一体化的三级教育制度,为了解决教育经费问题,在全国税收中增加了教育税。到1840年德国已经在世界上首先创立了45所师范学校。到1848年莱茵州儿童入学率达80%,萨克森州达93%。当时德国工业经济比英国落后了近一百年,但是从国家义务教育体制方面来说,德国比英国先进了一百多年,德国历史向全世界表明,全面义务教育是国家和民族振兴的万事之因。19世纪末德国首相俾斯麦曾说,他也是"1832年我们国家教育的标准产品"。德国在工业经济大发展之前最大的变化是什么呢？是学校和军队。1831年法国哲学家库辛（V. Cousin）访问柏林时大吃一惊，高呼德国已经变成了"学校和军营的古典国家"，他写了《普鲁士的国家教育报告》，此书对法国、英国、美国产生了历史性的影响。教育为德国创造了实现一切国家目的的条件，俾斯麦于1867年说："让我们把德国扶上马吧，它一定会奔腾疾驰"（Reble，1967）。19世纪后期的学校教育也受到军国主义影响，军国主义也把学校看成是"军营的预备学校"，"军官是教师的继续"。

洪堡还改革了传统的以神学为中心的大学体制。他认为科学可以从根本上改变人对宗教的依赖，形成人本位。他把大学从过去培养神职人员和政府官员转变成创造知识、传播知识的机构。当时他并没有想到用科学发展技术和工业经济。他建立了世界上第一个以现代科学教育和研究为中心的柏林大学（现在叫洪堡大学），他第一个提出"学术自由"，"科学的目的自由"（无目的），从此才出现了高等学校现代意义上的科学研究。他任命菲希特为柏林大学校长。黑格尔1830年任校长。我国著名科学家王淦昌就是在柏林大学获得博士学位。我国著名教育家蔡元培于1907~1911年在德国莱比锡大学进修，系统研究了康德的哲学和美学以及冯德的实验心理学，这些东西恰恰是德国当时的人文科学中的精华。德国大学吸引了当时欧洲和美国的学生，19世纪末日本学生也大量到德国学习。"德国大学是世界上第一个成为国家科学研究主体，它把农村小伙子演变成具有世界级的思想观念和生活方式。在西方国家中，德国的大学在工业化过程中发挥了最大的意义和重要性"，美国剑桥大学一个教授曾写道，"直到20世纪初，德国大学是世界上最受崇敬的。它的教授是时代的伟大发现者、科学家和理论家，对学生的彻底严格的训练，讨论班和研究所里那种面向科研的教学方法，它的学术自由，它的尊严精神，那丰富多彩的民俗，令人难忘的图书馆和实验室建筑"，都给来自世界各国的学人留下了深刻印象（McClelland，1980，1—3）。

现代工业技术教育起源于法国。法国1747年建立建筑工程师学校，后来主要在军事方面建立技术学校，例如1748年建立军事工程师学校，1756年建立炮兵军官学校，后来给每个兵种建立了一个学校，1783年建立采矿工程师学校。普鲁士德国学习这种办法，1770年建立采矿学校，1799年在柏林就建立了建筑学校，1821年建立手工艺技术员学校，国立

图1.1.2 哥廷根大学的现代图书馆

绘图学校，这些学校都是为国家政府培养技术公务员。1820年代德国各地方政府建立了一批工业专科学校和综合技术员学校。这些学校把艺术绘画变成了一种技术表达语言，形成了工程绘画。1830年代德国建立了技术高等学校，提出了"有目的"的科学、面向工业实践的科学，形成了新的技术科学，把技术科学变成了有经济功能的工具，不但建立了许多新的技术科学领域，还源源不断"生产"出大量工程师。这在当时是一个重大的价值转变，是对高等学校的"第二次解放"，使高等学校从上层建筑变成了经济基础，对德国的工业经济起了很大推动作用。这就是德国历史上的技术科学功能主义。1879年俾斯麦全面取消自由竞争政策，政府全面加强控制，加强社会立法，发展公共卫生，建立殖民地，开始面向国际竞争发展工业经济，为了实现这些目的，德国政府投入大量资金发展了高等技术教育和技术职业教育。同一时期，大工厂企业也开始建立技术研究体制，例如化工企业BASF于1887年就建立了中心研究所，包括18个实验室。

传统的技术工匠是通过师徒方法培养出来的。德国从19世纪初期创立了一种综合技术职业教育体系。19世纪末德国工业高速发展时期，又大量开办了技术职业学校，并且达到了高质量标准。到1908年德国已经有2100所各种职业的中等技工学校，在校学生36万人，还有204所中等专科学校（建筑、机械制造、纺织、陶瓷等等），在校学生44300人。这样德国工厂的工人多数是从技工学校培养出来的。然而在19世纪中期，仍然有许多学徒工直接从普通初等学校毕业直接进入工厂，例如MAN公司1844年雇佣的学徒工中有70%未受过职业教育。因此各大型企业都建立了教育体制，例如MAN于1892年建立教育车间，后来改为职业学校（Jost，1993）。

1901~1914年诺贝尔自然科学和医学奖获得者的42人中，德国人占了14人（Gundler，1991，19）。1872年仅一所慕尼黑大学化学系的毕业生就比英国全国的化学系毕业生还要多（Chant，1989，26）。德国高等教育对工业化起了重大推动作用，成为世界各国的榜样。1840年代大量德国知识分子移民到美国，他们把德国大学传统也带到美国，产生了哈佛的劳伦斯科学学校和耶鲁的舍菲尔德科学学校。1870年代美国以德国为榜样建立大量理工院校，并大力发展了博士学位。其中，1876年建立的著名的霍普金斯大学，是美国第一所强调科学研究（而不是本科教学）的大学，1892年建立的芝加哥大学也同样。19世纪后半叶，德国哥廷根大学成为世界大学中最著名的大学。钱学森的导师冯卡门就是在那里师从于航空动力学之父普琅特。美国以哥廷根大学为榜样，建立了大学和工业界的共同研究中心，例如著名的加州理工学院的航空中心、麻省理工学院在波士顿和坎布里奇的电子中心、斯坦福大学的宇航中心。到19世纪末，大约有10000美国学生在德国留过学。他们主要学习数学、物理、化学、医学、埃及学、印度学、比较哲学、宗教史、经济学、哲学。几乎美国第一代心理学家都是在德国培养出来的，本世纪初美国著名社会学家也有不少是在德国培养出来的，例如芝加哥大学的帕克（Robert Park）1912年在海德堡获得博士学位。1920年代美国人又掀起了一次德国留学热（Hardtwig，1993，185）。而同时期英国一直没有建立全面的全日制高等工程教育体制，只在工业区设立了若干业余性的专科，每周学习一天或晚上几小时。到1960年代才正式建立了高等工程教育体制，机械系、电机系、电子系等等才进入正规高等学府的殿堂。这比德国已经落后了一百多年。

德国教育改变了德国人一盘散沙的习惯，造就了很强烈的群体组织意识。外界人们往往误认为德国人受军国主义影响形成遵守纪律的习惯。其实，德国人并不是被动、服从式地遵守纪律，而是积极地参与群体，积极维护群体约定和利益，自觉遵守群体和社会行为准则，在群体中发挥个人作用，在群体中承担社会责任，相信群体力量，而不是个人随意行动。这种民族习惯与1809年以前完全不同，这也不是军队能够训练成功的，这是由全民普及教育的方针决定的，尤其是幼儿园教育培养起来的。由于弗里贝尔（F. Froebel）对幼儿教育的卓越贡献，而被称为幼儿教育之父。他一生坎坷，长期当农村教师，经过15年的探索努力之后，于1837年（有的书上说是1840年）建立世界上第一个幼儿园，三年后把经验写成影响千家万户的一本书《母亲和阿姨之歌》。在这种思想影响下，《爱的教育》一书曾对我国儿童教育有过较大影响。他认为，"儿童教育应当从三四岁开始，儿童就像植物和花朵，教师就是园丁，给花朵增添阳光和营养，变成它的活力"。"儿童的玩耍不仅是娱乐，更重要的是，儿童的玩是全心地投入，紧张而又严肃的行动"，"通过玩耍认识世界、探索世界、主动表现自己，这是实实在在的创造性活动，是最纯洁、最智慧的成果"，"过家家……是更高一级的创造性，这种玩是模仿和预演全部人生"。他还认为，"通过群体玩耍，儿童感到自己是大整体中的成员，产生朋友（而不是对手）、自由、满意以及与外界的和谐（而不是竞争）"，这正是幼儿园的作用。"儿童通过安静、独立、有耐心的玩，一直到精疲力竭，从而变得更有才能、更安静、更有耐心和意志，变成了被提高的人，变成了愿意为别人和自己的幸福而献身的人"。这就是群体意识，"独立能力和群体意识同时和谐地发展"。他强调，"我们的一切精神财富都来源于玩"。他对儿童玩的深刻认识后来形成了专门的玩的理论。这种玩的理论还对日本后现代的办公室设计产生了很大影响。他警告家长，"万万不能过早地进行人为的智力训练，因为它可能恰恰破坏了儿童的智力和身心健康，应当让儿童自然、全面、健康地玩，玩得越全面、越投入，才能就可能越多"。他强调，许多家长自以为了解孩子，"其实并不了解"，"教育的意义在于深刻地理解儿童的心灵，最大限度地让儿童自己主观能动、自己决定"，因此，"教师的第一特征必须是宽容的、顺从的（只是保护），而不是强迫命令和干扰，也不是娇纵。""教师应当以公正的观念，以他和儿童都能认可的方式去说话和行动，不要以外界的限制去压制内在的合理发展"（Reble，1967）。

德国这种幼儿园理论对建立现代德国民族优秀性格起了巨大作用。德国人在工作中也有各种不同看法，但是他们不是指责批判别人，而是冷静寻求共同语言，寻求共同解决问题的办法。这靠物质刺激无法实现。这种群体意识是德国工业化的巨大推动力量，它不仅减少和避免了英国、美国企业管理中和社会上的许多棘手难题，而且从长远看，更符合人类对社会的人道愿望，它使人能够产生愉快和满意。现代商业市场存在竞争，但是现代工业化社会更需要人与人的友好合作。企业管理，科研合作，教育组织，以至在商店买东西、买票、乘车，处处都需要人际友好合作，而不是竞争。

在这种群体意识下，1822年德国就出现了自然研究和医生协会，成员达7000人。1845年成立德国物理协会，1824年成立建筑师和工程师协会，1867年成立化学协会，1880年成立机械工程师协会，1893年成立电子技术员联合会，1904年成立工业技术公务员联盟，到1914年已经建立了100个协会。1930年达180个。这些协会中有强烈的民族主义精神，有强烈的职业群体合作精神，对德国工业化起了重要作用。德国商人组织有很长的历史传统，1802年曼茨市（Mainz）就建立了商人组织，叫商人议会，以后五年中又有三个州建立了这种组织。1830年普鲁士政府在全国建立了商业议会。1848年政府规定商人议会必须按照要求向政府汇报。1870年德国建立商人议会法令并统一了全国商人议会，它规定商人必须加入该组织，商人议会必须执行国家规定的任务并接受国家监督。因此，英国美国那种反对政府控制的"自由竞争"政策在德国缺乏文化基础。此外，钢铁、纺织等各行各业都组织了维护专业利益团体。在外贸上德国曾采取自由竞争政策，1874年国会通过了自由贸易决议，但是1873年出现经济危机，德国实行对钢铁和纺织业的海关保护政策。由于美国提高了小麦加工质量，扩大了对欧洲的出口，1881年德国又实行对农业保护。另一方面，资产阶级对政府有很多期待。1870年后，在国家支持下，工业界建立了卡特尔（Kartell）和康采恩（Konzerne）联合垄断企业，这些"有组织的资本家"像政府官员似地受国家控制，这种情况在其他国家出现较迟（Born, 1985）。

第二次世界大战后德国重新建立了全国工业和商业议会法律，各地都有相应组织，各工商企业、每个个体企业、自由职业者都必须加入相应组织，执行国家、议会、当地政府交给的任务，接受国家监督。工商议会的功能包括：职业再培训、职业考核、提供信息（例如经常对外贸提供咨询材料）。例如，个人要经商，必须向该组织提出申请，提交个人材料，由两个商人担保，经过审查后才能决定。在德国有许多中国餐馆，每月都要接受会计师协会派来的会计师的帐目检查。

在整个19世纪，德国进行了一系列改革，但是教育改革始终摆在第一位，并一直坚持到1914年。教育改革后30年，也就是在1840年代培养出来的第一代人成为社会主力时，德国开始出现工业化高速发展。教育培养出来的第二代人在1871年实现了德国统一。教育培养出来的第三代人使德国在1900年前后变成了世界上经济最强大的国家之一。

正是这种群体文化意识的作用，1907年德国建立了工业设计的工作联盟。正是这种教育思想造就了德国工业设计界的社会责任感的人道主义设计哲学和功能主义设计理论（Gundler, 1991）。

从1850年代起，德国开始了工业经济高起点的高速发展，他没有重复英国的"土办法"的第一次工业革命的老路，而是发起了以科学为基础的第二次工业革命。1870年普鲁士军队占领巴黎。1871年德国实现了统一。这三件大事从一定程度上改变了西方世界工业化的总规划，从此形成了德国之路：教育救国，教育兴国，每当发现国家出现社会性问题时，每当要推行新的国策时，总是从教育系统入手，改革教育，把国家规划首先通过教育系统传授给下一代人。历史以充分的事实表明，从教育入手，才是最快的、最有效的实现国家目的的方法。从改革教育系统入手，到实现国家目的大约需要25～30年的周期。这就是教育功能主义。在这一思想下，德国人创办了举世闻名的工业设计学校包豪斯。同样，这一经验也被其他国家学去。

1870年德国突然出现了巨大变化使这个资本主义世界为之震惊。人们突然明白了教育的重要性。在德国打败法国的同一年，英国国会经过激烈争吵后，通过了第一个初等教育法案，但是难以推行下去。四年后，英国首相在众议院上大声疾呼："全面教育决定国家命运"。又过了六年英国才实施初等义务教育，但是实际上已积重难返。第二次世界大战中，英国政府深感教育落后带来的危机，1943年邱吉尔在广播电台上说："世界的未来只属于那些高度受教育的民族"。第二年英国通过了教育法，彻底重建教育体制。这里顺便提一个问题：英国在香港实行了全民义务普及教育了吗？直到1970年代，香港的一半初等学校属于私人管理，初等学校受到政府补助，教育采取自愿，但不免费。

1870年战败后，法兰西第二共和国崩溃了，同时在法国引起了教育大争论，1880年以后，法国开始推行非宗教的国家义务教育制度，把15所大学改成国立大学从事技术教育。

美国在19世纪也学习德国，全面发展了国家各级教育体系。法国哲学家库辛写的《普鲁士的国家教育报告》一书于1835年传到英国，后来又在美国广泛流传，美国人明白了"义务教育"这一回事。此后，若干美国人又去考察德国和欧洲教育，写下《欧洲初等教育报告》（1837年）、《七年报告》、《欧洲国家教育》（1854年），对美国义务普及教育起了重要推动作用。1852年美国出现第一个州立义务教育法（马萨诸塞州），1890年康涅狄格州实现全日制义务教育。到1918年为止美国各州都建立了义务教育法。1855年德国移民淑慈女士在家里开办了美国第一个幼儿园。布劳到德国进入幼儿园师范学校学习，回国后于1873年建立了美国第一个公立幼儿园，英文中的"幼儿园"一词是从德文中引入。不久她又开办了幼儿师范，采用弗里贝尔教育思想。20世纪初，美国建立了以杜威理论为基础的教育思想，他写的最薄的一本书《学校与社会》产生了很大影响，最厚的一本书《寻求确定性》影响最小。他的基本观点是：学习干事和生活是小学教育的基础，学校应当表现儿童的真实的、朝气蓬勃的生活，像在家里一样，教育应当被看成是一种继续建筑的经验，教育是社会进步和改革的最基本方法。1800年时美国一共有25所学院，学生人数很少。1862年南北战争期间，林肯签署了法令，要求各州支持发展农业和机械技术学院，不久建立了169所大学，其中许多是现代美国的著名大学。第二次世界大战后，美国制定法令，促使1200万复员军人进入高中和大学。1960年高等学校学生达到300万，1970年达到700万，1975年后达到900万。1950年后，美国发展了二年制的社区学院，以职业和技术教育为主，1975年学生达240万（Yong/Wynn，1972）。

日本学习德国经验可能是最彻底的。1900年实施四年制义务教育，1907年又改为六年制。小学入学率从1890年的49%剧增到1910年的98%。

到此为止，世界上各国都明白了这一历史经验，要独立解放，要发展经济，首先要发展全民教育。教育可以实现任何设定的国家目的，只有教育才是真正的财富，只有抓教育才是真正的捷径。第二次世界大战后，德国和日本首先恢复全民普及教育。1960年代之后，也就是普及了全民教育后那一代人成为社会主力时，德国和日本又出现了经济高速发展。这只不过是历史的再一次重演。

第二节 英国的工艺美术运动

一、简介

本章主要分析功能主义设计思想的发展。1934年艺术评论家和历史学家里德（Herbert Read）所著的《艺术和工业》，以及1936年佩夫斯纳（Nikolaus Pevsner）写的《现代设计的先驱者》，称功能主义是"本世纪的天才"和"正统风格"。从此人们承认20世纪存在这一设计思想发展线条。按照他们的观点，功能主义设计主要体现在：帕克斯顿（Joseph Paxton）于1851为世界工业展览会设计的伦敦水晶宫，以英国著名的工业设计先驱莫里斯（William Morris）为代表的工艺美术运动，1910年代德国工作联盟（Werkbund）和1920年代以后德国著名设计学校包豪斯（Bauhaus）所代表的欧洲设计潮流之一。按照这一观点，功能主义还可以进一步包括1950~1960年美国模仿包豪斯的家具革新，1950年代德国乌尔姆市设计学院，斯堪的纳维亚国家的设计思想。然而他们这一评价的肤浅之处是，把功能主义只看成是建筑设计和产品设计中的一个流派，只是各种"艺术风格"中的一种，认为功能主义在建筑、室内和家具设计中突破了以前那种模仿古代风格的古典主义美学，减少或者消除附加装饰，强调可用性。他们把功能主义工业设计只看成是一种艺术职业，只从设计技术角度描述工业设计，掩盖了功能主义的社会背景和为大众的设计目的，这种观点抹煞了欧洲工业设计的人中心思想和人道主义本质。实际上，功能主义的本质是"为大众需要而设计"。

功能主义设计在建筑和家具中的表现只是很小一部分，它首先并且主要表现在改革生产关系、表现在机器和工具设计中。目的是使机器和工具适应人，减轻人的体力负担，同时改善生产关系（劳资关系）和人机关系，并提高生产效率。从前面对德国19世纪以来的简要历史回顾，可以看出，德国从19世纪的独立解放斗争、社会改革、教育改革、工业化过程，就是全面实施功能主义的过程，它是德国近二百年来的发展规划策略，这包括政府功能主义，教育功能主义，科学功能主义，技术功能主义。20世纪初德国建立功能主义工业设计思想，正是这个历史的进一步延续，它首先主要表现在工业发展规划的理性，没有重复英国工业革命的"土办法"策略，而是以科学为基础，以电气化和化学工业为基础发展"人道主义"技术，发起了高起点的第二次工业革命，在工业中优先发展工作母机和测量仪器，并且出现了以人为中心的人机界面的机器设计思想。用功能主义这一概念可以概括资本主义工业化的"德国之路"。在工业设计中，德国功能主义代表了劳动者利益，对生产关系的改革，对企业管理、人际关系、人机关系的改革，面对工业革命社会现实，发展新的标准化的技术美学观，通过新型工业材料特性和简单几何结构表现技术美，其工艺目的是有利于用工业机器制造和机械化大生产，从而降低了成本和销售价格，满足广大市民阶层需要和市场灵活快速反应。

功能主义代表了20世纪大部分现代化设计思想、设计和制造方法以及设计的产品。"功能主义"与"现代化"、"技术美"可以被看成是同义词。在1900年前后德国工业设计界主要考虑两个问题：怎么解决劳资关系，怎么提高德国工业品在国际市场上的竞争力。为此，德国工作联盟确立"劳动高尚化"企业文化，建立了技术美的价值和观点（即简单、节省、表现材料和结构特性），在这一主导思想下，强调标准化设计和机械化大生产，设计制造的对象应当符合使用目的而不是装饰。从此，功能主义被看成是工业机器时代的技术美学。1920年代包豪斯进一步确立功能主义是工业化社会的主要设计思想方法之一，它的探索后来导致了许多新学科（色彩学，知觉心理学等）；它面向大众生活和居民住宅以及日用家具，提出简单、节省、实用、结实等设计原则，建立了工业设计的文化核心（设计工作的技术行为方式，标准和准则）；它把艺术设计和工业制造这两个职业合理综合起来，形成了新的设计职业行为规范；包豪斯通过系统教育，把人道主义设计思想和加工工艺方法传播到全世界，成为许多国家工业设计教育的榜样；它从时代精神和社会现实出发，批评了机器中心论对人的奴役，提出新的功能概念（满足人的生理和心理特性）。

功能主义的主要思想是以功能为核心，而不是以形式为核心。德国功能主义的具体设计思想是，要首先发现事物的本质、目的和用途（需要），正确充分发挥事物的功能，形式应当反映这种本质和目的，而不要画蛇添足，也不要文不对题。后来，有人用美国建筑师沙利文（Louis Henry Sullivan，1856~1924年）的一句话"形式追随功能"（form follows function）来概括功能主义。沙利文在《所考虑的高层建筑》（Lippincotts Magazine 57，1896年三月号，第408页）中写道："一切有机体和无机体，一切有形的和形而上的，一切人类的和超人类东西，一切内心和精神真正的表现形式（只要其生命在这一表现中可被辨识出来），都有一个普遍规律，那就是形状总跟随功能。"例如他认为，一个银行大楼的外形应当反映银行的本质或功能，而不是反映传统庙宇的功能。

二、为市场竞争而建立设计

如果把艺术绘画在工业制造中的应用（即形成了工程绘图）看成工业设计的起源，那么现代工业设计产生于19世纪初的德国。1815年拿破仑战争结束后，欧洲大陆纺织业迅速发展，英国纺织品在国内和欧洲市场失去了竞争力。为此，英国政府于1835年委任了一个委员会去调查外国提高纺织品竞争力的直接原因和调查国内和欧洲大陆最好的知识，由于英国不重视国家教育，这个调查委员会没有准备调查欧洲其他国家的工业技术教育。他们发现英国居然对欧洲大陆的一种新专家"设计师"闻所未闻，而且在整个英国找不到一个像样的设计师。他们还吃惊地发现普鲁士（德国的一个主要诸侯国）已经有五所技术学校为工厂培养技工，国家为这些青少年付学费，学习绘画制图、造型和透视，然后花两年时间分专业学设计。这种绘画制图后来发展成现在的工程绘图。他们还发现法国也实行了免费开放式的大众教育体系，同样不缺乏设计工人。这个委员会回英国后提出艺术和设计原理的重要性，呼吁民族自豪感，并建议设立专门的设计学校，它不但应当教授理论而且要训练实践。它还建议广泛建立艺术博物馆和公共画廊，以展出由古到今国内外最突出的艺术作品和手工业产品。海顿（B. R. Haydon）建议以柏林技术学院为榜样，建立一些艺术学校去传授新的艺术方法，并与当时的皇家学院竞赛（而不是合作），同时在伦敦建立一所国立中央工业艺术学校，它应该直接与工业结合。当时英国政府还没有像普鲁士那样设置国家教育主管机构，建立设计学校一事就交给了贸易委员会。它组成了一个筹备委员会，其成员是皇家学院贵族派，他们反对艺术同工业结合，连某些重要绘画基础课也没设立，以阻止未来同艺术家的竞争。为此目的，他们任命了一位平庸画家为该校校长。这所设计学校于1837年成立。它的教学大纲是：基本绘画（明暗，模型制造，着色）、工业分支设计学（材料知识，设计应用工业处理工艺）、历史、审美和理论。出于英国高等教育重科学艺术的传统，这所设计学校坚持只教绘图，而不理会制造工艺。他们认为设计学校是搞设计艺术的，而不是搞纺织工艺的。这种教育只不过是纸上谈兵。英国工业化时期曾出现了许多杰出的发明家，但是教育体系重科学轻技术，重理论轻实践，重计算轻工艺，英国教育界的这种传统对英国工业和经济影响极大，也是英国工业逐渐落后的重要原因之一。针对这种情况，海顿给该校校长写道："你在伦敦有一所很漂亮的设计学校，每年1500英镑，却像以前一样保持对机械的愚昧"。一年之后该校长辞职。

后来英国政府成立了实用艺术部（后来改为科学艺术部），第一任秘书科尔（Henry Cole），也是1851年伦敦国际博览会的主要负责人之一，致力于一系列博物馆建设，并领导了那所设计学校的改革。英国政府增拨一万英镑从巴黎1844年工业艺术展览会买来各种样品，从威尼斯、佛罗伦萨、慕尼黑购买著名花瓶和玻璃制品（德国的着色玻璃和法国的镶嵌品）。他同一些人力图通过设计来改变工业生产，他们的设计思想出发点是：限制装饰，强调目的。但科尔强调的不是设计实践，而是相信制定一些规则或规章制度就能控制设计质量。他任命几位建筑师、画家和颜色理论家编写了《装饰法则》（1856年），《装饰分析》（1856年），《设计手册》（1876年）。这些书强调装饰的定义、分析和理论。工业设计是行动，是实干，只有大批高质量的内行设计师的行动，才能对一个国家起作用。仅凭几本书纸上谈兵，根本不能解决工业生产中的问题。

从1837年至今150年过去了，1987年巴尼特分析这所设计学校时，感到是个历史的嘲笑。他说，这所学校是世界上第一个设计学校，可是到1913年英国的电气炊具和电水壶等等家用电器一直是德国著名AEG公司的市场，英国整个电气工业基本是依靠德国西门子公司和美国通用电器公司（GE）在英国开办的子公司，变成了"德国和美国的殖民地"。反过来说，德国AEG公司正是依靠了贝伦斯这样著名的工业设计，促进了该公司产品占领了欧洲市场。经过了一百年的发展，也就是在第二次世界大战中英国最艰难的1940年，英国仍然严重缺乏有用的设计人才。它同英国其他高等教育一样，理论脱离实际。工业设计教育脱离实际工业，只会搞绘画，只偏爱美术和手工艺术，只会搞玻璃、陶瓷和家具设计，没有很好地与现代工业技术结合。这样造成教育界与工业界长期历史性的相互反感，工业界一直批评该学校培养出来的人根本不能使艺术和手工艺去满足工业和商业设计需要，也不能使英国制造业感受到第一流工业设计师对振兴国内外市场的重要性。相反，由于设计粗劣陈旧过时，英国的机器和工具制造业、纺织业和摩托车制造在1970年代受到很大负面影响，是摩托车工业崩溃的原因之一。1960年代以来，许多人给政府写过重要报告，建议发展工业设计，但是政府对教育无能，同样对工业设计也毫无办法。直到1967年英国仍然没有建立与工程有关的真正的工业设计课程。1982年伦敦设计学校出版了一本书《设计的中心,工业的中心》(Cottle/Woudhuysen,1982),反驳工业界的观点,该书引用撒切尔夫人的话:"好的设计是整个制造过程不可分割的一部分,而不仅仅是描述它。假如英国工业要想在世界市场上有竞争力,最高管理阶层应当更偏重于它。"该书引言中说:"英国工业长期以来抱怨的一个问题是那些从英国艺术学校毕业的工业设计师。工业界认为,过多的工业设计学生只不过学了用软铅笔设计流行时髦的风格,几乎没人掌握大生产技术和市场能力",该书列举了78个毕业生的设计产品,证明他们作出了很大贡献。

三、国际博览会

1851年在伦敦举办了第一届各国工业品大展,帕克斯顿设计了展览大厅"水晶宫"(Crystal Palace),它没有用传统的豪华建筑装饰来表现古典美和贵族精神,1848英尺长的结构是大型铁框架,它的墙壁和房顶非砖非瓦非木,而独出心裁地使用玻璃和铁框架,这种材料和结构的工艺优点是可以制成统一规格的预制件利于施工。它跳出了传统的建筑和审美观念,用铁和玻璃表现了一种新的工业时代精神,表现了追求现代性。这种追求构成了功能主义的设计价值观。从此,这种钢铁玻璃结构建筑变成了现代化的标志之一。

在这次展览会上,13937个展家一共展出了100000件展品,参观人数达六百万。最先实现工业化的英国当然是绝对冠军,获得了78枚奖牌,法国获得52枚奖牌。然而当时一般人并没有注意到英国在机械制造方面已经不占领先地位了,法国在制造方面获得20枚奖牌,英国获得18枚。美国在这次展览会上给人的印象是个农业国,它展出的收割机受到称赞,若宾斯和劳伦斯的来福枪已经具有可互换零件,它还展出了缝纫机、木材机械、蔬菜制品、书本装订机等等。比利时的工业化水平相当高。当时德国是个四分五裂的农业国,谁相信它能够同大英帝国竞争?但是有人注意到,一个德国铁匠在现场表演十把滑膛枪的零件可以任意互换,它比"美国式"互换性早四百年。德国西门子公司的指针式电报机获得了最高奖。当时有长远眼光的人已经发现德国的电器工业和美国的机械工业比英国发达。1853年英国一个工程师小组到美国购买了157台机器,建立了一个新的来福枪制造厂。1857

图1.2.1 1851年伦敦国际博览会的"水晶宫",1936年毁于大火

年英国政府邀请西门子作为深海电缆专家，一年后，他在英国建立了一个分公司(Cardwell, 1994, 284—303)。

当时机器工具是工业设计的主流，它不仅仅涉及外形，而且更重要的是一个国家的工业发展规划。美国出现了以流水线为代表的标准化大生产方式。德国出现了以技术科学研究领先的工业发展方式，它导致了电器工业和化学工业的崛起。这种标准化大生产、电器工业和化学工业的发展导致了第二次工业革命。当时英国工业设计界没有认识到这一问题，他们出身于艺术界，没有把机器设计和电器设计规划作为自己的任务，他们不知道德国工业界已经具有许多先进的设计思想，而只注意传统的手工艺艺术设计，只注意到有些工业产品缺乏比例和过分装饰。他们的工作劳动方式仍然是小农经济的个体自由方式，相互不合作，没有统一规划。建筑师琼斯（Owen Jones）曾参与展览厅内部色彩方案设计，他说："我们根本没什么原则，根本不统一。设计师、贴纸工、陶工、织布工各干各的，无休止地互相争执，每人都在艺术中制造新颖但缺乏美，或者美但不聪明。"这种行为方式不适应工业社会的有秩序的合作大生产。从根本上说，工业社会化生产需要一种社会性的标准行为能力、习惯和方式。从这个意义上说，功能主义设计首先是人的转变，是设计师行为方式的转变，从个体手工方式转变成群体合作方式，转变成工业大生产方式。

德国著名建筑师森佩尔（Gottfried Semper）当时应邀正在伦敦设计学校教授"金属制造的装饰艺术原理和实践"，他负责土耳其、瑞典、加拿大和丹麦展馆的布置。1852年他在《科学，工业和艺术》一文提出外形设计的一个重要观点：从自然界可以看出适应目的这一进化原则，那就是外形最节省，最经济；艺术上采用与此相似的方法至少可以获得一种清晰的整体观点，也许还能形成款式风格的学说基础。他认为，当时的古典艺术概念不适合工业时代精神，传统手工艺需要一种新的艺术思想，应当合理选择材料和加工工艺。他还提出改革艺术学校。但是，这些建议没有引起任何回响（Naylor, 110 — 115）。

四、人道主义设计：工艺美术运动

工业设计在英国产生的第二个来源是民间的艺术和手工艺运动，这一人道主义设计运动后来传遍了欧洲各工业化国家，也在这些国家形成了以手工艺为基础的人道主义设计。英国工业革命所伴随的劳动人民贫困、动物性竞争、残酷的阶级斗争和道德败坏与犯罪，在马克思和许多人的著作中已经有详尽论述。当时曾出现各种探索尝试改变这种状况，工艺美术运动就是其中之一。这一运动的实质是用艺术设计表现人道主义的社会责任感，批判英国资本主义工业关系的残酷，通过设计，用手工生产抵制资本主义工业机器以商品竞争和消费为目的的生产，恢复自给自足生产关系，恢复人的真善美，通过这种手工艺设计来改变社会的丑恶。当时这种思潮形成一种社会运动，此运动的倡导和代表人物之一是莫里斯和拉斯金（John Ruskin）。拉斯金针对建筑和装饰艺术的问题，呼吁"美学真诚"，提出返回到中世纪，尤其返回到哥特式艺术。莫里斯（1834～1896年）是英格兰诗人和设计师。上大学期间曾学中世纪基督教会史、中世纪史和拉丁语。中世纪对他有较大影响。他曾短期学过一些建筑。1867～1870年他写过以中世纪为题材的故事和三卷集长诗。他的另一部诗可能是19世纪最长的叙事诗。1885～1986年他出版描述巴黎公社的叙事诗《希望的朝拜者》。他一生的著作选集一共24卷。他痛恨英国工业经济的道德沦丧和对社会精神心理的破坏。

莫里斯一生致力于社会改革。他曾任社会主义者联盟主席。1877年他建立保护古代建筑协会。他痛恨英国工业革命带来的野蛮和残酷，他在一本幻想小说（1890年）中，表现了对理想世界真善美的向往：在一座诗情画意的花园城市中，人们善良无邪，个个像亲密的弟兄。在一个个小生产作坊里，人们自由劳动，相互友好合作，生产目的是自给自足。他们生产了美和有用的东西。他们不受金钱的腐蚀和诱惑，也不为市场上的铜臭所熏心。人们通过劳动而得到了快乐，并用机器代替了繁重的劳动。1883年他开办一个工厂，被称为是"一个艺术公社的尝试"（Selle，1994，105）。他希望恢复中世纪的劳动关系，制造精美的手工艺品。他反对化学工业制造的染料，坚持天然染料。该厂制造质量高外形简单的家具，一反当时家具笨重庸俗的风气。该工厂还生产陶瓷和玻璃器皿。莫里斯自己主要从事平面设计，诸如刺绣、着色玻璃、墙纸、纺织品、印刷和装订书。他的设计和装饰主要依据中世纪风格。他的艺术创新能力极强，设计了大量的纺织装饰图案，其中许多纺织图案至今仍在生产。莫里斯同其他一些人的文章中提出，实现设计不必依赖附加装饰物，手工业产品应当简单结实。这个动机后来成为欧洲工业设计的正统目的之一。他一直怀着乌托邦社会改革理想，渴望有一天黑暗里的千百万劳动大众能被那些由他们自己创造、并且被他们自己的艺术所照亮，1880年代后期他读过《资本论》以后认为只有革命才能改变现实。

在欧洲工业革命以来，莫里斯是尝试从美术家转变为设计师和手工艺师的第一人，他第一个把新的美学概念用于工业实践，也是第一个用艺术概念设计整个环境的艺术家。他的思想核心是为广大下层社会人民的需要，他对英国的艺术改革引起了整个欧洲艺术家们的共鸣，在欧洲各国引起了各种艺术改革运动。这一运动形成的现代手工艺设计一直被后人继承下来了。

英国工艺美术运动产生了许多著名设计师和艺术家，例如德莱瑟（Christopher Dresser）和麦金托什（Mackintosh，1864~1928年）。从伦敦设计学校毕业的德莱瑟是19世纪从自然形状中汲取设计精神的惟一的英国人。1862年他曾写《装饰艺术》一书。他曾设计许多无装饰的金属器皿，多采用简单几何形状。他的陶瓷作品曾从中国和日本陶瓷中获得灵感。他与莫里斯不同，他认为应当同工业紧密结合。他为许多公司发展了新的形式语言。1880年代，他的设计被认为表现了英国早期工业设计最著名的成就。

苏格兰建筑师麦金托什曾组织一个四人艺术创作组，吸收了中国文化为一座中国式茶屋设计了椅子，发展成为一种独立的风格，被称为"格拉斯哥风格"（Glasgow style）。他不满足在英国已取得的成就，渡过英吉利海峡来到欧洲大陆。他的作品轰动了奥地利，并迅速引起艺术改革运动，导致1903年维也纳创作社的诞生。麦金托什被看作是欧洲大陆现代化艺术运动的开端，由于他的影响，欧洲大陆以德语文化圈为主产生了一种简单几何形状设计语言：把各种形状归类成简单几何图形，如圆、矩形、三角形、八边形等等，这种美学观点形成了后来的技术美。麦金托什设计的一些家具至今仍被大量生产（Broehan，1994）。

在艺术和手工艺运动思潮下，霍华德（E. Howard）于1898年出版《和平进行社会改革的道路》一书，后来该书改名为《明天的花园城市》，它在英国引起了建设花园城市运动。这种城市设计思想后来传到欧洲大陆，形成广泛的城市规划指南。德国许多城市也是按照这一设计思想改建和发展。把城市规划成花园的设计思想在欧洲一直延续至今，它与美国的城市高层建筑形成鲜明的对比。

在英国正进行花园城市建设运动时，德国普鲁士公共劳动部的建筑师穆特修斯（Hermann Muthesius，1861~1927）来到英国，1896~1903年在德国驻伦敦大使馆任技术和文化外交官，他对英国建筑和工艺美术改革进行了七年考察研究，把英国花园城市设计思想带回了德国，写了三卷本的《英国的房屋》。他还赞扬莫里斯对设计的贡献，他的每一件作品，从房屋、木制家具到纺织品，都体现一种简单性和英国的本土文化风格，设计不依赖装饰,而是强调简单结实,强调目的性和功能。

第三节　19世纪德国工业设计发展简介

英国工业革命是从1780年开始,1850年实现工业化。当英国人忙于工业革命时,欧洲大陆却陷于拿破仑战争,那时德国还是一个四分五裂的农业国。1806年在德国耶纳大战中,德国普鲁士军队大败,从此沦为法国殖民地。德国人通过报纸逐渐对英国的技术进步有所了解,他们对蒸汽机轮船、对"没有火焰的人造灯光"、对新炼钢方法感到吃惊。德国人走在伦敦大街上,如同乡下人进城一样。那时德国不但比英国和法国落后,而且在许多方面还落后于荷兰、意大利、瑞士。德国人开始学英国搞工业化。德国工业化初期就表现出许多与英国不同的特点。普鲁士的第一台蒸汽机是由全国大协作制造出来的。它的设计师是一位矿山实习工程师,他曾在英国见过蒸汽机,回国后制了一个模型。按照这个模型,许多工艺师们分工制作了许多工模夹具和加工机器。汽缸是在柏林王室铸造厂制造。蒸汽锅炉是用铜榔头敲出来的。

鲁尔区(德国西部)是德国煤炭钢铁工业区。1820年代第一批德国企业家来到鲁尔区,购买英国机器,聘请英国工程师和师傅。此后几十年中德国一直向英国、比利时和法国学习技术。当时德国经济发展很缓慢。1834年德意志多数诸侯国联合成立"海关联盟",以促进本民族各地的商业贸易发展。1850年当英国已经实现工业化的时候,德国各地才刚刚开始工业化建设,比英国落后了整整一个历史时代。然而德国政府领导对德国工业化起了重要作用。普鲁士建立了"企业效率促进"机构,负责把英国进口的机器进行技术消化,出版技术指南和技术数据,任何人都可以使用这些资料。进口样机可以免费借去试用。1825年在维也纳开创了绘图设计学校。为了发展自己的设计能力,普鲁士建立了新的艺术学院,把实用艺术引入建筑造型和设计能力的培养。19世纪中期,绘图教育成为迫切问题,普鲁士又把艺术学院分出一部分成立了与工业分工相对应的工艺美术学院。为了解决设计问题,1821年普鲁士手工业技术顾问团团长包伊特和普鲁士国王最高建筑官申克尔合写《工厂和手工业典范》一书,其中收集了许多优秀设计图纸,包括家具、火炉、陶瓷、灯具、玻璃和纺织品。国家赞助出版了此书。该书追求哥特式风格,以及希腊和罗马古文化。后人称这一古典形式规范为工业设计早期的古典主义。这一风格当时风靡英、法、德及整个欧洲。设计师崇尚古典精美的装饰物,它被用于钢琴腿、咖啡壶、座钟、梳妆台、灯具、立柜等等。古典主义反映拿破仑时代上层贵族风格。继英国和奥地利之后,1867年柏林也建起工艺美术博物馆,收藏历史上各种范本以供工厂和手工业参考,并举办公开培训班,提供咨询活动 (Selle, 38–50)。

1850年代德国政府在铁路建设上实现了大企业生产方式,但是机械制造业仍处于传统的手工业单件生产方式。它的主要特征是:个人自发性奋斗,临时计划短期效益,个体劳动方式和节奏。1851年伦敦国际博览会上,德意志的三十四个诸侯国联合组成了一个展厅。森佩尔于1852年的《科学,艺术和工业》一文中对德国的展品的评价是,除了陶瓷、撞针式枪和大型轧制钢材之外,其他东西"没有特色",是"乱七八糟拼凑的形状",或像"幼稚可笑的儿戏"。以后几届国际博览会上,德国轻工业产品得到的评价仍然不佳:"完全无聊乏味"(1867年),德国工艺品"轻率"(1867年维也纳大展),德国货"便宜但坏"(1876年费城大展)。1876年在美国费城举办的国际博览会,德国政府观察员勒洛 (Reuleaux, 1877年) 教授的结论是:"德国工业必须从单纯的廉价竞争观点转变为质量竞争观点"。从此德国改变了轻工业发展策略。

1850年代以后，"美国式"工业化方法对欧洲工业化国家产生了重大影响。所谓"美国式"方法是指工业标准化运动、产品系列化和流水线大生产方式，它的主要目的之一是为了省劳动力，为了解雇工人。这一设计目的引起了世界各国工业设计界的争论，这种争论一直延续到今天。1860年代美国的Singer缝纫机公司已经成为这方面的典型之一。德国人密勒（Clemens Mueller）到美国学习了这种工业生产方法后回国，于1855年在德累斯顿建立了缝纫机厂，该厂1867年成为欧洲最大的缝纫机厂。

英国对美国机器设计的看法可以从下面一段引文中表现出来："美国机器的主要特点是，细节很精巧，最大限度地利用零部件，高速度和易损坏，结构上追求时髦的经济。制造每一件东西都是为了加快步伐。而当时的英国机器显得较原始和笨重，设计上较保守，操作较慢，虽然它可靠耐用。人们常常看到美国机器使用几年后就散成零件了，而英国机器几乎能够一直运行下去"（Rolt，1986，158-161）。

德国对美国机器的看法如下："在19世纪中那些轻的、不复杂的、不很结实的、但是便宜的、很快就淘汰的机器，这就是典型的美国机器"（Radkao，1989，35），"爱迪生的发明不能直接应用到工业生产中；（德国人）拉特纳得出了经验，必须改造美国技术以适应自己的目的"（Radkao，1989，180）。

为保证工业自力发展，德国优先发展工作母机和测量技术。1852年普鲁士《官方消息》强调："除了制造产品外，发展工作母机和工具是工业化的最基本促进手段"。发展测量技术导致了光学和精密机械仪器。这些步骤都表明了德国工业技术发展战略上的功能主义。历史表明这样规划是很有远见的。它使德国建立了很强的机械制造工业基础。到1890年代，美国人认为"最好的美国工具制造车间是在德国"（Radkao，1989，178）。从德国开始进入工业化发展阶段，到其机器制造占据世界领先地位，一共用了40～50年时间。1900年德国在机器设计、制造和出口方面超过了美国，并且一直保持到1970年代。1903年一个英国人参观了德国工厂后说："很遗憾，在英国土壤中不存在这样有秩序的和装备了机器工具的工厂"（Rolt，1986，225）。

以钻床为例，1824年柏林钳工哈曼（August Hamann）到英国去学习工具母机制造，五年后回国在柏林建立车间制造出钻床。1851年在伦敦国际博览会上，德国展出了自己制造的蜗杆传动钻床。1862年和1867年的国际博览会上，德国获得钻床金奖。从第一台仿制算起，一共用了38年。

美国人这样评价德国人："德国人行动比较慢，目的意识很强，小心谨慎，讲求方法，工作劳动中考虑很周密。他们不是大胆的、冒险的民族。他们需要时间去思考和行动，他们需要他们的秩序和规矩、他们习惯的环境、他们规定好的道路和方法。但是他们具有一种至今其他国家没有达到的能力：事先识别出正确的道路，然后毫不动摇地走下去"（Radkao，1989，173）。这种特性也充分表现在德国工业设计中。在机器工具设计中，他们很谨慎小心，不仅考虑机器功能，还考虑操作使用，一般要进行长期实验和改进，充分保证质量和使用性，而不是急急忙忙投到市场去赚钱。在本书分析计算机发明过程和汽车流线型设计时，读者还能进一步体会到这些国家在设计中的区别。

英国在1862年就已经制定商标法，以防伪劣假冒，1877年修正了该法律，目的是阻止德国货。不料，反而引起更多对德国货的兴趣。"德国造"这一商标变成了"高质量"、"认真"、"刻苦"、"团结"的代名词。

1900年前后，德国技术和经济进入高速度发展阶段，机器制造、化学工业、光学仪器的功能主义设计和制造已经处于世界领先地位。各种新型交通工具（蒸汽轮船、自行车、电车和汽车）、新型材料（钢、铝、水泥）、新型建筑（火车站、展览大厅、大型会议厅、桥梁）不断出现。面对眼花缭乱的新对象，怎样进行设计？这是一切建筑设计师的新问题。寻找什么榜样？过去德国人学英国，这时德国人已经从自己文化意识中苏醒，有了自己的技术能力、自己的动机和目的，并注意借鉴分辨了英国和欧洲的新艺术改革运动，进一步发展了功能主义，使它不再局限于艺术设计范围内，而是变成一种政治、经济、社会发展思想。这里要强调的是，从模仿到创新并没有一种必然，模仿多了并不能导致创新。模仿是一种"照着干"的思维方式，创新是另一种独立思维方式。创新不是通过模仿学习所能掌握的，它的基础是从小的独立行为教育和个性培养，这种教育使人形成独立思考能力。它在德国起源于19世纪初的洪堡教育改革和19世纪后期的技术职业教育和技术高等教育。

英国的"花园城市"规划思想对德国和欧洲其他国家城市规划有很大影响，至今城市建设仍然朝这个方向努力。但是在建筑材料方面，英国从1880年代起就落后了。美国在1860年出现了钢筋混凝土，1890年在芝加哥出现全钢铁框架的高层建筑，这些新建筑材料和设计方法很快传到德国、法国和丹麦，但是英国人对这些新材料采取对抗态度，"对这种现象的各种分析认为英国在建筑现代化方面有阻力"，"也表明英国工业比较衰落了"（Chant，1991，155）。

19世纪时欧洲人不懂装饰应当适当。著名的维也纳建筑师路斯（Adolf Loos）说："文化的进化意味着从日用品上把装饰品取下来"，过分装饰"不再表现我们的文化"。在英国的工艺美术运动的影响下，欧洲各国艺术家都学莫里斯建立了自己的创作室，逐渐放弃装饰，向简单的几何形状发展，引起一系列艺术改革运动。这一艺术改革运动在德国引起了两种潮流。一种是1890～1910年的"青年风格"运动。他们反对机械化大生产，没脱离个体小生产的传统农业文化。他们把注意力转向表面装饰和装潢，把实用美术用于传统商品生产，例如，设计纺织图案、石版印刷的明信片、毕业证、公文格式、广告、风景画片、香烟盒，或画天花板图案，或下大功夫学金属装饰版画。其中活路较好的是广告、批量服装和铁器设计。他们从手工工艺美术的本质发现了自己的作用：机器生产可以制造有序对称，可以重复生产，但是不能制造任意形状，不能体现个性。另一方面，当时德国资产阶级在政治经济上的实际地位不高，"青年风格"使用高级材料制造的高档孤品适合他们的需要。但是，这种风潮很快就过时了。第二种潮流是用艺术改良德国文化和工业产品，使工业产品渗透文化，并以国家方式来进行这一改革。这一潮流集中表现为工作联盟的功能主义设计。强调手工工艺和强调工业技术美这两种潮流在德国工业设计史以及许多国家历史上曾多次出现，并一直延续至今（Selle，87-105）。

第四节　德国工作联盟

一、德国工作联盟的成立

19世纪末德国经济发展速度超过了英国和法国，同时也产生了经济和社会危机。1906年政府财政赤字7亿马克，1909年达13.5亿。社会矛盾也日趋尖锐，不仅引起1905年鲁尔区20万矿工举行大罢工，也引起社会和文化衰落。经济发展了，但是工人却仍然很贫困，这种劳动使人不愉快，他们反对机器，反对工业生产。在这种情况下，德国皇帝把穆特修斯从英国招回国，要求他领导并找出一条新发展的路，能够激发起人们的劳动热情。穆特修斯不是首相，不是政党领袖，也不是企业家，仅仅是有公务员身份的艺术家或建筑家。一个艺术家能够解决这么重大的社会问题吗？这种任命本身就表现了德国资本主义的特色，试图从文化角度（即后来人们称为的工业设计）解决劳动关系和劳动精神问题，而不是从政治和阶级斗争角度。这也反映了韦伯社会学理论的影响，是德国改善企业管理的基本出发点。后来历史表明，他们用艺术对德国文化建设和改善生产关系起了推动作用。

建筑师穆特修斯也是德国商业部的秘密参议。他联合了12位艺术家和12个企业和创作团体，于1907年10月5日在慕尼黑成立工作联盟。他们提出艺术与工业结合。

艺术在工业中起什么作用？换句话说，艺术在工业设计中起什么作用？这是一个很大的问题，可以成为博士论文课题，很难用几句话说清楚。为了使理工科人员对此问题可以有大致概念，简单作下述分析。莫里斯用艺术代表了一种理想，他尝试用艺术劳动建立一种公正、愉快的人与人的社会关系，通过艺术使劳动恢复它本来的意义：劳动是人的一种需要，使人获得自给自足，而不是为了金钱。但是，工业革命改变了劳动的目的和性质，为商品、为金钱而生产，造成了不愉快和贫困，引起对技术和机器的反感和仇恨，这就是洪堡和马克思所说的"异化疏远"观念。工作联盟认为这种异化是文化和社会衰落的决定性原因。怎么使劳动者愉快？德国思想启蒙运动代表人之一莱辛（Lessing）曾说："艺术的最终目的是愉快"。"科学不能用它的方式解释美，科学总与公式联系，美学和艺术只能与精神力量建立联系"（Fischer，1987，100）。德国工作联盟认为历史车轮不可能倒转，不能采取莫里斯的办法，只能让艺术进入工业，用艺术设计代表劳动者利益，建立人与劳动的新关系，有意识地引起工业内部的改良。著名建筑家舒马赫（F. Schumacher）在拟定该组织的目的时说："经济和技术的巨大发展也产生了对手工艺（即工人）生活根基的很大危险，劳力者与劳心者之间的疏远异化的危险。只要工业存在，这种危险就不能被掩饰起来，而且再也不会消失。人们必须尽力去尝试克服它，在这个已经存在的鸿沟上架起一座桥梁。这就是我们联盟的伟大目的。"这个目的被各成员认可。当时他们认为"艺术"反映人的精神理想美，"工业"代表了利润利益。凡·德·费尔德（Henry van de Velde）说："艺术与工业的结合就像理想与现实的结合"，"对工业的本质来说，让它向美的方向发展，就像让生产的全部工程以道德为基础一样，是陌生的"。通过艺术给工业注入道德，这也是德国工业设计长期以来一直坚持的道路，形成了德国工业设计者的社会责任感。舒马赫说："当艺术家和劳动大众结合成亲密弟兄关系时，其结果就不仅是美学本质。艺术不仅是一种艺术力量，而且也是一种精神力量，最终也是一种经济力量。"他提出建立该组织的必要性是："与商业和大工业对当代生产的统治力量建立一种关系"（Mueller，1974，13）(Fischer，1987，15—21）。

另一方面，恢复德国独立统一和建设德国文化是德国几百年的理想，这一潮流中也伴随着军国主义。1806年德国被拿破仑打败后，国家被占领和分裂，拿破仑时代上层贵族风格的哥特式新巴洛克式之类古典主义建筑出现在德国各地，它宣扬的是法国贵族文化和生活方式。一百年来德国在经济上远远落后于英国，社会风气变得崇尚英国产品，工厂仿造英国产品。从这些社会现实中，他们认为，一个产品不仅是为了使用，而且也反映文化意识、价值观念和社会崇尚。1871年德国统一后，古典主义风格又被文艺复兴形式所代替，被有些人认为存在着"一种真正的民族观点，精神和文化，德意志艺术，亲切温暖"（Selle，1994，66）。工作联盟认为这都不符合时代精神，他们力图通过工业设计创造一种新的德国文化意识、民族意识或国家意识。但是怎么去实现呢？

他们认为，日用装饰品、家具、饼干盒和服装设计追求古典豪华气派，这不符合德国时代精神和社会现实。19世纪末德国工业迅速发展，城市市民阶层、中产阶级（资产阶级）迅速增加。工人大量增加，1907年已达两千万，占人口总数的三分之一。从1887年到1907年工业、商业和交通业的雇员增加三倍。他们需要自己的文化和审美表现形式。工作联盟认为，工业设计不应当追求古典、豪华、昂贵，而应当适应德国市民的俭朴。他们人数众多，单件豪华高档产品的传统手工艺生产方式已不能适应社会需要。只有大生产才能满足他们的需要。

工作联盟提出了三个任务。

第一，建立新的社会精神文化和新的企业文化。"我们希望劳动重新恢复它在较好年代那种价值，使劳动能够变成一种愉快"，使"劳动高尚化"（Fischer，1987，16）。要达到新的人性，应当调整工业经济的只顾赢利的方向，考虑解决当时的社会问题。他们提出要团结艺术工业和手工艺，通过教育宣传和发表评论，以纯净商品生产。有人提出三条办法。首先，"在各个劳动岗位全面建立劳动者的权利"。其次，"工人和雇员参加制定企业制度和经济计划"。"提高工人对内部的关注，工人参加企业管理，以提高劳动愉快"（Fischer，1987，171）。在长期努力下，这一思想对德国企业管理起了重要作用。1973年美国政府调查大量企业后，也得出类似结论。1910年代和1920年代，"为劳动愉快而奋斗"成了德国工业界的一个时代口号。以艺术家菲舍尔为代表的乐观主义派认为，最多用十年就能实现这一目的。1908年路斯说，德国工作联盟的"目的是好的，但是德国工作联盟根本达不到这个目的。他们的成员试图用另一种文化代替我们时代的文化。"十年后的1928年，菲舍尔说，"今天的劳动中愉快依然这么少，这是时代的不幸，也是劳动消沉的原因"（Fischer，1987，16）。事实表明，代表劳动者和用户的精神和劳动愿望，改善人际关系，改善人机关系，改善劳动和操作条件，这是工业设计一项长期历史性任务和责任。1920年代包豪斯继承了这一历史使命，1947年德国重建工作联盟时又提出"劳动高尚化"的任务。1950年代德国乌尔姆造型学院又继承了这一传统。在这种长期不懈的努力下，形成了德国的工业设计和企业管理理论。至今，世界各国有人道主义精神的工业设计者都为这个明确的历史使命，一代一代地努力下去。与此相比，美国直到1980年代在计算机人机界面设计中才提出"对用户友好"的概念。

第二，质量概念是工作联盟的一个中心意识。工作联盟艺术家们普遍认为，"德国质量运动的主力不是商人，而是艺术家"。凡·德·费尔德认为工业设计代表美和道德的力量，"美与道德"是艺术"对工业的要求"，"至今工业只围着两个问题打转转：一是便宜，二是质量低下"，"艺术家不相信工业能够直接追求美和道德"。他提出，生产对象的道德要求，它包括材料质量、产品的完美、持久耐用。其他人还提出高质量的劳动观念：对使用的材料和工艺技术要诚实，要有好的鉴赏力，对形状和颜色要有好的鉴赏力，提高机器质量，把纯技术质量同艺术价值结合起来。这对工程设计是很重要的完善（Fischer，1987，56—61）。穆特修斯认为，"过去几十年中，已经在光学和科学仪器方面提高了质量，但在艺术工业上还很落后"。他们从企业文化角度来看待质量问题，企业家外行，怎么能提高质量？企业劳动关系紧张，怎么能够提高质量？劳动者心情不愉快，怎么提高产品质量？只为市场金钱利益，怎么能够提高质量？他们提出三个质量概念：企业的组织质量、人的精神品质和产品外形及技术质量。企业组织质量表现在企业家对技术和知识的经验和劳动质量思想，这种企业文化后来形成了在国际上闻名的德国特点，给手工艺打开了一条道路。人的精神品质指"高尚的劳动"。工作联盟举办了许多展览，以自己的大量艺术设计表现出高尚精神。在市场重商主义环境中，他们的展览引起了社会轰动，使人们体会到高尚的劳动创造出美。建立以质量意识为中心的文化概念。"一切损害工人职业活动和职业愉快的事情，也损害工人对人生的理解。工资低微使工人失去尊严，变成了劳役"，"我们的国民经济师应当从这方面多努力，我们的社会政策应当保护工人。工人自己必须通过职业劳动提供好的大众产品，这样可以提高工资，提高人的尊严和影响"（Fischer，1987，116）。1932年在工作联盟的杂志《die Form》还提出了质量的定义："不仅卓越的耐久的工作和使用无缺陷真实的材料，而且达到有机的整体性的求实和高尚，如果你愿意的话，可以把它看成艺术品"（Pevsner，1974，35）。这一定义提出了材料质量、技术完美、高度使用价值和有标准的审美质量。它决定了德国工业设计的方向：像过去手工艺人那样精心的劳动，追求技术完美，使用真实材料，以及先进的工业技术工艺。把机器加工看成与企业和个人荣誉相关的事情。工作联盟还把"质量感看成是一个民族文化的衡量，通过艺术价值致力于大众文化建设，追求和谐，改变社会道德风气，引导劳动和生活"。把艺术同工业结合起来去提高各方面质量，建设德国文化，变成了工作联盟的最高目标。回顾历史，他们的确实现了这个目标。其他国家工业设计领域中很少有工业时代的质量定义，更没有从这种高度看待质量的文化意义。这一概念也是对艺术概念的发展，从此人们把卓越的产品看成是艺术品。

其他国家工业设计界很迟才提出质量概念。例如英国1983年在《工程中的工业设计》（Industrial Design in Engineering，C.H.Fllurscheim编辑，the Design Council，1983）才提出质量概念。它的定义是："质量一词在这里包括许多与设计有关的重要特性：外观和视觉相关方面，它们在提高质量和表现质量方面是重要因素；机器与人和实际环境的适应性；可靠性，它尤其是受维修工具影响；安全，它受控制影响；以及较次要的完整性质量，它取决于设计师的能力，把各个部件与整体关系的最佳化，工业设计的综合思想对此起重要作用。"

从德国历史上说，质量不仅仅是一个技术概念，而且是德国文化中的一个价值观念。到1900年时，德国的机械制造、光学机械、电器工业已经基本实现了高质量，并达到国际上先进水平。工作联盟是在建筑和日用品方面发展了工业时代的质量概念。为了向大众传播新的功能美学和质量思想，工作联盟举办了大众审美讲座，特别是举办了许多展览会。"德国博物馆"（在慕尼黑，德国最大的科学技术博物馆）为展览会作出了许多努力。每个成员提供五至七件作品。从1909～1911年夏天，共举办了48个展览会，曾远足荷兰、比利时和奥地利。1911～1912年，20个不同的展览共举办了50次，其中在荷兰1次，在奥地利6次，在美国一次。1912～1913年共举办41个

图1.4.1 德国1536年制造的钟。德国布伦瑞克市历史博物馆展有1536年设计制造的钟，至今还在运行，每天误差2分钟（室温约20～25℃）。该钟零部件使用铸铁件，已经采用擒纵轮和棘爪机构。钟运行的能力贮存在一个滚轮上，并由三个重力锤（在钟的背后）驱动齿轮转动。钟的正面两侧有一个人形和一个骷髅，手中各持一个钟锤，每15分钟击一次钟点

展览，其中20个在德国，7个在奥地利，6个在美国。1913～1914年又举办22个展览共展出42次。从1908年开始，工作联盟还致力于工厂艺术教育，参与学徒职业培训，参与艺术院校改革。1911年它与其他几个团体联合建立了一个装饰艺术专科学校。最终，他们发现教育是解决问题的根本办法。它的许多成员探索工业美术和艺术教育问题，曾写了许多关于教育大纲和艺术教育改革的文章。这一愿望后来由格罗皮乌斯所建的包豪斯实现了。

第三，穆特修斯受商业部委托，还提出了另一个目的：改善德国的工业产品，提高在国际市场上的竞争力。他通过多年在国外的所见所闻，感到德国的手工艺和工业的造型僵化，存在着被荷兰、比利时和英国超过的危险。他们尝试以艺术设计改善德国产品，提高它在国际市场上的竞争能力。工作联盟的这一目的也实现了。1919年工作联盟的新任主席改变了这一目的，提出工作联盟必须致力于文化精神方面，而不是工业经济方面。此后，工作联盟转向建筑、城市规划、家具、广告、摄影、印刷艺术方面。历史表明，通过工业设计来建设文化，是一个长期的历史任务。

二、艺术与工业结合的复杂性

从整体上看，工作联盟对文化建设、工业品出口、民居建筑作出了很大贡献，超过了当时任何其他国家的工业设计。从具体过程中看，工作联盟内部存在各种倾向、各种意识、各种人，它的发展并不是一帆风顺的。艺术家参加工业设计所面临的许多问题，与工业结合对他们也是个难题。1914年工作联盟在讨论科隆展览时出现的大辩论可以使人们对此有较深入的了解。

在那次讨论会上，穆特修斯提出了准备展览的十条指导原则，他认为，工业设计关系到德国的生存问题，通过艺术家、企业家和商人的结合，建立艺术工业，创造出口条件，要展出最好典范，使它在国外展览时表现出一个国家的特征，他把建筑设计"典型化"作为一个重点。工业生产标准化和产品种类典型化是各国工业化成功的一个历史经验，这在19世纪后期已经成为各工业国的努力方向。在这次会议上，艺术家们对质量和典型化进行了激烈争论，大致有三种观点。

有人说："我不很清楚穆特修斯的典型化的含义。最初，我没有把它当成是一个准则。我联想到典型艺术，它对我的任何艺术活动都是最高目标，它是深刻的、个性最强烈的、最终的表现。它是最成熟的、最有启发的、对创造对象的解脱性的解答。一个艺术家的最好作品往往是从这两方面意味着典型"。"追求完美导致典型"。"保证艺术自由必须是工作联盟的神圣信条。"

有人说："在实用艺术中，有动机的典型化的每一种尝试都是充满危险的，它会扼杀发明创造。"

有人说："质量对追求艺术自由是个不吉利的词。……哪一种质量呢？结果总是技术质量代替了精神品质。艺术宁愿从美出发。我们来工作联盟的目的是为了创造美"。"美是体验。一朵花、一幅伊朗地毯、一个中国花瓶，只有通过它的存在，通过它对眼睛的作用，引起一种不可理解的、令人信服的兴奋状态。对不可理解的人来说，必须表现成发疯、荒诞、可笑"。"从实际人们的立场来看，他好像是胡闹。"有人反驳说："认为发疯产生伟大艺术作品的状态，我不同意"。艺术创造"并不是个人的状态，而是时代的最高状态，不是个人建了哥特式建筑，而是时代"（热烈鼓掌）。"从发疯状态出发，很遗憾，往往只有一个发疯的脑子。艺术和形式的完美的条件不是出自金字塔尖，而是它的地基。没有基础，永远不可能获得完美的结果。这个基础就是典型化"（长时间鼓掌）。还有人进一步批判说："文化组织主义只有放弃自私的艺术愿望，以时代的真正精神为己任。看看周围的实用艺术,自私自利的人厌恶人们所需要对象的必须要求,这种情况并不少见。在使用对象的造型上,不仅要符合有关的目的,还要牢记普遍使用对象应当有推广力,能帮助许多人"。这里反映出一个依靠艺术家进行工业设计时必然会出现的问题:怎么创造美?一般艺术家认为,艺术需要创作自由。工程师很明确,工业设计是受很多条件限制的。这个问题经过长期探索,工作联盟最后明确了,技术美不是"自由"美,而是属于康德提出的"有目的"的美。有人进一步辩论说:"在现代美中,对你来说不言而喻的东西就是典型。"典型化就是"从经济上、社会上和历史上的必要性去创造东西"。"为了我们的工业和手工业,为了好的市场能力,这样有意识地创造出典型,在世界经济的老虎钳上创造出一种理想主义"。还有人针对艺术家对工业制造的无知说:典型化是一种工作的规划方法,"典型化是事先规定好方案,不是有意识地思考,而是结果"。"典型化是出自工人住房的设计要求。如果把确定的建筑结构、窗户、门、暖气设备典型化后,采用较少的基本形状,它应当便宜,很明显这样会节约。同样,家具也应当这样,德国德累斯顿工作室已经这样做了","统一形式的家具、床、橱柜、桌子,都通过了计算。这种家具比其他工厂的销路好。我们过去在典型化方面干得不好"。

有人说:艺术和工业结合就像"鞋匠和艺术家的结合","工作联盟与艺术根本没有一点关系"(众人反对),"如果工作联盟要继续下去,就要尊重艺术家"。马上有人反对这个观点:"艺术是人类劳动的表现,是社会的产物。艺术并不是为自己存在,而是同一切人类劳动的目的一样,是为了使生活、使整个人类变得美好。鞋匠也是为了保护人类而存在"。还有人指出工作联盟并不是只为艺术家建立的,工作联盟的目的是使劳动高尚化,要使艺术、工业和商业结合起来。

凡·德·费尔德激烈反对穆特修斯的十条准则,他也提出了十条。他说:"只要工作联盟里还有艺术家存在,就要反对典型化。从本质上说,艺术是热情洋溢的个人主义,自由的、激情的创作。它决不屈服于一门硬要它接受的典型、一个标准的学科纪律。"

有人说:"如今艺术家再也不能单枪匹马了。他们的工作具有社会意义。只把个人的卓越油画挂在他的屋子里,已经没有社会意义了。要千百万人团结起来,这是为了国家,这就是工作联盟的努力方向。我们看看自己的周围,我们的艺术创作中有社会意义吗?从这个特定意义上说,我们现代艺术已经变成了社会化的一个条件"。有人深刻地指出:"现在不是创造古希腊庙宇,去确定那种典型只涉及一个人的成就,而是几百年的不懈努力,从一个实际任务出发,去创造一种完美的形式。这要通过几代人的努力才能达到。"

最后,穆特修斯对会议进行了总结。他说:"典型化在贸易中起重要作用。我的工作也是为的这个贸易政策","德国工作联盟应当存在下去,我愿意当牺牲品","如果我的报告是工作联盟的绊脚石,我就收回报告。如果你们要求我收回"(众人喊:不,不)。"让我们继续团结前进,为德国艺术和德国工业的繁荣,把已经开始的艰难工作继续下去"(长时间热烈鼓掌)(Fischer,1987,85—115)。

三、功能主义和技术美

英国工业革命时期传统,崇尚科学和艺术,而新出现的工业技术却并没有社会地位。有身份地位的人对它不屑一顾,认为"工程师造的东西在本质上是丑的"。要美,就去给机器制造许多装潢,附加一个小天使铸型,或在机器底座上雕刻许多花纹。现代人听了会觉得好笑,机器是用来加工的,又不是当摆设的,小天使又不能开机器,却使造价大大提高。但当时人们是很认真干这些事的,当时的外观造型只顾及装饰,与东西的本质没有直接联系,这是由当时的价值观决定的。怎么从价值上来转变呢?

工作联盟和包豪斯建立了功能主义设计思想，它的基础是技术美观念，这二者不可分离。功能的含义在当时是指建筑和用品的要求、用途、目的和本质。工业设计过程重点考虑形状，什么因素决定外形？工作联盟提出了工业设计应当以功能主义为标准，不能用装饰（法国、英国或古典风格）决定外形，而应当以设计对象目的来决定外形。设计目的有四个："真正的功能主义"应当"按照人们的要求和习惯来指导"（Fischer，1987，217），"心理要求也是目的要求的一部分"（Fischer，1987，290），"情绪要求也是造型考虑的一个问题"（Gropius，1919），"使用对象的造型不仅要符合目的，而且应当使普遍能使用的对象具有传播推广能力"（Fischer，1987，108）。这种目的和本质决定外形设计，穆特修斯提出，"只有按严格的求实态度，清除单纯的装饰外形，按照目的的要求进行教育和修养，才有可能进步。""形式是对一切对象最内部的、最本质的含义的认识的表达，任何艺术和艺术家都不能、也不允许任意捏造这种内在本质。""设计目的"应当"纯正"（Fischer，1987，200）。

求实，是穆特修斯的关键要求，也是这一历史时期德国功能主义的核心思想。求实就是不要盲目照搬外国的东西，而要从德国现实出发，致力于有目的的造型。在造型上，要按具体的使用功能这一目的要求进行设计。例如，不要给浴室添加附加装饰物（这恰恰是当时流行的方法）。他提出，"真正的现代性表现在严格的逻辑设计上，既不要多情善感，也不要牵强附会矫揉造作"。"浴室应当像一个合乎科学的设备装置"。任何硬搬进去的"艺术"只起干扰作用。穆特修斯认为，"纯粹按这种目的性创造的外形才是聪明的，能唤起美学舒适感，它与艺术享受没有区别"。"这样，我们就有一种新的艺术：求实的功能美"。他把传统的"美学优先"转变为与建筑目的相结合，把艺术家认为"丑"的工业机器技术肯定为美。这样，人们从轴承或曲面上突然发现了它那对称结构的造型美，从机器加工工艺上发现的几何美和技术美。他认为，一旦把建筑归入艺术概念之中，实质上就不存在"艺术"这一概念的界限了。这种艺术首先服务于它的使用目的的本质。这样，把工程师的作品也归入艺术范畴。功能美学的中心论点首先是：美没有准则，美是与喜好有关的，喜好是直接对准目的的，目的性是美学关系的前提（Mueller，16）。

到这时为止，"工程师造的东西在本质上是丑的"这一观点已统治一百年了。这一转变的重大历史意义是：肯定了自然科学、艺术、技术科学三者的价值平等。它鼓励有才能的人们从事技术创造。为工业和经济的发展提供了一个新的价值观念和文化环境。没有这一环境，工业技术的发展缺乏精神动力，大量高才能的人不愿意从事技术，工业经济发展难以持续长久。德国人崇尚技术，技术人才众多，是工业发展迅速的重要原因之一。反之，也是英国落后的原因之一。虽然英国是第一个工业化的国家，但是它的传统只崇尚自然科学和艺术，而轻视技术科学，轻视工程师，轻视技术工程教育，轻视工人培训。这种价值观使英国政府在工业革命经济发展中陷入盲目。直到1960年代高等院校才普遍开设全日制工程技术专业，它称为"应用科学"范畴，仍然隐含着"科学地位高于技术"，在价值上仍然比技术高一等。人们往往认为，自然科学是技术的基础。这种观点只看到了二者关系的一方面。另一方面，技术科学是自然科学研究的物质基础，没有技术条件，科学难以观察认识自然，从这个意义上说，不发展技术科学，自然科学难以发展。有的数学家说："数学不靠技术，只靠一张纸一杆笔"。没有技术，纸和笔从哪来？实际上，现代数学研究的问题往往来自技术和实践。科学包括三大类，一是自然科学，它的对象是自然（包括人体），它的目的是认识和积累知识。二是人文科学（又称精神科学或社会科学），它的对象是人的精神，它的目的是为人创新和生产精神产品，即创造新文化，探索人生智慧。三是技术科学，在德文中被称为Technikwissenschaft，它的对象是生产物质财富，研究制造过程中的认识问题，积累制造知识，现代和未来人类生存要依赖技术科学。从事自然科学的人往往对这类问题不感兴趣。历史上，科学和技术并不是一直很和谐。偏重自然科学的理科大学与偏重技术的工科大学的价值冲突19世纪末首先出现在德国，技术界的主要观点是，技术需要各种知识，其中也包括数学，但是反对以数学作为判断技术水平的惟一标准，反对用数学代替技术，反对技术专业的数学化，反对技术专业脱离生产实际。这个争论对德国技术和经济发展起了重要促进作用。很久之后这一价值冲突才在美国出现。德国顺利地解决了这一问题，从而使技术和经济得到较快发展。英国一直到1980年代仍然在争论这一问题。历史表明，自然科学家的目的往往不是为技术和经济发展提供基础，而是个人的兴趣或自由目的，被洪堡称为"科学自由目的"或"学术自由"，这是当时自然科学研究的特点之一，但是不能用这种观念否定其他领域的价值。当前世界任何一个国家都负担不起花费浩大的长周期"自由目的"的自然科学研究。历史上，自然科学和技术是在两种社会群体中发展起来的。技术科学的准则不同于自然科学，主要不是"观察到没有"，"懂不懂"，而是"会不会干"，"干得好不好"，"是否全面熟练"，"设计制造出高质量的产品没有"。技术的价值在于锤炼出炉火纯青的感官判断和反应能力（眼、耳、鼻）和操作能力（手，脚），脑、眼、手默契的合作，人与人的密切配合，纯熟的工艺过程和技能，绝妙的技术绝招，以及制造出卓越的产品。在现代工业社会中，不培育成功的技术文化，工业和经济难以长期和谐发展，科学也难以发展。英国的整个工业史讲了这样一个故事：在工业化过程中，一旦歧视技术这种陈腐的偏见变成了社会核心价值和传统，认为科学（数学）比技术高贵，技术就难以发展，起步早一百年的优势也会失去。德国工业化过程中，成功地创立了技术文化，实现了人的思维和行为方式转变。现代技术的大量贡献并不表现在"学术"杂志上。只靠理论和论文来判断技术专业水平会延误国家技术和经济发展大事。工业化国家许多企业用专利数目作为评价工程师的标准之一。用论文也根本无法评价德国的工业设计，它创立了技术美学价值和技术美学行为方式（艺术家投身于工业技术），创立了德国工业社会的文化，对企业管理作出了重大贡献。这种工业文化和企业文化基础对技术和经济的长期稳定发展起了决定性作用。

工作联盟的设计是面向社会下层。他们认为："老的资产阶级的住房一直还是工人的理想，如果工人从他们那种阶级意识出发，形成一种与他们的人生观一致的住房观念，而且各种功能都很正确的话，这些工人住房可能会变成资产阶级的榜样。在这方面，我们建筑师必须用我们的工作来启蒙，用同样的精神探索工人住房，而且也能把它运用在资产阶级住房中"（Fischer, 1987, 217）。

艺术家应当怎么投入工业设计呢？穆特修斯批评模仿设计。他提出，首先要搞清楚每一种东西的目的，认真搞清楚它是什么。由这一目的出发合理地发展它的外形。艺术家应当"或多或少有意识地做至今工程师的能力中无意识"的愿望，例如外形感和颜色感。应当从艺术角度抓住"目的"、"材料"、"结构"这三个因素，发展出纯化的外形。这一处理过程要把功能精神化。这样，即使外形本身还没有确定，但是它的设计方向已经被指明了。他把物与形看成两个范畴，即"建筑师先根据可用原则进行造型，然后用美的感觉中产生的秩序规整感来改变它的外形，把不和谐变为和谐，去掉紊乱的东西，弥补缺陷"。"要把工程师造的东西变得美，不是靠一车装饰物，而是在于体现它的内在本质特性"。他还认为，单纯的求实还不是艺术，艺术外形有它的特殊准则，它首先依据比例，传统的比例美学与功能性相一致，所以首先要用比例来确定尺寸。美的外形与使用目的并不矛盾，一个美的东西也可能是有用的，一个有用的东西也能是美的，有用性与美要融合在一起。他提出一个很重要的观点：设计要标准化。这是工业文化和工业行为的一个重要标志。它的目标是机械化大生产。当时，这一观点并不被一些人理解，曾引起一场大辩论（Mueller，49）。

工作联盟和包豪斯全面发展了技术美学，它主要包括：几何形式美、材料美、机器加工工艺美、表面光洁美、表面肌理美、表面光顺美以及色彩感。几千年来，各个时代都给它的建筑和日用品选择了它的外形，给技术形状还剩下了什么造型余地？这实质上是造型的核心问题，"这不是理论能够回答的一个问题，而是由生活和时代所回答的"（Fischer，1987，247）。几何形状美是一种价值，是机器时代的象征，在有机造型的图形中，几何形状代表了机器技术，而且只有几何具有技术工具的含义。"四边形、六面体在技术世界中是最重要的秩序图形"，"在有机造型要求中，人们也许可以添入一个四边形。但是，人们很难把一个有机造型插入到按照几何原理的造型中去，否则就会破坏了整体"，"几何的地位，它在整个文化中的意义起决定性作用"（Fischer，1987，310）。机器制造的这种几何美主要表现在它的几何完美。勒·柯布西耶（Le Corbusier）说，"机器创造了纯正几何形状和以精密加工为基础的美。机器正在代替手工，它制造的球面是光滑的，圆柱体具有理论上才能达到的那种精度，机器制造的表面是完美无缺的"（Selle，1994，55）。几何形状还表现了逻辑思维特性，这是机器时代的又一主要特征。通过机器制造才能实现前人所不能实现的这种构造完美和几何完美。格罗皮乌斯认为，"新的外形不是任意发明的，而是从时代生活表现中产生的"，这种"生活表现"不再是穆特修斯所称的社会文化的资产阶级的俭朴，"而是技术和经济的目的理性，现代技术、能源和经济必然影响到艺术形式"。在1913年意味着："新的时代要求它自己的观念，准确的外形，强烈的对比，各组成部分的有序，相同形状的排列，形状与颜色的统一。这些因素不是偶然产生的，它们符合社会生活的能源和经济，并变成了现代建筑艺术的美学知识。""技术和经济是建筑造型的物质基础"。"我完全相信，人们在精神上需要这种绝对化的造型"（几何造型）（Fischer，1987，293）。

贝伦斯和格罗皮乌斯认为，形状美感的关键是"比例性"。它主要使用简单几何化的形状和有限的纯正装饰，例如，把建筑物外形分解成基本几何元素，或把相同的简单形状排列起来(Mueller，59)。我国在古代就发现了比例美。最典型的是黄金分割法，宽与长的比例为0.618。西方在古希腊和文艺复兴时期也把这一规律运用在建筑中，它不仅被运用在长宽比例上，还运用在面积比例上。在中世纪时代，德国巴伐利亚州的教堂建筑中曾用"完美数"表示某种象征。一个数可以表示成若干数的和，这些数的乘积等于该和数，这些数叫完美数。例如：

6 = 1+2+3
28 = 1+2+4+7+14
496 = 1+2+4+8+16+31+62+124+248

采用这些数字构成建筑物各部分的地基长宽比例。这种比例美至今仍然被大量运用在工业设计中。

几何美还表现在几何光顺美，在阳光下，如果你发现材料表面那种连续一致均匀的反光，就会体会到这种美感。材料美主要指工业材料具有的独特美的特性，像塑料表现出平静和柔和，钢铁表现出力量和坚强等等。工艺技术美指各种表面加工工艺所表现出来的特有美感，例如精密铣、抛光、表面纹理、电镀、磨花玻璃、不锈钢。

色彩对外形设计起四个作用：

第一，色彩影响人们对产品的感知方式，通过色彩设计可以控制用户按照约定方式去感知对象的结构，包括：通过颜色引起注意，通过颜色表现比例和方向，表现结合或分离的结构关系等等。

第二，色彩具有劳动学功能，它是劳动学和人机学中的重要内容之一，例如通过颜色可以表现安全，或提醒危险等等。

第三，色彩具有美学功能，影响人们的感觉和情绪。

第四，色彩是文化的一种美学象征，各种文化中，色彩的含义各不相同。

功能主义的一个实际考虑是改变传统的手工业生产，转向工业化大生产，以满足产品出口需要。传统手工业生产往往强调单一孤品生产，从而提高价值。工作联盟则要求设计的产品必须能用机器生产。这种机械化生产要求产品部件标准化，品种系列规格化，并可以重复再生产。机械加工只能实现简单几何形状，如直线和圆弧，难以大批量制造传统古典风格的装饰和任意曲线曲面。因而要求美学与机械加工技术和工业新材料相关，它要求美学表达纯正并潜化在造型中，而不是依赖附加装饰物。这样，要求艺术家与工业技术结合就变成了一个重要问题，工作联盟和包豪斯的许多艺术家参与工艺实践，学习技术加工，他们不仅设计造型，而且设计加工工艺。这在当时其他国家很少见。从此，工业设计师从事工艺设计也成为功能主义的重要标准。

四、几个典型人物

贝伦斯（Peter Behrens，1868～1940年），于1886～1889年在汉堡、卡尔斯鲁厄、杜塞尔多夫市艺术学院学习。1897年创建慕尼黑联合创作室。1903～1907年任杜塞尔多夫市艺术和工艺美术学校校长。他是工作联盟创建人之一。1907年被聘为德国通用电器公司（AEG）艺术顾问，并在柏林建立大型建筑设计所。年轻的格罗皮乌斯（Walter Groupius）、密斯·凡·德·罗（Mies van der Rohe）和勒·柯布西耶（Le Corbusier，在瑞士出生，后来长期在巴黎工作，法国现代主义运动代表人之一）曾在他这个设计所工作。这三人后来成为世界著名功能主义代表人物。1922～1936年贝伦斯在维也纳美术学院任教。1936年在柏林普鲁士美术学院创立建筑学大师班。贝伦斯指出："设计方式要适应机器生产，这不能通过模仿手工业生产方式和古典风格来实现，而是通过艺术家与工业的紧密结合"。"注意力应集中在机器生产技术和它的工艺上，以使艺术手段获得的形状能够直接从机器生产中获得"。为此目的，"应当使用标准件去产生美，并使其结构适合所用的材料"。他认为，"建筑师们总是从过去一百年的浪漫主义式建筑外形中去寻找美学内容，使得造型杂乱无章，与时代精神不一致，他们的理论基础仍然是18世纪的古典主义"；"而工程师们在建筑中只对结构感兴趣，只相信通过工程计算结果来达到目的，而不考虑美学外形"。他寻找表现时代的文化的力量，提出要提供建筑创造时代的"纪念碑式"的艺术。按他的观点，"纪念碑艺术是按照事物本质一个民族最高的表现形式，它能深深抓住这个民族，深深感动这个民族"。它应当表现一个时代的特有的力量，那就是繁荣富有的工业。他认为，工业的迅速发展是一种巨大的力量，对文化不可能没影响。设计应当创造新的工业文化表现形式。另一方面，古典形式已被人们所习惯，设计也不能脱离这一现实。这是艺术的一个规律，从人类文化一开始，艺术就一代一代连续地继承下来变成了传统。他试图通过新水平上的古典主义来表达工业的文化力量。

他的设计思想主要来源于当时的表现主义艺术。他的主要目的是探索技术的深一层含义。1909年他为AEG设计的涡轮机厂房受到好评，被看作是20世纪功能主义的代表作品之一。1913年赫贝尔（Fritz Hoeber）写的关于贝伦斯的第一部传记中写道，"工厂正在变成波及世界的机器时代的耸立的纪念碑。"贝伦斯谈这一设计的动机时说，"只有用钢框架和玻璃可以从内部和外部达到最有效的封闭空间效果，为此目的，钢框架与玻璃被置于同一平面上，简单的平面可以表现坚固结实"。他进一步尝试把这一原理理性化："简洁使人感到稳定坚固，美学上的稳定与建筑结构上的稳定不同，建筑必须给人一个明确的力度的感觉，并用它实现美学要求"。"美的形状是从工程师设计的对象中产生的，尽可能不要通过附加装饰物来实现。应把现代材料和设计变成使功能个性化"。从住房实用功能出发，他提倡住房应有一个高顶棚阁楼，它可以增加许多功能用途（这是现代德国住房的普遍特点）。他不同意"艺术形式能从使用目的和技术中派生出来"这一观点。他提倡装潢纯正，并认为建筑材料应表现其自然结构，而不是表现加工的粗糙。他设计了许多建筑，还为AEG公司设计了各种产品，广告，展览厅，商店，以及工人住宅。他真正走进了大工业进行设计。例如，他为AEG设计的弧光灯，外形加工工艺已不再用铆焊钳等手工方法，而是用铁皮压延，或用冲压机成型。部件联结已不用钎焊、螺钉或铆钉，而是用电熔焊。它的形状还形成一种符号象征功能。贝伦斯还自己计划生产工艺过程（Mueller，59）。

格罗皮乌斯在工作联盟初期属于青年设计师，但是他已经表现出杰出的创新能力。1914年他承担了工作联盟在科隆展览会的典范工厂设计。他同穆特修斯一样，批评那种过高估计目的和物质材料在艺术创造中的作用是"站在壳上忘了核"，提出技术优秀的外形必须与精神思想融合在一起。要想把一件家具，一栋房子的功能正确地发挥出来，首先要研究它的本质。这种本质是与机械、静力学、光学和声学相联系的，正如与比例有关。他认为，在建筑作品之外附加形式主义同样限制了建筑造型，正如一种生疏的技术限制了建筑可行性一样。他力求在建筑中表现工业技术，表现机器对外形塑造的巨大影响，表现出机器本身的美，把技术作为普遍的象征符号。他说，建筑的一贯目的是构造出实体和空间，任何技术任何理论都不会改变这一点，这种封闭实体是由各种材料以及玻璃和钢铁构成的，艺术天才要找出各种办法去造成安全感和不可穿透感。他强调外形的重要性，产品材料改进本身已不能满足国际竞争的需要，各方面的技术完美必须伴随一个聪明的主意：外形设计，从而保证同一种产品的大量生产。他也倾向于几何外形，他认为，各国各时代，基本建筑元素都是由保证人类创造力的有效的几何形状构成的。他的这一思想后来在包豪斯中又得到进一步发展（Mueller，46—51）。

与上述新古典潮流相反，在工作联盟中另外还有一些非学院派的艺术家，其代表人物是著名的凡·德·费尔德（1863～1957年）。他于1880～1885年在巴黎学油画，1886～1890年，画家，1892年转向建筑和工艺美术，1897年在布鲁塞尔建立工场生产他设计的家具。他设计的家庭餐室椅子被看成是19世纪的典型之一。1899～1902年在柏林一所工艺美术学校任艺术校长，同时进行了大量室内装潢设计和其他设计，他设计的花瓶粗陶器具有东亚风格。1902年他建立艺术和工艺美术研究班，1906年发展成为魏玛工艺美术学院并任院长。该校是包豪斯的前身之一。1917年在瑞士、荷兰是自由职业建筑师。1926年到1936年建立布鲁塞尔建筑艺术装潢研究所。1947年以后他住在瑞士。

他于1908年加入工作联盟，关于艺术与工业结合的问题，他反对探索艺术在工业中的可能性，而是"必须强迫工业产品适应一个重要考虑因素：要不要新款式"。他同英国的莫里斯观点相同，认为工业是资本主义的经济形式，它造成丑恶和不道德，而艺术是理想主义的反映，它带来美和道德，艺术和工业没有一点相似的地方，就同理想与现实之间那样。他主张在装饰设计中完全取消工程结构参数的考虑。他也提出了新的设计思想。他认为，艺术对象同自然对象一样，具有一种不言而喻的功能。按照使用性要求人工提出的功能是难以通过设计来达到的，而是应当想像设计对象与具有相同功能的活生生的自然具有相似的东西。对他来说，这与现代技术本身的功能性无关，与技术含义的精神化也无关。他的目的是用装饰物把无生命的设计对象表现为有活力。这一思想被称为泛功能主义，即寻找自然的表现形式，使装饰也具有功能。例如，他设计的路灯像一朵下垂的花，隔墙带有花纹，天窗有装饰。他把建筑结构和机器拟人化，他把大理石基座上的机器比拟成像佛陀坐在莲花上沉思一样。他在建筑设计理论上有许多创新 (Mueller，62—69)。

面对资本主义生产关系的分工和剥削，许多艺术家和手工艺师采取保守回避态度，不愿意受工业资本家的剥削，因而进行个体手工劳动。工作联盟的态度是面对现实，参与大工业，寻求设计师与工业平等的法律地位，这样经济交换过程中设计师不必作为雇佣劳动力在市场上出现，而是像工业企业主本身一样，把它们的产品设计作为交换对象。

工作联盟成立一年后发展到500人，1915年已达2000人，1933年近3000人，到1997年为止还没有任何一个其他国家的工业设计组织超过这个人数。它的成员不但有1910～1930年代德国最高水平的建筑师和设计师，而且还有一大批企业家，因此它的思想和实践不仅对德国工业设计产生重大影响，而且对德国工业生产也产生重大影响。1925年到1934年工作联盟出版《die Form》杂志。

德国工作联盟的顶峰时期是1927年，在密斯·凡·德·罗领导下，在斯图加特举办了一个名为"住房"的建筑博览会，它的目的是为平民设计实用、便宜、美观的住房。该展览分为两部分。市内展厅陈列了各种材料家具和产品。在该市的"白院"(Weissenhof)建了21栋各种家庭住宅。这是一个国际性的巨大工程，邀请了当时12位水平最高的建筑师，例如贝伦斯、勒·柯布西耶、格罗皮乌斯以及其他各专业工程师，他们来自德国、瑞士、奥地利的工作联盟。这些建筑是面向社会下层居民。这些设计体现出惊人的一致性：白墙，加固型水泥结构，长条形窗户，平屋顶，内部设计装修简单，实用。这个展览充分表现出人道主义的设计，追求社会各阶层共同富裕，而不是为少数有钱人设计。这种设计思想对欧洲工业设计产生了长远影响(Mueller，121—122)。

工作联盟的功能主义对德国产生了巨大影响：

1. 功能主义在德国发展成为一个社会性的工业设计力量，他们有强烈的社会责任感，为人道主义、为社会下层设计，为改善生产关系、保护工人劳动、改善工人生活而设计。一百多年来，西方工业化国家经历了经济繁荣、危机、战争等等许多过程，在各个时期工业设计也扮演了不同角色，但是有一点至今没有变，工业设计是作为文化因素进入社会和经济，而不是作为科学技术因素。这种观念成为后来通过1920年代的包豪斯和1950年代的乌尔姆造型学院传向全世界。

2. 他们把"劳动高尚化"和"质量意识"作为社会文化和企业文化建设的重点，形成了德国工业文化特点，对德国企业文化和企业管理也起了作用。这种企业文化是德国工业较稳定发展的社会基础，也是保护国内市场的社会基础。

3. 功能主义被称为20世纪的创造性设计的主流思想。它创造了技术美。康定斯基曾用抽象派绘画表现了这种几何美。

4. 标准化和大生产是工业化的关键标志，这在德国被称为生产合理化，它是德国工业化过程中的主要目标之一。功能主义把外形制造从手工艺单件生产转变为工业标准化系列化和机械化大生产，改变了个体手工艺制造外形的生产方式，这被称为材料经济原则和工艺过程合理化原则。例如，贝伦斯把标准化思想引入AEG公司的电热水壶设计制造，水壶外形变化有30种式样，而手柄、壶嘴、电器插座等等采用标准部件。标准化部件也被引入到德国家具工业，例如在家具设计上，里默施密德 (Richard Riemer-shmid) 成为另一典范，他实现了家具的工业化生产。像这一类型的设计师还有很多，在德国已形成普遍设计思想，对德国工业化起了很大作用。当时德国有两个著名的家具企业，德累斯顿艺术和手工艺厂采用机器生产家具，慕尼黑手工艺厂采用标准系列工艺生产家具。又例如托耐特 (Michael Thonet) 公司"第十四号"椅子到1930年时已经生产了五千万把，而且至今仍然在生产 (Buerdek，23)，它成功的原因是：价格便宜，质量高上。当时这种家具工厂太少了，至今也不多。当时，AEG（德国通用电气公司）和西门子－哈斯克公司等等形成卡特尔联合集团，在热丝灯泡国际市场上迅速发展，超过了许多大公司，1903年竞争对手只剩下一个美国通用电气。因此以贝伦斯为代表的设计师与工业结合出现在德国电器工业中也不是偶然的。

到此为止，功能主义已不再是原来的狭隘技术美学或工业美学含义了，它在德国发展成为一种工业社会文化发展战略思想、社会改革策略、生产规划思想和高效设计制造思想。德国工作联盟对德国经济发展和改善生产关系起了重要作用。它也引起了其他国家的注意，奥地利于1910年建立了工作联盟，瑞士于1913年建立了工作联盟，英国于1915年建立了设计和工业协会（Buerdek，24）。

德国工作联盟的工业设计思想上是求实的功能主义，这一思想的代表人物是贝伦斯，他是德国第一位现代工业设计师。总的来说，工作联盟在美学上是新古典主义，在政治上是国家主义。工作联盟是由持各种政治观点的艺术家、设计师、企业家、教育家以及政客所组成。它内部一直存在政治斗争。当时德国的国家主义思潮日趋广泛，对工作联盟影响越来越大，并形成一个纳粹政治派别。1915年穆特修斯等人提出所谓"德意志形式"，有人提出"德意志风格"。它的含义是：这种艺术是属于德意志的遗传性。有人提出，德意志未来的理想是把整个民族变成艺术上彻底受教育的机器民族，为此需要这种德意志风格。有人提出，形式的控制同时就是通过生产方来控制人。1933年，工作联盟要求其成员必须是纳粹党员和亚利安血统，致使工作联盟于1934年不得不解散。

第五节 包豪斯

一、格罗皮乌斯与功能主义

与英国工业化过程不同，19世纪初德国在工业化实现前进行了洪堡教育改革，先培养出有行为准则、守纪律、能力强的新一代人，然后由他们实现国家目标。在这一代人中出现了许多伟大的思想家、科学家，也出现了铁血人物俾斯麦，这一代人实现了德国统一，掀起了第二次工业革命，实现了德国电气化。回顾这一段历史时，德国把它首先归功于教育。这样德国创造了工业国家发展的一种新方式，通过教育实现国家目的。历史表明这是惟一的捷径。至今德国仍然把教育作为国家主要投资对象，经常进行教育改革，社会和经济发展中出现的趋势性问题及时反馈到教育中，通过教育来纠正。总体上说，西方工业国主要有两种教育思想，一种是刺激人去竞争，另一种是培养人全面发展。美国属于前一种，德国属于后一种。要维持长期稳定发展，必须发展教育，这也是工作联盟一直考虑的一个问题，它打算建立学校培养设计师，目的是发展和传播一种人道的工业文化。这一愿望由设计学院"包豪斯"实现了。包豪斯译自德文"Bauhaus"，"Bau"－建筑，"Haus"－房屋。

格罗皮乌斯被称为是20世纪工业设计的巨人，是个充满理想、热情实干的实践者、教育家、思想家和理论家。1903年在慕尼黑和柏林的技术学院学习。1907年他没有毕业就离开大学去西班牙，想成为一个艺术商。一年之后又回柏林到贝伦斯设计所当助手。1911年加入工作联盟。比利时人凡·德·费尔德于1906年曾在魏玛建立了一所工艺美术学院。由于第一次世界大战期间德国强烈的国家主义和排外，他不得不于1915年10月离开德国。他推荐格罗皮乌斯任魏玛工艺美术学院院长。1916年格罗皮乌斯给萨克森国务部写了一份"为工业和手工业建立艺术咨询学校的建议"，导致1919年当时魏玛的两所学校被合并在一起，形成一所新的设计学校，格罗皮乌斯任校长（1919～1928年）。他把该校命名为包豪斯。1928～1934年他在柏林建立建筑设计事务所。1938～1952年任哈佛大学设计学院建筑系系主任。1948~1950年任CIAM（国际现代建筑会议）主席。1952年任巴黎国际建筑咨询委员会主席。1954年环球旅游，曾到澳大利亚、香港、印度、埃及、希腊、意大利，在日本建立东京格罗皮乌斯协会。他从1906年开始从事建筑设计直到1968年。一生设计了180多个建筑（例如，1924年8个工作项目，1925年10个，1927年21个，1928年9个，1929年14个，1930年4个，1931年11个），其中一半被实施（Probst/Schaedlich，Band 2，162-164）。

为什么要建立包豪斯呢？关于这一问题格罗皮乌斯于1956年曾说，"当我还是个孩子在上学时，我就决心将来成为一个建筑师，因为一个美好的世界对我来说是人类幸福生活的前提。从直觉上我感到，与工业化以前的古老城市的美好和协调相比，现代城市变得日益丑恶。我寻找答案，作为个人，我怎么能够把这种混乱重新引向和谐。这一问题使我产生了包豪斯的想法，我尝试积聚创造力量，目的是创造一种新的文化统一作为我们工业社会的表现形式。重新发现一种文化平衡这一思想主导了我的一生"（Gropius，1956）。

包豪斯的主要教师都是世界著名艺术家。它要求艺术家自觉承担起他们的社会责任，把艺术同生活结合起来。用格罗皮乌斯的话来说，包豪斯回答了一个问题，怎样使艺术家在机器时代找到自己的位置。格罗皮乌斯提出，"各种绘画活动的最终目的是建筑和制作。去装饰建筑只是绘画艺术的重要任务之一。建筑师、雕塑家、画家必须返回到手工艺。那样，就不存在艺术这一职业。艺术家和手工艺师不存在本质区别，艺术家只是手工艺师的一种提高。"这里他强调"返回到手工艺"，而不是工业大生产，这与莫里斯的思想属于同一个体系（Wingler，39）。

1916年他给国务部写了一份报告，格罗皮乌斯强调了工业设计的作用。他写道，"艺术家要想发展造型的话，首先要探索、理解并学会使用现代造型的强有力手段：各种机器，从最简单的工具到复杂的专用机器"。"在要求工业技术卓越的同时，还要实现外形美。世界各国用相同的技术制造的东西还必须通过外形表现出精神思想。使它在大量产品中表现出领先。手工业和小企业不再能适应现代要求。现代工业也准备认真考虑艺术问题，用机器方式去生产出像手工艺术一样精美的商品。艺术家、推销和技术人员应当结合起来，逐渐使艺术家掌握能力，把精神灌输给机器产品"。"没有经验的企业主往往低估艺术的价值，只靠增加产品数量不可能在世界竞争中取胜"（Bauhau：Archiv）。

当时正处于第一次世界大战期间，他的这份报告实际上反映了他对建设未来的理想主义愿望，这也可以从下面看出。舍迪立希（Schaedlich，1986）与格罗皮乌斯的一次长篇交谈，题为《建筑艺术不是应用考古学》，比较简要而全面地概括了他的思想和观点。舍迪立希问："包豪斯的目的是什么？"格罗皮乌斯说："包豪斯的目的是实现一种新的建筑，这种建筑要归还人性，应包含人的全部生活。通过解释概念和综合理解，使造型问题回归到它的最初起源，艺术造型不是为了（贵族富人的）精神或物质奢侈，而是面对（广大社会下层）人本身的基本要求。艺术思想的变革给造型引入了新的基本知识。把作品与现实结合起来，使艺术家的创造力从与世隔绝中解放出来，同时，这种艺术与设计的结合使人们从那种呆板的紧巴巴的只顾及物质的经济思想中得到放松。强调设计造型与人的关系，警惕设计造型可能引起的社会危险，这种一体性的社会思想是包豪斯的主导思想。"

格罗皮乌斯说，包豪斯的目的不是传播任何艺术"风格"、艺术体系或艺术教条，而是把现实社会活生生的因素引入到设计造型中，努力去探索一种新的态度，一种能发展创新意识的姿态。它最终导致一种新的生活态度：艺术与技术的统一；艺术、技术、经济和现实社会的统一；艺术设计师与建筑企业家的统一，设计典型系列化和标准化。

包豪斯的产品显示相似的外观，这难道不说明一种风格亲缘关系？格罗皮乌斯说："这种亲缘关系不在于表面的风格一致，而在于尽力把产品设计得简单真实，在于规律一致。它的目的是为平民大众。包豪斯的产品外形并不摩登，其外形是艺术协调的结果，它产生于人们没有注意到的技术、经济和外形塑造方面的思想过程和加工处理过程。建筑艺术的外形必须始终一致地从时代精神的、社会的和技术的前提条件出发进行合理发展，而不是产生于寻求新玩意儿的什么现代建筑师，也不是产生于苛求创新的幻想怪癖。"

新的外形成功来源于什么？什么是工业技术时代的基本设计原则？"果断的承认这个充满技术和交通工具的活生生的世界"，格罗皮乌斯说："从它们自己的当前规律出发，有机地塑造对象，不要夸张地美化它，也不要押宝赌咒，而要局限在典型的、人人都能理解的基本形状和基本颜色，尽量简单，充分利用空间、材料、时间和资金。要完全地从它内在的本质出发，不要说谎和赌咒，老老实实地认识我们的机器时代、通讯时代和高速交通工具时代，从它们自己的概念意义和目的出发。"

他说："模仿过去的东西的确没有意义，设计不是应用考古学"。一个东西是由它的本质决定的。要造型一个东西使它正确发挥功能（一个容器、一把椅子、一栋房子），首先要研究它的本质，它应当完美无缺地为它的目的服务，很实际地完成它的功能，坚固耐用、便宜并且"美"。造型思想必须符合物质和技术现实。造型的每一个产品必须是有机整体的一部分，必须是我们环境的一部分。造型的一个任务是使生活过程标准化，它并不是增加新的束缚把人变得机械化，而是从不必要的负担中解放生活，使人能够充分无拘束地发挥发展。这种功能造型方法要结合先进的科学技术知识。建筑意味着塑造生活过程，他要求艺术家去发展想像力，不要被工业技术的困难所吓倒，想像力比技术更重要（Gropius，1919）。

格罗皮乌斯说："我从1920年代初期就一直把功能主义思想作为惟一的直接的小路，它能把我们引向未来。但是在头脑简单的人看来，这条道路的确又直又窄，直接通到死胡同。功能主义真实的多重含义和它的心理方面概念（像我们在包豪斯创新的那样）已被人们忘记了。它被误认为是纯功利主义的态度，缺乏给予生活第一刺激和美的任何想像力。"格罗皮乌斯说："功能主义并不等于理性优先"。"按包豪斯的概念，功能主义还包含了对生理和人体的考虑使其发挥功能"。"空间关系、比例和颜色应当服从于心理功能。此外，花费应当最小。同样，情绪要求也是造型考虑的一个问题"。当时"新技术手段的发展可能性对我们那一代人也有很大吸引力，就同如今一样，但是在我们改革的开始，存在一种思想：不要迷恋于固定的形状和技术。生活的各个方面都是我们探索的对象。怎么生活，怎么工作，怎么休息，怎么给已经变化的社会建立一种生活环境，这些是我们心里考虑的问题"。"我们对机器和科学的可能性也有极大兴趣，但是重点不是机器本身，而是把科学和机器用来为人的生活服务"。包豪斯考虑一个问题（如今仍然被广泛看成是一个紧迫问题）：防止人变成机器的奴隶。通过设计使人们保持大生产的同时重新实现生活的意义。"我们的动机是消除机器的弊端，而不牺牲它的真正优点"。"回顾往事，我必须说，我们那一代人对机器的探讨太少而不是太多，新一代必须首先热心于工具造型"。他的这个思想是很有远见的。人需要技术，也需要文化。人类要发展技术，但不是盲目发展，人类只需要人所适应的技术。技术和经济发展可以给人类造福，但也同时带来许多问题，因此文化也必须相应发展。这是工业设计的主要社会责任。但是工业国家沉溺在机械化时代中，没有多少人理解这种思想。

理性化思想方法导致了格罗皮乌斯的创造方法。他说："理性化同样渗透在管理和个人生活中。它不是为了赢利，而是满足人民的社会要求。它考虑的首先是经济条件，还有生理和社会要求"。"一个有益的住房政策无疑比经济条件更重要，经济不是目的，经济是方法手段。"

1920年代大众住房是德国进步设计师所关注的主要社会问题。这一时期他和包豪斯的建筑设计也体现了解决大众住房问题这种思想,这也是格罗皮乌斯研究的中心问题。当时的基本问题是大众难以承受房屋造价。1928年他离开包豪斯,在柏林从事建筑实践活动,致力于这一问题。他强调"住房建筑是人生生活的一件事,一切美学争论都属于次要问题"。"住房建筑必须同生活和经济考虑结合起来统一考虑"他要求柏林政府建立一个全面的城建规划,政府建筑区、居民区房屋的数量和种类,公共建筑和水电供给建筑都应当有规则标准。他指出:"工人建筑应当使生活必须条件最佳,造价最低。为此他探讨最小住房问题","最小住宅不是简单地把通常的房子缩小,而是从生活要求出发寻找出新的解决办法。每个成年人对最小空间、空气、光线、热量有具体要求,这些要求决定了最小住房标准"。即使这样,面对自由经济,大众的平均收入仍然无法承受建筑造价,他要求国家干预和支持,但是这个愿望没有得到实现。他于1931年访问了苏联,了解苏联的平民建筑发展情况,然而他对苏联当时的情况比较失望(Probst/Schaedlich,1988,13)。

要传统还是要现代性?这是设计师和艺术家必然首要考虑的一个问题,也是艺术和设计经常争论的一个问题。有些人坚持传统,但只会一成不变地继承传统。有些人强调现代,但只会抄袭外国的现代东西。其实,这两种态度中有一个共同点,那就是机械模仿。这两种态度都没有扎根在社会现实。格罗皮乌斯本人是现代设计的代表人物,但是他强调传统的连续性和创新这两方面。1967年格罗皮乌斯说,传统一词出自拉丁语的"tradere",意思是"流传下来","继续拥有"。"真正的传统是不间断的发展结果,是历史发展的连续性"(Schaedlich,1986,35-46)。他引用歌德一首诗:"不存在使人能够回往的过去;只有永恒的新生,它产生于过去;真正的追求务必经常创新,创造新的、更好的东西"。他批评说:"1937年才到美国时,我发现一般美国人有一种天真而固执的看法,认为一切新东西都比旧东西好。"他反复强调要理解历史连续发展的重要性(Probst/Schaedlich,Band 3,201)。

二、包豪斯教育

德国各界对教育都很重视,格罗皮乌斯也是这样,他认为要发展德国工业设计,只有认真办好教育,通过学校传播设计思想。怎么办教育?让学生多读些书?不是。德国从19世纪就强调教育使人从动物性提高到人性,人性包括道德性和社会性,为此目的教育应当重视人的精神培育,强调做人的准则,强调行为准则、群体精神及合作能力,鼓励学生个性,强调全面发展,把能力、技术、知识、实干融为一,统一在完成实际课题中和解决真实问题中。德国教育一贯强调学生要亲身体验,学会做事情。格罗皮乌斯说:"教育必须从幼儿园开始引导儿童体验视觉感受,使他们能够在玩耍环境中被培育得富有想像力"。"要使学生积极参与活动,加强个人在群体社会中的责任感,发展想像力和自我劳动的自豪感。这种教育不把理论书本学习看作最终目的,而是作为实践经验的一个辅助方法,它能形成有结构的态度和思想方法"(Gropius,1956)。他认为以往建筑系学生学模仿古典建筑学得太多,而对现代建筑生产的技术和经济问题探讨得太少。通常的学习方法是让学生模仿一个典范,或一个大师的形式语言。实际上,创造性才是设计师最重要的能力。1907~1910年当他跟贝伦斯一起工作时,就探索教育并形成了他的教育思想。他认为,应当把艺术、技术和经济原理结合在一起。包豪斯废除了传统学院式的死板教学方法,探索了一种坚实的基础和普遍适应的客观造型原理。例如自然规律和人的心理规律。

按照格罗皮乌斯的设想,教育应当分为三个阶段:一学期的预科进行基础造型教学,三年车间产品教学,并充实造型学,在此基础上进行建筑教学。这一设想在魏玛并没有完全实现。他的目的不是把包豪斯建设成手工艺学校，而是把手工艺作为基本实践方法，把"想"和"干"结合在一起，培养完整的建筑师，使他们能够设计各种对象，从简单家庭用品到复杂的城市。包豪斯教育使学生形成了一个完整学习过程：从观察到发现，从发现到创造，最终到塑造我们的环境。包豪斯给即兴冲动的艺术造型奠定了坚实的基础。教育经常讨论的一个问题是什么可教（可学），一般认为创造性无法教。如果创造性可以教，就可以遵循一定规则把每个学生或大多数学生培养成发明家了。然而教育可以提供环境条件鼓励学生去发挥创造性，鼓励学生形成自己的思想能力，有社会责任感地进行设计。德国当时社会责任感就是国家的工业化和大众需要，当代的社会责任感就是环境生态保护，这是德国工业设计教育的主要任务。格罗皮乌斯认为，造型语言和各种知识是可教的，例如"光线错觉知识、形状、颜色、表明肌理的心理效果、对比、方向、紧张、放松以及人的准则"（Gropius，1956）。包豪斯的车间是一个创新，它实际上是制造工业模型的实验室，把工业技术同手工艺融合在一起了。通过这种形式，使艺术手工艺者转变成能够为工业外形造型。车间实习不是脱离现实的闭门造车，而是为现实发展建筑服务，"从简单的家庭日用品到完整的房屋。为了使房屋与家用品的关系和谐，包豪斯力求在理论和实践上进行系统探索，从形式、技术和经济上发现每一个对象造型的自然功能和操作使用方法"（Gropius，1924）。

包豪斯设有下列车间（即系）：木工，金属（金属器皿、烛台、壶、咖啡器皿、灯具等等），陶瓷（各种玻璃和陶瓷），纺织（纺织图案），壁画（室内结构布局），雕饰，印刷装订（广告，图案），摄影，舞台。包豪斯名为建筑设计学院，有意思的是后期（1927年）才开设建筑系，并主要转向建筑。包豪斯的招生原则是尽量多地招收有才能的人，学生必须品行端正，包括无能力付学费的人，无年龄和性别考虑。为了资助贫困学生，格罗皮乌斯和一些教师卖了自己的贵重作品，此外他还筹集了助学金。新生经过一学期试学后进行考试。学生人数约为120~160人，其中女生占三分之一，外国学生占10%~15%。学制分为两段：基础段和专业段。基础教育目的是培养使用各种工具，从事可靠工作，掌握各种材料性能和加工工艺。要求他们忘记以前所适应的素描和艺术绘画表达方法，学会新的职业行为方式，不畏缩、无偏见，从实际出发，通过探索各种材料来面对美学问题和艺术作品。基础段主要在车间学习各种技术，并设立一些必修课，这些课由康定斯基和科勒负责。合格后才能进入专业学习阶段。学生可以自己选择工作室车间（即专业方向，它相当于大学的系）。学生在车间独立选题、选料、选色，独立设计加工。它强调用机器加工而不是手工方式。这种体制和教学方法在德国一直保留至今。各工作室车间设两个师傅（系主任、车间主任），一个画家，一个手工艺师（从这种命名也可以看出包豪斯的理想主义特点）。其目的是把艺术能力同手工艺技能结合起来。包豪斯后来培育出了自己的毕业生，从中选出优秀者为车间领导。包豪斯在培养设计师方面处于特别前卫的地位，它突出个性能力，强调集体探索学习（许多设计作品没有写出设计师人名，这也表现了理想主义特点），要求完整的艺术观念和一致的理论，艺术与生活结合，艺术与工业技术结合，各种艺术风格共存，教育与完成实际项目结合。各车间在完成教学任务的同时，还要承担制造成倍的系列产品任务，为企业厂家制造模型。此外，包豪斯还建立了一个公司，以销售自己制造的产品。这些都为如今的工业设计教学创造了经验。这也是在教育体制和教学法上实施功能主义的探索。包豪斯没有设立艺术史课程。后来格罗皮乌斯在哈佛设计研究生院的高年级设立了此课。

包豪斯的设计活动是面向大众的实用产品，而不是鼓励消费。实用产品要求高度功能性或使用性，为此目的，包豪斯从理论和实践上研究发展了功能的概念，功能被看成是两方面的有机结合：工业大生产条件（技术、结构、材料）和社会大众需要，强调典型系列化、标准化和大批量制造。

格罗皮乌斯、密斯·凡·德·罗和勒·柯布西耶从自己的成长过程中明白实践活动是教育的一个重要部分。尤其是格罗皮乌斯认识到群体工作方式有重要的教育价值，所以他建立了一个设计所作为包豪斯的组成部分之一。

三、包豪斯的教师

包豪斯的教师人数为12人到15人，大多是世界第一流画家。聘请他们是由于他们的创造性，而不是由于他们是画家，艺术方法是教学手段之一，但是并不属于教学目的，包豪斯并没有设立专门艺术课程。他们是一批有理想的实干人物，有强烈的社会责任感，取消了自由艺术和实用艺术的区别，追求技术质量与美学的结合。设计的目的不是去追求所谓的"风格"。他们是当时跳出了"追求风格"的惟一一批艺术家，他们投身工业，探索技术美学表现形式，作了许多重要尝试，后来形成许多新的学科。下面仅举几个例子。

伊顿（Johannes Itten，1888～1967年），瑞士出生，画家，艺术教育家，著名色彩专家。1923年以后在柏林、日内瓦等地任教。在包豪斯早期，他的影响仅次于格罗皮乌斯。他对建立基础课和教学法起了决定作用。他的目的是让学生按工业设计重新形成整体概念。他让学生用手感触木料、树皮下的韧皮、玻璃、铁丝、煤，去观察体会它们的材料特性，去探索它们的可塑造性和应用。理论不是直接由教师灌输给学生，而是通过实验、观察、分析、讨论总结出来。他要求学生在绘画中要掌握物体的表面外观，表达时要反映物体的本质（功能、表面纹理），面向工业设计，而不是面向纯艺术，有节奏地用铅笔练习，从有形，到无形，到自由绘画，逐步到抽象。他给学生分析著名油画的引导光线和组成结构。他研究了颜色的互补和对比效果，以及色彩的心理效果。颜色研究和颜色科学化是包豪斯对工业设计和工程设计的一个重要贡献。

伊顿离开包豪斯后，莫霍伊－纳吉（1895～1946年）负责基础课（1923～1928年）和金属车间。他是匈牙利人，画家、摄影家和电影制作人。他在当时的世界大都市柏林所经历的技术文明对他的创作观念起了重要作用。他受俄国的构成主义影响较大。构成主义是俄国1917年革命后致力创新的一种建筑风格，到1920年代形成建筑、艺术和设计界的一个运动。它表现在两方面，一是采用街头艺术和展览形式，二是把城市公共建筑和升降机设计成像各种机器结构形状和生物形状。这种设计思想被用于城市规划和社会聚会点，例如工人俱乐部、工厂、百货大楼、医院等等，还被推广到无线电天线、电影设备等等。俄国具有这种设计思想的人同西欧的功能主义设计师的联系较多。1920年代后期包豪斯的格罗皮乌斯和迈耶的设计曾受它影响，瑞典、法国、英国、美国等等也有许多设计师受它影响。在这种设计思想启发下，莫霍伊－纳吉把几何元素组合原理用于他的图形绘画中。他不断对运动光线进行艺术探索，他偏爱几何抽象元素组合，并把它用于他的图形和印刷作品中。1929～1930年他制成大型活动雕塑作品。他还通过变化光线使有机玻璃雕塑产生动感效果。动与平衡是他绘画中的基本问题。在负责基础课期间，他强调要清楚区分对象的结构（已给出的造型结构）、表面纹理（自然形成的表面结构）和表面成型（人眼可感知到的，材料加工处理后形成的表面形态）。他还系统研究了人的触觉对各种表面的细微感知和区分能力，诸如光滑面，粗糙面、硬质和软质面、条纹面等等。他教学中常用抽象三维雕塑为例，让学生寻找单一平衡支撑点（悬浮平衡）。他把金属车间从手工业银器锻造改建为工业机械制造车间。

阿尔贝斯（Josef Albers）于1928～1933年负责基础课。他对材料不断深入进行研究，对材料特性有很卓越的感觉能力。他早期抽象版画和木刻常用最简单办法制成，后来的油画多是水平或竖直线条，并用有力的色彩形成纯平面。他对玻璃材料、彩色玻璃、黑白马赛克进行了深入研究。在包豪斯的基础课中，他表现了自己的特殊教学法。他强调学生的准确观察能力、独立思考能力、创造能力和自然准确的表达能力。学生可以用不同方法和不同材料，通过实验掌握材料与外形的关系去完成作业任务。他要求学生要熟练运用材料和加工方法，并且要节省材料。他首先把感知心理因素引入教学。1950年代以后，知觉心理学变成设计的一个重要学科。

康定斯基（Wassily Kandinsky），俄国人，抽象派创始人之一，世界著名画家。1866年生于莫斯科，1944年在巴黎附近的纽以黎（Neuilly）去逝。1892年毕业于法律系。1896年迁居到慕尼黑学艺术。1901年建立艺术家小组Phalanx。1911～1912年创作出"无形"的画（抽象画），出版《艺术的精神》（1912年），《蓝色骑士》（与马尔科1912年），《声调》（1913年，诗集与木刻）。由于战争，他于1914年回俄国。1919年创建莫斯科美术文化博物馆，1920年创建艺术文化学院并任院长。1922年当他55岁时来到包豪斯，仍然保持旺盛的创新能力。曾著《点与线》，教授绘画抽象基础课和两门必修课：分析素描和色彩学。他还任壁画车间主任。在包豪斯讲色彩课时，他研究了色彩的生理和心理的效果，目的是准确运用颜色。他确定了色与形的关系：黄色对应三角形，红色对应正方形，蓝色对应圆。他在"抽象形状元素"研讨班上，探索了各种颜色与形状的相互关系。后来形成了色彩与外形的综合课程《形状与色彩》，它是包豪斯的重要基础课。在研究单色与单独形状中，他形成了色形系统理论，并形成绘画成分组成理论。后来在纳粹压力下，他于1933年去了巴黎。这里顺便讲一下，1918年苏联一些艺术家也倡议废除艺术和手工艺之间的区别。1920年代，国际上两个机构对创新艺术设计和实践与教育作出重大贡献，一个是包豪斯，另一个是1920年建立的莫斯科高等国家艺术学院（Vchutemas或Superior State Artistic Workshops）。它是由艺术工业学院和绘画雕塑建筑学院合并而成，设立八个系：建筑、写作、绘画、雕塑、纺织、陶瓷、木工和金属。它的目的是"牢记时代要求"，为"大规模机械化生产，为未来培养有高度技术的，具有艺术工程师质量的专家和技术员"。它每年招收1500～2500学生。在最初阶段，各种艺术系的学生占多数，1920年代学生转向后期建筑和"能生产"的各系。它引入了对颜色、表面、立体和空间概念的系统教学，研究了感知与基本艺术组成因素（比例、韵律、动态、对比）的关系。它还设立了科学技术专业，经济学专业，社会学专业和文明学专业。1925年又建立了室内装潢和家具学院。1930年高等国家艺术学院停办（Meurer，1991，25-33）。

克利（Paul Klee，1879～1940年），出生在瑞士，是世界最著名画家之一，他的绘画很难被归于哪一流派，它集原始派艺术、超现实主义、立体派以及儿童艺术于一身。是康定斯基的朋友。毕加索等著名画家曾于1937年专程拜访过他。1920～1931年在包豪斯任教基础课《平面基本造型学》，并领导三个车间（书籍装订、玻璃、纺织）。1931年后去德国杜塞尔多夫美术学院（德国最著名的美术学院）任教。后来被纳粹解雇，1933年去瑞士。此外还有雕塑家马尔科斯（Gerhard Marcks），画家范宁格（Lyonel Feiniger），画家姆赫（Georg Muche）等。

1925年起，七个车间中的四个是由包豪斯自己培养的毕业生任主任，被称为"青年师傅"，他们是布劳耶尔、拜亚、舍派和施密特。他们是第一代正规培训出来的工业设计师，形成了艺术和技术的统一。布劳耶尔（Marcel Breuer，1902～1981年），1920年在维也纳美术学院上学，1920～1923年在包豪斯学木工设计，去巴黎一年后又回到包豪斯，任木工车间主任，从事家具和标准房屋设计。1928年在柏林建立自己的室内设计所。后来去瑞士、捷克。拜亚（Herbert Bayer，1900～1985年），1921～1923年在包豪斯学习，毕业后去意大利进修一年，1925~1928年在包豪斯任教。后来在柏林建立测绘和视觉交流研究室。

四、包豪斯发展过程

在建校初期（1919~1921年），伊顿重新恢复个体手工工艺美术，手工制造家具，金属首饰造型和房屋装饰，同时寻找新的形式语言。1922~1924年包豪斯在创作思想上汲取了荷兰《De Stijl》的思想，继续发展了功能主义。《De Stijl》是荷兰一份美术杂志（1917~1931年）的名称，它凝聚了一群荷兰、德国和比利时的艺术家，他们的目的是探索工业技术社会中的艺术，或艺术与机器时代的关系。它的主要代表人是范·杜斯堡（Theo van Doesburg）。他认为，只有机器才能产生结构准确。机器创造了新时代的美学概念。他们认为，艺术同科学和技术一样，是一种共同生活的组织方式，而且艺术是更广泛的、更实际的创造力的表现，它组织了人类的进步，它是普遍劳动过程的一个工具(Selle, 1994, 164)。他们还认为，形状必须彻底几何化，这样才适合于工业生产。他们把抽象艺术创新，任何画都是由最基本的元素构成：三原色（红黄蓝）以及黑白棕色的面积，其形状是各种黑边框的矩形。这些艺术家在建筑，木制桌椅家具，舞台布景，广告，室内设计进行了大量艺术实践。房屋是毫无装饰的简单立方体，椅子是由各种尺寸的矩形木板制成，线条和色彩都很鲜明。总之，到处都表现出严格的基本几何线条和基本色。这些创造形成了一种技术美学的形式语言（Warncke, 8-13）。它引起包豪斯的兴趣并于1921~1923年邀请范·杜斯堡到包豪斯任教。他们向《De Stijl》学习。这一时期，包豪斯还没有形成自己产品艺术的美学原则、形式语法和工业造型，教学中也没有考虑工业加工问题，只集中进行外形美学实验。例如，施莱莫（Schlemmer）以机械式芭蕾舞为例，对人体运动进行了平面测量和立体测量。尤科（Carl J. Juker）为工厂设计了可推拉式壁灯。包豪斯后来的艺术也是几何美，但是比《De Stijl》的风格复杂。1923~1924年他与同事设计了世界上第一个机器制造的台灯，高38cm，采用玻璃罩，钢管镀镍表面，并投入小批量生产。最初在莱比锡的贸易展览会上这种台灯被商人和厂家笑话。后来人们认识到它的价值，它从手工制造变成了机器制造。当时的金属车间很富有集体合作精神，不计较个人利益，对技术材料和新的造型进行了许多探索。后来，包豪斯设计思想逐渐务实，开始面向社会。

1924~1925年政府出资建造包豪斯校舍。这一任务给他们提供了一个实现新式建筑的尝试。格罗皮乌斯规划设计了教学大楼、学生宿舍楼和四栋教授住宅楼。布劳耶尔领导的家具车间为各楼房设计了室内家具。1925年布劳耶尔在管子工帮助下制出第一个钢管椅，并与当地容克工厂合作制出了这批钢管家具。金属车间为钢管进行镀铬处理。这种钢管家具被称为20世纪设计的转折点。

设计是时代精神的反映。例如布劳耶尔的钢管家具形状特殊，是由弯曲钢管框架和紧绷的结实布料构成，目的是不让人懒洋洋，不能把腿横架起来，但是可以一下被弹起来。这反映了当时的时代精神。那时，机器功能中心论和行为主义(Behaviorism)设计在美国盛起，为提高工效而普及流水线（如1924年在Opel汽车公司）和控制时间的可停秒表。它要求人们机械化反应，紧张、高速、一致工作。机器功能中心论只考虑机器的生产效率，而把人置之不顾。在卓别林1936年的电影《摩登时代》中形象地表现了这一问题。应当以什么设计原则优先，以人为中心的艺术造型原则优先还是以机器为中心的"科学"造型原则优先？格罗皮乌斯与伊顿曾争论过这一问题。格罗皮乌斯认为强调人，从人准备发挥作用到行为动作是一种生命内部的活动，而不能把人像机器那样功能化。这一思想是很卓越的，但处于当时时代，这一思想难以产生效果。1950年代以后，设计领域才普遍认识到行为主义设计的弊病，直到1980年代后期，才明确出现人中心论以纠正机器中心论的设计思想。

图 1.5.1 钢管家具。1号座椅是布劳耶尔1927年设计的；2号座椅叫"巴塞罗那椅"，该座椅于1960年代在美国很出名；3~6号座椅是密斯·凡·德·罗于1927~1930年设计的

另外看一下加工工艺问题。在设计第一个样品时就应当考虑家具设计标准化和机器加工工艺。布劳耶尔的钢管椅的钢管直径和硬度与自行车手把差不多，加工方法也相似。工艺过程是：锯料—弯曲成型—钻孔，最后镀镍或镀铬。这种加工工艺可以是计件包工，也可以上流水线加工。这种设计表现了工业求实思想的成熟。

此外，把座椅设计得紧凑和有弹性是包豪斯对功能主义设计的新发展。紧凑意味着合身和节省材料。有弹性是指当坐者休息之后很容易被弹站起来。密斯·凡·德·罗1929年设计的钢框架沙发的后腿具有弹性，它需要特殊热处理工艺，此沙发就是1960年代曾风靡美国的"巴塞罗那椅"。这一设计思想被许多国家继承下来，例如1950年代椅子用五合板弯曲成型，其靠背也具有弹性。

台灯和钢管家具也是包豪斯的功能主义的重要代表作品之一，它面向社会需要和购买能力，使用新材料新工艺，创造了高效率生产的新家具。它突破了原来的技术美学，把功能目的同外形技术美和谐地统一起来，超过了贝伦斯的设计思想，成为功能和美学理性方面典范。1924~1928年是包豪斯的鼎盛时期。

1926年在德国法兰克福实施大规模民房建筑工程，其目的是打算解决社会中下

图 1.5.2 布劳耶尔于1926~1928年设计的几种钢管家具

阶层的住房问题，这些民房设计体现出人道主义思想，对德国和欧洲工业设计产生了长远的思想影响。这项工程其中出现了德国设计史上著名的女设计师许特·利赫兹姬（Margarete Schuette-Lihotzky）设计的"法兰克福厨房"。它采用煤气炉，上有通风设备，侧面有厨柜和桌案餐具筐，便于一人做饭，还设有活动熨衣板。它结构紧凑，很实用，充分反映了功能主义设计目的。在两次世界大战之间的和平年代，德国以国家企业为主，建了300万套住房。而英国在同一时期主要靠私人建了400万套住房。包豪斯于1927年建立了建筑系，在系主任迈耶（Hannes Meyer，瑞士人）领导下，并与建筑车间结合，也投入设计大量民用住房。这些民房要求造价成本低，但是实用坚固。它们有一些共同特点：使用增强型水泥，平屋顶，许多窗户构成长线条，广泛使用玻璃、白墙，或有深色条纹。到1932年在25个国家已出现这种类型的建筑（Marcus, 1995, 10）。1928年迈耶任包豪斯院长，他认为这个世界上的一切产品都表现了一个公式：功能加经济。这样就不再单纯是从艺术角度考虑问题，而是从经济前提出发，尽可能使产品便宜，为此要采用新技术新材料和预制件。功能主义这种设计目的和思想是代表了不富裕的社会广大中下阶层的利益，而不是商业利益，它反映了欧洲和德国文化中的人道主义传统。后来爆发世界经济危机，法兰克福的居民住房项目被迫停止。

1930年迈耶打算改革整体教学计划，设立社会学、经济学和心理学，把造型设计建立在社会、文化和技术基础上。但是在外界纳粹压力之下，德绍市（Dessau）当局解雇了迈耶，同时还有16个学生被迫离开学校。他和12个学生离开德国去了莫斯科。迈耶和舍夫勒（Beta Scheffler）在莫斯科建筑学院任教，后来按包豪斯精神建立了一所学校。纳粹于1932年关闭了德绍市的包豪斯。他们不得不搬到柏林，并改为私人学校，密斯·凡·德·罗继任校长。1933年7月20日德国警察和纳粹冲锋队占据并查封了柏林包豪斯，并勒令停办。许多成员被迫逃往法国、美国和其他国家，这些情况将在美国设计中讲述。斯塔姆（Mart Stam, 1899~1986年），荷兰建筑师和设计师，1928~1929年包豪斯的客座教师。他是1930年代最有社会责任感的建筑师之一。他还参与开发了钢管家具。1929~1935年在苏联工作。1950~1953年任东德柏林艺术大学校长（Wingler, 1962; Broehan, 1994）。

1956年格罗皮乌斯在汉堡对科学技术和文化的关系问题曾讲了一段很深刻的话。他说："面对世界的不断变化和各种现象的现实，对永恒价值的信仰正在消退。""20世纪以来工业的发展使人类的生活发生了深刻的变化，而人心的自然惰性承受不了这种发展速度。由此日益增加的精神迷惑迫切需要一种新的文化方向。""人类精神发展方向总是受思想家和艺术家很大影响，因为面对合乎逻辑的目的性，他们有创造性。""随着科学时代的到来，随着机器的发展，旧的社会形式被打破。文明的工具的增多逐渐淹没了我们的头脑。""现代人没有采取道德方面的主动创新，而发展了一种新的习性，机械式的只顾数量而不管品质，不发展精神信仰。""每个有思想的人都会产生一个问题：惊人的科学进步是为了什么目的？""在我们这个技术社会里，我们必须反复强调，我们一直还是一个人的世界，每个人必须处在他的自然环境中，处在规划和形象的中心。""迄今为止，我们有自己的新偶像：朝拜机器，却忘记了我们自己的精神价值概念。由此，我们应当首先重新研究人与人，人与自然的关系，不能屈从于特殊利益的压力和把技术作为最终目的的短见的激情。""面对使人麻木的机械化，我们要有正确的态度进行积极有效的创造。我们的社会为了生存而意识到科学家工作的重要性，却忘记了对现代世界的塑造和对秩序有创造性的艺术家的作用。""与机械化过程相反，真正的艺术家的劳动是无偏见的为我们的生活现象寻找符号象征的表达形式。""因为美的概念总是随着哲学和技术的发展而变化的，创造愿望总是从精神认识和新发现的关系中寻找新动力。""它的直觉力抵触那种过分机械化，希望把我们的人生重新引向平衡，使人们从机器的奴役下解脱出来"。格罗皮乌斯断言："我们这个失去了方向的社会需要艺术有创造性的参与，以作为对科学进步的一个重要制衡手段。"虽然科学进步已经带来了物质过剩和富裕，但是它并不能使我们今天的文明变得成熟，因为成熟的文明是以新形式表现的。我们的感情生活通过物质生产是无法满足的。这种缺乏精神满足的原因是，卓越的科学技术成就还必须有文化基础，由此形成一个文化生活方式。文化问题不可能只通过智力优先或政治行动来解决（Gropius，1956）。

面对科学和技术的盲目发展，人与科学技术的关系成为日益突出的问题。1950年代初出现了劳动学，当时它的主要思想是使机器符合人的生理特征。而格罗皮乌斯已经看到更远的一步，看到了人与科学技术的关系中人必须被置于一切环境规划和造型的中心。这就是1990年代设计领域强调的"人中心论"，以图改变"机器中心论"。

1959年格罗皮乌斯说："虽然美国的技术使世界羡慕，但是美国人的生活方式在外国并不是到处受到欢迎"。"经济富裕和资产阶级自由并不能完全满足人生"。"我充分观察了美国文明与那些才从封建体制或殖民统治下解放向现代工业国转变的国家之间的文化冲突。它到处都引起同样的混乱，这种改型引起的冲撞多于受益"。"我们怀着激情发展科学技术，但是我们向机器祈祷得过分了，以至我们忘记谴责对人和价值的轻视"。"我们认为，技术和科学的高速发展已经把美和人生和谐这一概念搞混乱了"。"我们应当清楚地认识到，不是机器决定我们的命运，而是懒惰迟钝，或我们判断和心愿的戒备能力。假如一个东西从我们手里滑掉了，那不是工具出错而是头脑出错了"。爱因斯坦对这种片面的发展结果提出了明确的评论："卓越的工具和混乱的目的是我们时代的特征"（Probst／Schaedlich，band 3，194~195）。

包豪斯是1920和1930年代世界上影响最大的设计学校。它全面实践了功能主义设计，它表现在以下几方面：

1．包豪斯是一次伟大的改革运动，它的工业设计不是面向市场时髦，也不是面向"流行风格"的纯艺术目的，也不是追求产品时髦的商业目的。它尝试建立工业社会中人与人的新关系，人与机器的新关系，尝试开拓工业时代的文化，并用人道主义思想指导工业设计，建立大众文化。

2．包豪斯把功能的概念扩展成整体使用要求，为此设计应当考虑使用者的生理和心理特征，例如形状、颜色对心理的作用。功能主义设计的核心是以人为中心，强调设计对象的使用功能，反对以机器技术为中心的设计。

3．功能主义把制造工艺看作设计过程不可分割的一部分。功能和外形的实现依赖于工业制造条件、制造技术、材料和工艺过程。形状感和颜色感是艺术设计对工业技术的一个重要弥补。艺术设计至今继承了这一传统。

4．包豪斯的功能主义设计是面向社会大众需求，在1920年代主要考虑的是制造成本低、坚实耐用的大众产品和住房。它的台灯、钢管家具、民居是20世纪工业设计的代表作。从1928年始钢管家具已在德国、荷兰成系列生产。1928年法国Le Corbusier-Jeanneret-Perriand公司开始生产金属家具。1928年日本大阪金属加工株式会社开始仿制生产这类钢管家具（1920年代后期、1930年代曾有一些日本学生在包豪斯学习）。1930年美国从法国进口钢管家具样型进行生产。很快钢管家具盛传世界各国，一直流行到1930年代末（Marcus，1995，100）。

5．功能主义设计的基本价值是面向使用功能，它之所以能在德国扎根发展是同德国的民族基本特性分不开的。德国民族俭朴，在工业化过程中服装消费和豪华观念始终没有成为社会潮流，至今德国也没有设计制造豪华小轿车。德国从工业化一开始就谨慎合理发展,对"时髦消费品"概念采取谨慎态度,在工业主体上不必依赖外国。在这样的工业社会文化环境导向中,在新人道主义文化传统下,设计所考虑的主要问题不是刺激消费,不是豪华奢侈品,不是为少数富人的享受,而是面向社会主体的大众的使用,面向商品出口。这也是功能主义的社会文化基础。

6. 20世纪以来科学技术经济的飞快发展引起社会和心理的不适应。艺术设计的广义社会功能被看成是文化作用,以及满足人的心理和精神需要,它强调人与社会的价值,是对科学技术的平衡力量。因此,艺术设计被看成是介于社会文化与科学技术之间的纽带和制衡因素。

7. 包豪斯的功能主义思想同时体现在它的学校体制和教育思想中。教育的作用之一就是培养有社会责任感、有远见思想、有工艺制造知识的工业设计师。包豪斯冲破了陈旧的书本理论教育思想,把实验、观察、发现和创造形成了一个完整的教学过程。

8. 包豪斯主要采用手工艺或小批量生产方式(欧洲手工艺传统),而不是强调工业大生产,尝试创造出一种新的和谐友好的人际关系和劳动关系。

第六节 第二次世界大战后功能主义在德国的发展

一、乌尔姆造型学院

第二次世界大战后,东德原包豪斯的成员分布在柏林、魏玛和哈勒(Halle)市的艺术院校任教。西德恢复了工作联盟,重新提出"劳动高尚化"的目标。1949年西德政府受前工作联盟成员影响成立了国家设计委员会(Rat fuer Formgebung),从政治、社会、文化、经济方面进行长远设计规划,并通过国家政府来促进工业设计。它对西德后来的经济高速发展起了很大作用。1952年西德成立了新技术外形研究所。从1953年起在汉诺威每年举办一届"优秀工业品外形"(简称IF)展览评比,现在它同汉诺威的计算机博览会(简称CeBIT)以及工业博览会同时举行(每年3月和4月),已成为国际工业设计界的一个重要交流中心。1958年开始出版工业设计杂志《Form》。同年德国工业设计师联合会(VDID)成立,它对推进工业生产接受工业设计起了重要作用。

1953年在西德乌尔姆市(Ulm)按照包豪斯精神重新建立了一所著名的造型高等学校(Hochschule fuer Gestaltung,简称HfG),被称为第二个包豪斯。它是1950和1960年代世界上影响最大的设计学校。该校的前身是肖勒(Inge Scholl)女士于1946年建立的成人教育中心,以纪念她的哥哥和姐姐,他们曾是反法西斯抵抗组织"白玫瑰"的成员,1943年被杀害。1953年改建成造型学院,格罗皮乌斯曾参加了它的成立仪式,第一任校长是瑞士人比尔(Max Bill)。他于1927~1929年在包豪斯(德绍市)学绘画和雕塑,1948年他提出"好的外形"(Good form),这一概念成为后来德国和欧洲工业设计讨论的中心问题之一。1949年他重新建立瑞士的工作联盟。他继承了包豪斯精神,继承了功能主义技术审美观点,尤其是继承了包豪斯的基础课传统。他们的设计思想强调产品的使用功能,而不是只为了表现形式,设计对象不是表面的产品,而是功能的实现,不是为了椅子而设计,而是为"坐"这个动作提供功能。这种设计思想是工业设计的一个根本性转变,从产品转向人,以人为中心,以人的行为作为产品设计的基础。从此出现了系统的以人为中心的设计思想,它是人道主义设计的理论根据,与此相反,以机器为中心的设计理论被看成是不人道的。至今这仍然是设计的两个根本不同的理论。

该校教师人数一般保持20位,几乎有一半是外国人,他们来自法国、荷兰、英国、瑞士、奥地利、美国以及南美。这些外国人中,许多成为著名设计师。例如阿根廷设计师马尔多纳多（T. Maldonado）于1954~1967年任德国乌尔姆造型学院院长。意大利著名设计师博内托（Rodolfo Bonetto，1929~1991年）在该校曾任产品造型教师，1958年以后他曾为六七个著名公司（包括福特、菲亚特）工作过。又例如柏斯普（Gui Bonsiepe），南美人，在HfG毕业后留校任教，1958年后在智利、阿根廷、巴西从事工业设计工作，1987~1989年在美国设计软件。阿姆巴斯（Emilio Ambasz），阿根廷人，客座教授，1970~1975年负责设计纽约现代艺术博物馆。古格洛特（Hans Gugelot），荷兰建筑师，生于印度尼西亚，1954年以后在HfG任教，并与德国布劳恩公司合作设计了许多产品，他是德国系统设计的主要代表人物之一。克里彭多夫（Klaus Krippendorff）在HfG毕业后到美国读了通讯科学博士，他是产品语义学的创始人之一。阿切尔（L. Bruce Archer），1961~1962年客座教师，回伦敦后建立皇家艺术学院，他是1960年代设计方法论的代表人物之一。艾歇尔（Otl Aicher），1962~1964年任HfG校长，曾为德国布劳恩公司、汉莎航空公司、法兰克福飞机场设计，1967~1972年设计了慕尼黑奥林匹克中心。当时这所学校变成了国际工业设计教学、研究和发展的中心。

另外该校还接待过各国的二百多位访问教授，其中包括了当时世界上许多最著名的设计师，例如格罗皮乌斯、密斯·凡·德·罗、控制论之父维纳、美国设计师伊姆斯等人。从1953年到1968年HfG一共招收了640位学生，其中一半外国学生（现在一般德国大学里外国学生约占10%），他们来自49个国家，包括美国、日本、印度、英国、几乎欧洲所有国家、南非、韩国、泰国、越南、巴西、智利等。它实际上只有215位毕业生，学生的毕业设计和阶段设计不限于家具和建筑，还包括工业设备、仪器、家用电器等，例如示波器、幻灯机、精密天平、厨房钟、收录音电唱机、手摇钻、铲车、农业机械（Lueder, 1989, P. 295 – 308）。一半毕业生工作在工厂或设计所，许多产品设计师去了意大利，多数建筑师去了瑞士，其他人在德国大学任教。由于该校有许多外国学生，HfG对欧洲和其他许多国家（例如古巴、巴西、印度、墨西哥、美国等）产生影响。

1953~1956年比尔提出"要参与新文化的建设，从勺子到城市"。他为学校设计了校舍，建立了教学秩序。他按照原包豪斯方式进行教学，他的思想与凡·德·费尔德相似，主张艺术主导设计，认为艺术是人生最高的表达，通过它与丑恶进行斗争，这种设计思想在当时已经脱离时代精神，其他教师和多数学生要求与工业结合，要求改变那种以手工艺术为基础的传统，并且马多纳多和爱舍与著名布劳恩公司的结合产生了许多成功的设计，最后比尔离开了该校。1956~1958年该校改变教学方向，使工业设计跳出了家具和灯具的狭隘范围，面向现代科学技术，面向工业社会，把科学、技术与设计紧密结合起来，改变了传统艺术家个体手工业式的劳动方式，与工厂结合起来，与科学家、工程师、工人以及销售人员结合在一起，形成群体合作工作方式。在这个时期他们承担了大型设计项目，课程安排中增添了知觉心理学和符号学，这样形成了乌尔姆典范。1958~1962年他们在教学中进一步转向科学方法论，增加人文科学、社会学、劳动学（Ergonomics）、规划方法论、实际操作研究以及工业技术。英国著名访问教授埃舍尔（Bruce Archer）在该校建立了设计方法论。这一阶段该校有些过分偏向科学理论。1962~1966年该校又转变教学态度，重新定位工业设计，强调理论与实践的平衡。科学与设计的平衡。学生毕业设计转向实验研究，而不是纯理论，出现了第一批生态学研究课题。学校还强调产品设计的职业教育。1965年美国驻德国大使、国际工业设计学会（ICSID）的委员会曾参观访问该校。

他们继承了包豪斯精神，强烈社会和文化责任感，反对不进行实验，反对多愁善感情调的设计，反对把肾形桌子伪装成为有机设计，反对炫耀华丽的汽车设计，反对学术界的小宗派，反对奈纶衬衫，反对自命不凡的假前卫派，反对招摇夸张的广告。他们从未设计室内装潢。他们与包豪斯一样，反对美国于1930年大萧条时代出现的另一种"流行性时髦"设计，他们认为它只顾表面华丽包装，而实际上设计没用东西（例如美国汽车上的垂直尾翼）。实际上，"30年代以后美国流行性时髦派剽袭了包豪斯许多设计"（Lindinger，1990，70－137）。他们探讨面向未来的各种设计问题，例如城市化问题、技术和工业发展问题、人与技术的关系问题、人民生活和工作环境问题、生态问题。他们不仅把新技术用于设计，而且探索新的科学方法在工业设计中的转换应用，把系统思想引入设计，进行了多学科的交叉研究，力求把各种理论同实践结合起来。它强调学生的实践训练和对文化和社会复杂性的理解。该校设立了四个系：产品设计系，视觉交流系，信息系和工程造型系，1961年又建立电影设计研究所，学制四年。与包豪斯相似，通过一年初级阶段学习后，考试合格者才能进入专业学习。主要课程包括绘草图、制作模型和技术表现，强调通过实验加强对基本造型方法（形状、颜色、造型规则、材料、表面处理）的领悟能力。他们对设计理论的科学化进行了许多探索，研究了各种曲线的数学视觉表达、分析组合数学（通过单元结构来解决重复组合问题）、群论（group theory，用对称构成点阵分布）、曲线数学（用于数学变换）、多面几何（用于立体造型）、拓扑学（解决顺序、连续、相邻问题）。

　　20世纪以来在工程技术领域中出现了系统概念。1920年代以后系统思想开始被奥本海默（Franz Oppenheimer）用于社会学，被里克特（Heinrich Rickert）用于哲学。1948年维纳（Nobert Wiener）应用系统论建立了控制论并著《控制论》。这种系统思想与控制论紧密联系在一起，从此发展成为工业技术时代一种必不可少的社会分析和控制方法。系统设计是HfG在这个时代的一个重要发展，并对许多国家产生了影响。古格洛特（1920～1965年）在HfG以系统设计而著称。他于1946年从苏黎世的联邦技术学院建筑工程系毕业。在战争时代的大学里，他并不比入学得多。毕业后，他在若干设计事务所里工作过。出于个人兴趣，他设计了一些家具。1950年他建立设计事务所，把系统思想用于工业设计，产生了第一个家具组合系统M125型。1954年起在HfG任教，1955年开始为德国著名的布劳恩公司设计产品，同年设计了收音机电视机音响组合系统，对世界各国产生很大影响。1956年他改进了组合家具M125型，并交给公司进行大批量生产。1959～1962年他与林丁格

图1.6.1 系统设计概念。计算机座椅被设计成可拆卸的组件

（Herbert Lindinger）、艾歇尔等等合作从事汉堡地铁设计，同时为德国四家大公司设计了大量产品。1962年为布劳恩公司设计了银黑色作为该公司形象，这种颜色首先用于电动剃须刀。很快这种颜色形成国际一种著名学派。他还为Agfa、Kodak、Pfaff（著名制衣机械公司）等许多世界著名公司设计过产品。

　　系统概念在工业设计中有下列三层含义：

　　第一，系统概念被用于工业设计后，人们不再把设计对象看成是孤立的东西，而是把它放在系统中看待，使功能设计不仅局限于单一的设计对象，而且要考虑它与其他环境因素之间的关系。例如组合柜要考虑各个组成部分之间的位置关系和组合关系，成套家具要考虑座椅、桌子、床等的形式和色彩和谐。还要考虑在系统环境与人的整体需要，这样的设计更符合实际使用情况。例如从社会交通系统角度来考虑交通标志和交通工具，从厨房系统

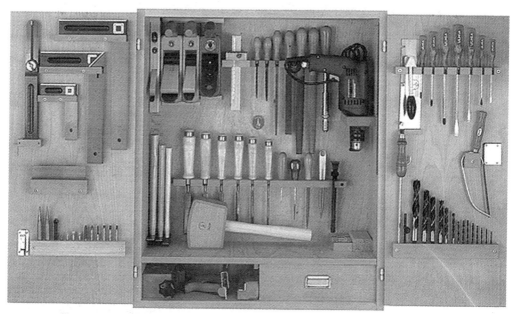

图1.6.2 系统设计概念。木工成套工具箱,从整体角度把各种有关的部件组合在一起

图1.6.3 系统设计概念。座椅应当可以被摆放起来,设计中要考虑各部分之间的关系

角度来设计它的各部分,以此类推来设计卧室系统、办公室系统、通讯设备、大众消费系统等等。这样它导致了产品系统概念。

第二,从系统概念出发,单件家具和工具也被看成是一个系统,把它们设计组合部件,容易安装,容易拆卸。

第三,考虑物体之间的位置关系,例如,设计单一杯子时,往往不会考虑两个杯子之间的关系。许多杯子在一起就构成一个系统,它提醒设计师要考虑它们怎么摆放在一起,怎么包装存放等问题。系统概念导致了许多设计创新。例如创造了第一个组合音响设备、组合柜、工具箱等等。系统设计方法也被用于单一商品设计,例如古格洛特设计了可装卸式沙发,它由六个部件组成:支架、垫板、扶手、背垫、靠头和坐垫(Wichmann,1984)。

里特(Horst W. J. Rittel)1958~1963年在该校教设计方法论、科学论和通讯理论。他参与了大量设计项目,例如联邦总理办公室的系统分析,在联邦管理中引入数据处理。1963~1990年任美国加里福尼亚大学教授。他提出了下列教学法:不应当灌输观点,而应当传授事实、技能、方法、原理和对问题的认识。发现知识的能力和处理知识的能力比记忆知识更重要。学习的学习(而不是学习知识)具有长远作用。应当学习解决问题的能力,发现问题的能力,在具体环境中去看待问题、去构成问题、去处理问题,为此还要注意各种变化、有判断能力地去简化问题。要学会想像,改善评价能力,练习决策能力,这些都可以通过一定方法来传授。学生应当了解规划和设计中的典型困难,而不一定要解决它。知识应当面向问题。教学中不应当限制学生有责任感的自我决策。由于他的影响,美国各大学的建筑系

图1.6.4 系统设计概念。超级市场购货车的设计要考虑彼此之间的位置关系

图1.6.5 系统设计概念。瑞典IKEA家具公司设计的安东尼斯(Antonius)组合物架。它很轻便、无门、通风、充分利用空间、多用途。外面挂上一层布，就可以全部遮盖。该家具易装拆，还可以改进需要，自己任意组合外形。这是一个很优秀的、省空间的家具

图1.6.6 系统设计概念。考虑到家庭厨房面积较小，IKEA设计了可折叠的倚墙桌

把过去的五年制改为4加2年制，即四年本科加两年硕士研究生（Reuter，1992，3）。

HfG与德国著名家电产品公司布劳恩的合作一直保持到1970年代。从而1950年代布劳恩公司与意大利Olivetti公司的产品设计在世界上成为工业设计的典范。布劳恩公司原是1928年建立的家庭企业，第二次世界大战以后重建，生产收音机、厨房机械、幻灯机、闪光灯、电动剃须刀等等。艾歇尔和古格洛特等为布劳恩公司设计了许多产品，并形成了一种设计风格，他们先在方格纸上造型设计，线条清晰，白色为基本色，突出商标。功能主义在布劳恩的应用对开发产品起了重要作用，它的主要特点是：产品高度实用，符号、生理和人因素要求，单一产品的多功能，注意细节设计，外形加工简单，根据用户行为要求。这种设计思想引入工业产品后，对改进质量和使用起了重大作用。

1950～1960年代HfG与布劳恩公司的合作不但创造了该公司的表现符号，而且对德国许多公司的电器产品设计产生重要影响。这一历史仿佛是1907年贝伦斯与德国通用电器公司合作的重演。HfG于1968年被关闭，但是它的成员却扩散到各国五十多所大学任教。它的"好外形"的概念被许多设计师用于实践中。

二、为刺激消费还是为使用

第二次世界大战以后，德国到处缺乏物质，急需各种日用品以恢复正常生活。埃哈德（Ludwig Erhard，1949～1963年德国经济部长）提出社会市场理论。它使德国工业经济的迅速恢复发展，塑料工业兴起，这为加工工艺和外形设计提供了新的材料。阿登纳（Konrad Adenauer，1949～1963年德国总理）提出只有与法国复好，德国才有前途。1957年3月25日德国、法国、比利时、荷兰、卢森堡、意大利签署罗马条约成立了欧洲经济共同体，同时还签订了欧洲原子能共同体条约。它使人联想到古罗马帝国。它使欧共体内的内部供应得到保证并促进了经济发展。从德国来讲，它保证了原料供应，确定了出口方向，促进德国经济迅速发展。从此德国开始大量出口商品，包括汽车、钢铁、化学产品、造船、照相机、精密机械、光学产品等等。这种经济发展和出口自然对工业设计"外形好"提出迫切要求。1960年代以后各种电器层出不穷，家用电器畅销市场。后来市场竞争日趋激烈，厂商担心商品销售不出去，于是开始研究市场消费行为，把这些信息用于生产计划和销售计划。市场消费行为是商业理论，不是工业设计理论。工业设计理论应当代表使用者利益和行为。为了保护消费者权利，1965年德国建立了商品检验机构。它测试各种商品，其最重要的参数是安全性、耐用质量、易操作使用，并在定期出版的杂志《鉴定》（Test）上公布测试结果。至今，这一杂志仍然是评价和购买商品的重要参考。

1960年美国的帕卡德（Vance Packard）在《制造浪费》（The Waste Makers）中批评消费社会。他谴责商业提倡的消费意识是"有计划的使东西报废"。怎么刺激消费？鼓吹时髦东西，设计流行风格，而不是设计实用东西，也不把质量放在首位。1950年代的历史业已表明自由泛滥的所谓追求"时髦风格"设计的东西都长久不了。德国豪格（W. F. Haug）在《产品美学的批判》（Kritik der Warenaesthetik）中批判了资本主义经济体系中设计的负作用，他谴责了为消费目的的设计不考虑功能，只追求市场时髦和暂时的流行性，给产品披了一个虚假的外套。他把这种外形设计称为"化妆打扮"。豪格的思想直到现在对德国工业设计仍然有指导性作用，形成了设计道德准则和设计学习的专门课程。1970年代后生态设计成为主流后，这种设计道德更加占了主导地位。

1960年以后的十年被称为第二次现代运动，它受过去历史上的功能主义影响很大，这一时期出版了许多关于历史上功能主义的书籍，例如关于包豪斯，关于密斯·凡·德·罗，关于勒·柯布西耶等（Collins/Papadakis，1989，16 – 21）。1960年代英国设计咨询委员会的主导思想是"硬直角"，"形状好"的功能主义。这种信念导致了康任（Terence Conran）的成功，1964年他建立的"聚集"连锁商店（Habitat）是"包豪斯优秀形状"在英国的再创新。这种直线型的建筑继续在世界各地出现。

1970年代，德国许多家庭已经购买了各种家用电器。人们最初以为使用电器可以减少家务劳动，但经验并非完全如此。有的用具减轻了家务劳动负担和劳动时间，例如洗衣机。有的用品使人们的愿望变为现实，例如卷发器、电冰箱、电熨斗、电视机。有的用品提高了家务质量，例如各类清洁剂，但是它们也引起新的生态循环问题。然而许多电器和工具，例如吸尘器，只改变了劳动形式，把"手工扫地"变为"操作机器"，既没有减轻劳动强度，又没有减少时间。工业设计逐渐意识到了许多新课题，首先是减少时间，减轻家务劳动负担（劳动强度和劳动量），其次，人们对"单一功能"用品不再感兴趣，而要求"系统功能"，例如组合柜、成套餐具茶具、厨房系统、组合电器、办公室系统。企业生产要求最大产出最少时间。当时市场上已经出现乡村风味和高档厨房系统，款式多样，但是价格普遍太高，只有少数人能买得起。这一时期德国又出现了一些著名工业设计，它已经扩展到工业技术设备上，这体现在几个著名大公司的产品上。它们仍然保持了功能主义传统，它的设计特点表现为：简单、合理、冷静、中性、几何形状。它充分反映了德国民族重文化讲规矩求质量的特点。另一方面，为了减少风险，大多数生产厂家只制造少数销路好的产品。设计主要被市场销售所左右，被预先规定好的成本、技术条件，甚至形状和颜色所限死，这样又引起滞销。后来工业设计界提出设计目的应当去满足用户需要，这样导致了使用行为的研究，从此心理学成为工业设计的思想基础。

1970年代，西德工业设计处在一个新的发展时期，它开始独立于建筑专业。艺术学院把实用美术和手工艺系转变为工业设计系，一些理工院校也成立工业设计系或研究所，西德一共有16所院校建立了工业设计系。

1983年汉诺威大学工业设计研究所的林丁格（他曾是乌尔姆造型学院的教师）把功能主义设计归纳成使产品具有"好外形"，它应当具有十条标准：

1．高度实用；

2．充分安全；

3．使用长寿命；

4．适应人因素：适合用户体力特征、易操作、易读、易携带、避免不必要的疲劳；

5．技术和外形独创，无模仿；

6．对用户关系有意义，价格使用关系优；

7．对环境友好：制造和使用省能源，废料少，易循环；

8．使用过程可见：操作功能可见；

9．设计造型质量高：结构有说服力，外形原理感知性好；整体关系明确，它包括：外形、体积、尺寸、颜色、材料质量和产品商标；结构和设计原理普遍化；设计的元素意义明确（例如，形状的转折边，各元素外形对比性，颜色，文字和比例），美学含义与制造，安装，维护的关系和谐；避免激怒用户，避免盲目和视觉错误信息，外形逻辑合乎使用材料制造工艺和使用；

10．促进精神和体力：鼓励和取悦用户的一般方法是，有含义地刺激感官，引起好奇心，鼓励用户操作。

"好外形"原则成为1980年代德国功能主义思想的正统理论。它把功能主义发展到顶点。

每年一次的汉诺威工业设计博览会已经成为世界工业设计界的一个主要活动，它吸引了各国24000多个厂家参展，每届要评比出最佳设计。它的评比标准是：

1．美学质量；

2．材料选择和工艺处理；

3．创造性；

4．功能性；

5．通过外形表达功能；

6．劳动学特性；

7．安全性；

8．对环境友好；

9．使用寿命。

当然每届评比标准有一定侧重方向，例如1997年评比中强调环境保护。今后它将设立人机界面设计奖和生态设计奖。

第七节 斯堪的纳维亚设计

在斯堪的纳维亚有四个国家，瑞典、丹麦、芬兰和挪威。它的工业设计思想属于人道主义，设计方法属于功能主义，它的文化使它形成了一种世界著名的独特的斯堪的纳维亚设计，它对设计理论和实践有许多贡献，被称为"为社会幸福的设计"。瑞典公司IKEA从1970年代起在全世界建立了77个家具大型商场，遍及美国、英国、法国、澳大利亚、新加坡以及我国香港，它仅在德国就有21家家具商场，至今仍然是世界上最大的跨国家具公司。该公司在瑞典并没有任何制造厂，它只设计产品，在任何制造成本低的国家委托生产，它只制造天然材料（木材）家具，并且家具可拆卸，这样家具便于运输，给制造公司和用户都带来很大方便。

瑞典的家具工业是从最穷的农村地区发展起来的，瑞典可能具有世界上人均最多的森林，它成为瑞典家具的可靠资源。1986年瑞典家具一半出口到挪威、丹麦和德国。欧洲工业化国家擅长制造金属家具，而瑞典擅长木制家具，它用14层胶合板，像金属一样具有弹性。

在20世纪初斯堪的纳维亚的设计就受德国功能主义影响。当时保森（Gregor Pausson）曾著《家庭用品美学》一书，其中写道，日常用品应当具有适当的形状，以便能够用新工业技术进行大生产，不应当模仿工业文化以前的手工艺风格。他的设计思想对该地区影响较大。第一次世界大战后，克林特（Kare Klint）研究了通过形式语言设计家具的原则，这些设计思想促使形成了后来的瑞典家具式样。受德国工作联盟的影响，斯堪的纳维亚四国各建立了促进实用艺术的组织。他们接受了德国功能主义设计，强调设计对象应当能被工业大生产，但是他们的目的不是为了工业竞争和效率，而是为了人道福利，他们认为，机器只是一种工具来使社会受益。这种设计伦理与美国形成鲜明对比。这些组织促进工业界与设计师之间的联系，举办各种展览。1917年瑞典工业设计协会在斯德哥尔摩举办了"家庭"展览，它把重点转向社会中下阶层的家具，使它们漂亮舒适。为此展览，瑞典工业设计协会介绍了许多艺术家为室内装潢工厂，玻璃厂，陶瓷厂设计了可以大量生产的产品。从此，工厂对工业设计发生了兴趣。1920年，在奥斯陆举办了名为"新家庭"的类似展览。这些活动促使逐渐形成了后来的"优美的瑞典式样"，"现代瑞典式样"。它的社会原因是提高大众生活标准和改善住房展览的思想。由于文化起源，斯堪的纳维亚设计师具有社会责任感和社会人道精神，例如他们认为，优美的室内可以有助于形成和谐的人，这种人又能进一步塑造和谐的社会。

1920年代中期，丹麦的亨宁森（Poul Henningsen）设计了由标准部件构成的电灯灯具，形成了大生产，使丹麦从1926年开始生产自己的灯具。由包豪斯兴起的钢管家具在1930年代标志着现代化。芬兰有丰富的森林资源，但是家具工业缺乏钢铁加工工艺，怎么发展家具呢？1930年芬兰的阿尔托（Alvar Aalto）与木工师科尔霍宁（Otto Korhonen）合作，使用桦木压合板为医院制造出派密欧椅（Paimio）。它促使了芬兰木制家具工业，反映了芬兰家具现代化的特点，也构成斯堪的纳维亚风格。这几个典型产品产生于设计师的努力，而不是工业界，它们的成功在于面向社会生活基本需要，而不是商业竞争或利润，目的是为多数人民服务。设计师采用标准化部件和工业大生产工艺。它反映了功能主义与斯堪的纳维亚文化的结合。

第二次世界大战后，斯堪的纳维亚的人道主义观念仍然占社会价值主流，不仅艺术设计师具有这种观念，而且企业也具有这种价值观念，这样设计师同企业能够较容易发现共同语言，共同目的是使用美学原则设计生产实用价廉优美的产品。这一时期，工业界也面向设计师敞开了大门，多数玻璃、纺织、陶瓷、家具和金属器皿企业设立了工业设计部门，提供了广泛的实验条件，并把生产兴趣转向大众住房和家庭用品，形成了有特色的生产文化。1950年一个美国作家对斯堪的纳维亚家具的先进和高质量十分吃惊，他认为这些家具表现出温暖，适合人体尺寸，有个性，民族性，因而有广泛性。还有人认为，没人能比斯堪的纳维亚设计出更优美的家具及日用品。从1954～1957年，斯堪的纳维亚家具在美国和加拿大进行了三年展览。

1953年出现了波尼（Pony）椅，它是由镀铬钢管制成。它的设计目标是：把整体变成组合部件以减少运费，坐着舒服，生产过程合理简单，价格低廉。设计师通过实验发现，用两个简单金属管，两个横管和蒙布袋就能组装成椅子，并选择了适当比例使其满足了设计目标。它不是为商业目的，而是为大众生活需要。又例如1957年努尔梅斯涅米（Finn Antti Nurmesniemi）设计的水壶，具有优美的尺寸比例，充分考虑了使用方面可能出现的问题，像水壶是否容易翻倒，水壶盖是否容易被碰掉下来，水壶是否容易被端起来。而在用色上，又充分体现了斯堪的纳维亚的文化特征。当时这几种产品是很受人欢迎的。

1957年欧洲共同体的建立对斯堪的纳维亚工业发展提出了挑战。在过去的贸易保护下，斯堪的纳维亚地区工业得到发展和繁荣。后来取消了关税保护，这一地区的内部市场面临欧洲共同市场的强烈竞争以及技术压力。它的工业界被迫改变了管理方式，同时大规模投资机器设备。在这种形势下，1960年代斯堪的纳维亚地区工业界对工业设计的兴趣和需要迅速增加。1960年建立了设计委员会。1963年瑞典国家出口委员会和企业家联合会建立设计奖。1965年丹麦也建立设计奖。工业设计师们在新型电话，电视，复印机设计上作出突出贡献。并且工业设计被广泛应用在幻灯机，办公设备，灯具，电子产品设计中。从此，斯堪的纳维亚地区的设计传统发生了变化，以"实用艺术联合会"为代表的艺术设计被以"设计中心"为代表的工业设计所取代。它标志着一个时代的结束，过去艺术设计是为大众高生活质量，现在工业设计变成促进工业界在国际市场上竞争力的一种手段。但是文化传统使设计师们仍然保持了强烈的社会责任感。设计师的项目从家庭用品扩展到工业产品，公共实施，通讯和交通。丹麦的安德烈亚森（Henning Andreassen）1978年设计的优美电话成为"丹麦典范"。

工业产品与家具的设计原则不同，设计从过去强调美学转变为强调机器对人的适应。1970年代位

图1.7.1 丹麦亚科布森（Arne Jacobsen）于1952年设计的3107型座椅，已经生产了数百万个，并且还在生产

图1.7.2 1974年Maria Benktzon Sven-Eric和Julin劳动学设计组为残疾人设计的面包刀

于斯德哥尔摩的"劳动学设计集团"成为斯堪的纳维亚的设计中心,它转向设计木材工业的机器工具,建筑业的安全设备,冶金制造业的焊接设备。在这些领域中,人机关系(而不是美学因素)适应原则起主导作用。例如,日常用刀是导致受伤的主要来源之一,世界上有几人没有被刀子划伤过?虽然人人都被刀子伤害过,但是使用刀具时总忽视了这一问题,往往认为刀子很简单,认为"我会用"。然而,设计一把又好用又不伤人的刀却是几千年来的一个头疼问题。至今,设计师们只是很有限地解决了这一问题,例如转笔刀,电动剃须刀,德国肉店的电动切肉刀。在西方,切面包是家家户户男女老少都要干的事情,本克切彤(Maria Benkzton)与尤林(Sven-Eric Juhlin)二人按照工具适应人的原则设计了一种切面包刀,为残疾人或儿童提供了安全方法。它的结构非常简单,但是功能很强,典范地实现了功能主义设计师们中很头疼的理想设计原则:"少而多",即结构少,而功能多,它的基本设计思想是充分发挥外形的功能。这种切面包刀的刀刃运动方向被固定,它不靠手而靠刀刃和支架固定面包,从而使手避开刀刃。这个切面包刀已被纽约现代艺术博物馆收藏。这一设计出现在斯堪的纳维亚并非偶然,它充分体现了在面对世界经济激烈竞争中,斯堪的纳维亚的设计师仍然保持了人道主义设计价值,正是这一价值正确理解了劳动学的实质:使机器工具适应人。在1960~1970年代这种设计思想是非常先进的。诸如此类的设计范例不少,例如古斯卢特设计的平衡椅使人的坐姿势倾斜(图1.7.3),从而减少腰椎骨的劳累,坐起来很舒服。

1970年代末产品语义学被用于设计中。1979年特雷盖德(Jan Traegaardh)把语义学观念用于测光表的设计,用外形表现功能,使外形能够自己"解释"功能用途,这样使用户容易明白使用方法,减少学习过程。这个测光表的绿色按钮表示开启测量,白色按钮对应最强光量程,黑色按钮对应最弱光,红色按钮对应关断。这种色码容易理解,不受文字种类限制,可以国际通用。又例如奥斯陆的城市设计中,蓝色代表该城市色,黄色表示垃圾箱,绿色表示公共场合的座位。

图1.7.3 平衡座椅。平衡座椅于1979年首次在斯堪的纳维亚家具展览会上展出。图为1980年古斯卢特(Svein Gusrud)设计的多功能平衡座椅

斯堪的纳维亚设计师们注重职业伦理,把文化价值置于很重要地位,例如他们战胜了外界压力,从事了大量工作研究汇编生态设计手册,哥本哈根市以弗林特(Niels Peter Flint)为首的O-2小组在这方面起了中心作用。1980年代后期一个美国设计师对此不理解,他曾说:"你们斯堪的纳维亚人很奇怪。你们总强调你们的责任。我们只说漂亮的产品加上好的设计能卖得更好,就这些。"

维德哈根(Fredrik Wildhagen,1991,159)在总结斯堪的纳维亚设计史时坚定地说:"我们回顾了斯堪的纳维亚设计事业的整个进化过程,有一点很明显,社会对我们已变得极其重要,引起了公众杰出人士的各种关注。牙刷和信箱不会总在报纸上出名,也不会在博物馆的展台上显示精美形象,但

图1.7.4 瑞典Gunebo公司为公共环境设计的门栅,1993年首次在英国伯明翰展出,引起了广泛注意。该公司成为欧洲最大的门栅生产厂家

是它们能为改善人民生活，为改善人民神圣的、平凡的、日常的事情作出贡献。而这就是它自己的重要性"。

1980年代后期，设计哲学基础在欧洲发生重大变化。若干人提出传统的系统理论已不能适应信息设计。行动理论（Action theory）在德国、英国、法国、意大利等国被探索用于信息系统设计。同一时期，斯堪的纳维亚对计算机用户界面的设计理论提出了一个独特的发展方向。丹麦的阿互斯大学的波迪卡（S. Boedler）写了一系列文章，对经典的系统设计理论提出了挑战。她认为，传统的理性思想不足以作为系统设计的理论基础，系统理论只是狭隘地考虑了技术方面的问题，没有充分考虑人在实际社会中的活动方式。1990年她提出，应当以人活动理论作为信息系统的设计理论和实践基础。活动理论（Activity theory）是1970年代后期1980年代苏联一个心理学理论。严格说，它还不是一个系统的理论，而是若干理论要点，它对人机关系提出了一些基础观点。

第八节　工作座椅设计

一、为什么研究座椅

座椅一直是工业设计的一个专题。普通木工都知道制作一个好的儿童座椅是不容易的。怎么设计座椅？二百多年来，对座椅设计经历了几个阶段。最早19世纪人们试图从古典艺术角度塑造形式优美的座椅，表现豪华高贵、表现身份地位，但是这种座椅只能由高水平的匠人手工制作。1920年代包豪斯以及各国现代工业设计师通过工业新材料（钢管）表现现代性。1970年代后现代设计通过新材料、形状、颜色塑造出另一种座椅，表现情绪，表现文化或反文化。各国著名座椅设计达数百种。然而1950年代以后，有些人才意识到座椅设计不是个艺术问题，而应当依赖人体生理，从此座椅设计才进入到科学阶段。

19世纪中期以前，西方银行和邮局白领职员一直是站着工作，后来雇主认为他们坐着工作可能效率更高，从此开始坐下上班。后来白领工人数量逐渐超过了蓝领工人，他们主要是坐着工作，座椅设计不当，会促使一些职业病，1948年瑞典的艾卡布鲁姆（B. Aakerblom）发表《站和坐姿势》一文后，引起了广泛注意，欧美各国对腰疼和腰肌劳损进行了大量研究。美国统计资料表明，腰病是工作年龄成人花费最大的健康问题，美国五十岁的人中的85%曾得过腰病或椎间盘病，据1990年美国赔偿保险委员会报告（National Council on Compensation Insurance, 1990)，1986年美国全国为腰病共花费110亿美元，1991年达200亿美元。腰疼和腰肌劳损的原因很多，它可能出现在下面几种情况：劳动工作长时间紧张、长时间维持一种姿势、固定在一个位置、耗尽了精力；脊柱的位置不平衡、没有处于自然状态，例如工作中长时间扭腰或弯腰，腰部集中受力，经常重复性扭腰和弯腰。这些问题也引起各国劳动学者对各种坐姿势和各种座椅进行了长期探索，到1960年代末已经观察了45000个实例，其中许多已被摄成电影。1980年代和1990年代发表了许多对座椅的重要研究结果，重要论文至少有300篇，这些文章从人体生理学角度研究了人体脊柱的这种姿势、受力和新陈代谢问题，以及与坐有关的许多问题，对座椅设计起了重要作用。

二、坐姿势

座椅应当多高？座面和靠背应当什么形状？座椅应当倾斜多大角度？表面应当什么材料？这些问题并不是由艺术设计决定的，而是由人体生理决定的。瑞典的纳何森和安德森以及日本的研究人员用精密方法研究了各种人体和坐姿势下椎间盘内部所承受的压力。纳何森发现，椎间盘受的压力大约等于它所承受的人体重量的垂直分量的1.5倍。如果以垂直站立时，椎间盘承受的压力为100%，那么平躺时椎间盘受力为24%，躯干笔直坐时椎间盘受力为140%，向前倾斜弯腰坐时椎间盘受力为190%。换句话说，坐姿势下椎间盘受力比站立时受力大。当后背倾斜120°、座面倾斜14°时，椎间盘和肌肉活动处在最有利条件(Grandjean，1979)。工作时的座椅与休息用的座椅设计准则根本不同。餐馆酒吧的座椅、家庭会客厅的座椅、海滩的座椅各有不同要求。要搞清楚这些设计尺寸，首先要理解人的各种动作的含义。因此，许多劳动学者研究了座位面上和靠背的压力分布，并绘出彩色应力分布图。其中引起人们注意的一个问题是：坐着为什么总要改变姿势？1980年代德国、英国、加拿大等国家劳动学者研究了此问题后主要得出两个结论：一是人体生理需要，二是由于不舒服，特别是当座椅设计不恰当的时候。有些学者认为，体重和座位面太硬会引起局部皮肤高压强点，它使人感到不舒服。有些人认为，当肌肉疲劳时，改变姿势是为了寻求稳定姿势，即低能耗状态，或者放松一个部位肌肉。还有些人认为，改变姿势是由于心情烦躁、温度和湿度引起的，或者由于一天的行为节奏周期变化引起的。有些人的研究结果表明，持续不变的坐姿势对人有许多不利。培训残疾人的专家强调，当血液循环不良时，经常移动重心和改变坐的姿势可以防止微组织破损。不由自主的改变姿势的作用象"压缩"和"减压"一样，可以促进输送营养到脊椎盘核，减少每天的脊椎盘收缩，这种收缩会引起不舒服感。因此，经常改变坐姿势对身体有利。

若干研究结果表明，座椅舒服可以提高工作效率24%。要使座椅满足人们坐姿势的需要，就必须研究各种坐姿势，它主要包括下列几种：

第一，向前倾斜坐姿势。许多人在工作中采取这种坐姿势，有时甚至只坐在座椅的边沿，或者把座椅压翘斜，使膝盖向前倾斜。有人对104个坐对象进行了分析，发现人体重量的一半在坐骨下只支撑在8%的座位面积上。这种姿势对转动骨盆向垂直位置有正面作用，使脊椎前凸恢复到腰部。但是这种坐姿势引起压力集中，容易疲劳。如果体重集中到脚部，双腿会感到不舒服。向前倾斜的座椅可以减少这种缺点。

第二，向后倾斜的坐姿势。向后倾斜靠到座椅背上，这样可以使脊椎干和腰部形成自然曲线，使一部分体重分担给靠背，减少腰部的20%负担。这时，椎间盘承受的压力最小。

第三，翘腿坐姿势。这种姿势会增加下面那条腿臀部的压力，因此这种姿势不能维持长久时间。但是翘腿坐可以减少半侧臀部的压力，也可以减少膝盖受力。还有些人研究认为，翘腿坐可以保持脊柱姿势。

第四，站姿势。如果站立适当，它是一种健康的姿势。对许多人来说，站立时腰部处于最佳形状。躯干和颈部处于平衡状态。但是站立时，体重负担到膝盖和腿部，加重了心脏负担。因此，站立不应当时间过长。站立与坐应当常常交换，这样可以保持椎间盘健康。但是从坐移向站起比较费力，刹那间膝盖要承受七倍于体重的力量，这时有些老人可能会出现事故。给老弱病残设计座椅是一项高难度的工作。

从上述分析工作环境的座椅看出，人们坐着的时候，经常改变姿势对人体健康有益，因此座椅应当适合各种坐姿势。为此目的，有些设计师把座椅设计成可调式，靠背的倾斜角度可调，座椅的高度可调。事实表明，人们很少使用这些调整机构，这种可调式座椅不符合人们的使用期望。设计一个好的座椅是不容易的。

三、座椅设计

座椅设计应当满足下列坐姿势的需要：

第一，允许各种坐姿势，并有利于改变姿势。长时间坐着工作与腰疼相关。在座椅上常常移动，有利于改善血液循环，改变压力热点，可以把工作负担从一个肌肉改变到另一个肌肉。要使座椅有利于姿势改变，它应当是向后倾斜的。座椅应当足够大，使人可以处于偏心姿势。注意座椅高度，使腿可以辅助姿势改变，并使腿和脚可以采取不同姿势。为了使姿势容易改变，座垫不能太软。提供方便的高度调整机构，倾斜锁定和释放机构，使各种坐姿势都感到舒服。

第二，减少坐动作所要求的肌肉活动。在站立姿势和无靠背时的坐姿势，腰肌负担几乎相等。要使坐姿势时腰肌活动放松，座椅应当具备下列条件：当人坐下后，座椅应当倾斜；采用向后倾斜的靠背（约10°~20°）；提供扶手；使双腿可以向前伸直。当靠背倾斜大于20°时，肌肉活动并没有进一部放松。

第三，减少脊柱承担的体重。处于坐姿势时，上体重量大约是人体重量的一半，双臂和双肩占人体重量的15%。座椅靠背和扶手可以帮助减轻椎间盘负担。研究表明，扶手可以减轻25%~40%的腰部受力。当靠背倾斜20°时，它可以承受47%的上半人体重量。

第四，有利于腰部（脊柱前凸）的形状。可以用以下三种方法辅助脊柱前凸：在座椅靠背的腰部提供曲线；加大座面与靠背之间的角度（即脊柱与股部角度），从而改善座面与靠背的关系；给出座盘轮廓线面，这样可以改变骨盆的角度。靠背下部给出腰部轮廓面可以防止腰部瘫软到沙发深部。劳动学者认为，腰部支撑最好设在脊柱的四分之一到五分之一部位，即大约15cm~25cm处。保护腰部应当是座椅设计的重点问题。

第五，减少皮肤和其他组织的接触压力。研究对长时间坐着的压力分布很重要。如果座椅过高，使双脚悬空，会引起大腿下侧压力过大，感觉不舒服。给硬座椅加2cm泡沫软垫，可以使坐的时间增加两倍才感到不舒服。过软的坐垫会引起臀肌外周感到疼痛，也会使股骨转节部位压力增大，引起坐骨神经发麻。长时间坐在高椅子上使双脚悬空，都会有这种感觉。

第六，适应各种人体尺寸。设计师一般按照中等人体尺寸（分布在5%的女性到95%的男性之间）设计座椅。这种座椅可能适应95%的人。实际上，人体尺寸数据是测量部队军人得出来的，它往往没有包括较低身材的人体尺寸。实际上普通人群中有更多的较低人体尺寸。每个人都有一个或几个尺寸特殊。因此，按照上述尺寸设计的座椅并不适应95%的人群。为了解决这种问题，人们设计了可调式座椅可以适应各种人体尺寸，主要是可调高度，当前的最大高度调整大约为12cm。对较低人群来说，座椅有两个问题较关键：座椅深度使较低人群很难靠到座椅背，座椅较高难以上下，因此，常常提供附件背垫和脚蹬支撑。

第七，要使上体处于较舒适姿势，转椅高度应当为38~54cm可调。工作桌高度应当

图1.8.1 勒·柯布西耶于1928（1965）年设计的舒适沙发LC3

为74~78cm。座面应当稍呈凹形，座椅前部应当向上倾斜4°~6°，能够防止人体下滑。座面前沿应当呈弧形。座垫厚度大约2cm，较软，透气。座椅宽度应当为40~45cm。靠背高度应当为48~50cm，宽度32~36cm。弧形靠背的半径应当为40~50cm。靠背应当可以随人的倚靠姿势上下转动。如果设计有脚踏板，它应当与水平面夹角25°（Grandjean，1979）。

一般座椅高度调节采用压气调节机构，它比机械式机构容易使用。靠背角度调节可以在靠背中采用伸屈性材料或者弹簧，使座椅靠背可以满足各种后倾斜角度。座椅倾斜角度也应当可调。仅仅使座位尺寸符合人体尺寸并不能使人感到舒服，座椅的高度和深度与人坐的目的有关。供妇女在室内休息的座椅应当深度较大（43cm），并且较低，使腿能够伸向前方。座椅高度为42cm时，无法使腿斜伸向前。第二个要求是座椅的角度和坐垫。坐垫应当放松坐骨压点，使压力扩散分布在座位上；同时，应当阻止人体向前滑动。第三个要求是坐垫应当有利于透气排汗（Oborne er al，PP.93 – 95）。

图1.8.2 勒·柯布西耶于1928年设计的转椅LC7，座高50cm，座椅腿对角线距离60cm，扶手高73cm

图1.8.4 美国伊姆斯设计的著名的软垫座椅。最初是为办公室、会议室和接待室设计的，后来发展到家庭使用。它有许多变型，其尺寸见下图。该设计符合德国标准DIN68131

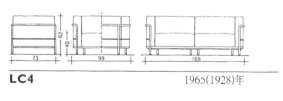

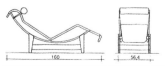

图1.8.3 勒·柯布西耶设计的另外两种沙发座椅。其中LC6是世界著名的躺椅

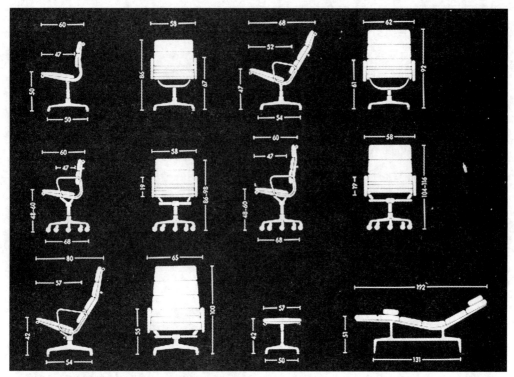

图1.8.5 伊姆斯设计的各类软垫座椅尺寸图。该座椅没有任何装饰件，每个部件都具有使用功能。它们的扶手、座椅架采用镀铬或抛光或暗色铸铝。座垫采用纳帕（nappa）软皮革

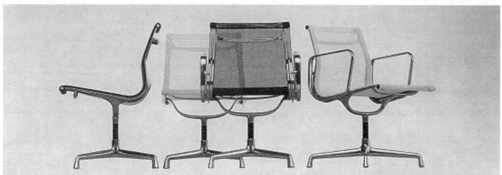

图1.8.6 伊姆斯设计的成套座椅，支架为铝，在面和靠背采用乙烯基、Hopsak，网状结构或纳帕软皮革。他还为飞机场、公共场所设计了类似的公共座椅。它们的尺寸参见下图

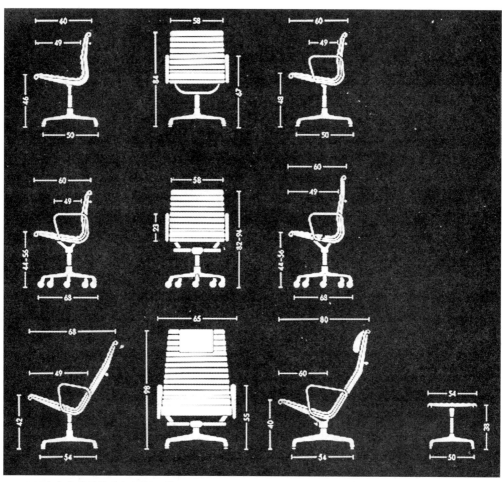

图1.8.7 伊姆斯设计的成套座椅尺寸图

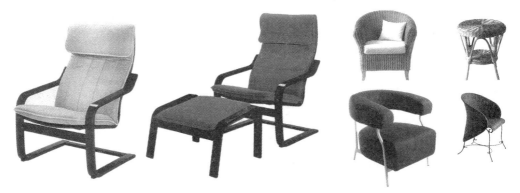

图1.8.8 瑞典 IKEA 公司设计的著名的波昂（Poaeng）座椅。它的扶手支架采用14层胶合板弯曲成形，有弹性，效果与弹簧钢相似

图1.8.9 IKEA公司设计的生态座椅，它们采用天然材料

进一步参考资料可以看：

http://www.hermanmiller.com/research/papers

http://www.hermanmiller.com/research/essays

http://www.hermanmiller.com/research/issues.html

http://www.source1ergo.com/nav.html （家具和工作台设计）

第九节 为弱幼病残设计

一、为儿童设计

母亲抚育婴儿是很辛苦的劳动,尤其是农村妇女往往同时还要从事其他许多劳动,应当为她们设计各种用品减轻劳累,促进儿童健康成长。为儿童、老人、残疾人设计的用品应当安全、实用、便宜。

婴儿床和婴儿车。许多母亲需要婴儿床和婴儿车。这种床与车可以安装在一起,也可以把床拆下来。婴儿小车可供五岁以下婴幼儿使用。它可以被折叠起来。四个轮子都是可以灵活改变运动方向的万向轮。后轮带有固定刹车,可以防止婴儿小车在公共汽车上滑动。它还配有弹簧减震结构。小车下部配有盛物架。婴儿床箱一般被设计得像一个小船舱,可以防止婴儿翻滚下地。床箱外沿配备有提手,可以单手提起。床箱头部配备有遮阳篷,还配有密封罩,当外出遇到大风下雨时,可以用密封罩把整个床箱密闭起来。婴儿期和儿童期的健康成长对人的一生都很重要。婴儿出生后第一年的脊椎生长最重要,这个时期婴儿

图 1.9.1 婴儿提床。床垫多孔透气。内设斜靠板

图 1.9.2 婴儿车后轮的锁紧装置

图 1.9.3 婴儿(幼儿)推车可折叠

骨骼很脆弱，很容易变形，必须给婴儿提供良好的床垫，促进脊椎骨的正常发育生长。婴儿床垫最好用保暖、柔软、透气的羊毛制成，床垫底部应当透气。床垫上部有支撑板，可以使婴儿稳定斜靠。上述各个部件被设计成组合式，可以单独安装或拆卸。为了与小轿车后排座位相配合，床箱内部有安全带，可以固定婴儿肚脐部位。床箱外部配有部件可以与汽车安全带连接。

当幼儿可以稳定坐起，床箱不再能满足需要，可以把它换成幼儿座椅，它配有防雨塑料罩。

喂幼儿吃饭是一件很麻烦的事情，需要专门的安全座椅。这种座椅在幼儿肚脐部位配有安全带，安全座椅的高度可以调整，座椅倾斜度也可以调整。

二、为老弱病残设计

我国大约有5%残疾人，还有许多老人，他们往往行走困难，他们希望像四肢健康的人一样做事和行走。在室内行走或室外短距离行走时，他们需要步行安全架或手杖，安全架和手杖与地面支撑的部位应当稳定、可靠、防滑。很多人需要轮椅，一般轮椅有四种：靠手直接驱动轮沿、用手摇动手杆、电动轮椅和推行轮椅。轮椅应当防振，配有盛物架和防雨罩。老人往往腿部缺乏力量，在厕所便池起坐时需要扶手，洗澡时需要浴盆扶手。

图1.9.4 婴儿床与幼儿床可以互换，小车通用

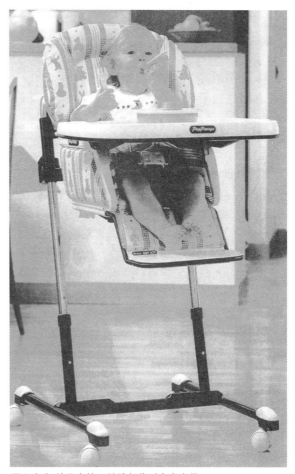

图1.9.5 婴儿床可以固定在小轿车中

图1.9.6 幼儿座椅，肚脐部位系有安全带

图 1.9.7 幼儿座椅的高度和倾斜度可调

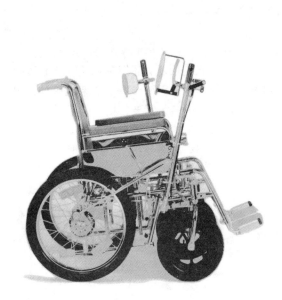

图 1.9.8 臂力驱动轮椅。轮椅两侧可以驱动后轮。右侧把手有方向把和刹车闸

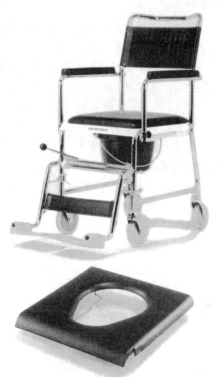

图 1.9.9 老人室内轮椅，可以更换座垫，供厕所使用

三、牙科设备

有些情况下，设计一个高性能的座椅比设计一栋建筑还要难。牙科医生需要许多专用设备和器械进行诊断和处理。在医疗器械中，牙科设备属于单独一类，它主要包括：牙科座椅和医疗台；处理牙齿所需要的各种精巧工具、真空抽污机等等；可以在口腔内探测和拍照的 X 射线转动口腔照相机、口腔内微型镜和摄像机等等。

牙科座椅应当适应各种身高，使病人能够舒适放松坐稳，防止身体向下滑动。左侧备有扶手。座椅的支撑架由液压泵控制，可以升高或降低。处理上牙内侧时，需要转动座椅靠背，使病人头部向后仰，使身体下肢抬高，座椅应当防止病人身体滑动。牙科座椅对枕头要求很高。它应当适应各种头颈尺寸。处理牙齿时，医生可能要求病人仰头、头部向左侧转90°、向右侧转90°，并且头部在任意位置必须处于稳定状态，以便医生能够精确进行处理，枕头必须可调整，适应病人头部的这些姿势。为了使医生能够双手工作，采用脚踏控制器来调节座椅姿势。西门子公司设计了像计算机鼠标那样的脚踏器，并用计算机自动控制座椅位置，控制方法显示在液晶屏上。牙口腔照明灯应当无振动，带有冷却装置，可以轻便平移和转动。

牙齿处理需要各种工具，包括抛光头、牙锉、钻头、清洗刷等。这些工具头应采用卡紧装置，装卸简单可靠，不应当采用螺纹。同时它还应当带有喷水孔，以冷却和清洗牙齿。

X射线口腔照相机可以围绕牙周转动，透视拍照出全部牙齿外侧。照相机的高度位置可调。为了准确固定牙周位置，照相机立臂上配有两个把手和牙柄。照相时，病人用双手握紧把手，牙齿咬紧牙柄。相片数字化的数据可以立即在计算机屏幕上显示出来。口腔内微型镜和摄像机采用各种形状光纤探测头，可以在口腔内任意部位探测和拍照。

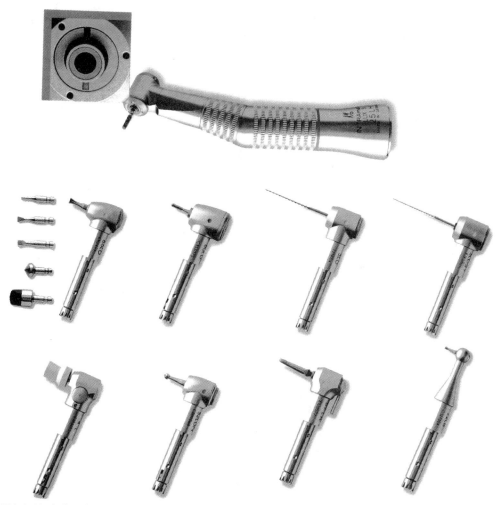

图1.9.10 各种牙科工具头

四、妇科床椅

妇科床椅有两种。一种供妇科检查使用。另一种供产科接生婴儿使用，这种接生床椅也应当可以供妇科检查使用，因此这种床椅比第一种复杂。接生床椅的高度可以升高和降低，床板被分成两体，它们可以单独转动一定角度。附带两个支腿架，它的角度可调。另外还给出了两种血压表。

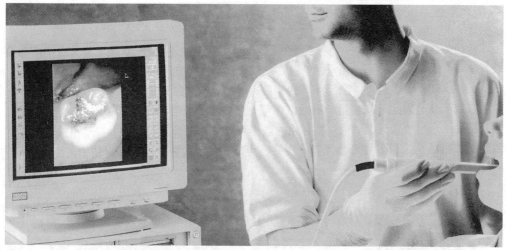

图1.9.11 西门子公司设计的口腔摄像机 SIROCAM,可以把一个牙放大显示在计算机屏幕上

图1.9.12 西门子公司设计的 ORTHOPHOS DS 型牙齿 X 射线旋转照相机。它把数字信号送到计算机屏幕显示出来

图1.9.13 X 射线旋转照相机的使用方法。病人用牙齿咬紧定位销,双手握紧把柄以保持身体平衡,X 射线照相机围绕牙部旋转180°进行摄影

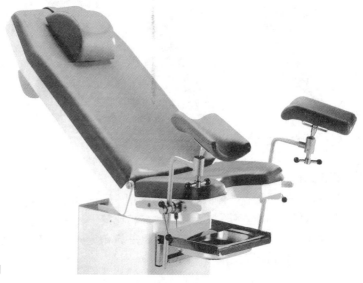

图1.9.14 妇科门诊床的局部图

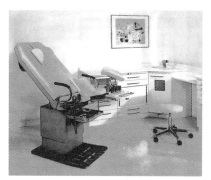

图 1.9.15 妇科门诊床的全貌

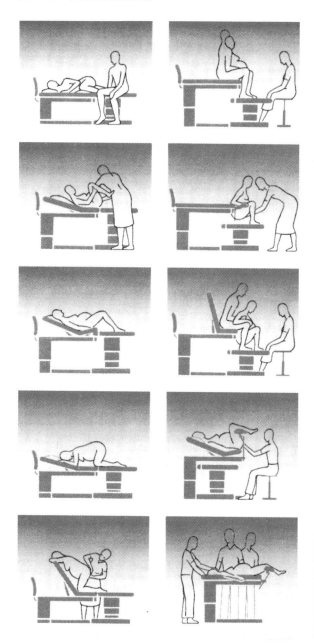

图 1.9.17 妇科接生过程对产床提出多功能要求

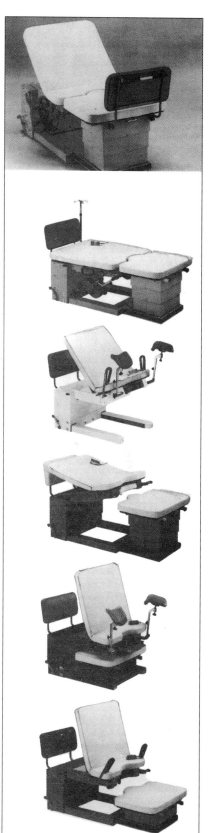

图 1.9.16 妇科接生床

图1.9.18 手指式血压表。有些病人,例如大面积烧伤,无法使用通常的血压计,只能在某些微血管部位测量血压。这种手指式血压表正适合这种用途。但是要注意实验表面,当手指供血不足时,不适合使用这种血压表

图1.9.19 手腕式血压表。许多老人需要经常测量血压。这种血压表便于随时自我测量血压

本章练习题

1. 《国富论》的主要思想目的是什么?
2. 金钱是否能作为人生目的价值?为什么?
3. 工业设计在英国起了什么作用?
4. 德国工作联盟的主要目的是什么?
5. 在工业化时代德国为什么能用两代人的时间超过英国?
6. 全面普及教育起什么作用?
7. 包豪斯的主要目的是什么?
8. 技术美的设计思想是什么?
9. 你怎么评价功能主义设计?
10. "发现问题"与"解决问题"哪个更重要?
11. 艺术在工业设计中起什么作用?仅靠艺术是否能满足当代设计的全部需要?
12. 怎么设计座椅?你能否从文化角度设计座椅?还可以从什么角度设计座椅?
13. 工业设计的主要目的是不是画效果图?

第二章 其他国家工业设计

第一节 艺术流派简介

一、现代与后现代

从1970年代起,在艺术、建筑、文学、音乐、影视、歌剧界,人们开始讨论"后现代"问题。什么叫后现代?它是相对于现代而言。什么叫"现代"?这要区分两个范畴。在科学技术和经济方面,"现代"指一个很长的历史发展时代,它从伽利略和牛顿力学开始(形成机械论思想),经历了英国的第一次工业革命(蒸汽机时代)和美国德国的第二次工业革命(电气化与化学工业时代),在这个时期西方资本主义国家实现了工业化。此后又经历了第一次现代化时期(1920年代西方国家的经济高速发展)和第二次现代化时代(1960年代的经济繁荣和大众消费时代)。这整个时代被称为现代时代(又叫机器时代),在这几百年中西方国家一直信仰科学技术,追求现代性的东西,它的发展过程往往处在繁荣、危机、耗尽、创新的循环中。

在文化艺术领域,现代化指另一层含义。从广义上说,有人认为它指文艺复兴以后西方文明的整个发展时代。它是以"现代化"作为精神信仰。从狭义上说,现代主义艺术是与工业现代化紧密相关,现代艺术和建筑指20世纪以来跳出模仿古典而新出现的主要运动潮流,像立体派、野兽派(Fauvism)、未来派、表现主义、超现实主义(Surrealism)、功能主义、无调派(Atonality)、印象派、连续派、意识流等,每种思想流派都有其代表人物,例如毕加索(新古典派)、康定斯基(抽象派)、格罗皮乌斯(功能主义)、勒·柯布西耶(功能主义)等等。在这一潮流中,人们追求现代化时代精神和现代创新,这些创新的东西被称为前卫(Avantgarde)。理工院校出身的设计师擅长工程设计,同时也应当了解艺术在工业设计和建筑设计中的作用,因此下面简单介绍一下各种现代艺术流派。

二、与工业设计有关的艺术流派

哥特绘画(Gothic painting)的艺术特点是自然主义,它最早出现在意大利艺术作品中,后来变成欧洲艺术主导趋势。它是中世纪欧洲最盛行的建筑风格,主要表现在当时的教堂设计中,例如巴黎圣母院(1163~1197年)。这种艺术流派在法国流行于1130~1300年,1200~1500年流行在英国,1250~1500年流行在德国,例如科隆的圣彼得和玛丽亚教堂,动工于1248年,结束于1880年。1250~1450年流行于意大利建筑。

巴洛克(Baroque,1600~1780年)产生于16世纪后期的意大利罗马(当时罗马被称为欧洲的艺术之都),成为欧洲17世纪和18世纪很繁荣的艺术,这个历史时期又被称为巴洛克时代。它最初与天主教反改革运动相联,它的突出特点是强烈的情绪和有力的姿势,表现自信和恢复了元气的天主教的规劝精神。这种风格很快传入欧洲各国,并被掺入各国的风味和当地传统,它包含许多艺术风格,甚至彼此矛盾,广泛体现在建筑、雕塑、绘画、装潢中。18世纪在德国和南非达到最盛。它的主要特点是宏伟、丰富的美感、戏剧效果、生动有活力、紧张、情绪洋溢等等。后来的艺术凡表现强有力的姿态和强烈的情绪,都被称为巴洛克派。从这种艺术角度上看,德国功能主义被认为属于新古典派。

古典派(Classicism,1750~1840年)是一种理性建筑的美学态度和原则。历史上的古典派依赖古希腊和古罗马的文化、艺术和文学传统,强调形式、简单性、比例,并且限制情绪。新古典派指按照这种古典精神发展的艺术风格。在艺术评论中在广义上用"古典派"指那些艺术上反对浪漫主义的流派。在希腊艺术中，古典派有确定含义，指古希腊艺术最辉煌的时期的代表性成就和作品。古典派的代表性作品有伦敦的英国博物馆（1823～1847年），美国国会大厦（1793～1865年），慕尼黑国王广场的雕塑作品展览馆（1816～1834年），柏林的大剧院（1818～1824年）。

浪漫主义（Romanticism）。它出现在英国工业革命时期（18世纪后期到19世纪中期），广泛表现在文学、绘画、音乐、建筑界、西方文明的理论批评界和史学界。它抵制古典派的那种秩序、平静、和谐、平衡、理想化和理性。在一定程度上也反对资产阶级思想启蒙运动，反对18世纪的理性主义、新古典派和物质唯物论（Physical materialism）。它强调个性、主观、非理性、想像力、自发性、情绪、梦幻和超越。它广泛赞扬情绪，而不是理性；赞扬直觉感官，而不是思想才智；赞扬大众民间文化、民族和文化传统，赞扬中世纪时代，赞扬英雄天才和特殊人物，表现他们的激情和内在的奋斗，特别爱好异国情调、遥远偏僻、神秘色彩和畸形怪异等等。

历史至上派（Historismus）和工程建筑。从1840～1900年欧洲建筑从纯古典主义转向历史至上派。它的典型作品有英国议会大厦（1840～1888年），它包括两部分：维多利亚塔（1858年）和大本钟（1859年），巴黎大剧院（1871～1874年），柏林国会大厦（1884～1894年）。这一时期出现了新工业材料建筑，例如伦敦国际博览会的水晶宫（1851年），巴黎的埃菲尔铁塔（1889年）和国际博览会的机器展览馆（1889年）。

印象派（Impressionism）是法国19世纪末20世纪初的一个主要艺术运动，最初在绘画领域，后来扩大到音乐界。这些绘画主要产生在1867～1886年之间。印象派艺术最明显的特征是力图从光线和色彩的瞬变效果准确客观地记录视觉现实。主要代表人物有莫奈（C. Monet），雷诺阿（P. A. Renoir），毕沙罗（C. Pissarro），西斯里（A. Sisley），莫里索（B. Morisot），圭拉明（A. Guillaumin），巴赛勒（F. Bazille）等。他们组织了一个艺术家协会，力图突破官方艺术理论。当时官方理论认为不应当在调色板上把色彩混合，而应当把纯色直接涂在画布上，强调同时鲜明对比规律。印象派艺术家认为画与色应当形成一个整体，强调观察自然。只有莫奈和西斯里坚持深入分析光线变化与其效果。当时的公众和正统艺术沙龙不承认他们的作品。直到20世纪初人们才承认它是19世纪艺术的主要变革。

立体派（Cubism）是20世纪初期绘画和雕塑的一个流派，主要由西班牙人毕加索（P. Picasso）和法国人布拉克（G. Braque）于1907～1914年在巴黎创立。它强调画面的平坦两维平面，抛弃了传统的透视方法、造型、明暗对比，拒绝效仿历史悠久的艺术理论，它不照抄客观对象的形状、表面肌理和颜色，而是把对象分成许多几何块，画面布局不是再现感知到的现实，而是构想出来的现实。在画面上同时可以看见各个侧面，没有真实细节描述，用交叉和透明立方体和锥体来强调抽象形式。他们的艺术思想对西方有很大影响。他们在1912年前的作品被称为分析立体派，采用几何形状配柔和颜色。后来的作品叫综合立体派，使用更具有装饰性的形状、型板图案、剪贴和明亮色。有时还把报纸碎片贴在画面上。

达达派（Dadaism）。它是1916～1923年西欧的一个艺术和文学运动。"达达"一词出自法文，含义是竹马（或木马），据说一群青年艺术家和反战人士在苏黎世的一次聚会上，把一把裁纸刀扎在法德词典中"dada"一词上，于是他们用该词表现对资产阶级价值的厌恶，和对第一次世界大战的绝望，这反映了当时欧洲许多知识分子的精神状态。该运动的代表人物是杜尚（M. Duchamp），他在1913年创作了第一个现成型（Ready-made）作品"自行车轮"，把一个轮子安装在一把座椅上。达达派虚无主义运动主要活跃在苏黎世、纽约、柏林、巴黎和汉诺威，要通过废除传统文化和美学形式来寻求发现可靠可信的现实。

未来派（Futurism）。它是20世纪初意大利的一个艺术运动，它赞扬机器时代。未来派一词是1909年意大利诗人马利奈蒂（F. T. Marinetti）在巴黎一家报纸上首先提出，他强调要抛弃过去静止的无关紧要的艺术，为文化和社会的变化、发明创造而欢呼，他赞扬现代的新的美，像汽车新技术和它的速度美、力量美和运动美，号召抛弃传统的价值、文化价值、社会价值和政治价值，并毁灭这些文化机构，诸如博物馆和图书馆等等。这篇文章充满火药味，引起广泛注意。1910年在意大利引起艺术、文学和音乐界一场运动。它强调机械过程的运动、速度、精力、机器的力量、生命力、变化的不得安宁的现代生活。它对视觉艺术和诗产生较大影响。这种反传统潮流后来变成了完全相反的另一个潮流，1950年意大利工业设计继承文化传统，在世界上别具一格。

表现主义（Expressionism）强调表达内心体验，而不是仅仅是外表的写实。它追求的不是客观现实，不是再现对周围世界的印象，而是用画家自己头脑中的映像代替视觉客观现实，表达它们所引起的主观情绪和引起的心理反映。它用变形、夸张、原始质朴和想像方式，强烈地、不和谐地、极端地或者有生气地运用各种基本形式来表达人的内心，例如，它不是写实战争场面、而是用悲哀的人的面部的变形表达对第一次世界大战的悲愤，这样更准确地表达出它的真正含义。它是整个20世纪的主要流派之一。这种高度主观的、个人的、自发性的自我经验的表述，在现代艺术运动中是很典型的。表现主义也是从欧洲中世纪以来日尔曼和北欧艺术的主要趋势，尤其是遇到社会动荡和精神危机时代。从这个意义上说，它根本区别于意大利和后来法国的典型趋势。最著名的德国表现主义艺术家有贝克曼（M.Beckmann）、迪克斯（O. Dix）、马克（A. Macke）、奥地利的可可西卡（O. Kokoschka）、捷克的库宾（A. Kubin），以及俄国的康定斯基等等。在英国、法国、比利时、丹麦、荷兰都有著名的表现主义艺术家。第一次世纪大战后的表现主义艺术家中有许多人属于人道主义者或社会主义者。

纯抽象派（Pure Abstraction）。欧洲绘画一直是用色彩表现周围环境、自然和人，其实古代人类已经用色彩和形状表现它自己的固有情绪力量，例如扎染丝绸、装饰物、编织等等。它的色彩和形状与自然对象无关。20世纪初抽象派艺术变成一种完美的方式，探索和表达艺术家的感觉和想法。它的代表人物是俄国的康定斯基和马列维奇（K. Malevich）。康定斯基后期的艺术作品趋于表现几何形状和抽象至上。

超现实派（Surrealism）。它是两次世界大战期间盛行在欧洲视觉艺术和文学界的一个运动。它认为理性主义造成了破坏，并且这种理性主义对欧洲文化和政治的破坏，在过去和第一次世界大战中达到顶峰。它强调内容而不是形式，与当时高度形式化的立体派形成鲜明对比。超现实派主要人物之一布雷顿（A. Breton）于1924年曾说，超现实派是完全重新结合有意识和无意识的领域的一种手段，从而使梦想世界以绝对现实（超现实）的方式表现在现实日常的理性世界中。它的代表性画家有阿尔普（J. Arp）、恩斯特（M. Ernst）、马森（A. Masson）、马格利特（R. Magritte）、坦吉（Y. Tanguy）、米罗（J. Miro）等等。

大众艺术（Pop art）。有人说它产生于1947年的美国。还有人说它产生于1950年代中期的英国，1960年代在纽约被普及。pop有三层意思：可乐瓶"扑"地被打开，美国枪"砰砰"响，以及大众。它用大众日常生活替艺术史诗，使高级艺术与低级艺术之间的界限消失。媒体和广告偏爱使用大众艺术，以促进社会消费。它的代表人物是美国的沃霍尔（A. Warhol）。

三、后现代

所谓后现代是指1970年代后艺术、文学、影视、音乐、戏剧界和思想界的一种潮流。许森（Huyssen，1984）认为，现代化是欧美整个社会舞台演出的一个世界规模的戏剧，现代人是它的主人公,现代艺术是它的精神动力,就像1825年圣西门想像的那样,现代主人公和艺术作为社会变化中的一种力量,阻碍这种变化,不情愿这种变化。这个潮流保持文化一直不断发展到1960年代。这一潮流在1970年代出现了断层,出现后现代概念。许森认为,后现代在最深处表现的不仅是现代化过程的"繁荣-危机-耗尽-创新"这一循环中的问题,而是表现了现代主义文化本身的危机。在现代主义的经典思考方法的中心是三分法,它的价值敏感点在于区分传统与创新、保守与革新、退步与进步、大众文化与高级文化,而后现代派不再无条件地优先选择后者。在后现代条件下,面对这些对立观念,人们不再能够用"好"或"坏","现在"或"过去","现代主义"或"现实主义","抽象"或"表现","前卫"或"庸俗"一类的范畴来区分概念。后现代不是要废除现代主义,而是给它引入新的精神,把许多美学和技术用于它,使它在新的境界中发挥作用,被废除的是现代主义的那种力求"进步"和"现代化"的目的论观点。后现代并不一定认为没跟上最新技术就是"倒退",就是"落后于时代",它拒绝这种法典式的狭隘教条趋势,但并不笼统反对现代主义。

四、功能主义的危机

功能主义设计强调工业大生产,强调造型的目的理性,外形设计一律采用直线和直角。1970年代后西方社会普遍出现"后现代条件"和"快乐原则"的生活方式,功能不再是人们追求的惟一目的,在家庭日用品中,人们对大生产产品的千篇一律的、直线直角、纯技术的功能感到厌烦,产生所谓的反设计潮流,反对只以功能理性为目的的设计。这一潮流主要来自青年人文化圈、音乐、电影,另外也受美国大众艺术影响。这种潮流首先出现在英国,然后传到意大利和德国,形成一种运动反对功能主义的建筑设计。在美国出现了对现代建筑的文化、心理和象征方面的批判,逐渐形成后现代理论。德国在第二次世界大战后功能主义一直是设计正统理论。1960年代中期,在建筑和城市规划方面出现争论,批评把纯目的理性(只讲求功能)作为大批量生产的惟一目的,认为这种设计缺乏情感色彩。过去功能主义一直把设计过程与艺术脱离开,现在又有人争论艺术在设计中的作用。1965年阿多诺斯(T.Adornos)在德国工作联盟作了一个报告《今天的功能主义》,他批评把功能主义作为意识形态和指导思想,并指出一种形式除了具有确定的用途外,还具有象征符号作用。1968年又有人提出不能再把功能主义看成至高无上的设计原理,批评1960~1970

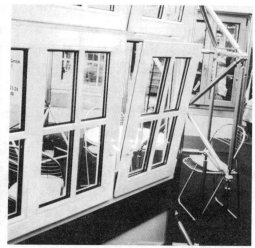

图2.1.1 转动-斜靠窗。这种窗户可以像普通窗户一样转动打开,也可以斜靠一条窄缝,以便防雨

a.右边窗户可以斜靠

b.打开右边窗户后,可以滑动中间的窗户

c.左边的窗户也可以滑动

图2.1.2 三联窗户

d.三个窗户都可以转动打开

年代水泥板建筑的形式主义使人感到单调。这种新思潮在德国对机器工具设计没有很大影响。德国于1967年发明了"转动－斜靠窗"。1996年又发明了"三联窗"。德国机器工具设计在世界上很出名,它主要强调功能。艺术对它能起多大作用？至今在德国和美国的主导设计思想仍然认为设计需要的是创造性,如果有创造性,设计可以不用艺术。设计思想的主要来源是文化、劳动学、心理学和社会学。然而对功能主义的批评思潮,在意大利设计形成了独特思想体系,对西方工业设计产生很大影响,它主要采用柔和曲线、充分发挥色彩作用,在日用品、家具和建筑上,形成了一种新的设计风格。

五、工业设计的趋势

1970年以后工业设计思想出现了新的变化。第一,自然资源迅速减少,环境污染公害增加,这些不稳定因素导致西方工业经济衰退。人们已经感到不能只单一考虑工业经济增长。保存资源、保护环境和生态要求成为迫切要解决的设计问题,例如探索新方法解决垃圾处理,以减少污染,节约原料；改善产品结构,使其可修理；使用无废料的太阳能；节约用水设计等等。格鲁斯（Jochen Gros）于1975年提出"有意义的功能"理论,设法跳出自然科学思想的目的理性,倾向于人文科学思想方法,尤其是知觉心理学。他在德国首先提出了再生循环处理（Recycling processing）设计思想。从这一思想出发，德国的奥芬巴赫大学（Offenbach）和柏林的国际设计中心（International Design Zentrum）发展了再生设计，他们改变了设计方法并用于实践。这种设计思想导致了环境保护技术和设计，称为生态设计。

第二，1980年代微电子和计算机信息技术迅速发展，使传统设计思想感到困惑。电子元件微型化使用户难以搞清许多产品到底是怎么一回事，因而被称为"小黑盒"，为了解决这种问题，出现了产品符号学设计理论。

第三，计算机和信息的迅速发展使人机界面和信息界面设计成为一个重要课题。计算机应用的关键问题之一是用户界面。人机界面编程占市场一般软件的59%，在人工智能和专家系统软件中，人机界面编程占30%～50%（Balzert，1988）。它的编程没有数学算法可以依靠，但是它的编程技巧往往比创新算法还要困难。设计人机界面的主要基础是用户使用行为，为此人们研究人的感知、认知、情绪，人体动作、语言等问题。这些可以被归纳为心理学（例如知觉心理学和认知心理学），尤其是行动理论和认知心理学。另一方面，它还涉及到人环境关系，人社会关系问题，这些问题可以被归纳为生态学和社会学问题。此外，还涉及到哲学问题。在美国出现了认知工程（Cognitive engineering），在德国出现了硬件劳动学（Hardware ergonomics）和软件劳动学（Software ergonomics）。

第四，后现代设计。它主要指1970年代源于意大利的设计，后来在日本得到进一步发展。

第二节　意大利现代设计简介

一、意大利的现代设计

与德国和斯堪的纳维亚的功能主义设计不同，意大利具有另一种文化、哲学和设计思想。意大利在工业化过程中，大中型企业最初是以德国和法国为榜样。从1920年代末期转向学习美国企业组织管理方法。1929年意大利著名公司Olivetti就开始雇佣工业设计师，并建立了设计研究室。它成为意大利新工业文化的代表，促使意大利从古典主义向现代发展，追上欧洲工业化的历史潮流。第二次世界大战后，意大利结束了25年与外界隔绝的状态，开始了解各国文化，研究德国包豪斯。很快米兰就变成国际文化交流中心之一，它集中了国际各种艺术流派和建筑流派。例如马尔多那多（1954～1967年德国乌尔姆造型学院院长，1967～1969年任国际工业设计协会主席）曾于1967年在米兰工业大学建筑系当客座教授，1971～1983年在两所意大利大学任教授，1976～1981年任Casabella杂志编辑。意大利设计师们有巨大热情，他们要把过去已设计过的东西全部改写成现代化。1950年代Olivetti公司的工业设计已经闻名世界，1953年纽约现代艺术博物馆举办了Olivetti的设计展览，1954年Olivetti在纽约第五大街开办展厅，并在日本举办展览会。1956年意大利成立设计师协会（ADI）。1958年Olivetti在巴黎建立展厅。1959年意大利制造出第一台计算机。1950年代末期意大利农村文化解体，工业经济和消费发展。同德国一样，意大利那时也出现经济繁荣。1950年代意大利家具设计开始出现活跃气氛，由于许多设计师是学建筑出身，他们在家具设计中主要体现了艺术风格。意大利有许多小型手工工艺厂，家具设计师与它们结合起来，形成了意大利的家具工业，从此开始创造出有自己特色的家具传统。从这个时期开始，意大利的汽车设计也在世界上出名。三年一度的米兰展览对意大利设计起了很大促进作用。1961年国际工业设计协会第一届会议在意大利威尼斯举行。从1960年代开始，工业设计师越来越多地趋向消费品生产，建筑师们转向产品设计，并组成专业团体和协会。

米兰工业大学的纳塔（Giulio Natta）小组和齐格勒（Karl Ziegler）由于发现聚丙烯而获得1963年诺贝尔奖，1970年富瑞（Charles Furey）首先用这种材料设计成功完整一体的家具。从此这种塑料工业在意大利和欧洲迅速发展并对欧洲家具设计产生了很大影响，它主要采用压力铸造工艺。到1990年这种完整一体的家具（主要是座椅）爆炸式的大生产，家庭花园、酒吧、公共环境都使用这种材料的座椅。它很轻、不可破损、容易清洗、柔韧舒适、不受气候影响，价格便宜，而且可以再循环。这种座椅每年在欧洲销售4000万把，到1997年初仅AURORA一种型号的聚丙烯座椅就已经销售了5亿把。但是这种产品的生产机器很昂贵，压铸机约65万马克，每把座椅仅卖8马克左右，材料成本3.5马克。

1950年代世界流行的斯堪的纳维亚风格的家具和室内装潢，到1960年代初期转向了意大利风格。1965年"意大利室内景观"已成为著名的室内设计流派，一大批建筑师和设计师探索研究现代家庭生活问题。1969年皮瑞迪（G.Piretti）设计了意大利著名的椅子Plia，到1988年已经生产了300万只。1972年纽约现代艺术博物馆举办意大利家具展览，名为"意大利：新的室内景观"。1980年德国科隆举办意大利家具设计展览。1981年美国举办国际设计会议，主题是"意大利思想"。1979年美国举办Olivetti公司流动展。1983年第13届国际工业设计协会会议在米兰举行，同年在美国圣迪戈举办"80年代意大利设计"展览。1985年在苏黎世、阿姆斯特丹和美国举办意大利建筑展览。从1950年代到1980年代意大利出版过50多种设计专业杂志。

二、设计是一种行动方式

工业设计师面临的一个问题是怎么与工程师合作。工程师要考虑成本、工艺、加工计划等等问题。而艺术出身的设计师往往不考虑这些，只从艺术角度设计，不考虑工艺制造，这样经常出现矛盾冲突。1930~1950年代意大利著名设计师尼佐利（M.Nizzoli）曾在1954年《工业风格》杂志上著文专门谈这个问题，他写道：各种产品的设计方法不同。外形要表达各个方面的要求，甚至有些要求相互矛盾。设计师设计外形时要放弃纯美学设计概念，纯美学只是个人鉴赏口味问题，各人观点不一样，外形设计的中心是考虑使用，使产品符合人的各种动作。假如一个产品很美，但只是包装打扮，这是错误的设计观点。工业设计要考虑生产技术问题，要考虑加工工艺，同时要使工程师理解设计工作的价值。设计师首先要学会向工程师提出问题，例如"这能够加工吗？""如果这儿的机械尺寸减少，它还能实现同样功能吗？""从工艺和经济角度上是否可以改变这个操纵杆的位置？"工程师往往先回答："不能。"设计师要经常同工程师讨论，建立和谐关系，如果设计师能够从实用和美学角度上使对方理解，工程师也会逐渐灵活解决相应问题。设计师与工程师的和谐合作是设计优秀产品的重要前提。设计师要正确认识设计概念，具有创造性的设计能力。工程师要理解用户界面的重要性。

三、意大利设计师

意大利设计的家具、室内布置、皮鞋、建筑、汽车在国际上很有威望。什么是意大利设计风格？意大利人自己也说不清。工业设计是一种文化意识在工业社会中的体现。意大利设计的动因是追求自己民族历史文化的一致性，这种目的和价值是典型的意大利设计师的心理状态。他们通过设计有意识地创造企业文化，把一个企业的各种产品设计成表现一种统一性，反映这个企业的形象。他们富于想像，不受现有的设计方法和美学概念的约束，创新技术，节省自然资源，适当地超越习惯设计规则，改变传统形式，创造出人意料的造型，不寻常地选择材料，通过外形设计达到好的使用目的，表现了人的存在和尊严，充分

图2.2.1 意大利塞多利于1875年设计的儿童屋。他曾获得1970年斯德哥尔摩的欧洲荣誉设计奖

图2.2.2 意大利的童姆巴于1978年设计的座椅。他的优秀作品被芝加哥的当代艺术博物馆收藏

图2.2.3 弗克里尼1990年设计的可转动床头柜

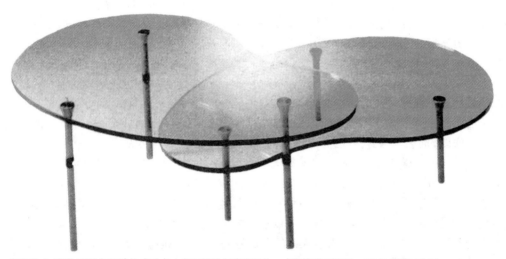

图2.2.4 玛理1988年设计的成对桌。桌面用结晶玻璃制作。桌腿用黄铜制作。二桌也可以分开

体现出意大利人的天性。意大利设计在欧洲形成了一种独特的民居文化,产生于小手工艺术的家具制造业,外形简朴、灵巧。意大利设计生产体系的特点是"创造性直觉的一种奇妙的融合和手工灵巧"(Nulli/Bosoni,1991)。

1980年代意大利著名工业设计师将近有三百人,约40%在米兰从事设计活动。大部分毕业于米兰大学和米兰工业大学,其次分布在佛罗仑萨、都灵和威尼斯。意大利设计师思想活跃,专业跨度大。一个建筑设计师也可以是一个工业设计师和服装设计师。一个广告设计师可能设计家具。阿司迪(S. Asti)是意大利设计师协会创建人,世界著名设计师,设计对象几乎无所不包,室内设施、家具、餐具、玻璃器皿、灯具、木制品、陶瓷、电器用品、展览会、百货商场等等,1971年他的作品在纽约现代艺术博物馆展出,1983、1984年在费城艺术博物馆展出,还在东京、布鲁塞尔、哥本哈根、布拉格、斯德哥尔摩举行流动展,像他这样在世界各国举办展览的意大利设计师还有其他不少人。如曼祖(Pio Manzu)是位设计师,又是位作家,主要设计汽车和交通,还给Olivetti公司设计设备和包装。意大利设计具有多样性，解决一个问题可以有许多办法，选择不同材料，使用不同技术。意大利设计师的思想开放，不断变化设计对象，只有一个目的不变：追求最能表达自己创造力的设计对象。他们认为，设计是个价值概念，是出自功能、外形、色彩和时代的价值功能。创造性造型就是秘密所在。

又例如克利（Haus von Klier，1934～）。他在德国乌尔姆造型学院毕业，1960到1969年为Olivetti公司设计大型计算机和办公室设备以及家具。他还设计过打字机、电视机等等。1969年成为该公司的设计部主任，是1973～1975年德国优秀设计联邦奖的评审人，曾应邀到德国、英国和美国教学。

意大利有许多世界著名的汽车设计师。其中一位叫基如扎欧（G. Giugiaro），他生于1938年，1968年建立自己的汽车设计所，1973年德国大众汽车厂制造由他设计的Passat汽车，1974年他给大众设计Golf汽车，1975年设计Lancia Delta，1978年设计Fiat Panda，1978年设计Audi80，1980年设计BMW的M1型汽车，1983年设计Fiat Uno和Alfa Romeo（Alfasud）。此外他还设计了Nikon照相机、家具、钟表等等。1985年日本出版了他的设计作品。

第三节　意大利后现代设计

一、时代背景

1960年代末1970年代初的社会政治问题点燃了西方国家的左派文化和学生运动。美国出现反（西方）文化，他们崇尚东方文化，从意识形态上反对工业，提倡返回自然和农村，普遍反对消费。它同时也伴随着行动艺术和概念艺术。

西方工业国家中的"文化大革命"首先产生于意大利。1963年佛罗伦萨大学建筑系学生造反，反对过时的教学方法。这一学生运动传到米兰、都灵和罗马，到1968～1969年学生和工人运动传遍整个意大利，他们的示威口号是"全面批判意大利的文化艺术教育结构"，这一运动被称为六八运动。后来他们得到伦敦和维也纳青年建筑师的支持。六八学生运动传遍美国、德国、法国、英国。全世界一半青年人参与了这场运动。

这场运动在意大利导致了1970年代的激进设计运动，它不仅涉及对西方文化批判意识，还包含了对哲学、政治、社会的批判。它的发源地也在意大利佛罗伦萨，那儿曾是文艺复兴时代的中心。后来米兰、佛罗伦萨和都灵形成了激进设计的中心。1966～1967年，一群青年建筑师们建立了两个建筑设计所超级工作室（Superstudio）和建筑广角社（Archizoom）。超级工作室坚信建筑是一种媒体，可以改变世界。他们探讨"现代化的新方法"，寻找"又美又有用的东西"的新设计途径和新表现手法。他们的思想属于存在主义，认为设计对象总提供两种可能性："浪漫的诗韵功能"和"行为方式表达"。这两种思想形成了意大利"反设计"理论的萌芽，反对商业消费意识。建筑广角社追求一种新的文化革命的综合理念，1967年他们设计了有代表意义的"梦床"。超级工作室设计的大众艺术家具在青年人中引起了轰动。

1970年代，主编门迪尼（Alessandro Mendini）和他的杂志《卡萨贝拉》（Cassabella）起了主要作用，他们很快抓住了意大利的社会问题，并与激进建筑师一起，发展了设计哲学思想体系。门迪尼本人也探索了一些设计，主要是"再设计"，例如用嘲讽格调使用装潢把包豪斯的布劳耶尔设计的椅子涂上色。1972年首次在纽约举办了很轰动的意大利激进设计，名为"意大利：新的室内景观"，它掀起了美国人对意大利室内设计的热潮。对比之下功能主义设计变成了古典。

1973年激进派设计者又生产了19世纪英国麦金托什等人设计的家具。当时，由于担心市场反对,激进设计家具没有被大量生产,有些只是纸上的绘画。这一潮流从新前卫派后来发展到"激进设计"和"新设计"运动。1973年在佛罗伦萨建立了一个创作室,名叫综合工具(Global tools),他们采用自然材料和技术,重新评价人行为与设计对象之间的关系。几乎全意大利的激进建筑师都参加综合工具的研讨班。但是他们只是讨论、讨论、再讨论。这一运动到1975~1976年时已经接近尾声,开始寻找新方向。这一时期《卡萨贝拉》杂志出版了许多关于激进设计的文章。1975年主编门迪尼和他的编辑组被该杂志解雇。激进建筑运动在意大利实际上结束了(Sato,1988,194,198)。在1970年代时代精神下,意大利的工业设计在国际上表现出它的独特哲学。

二、阿奇迷雅设计

1976年阿奇迷雅(Alchimia)设计室在米兰建立,它的创始人建筑师格雷罗(Alessandro Guerriero)的想法是"把不存在的对象变成物质现实","把别人认为不可能的东西制出来"(Sato,1988,P.16)。圭瑞罗写的"阿奇迷雅宣言"全文如下,从中可以看出他们追求的不是效率、功能等等现代设计那种典型价值,它反映了意大利当时典型的设计思想:

对阿奇迷雅小组来说,今天的设计行动是重要的,它是绘画的一个生产过程,它既不是"设计",也不是"草图",而是一种自由的、连续的思想运动,它把一种有动机的运动通过视觉方法表现出来了。

作为一个绘画小组,阿奇迷雅的任务是介绍情感思想。它的工作动机不是追求实际效率;一个对象的"美"是由爱和魅力组成的,一个对象是靠这些力量而设计出来的,它也内涵着这些精神。

阿奇迷雅认为,现代男女生活在混乱与不平衡中。但是最主要的生活特点是"切身"的:有组织、与人打交道、工业的、政治的和文化方面……这个时代是个过渡时代,由于各种曾被认为理所当然的价值消失,人们处在一种不明确的担心之中。我们不得不重新发现自己。阿奇迷雅的工作是研究一般人认为是负面的价值:软弱、空虚、精神恍惚和低沉,这些被认为是如今到处存在并伴随着浅薄、粗野和暴力,因此应当被克服。即使我们时代的变化不允许存在确定的目标,而哲学只是面向未来,即使不可能想到普遍合理的改革方法,阿奇迷雅小组已经注意考虑自己。它寻找它内在的思想,惟一的目的是唤醒富有想像力的同行。它通过内省深悟,以它微小的创造性的追求来超越一切判断。这就是阿奇迷雅的"新道德"。对阿奇迷雅来说,各种规矩并不重要,如果在它规则内部来考虑这些规矩的话。相反,重要的是纵观它中间的广阔自由空间。对阿奇迷雅,从不区分雕塑、建筑、绘画、实用艺术、戏曲等等。在设计领域之外,设计的含义是含混的,设计是未被开垦的处女地,没有规矩含义,没有概念:设计仅仅是绘画体操。对阿奇迷雅,回忆和传统很重要。然而,它的绘画新风格拒绝任何浮夸形式,它凝聚并倾注成一种拘泥形式的和千变万化的风格。

阿奇迷雅相信非专业化、思想形成和生产过程的各种混合方法必须同时并用,手工艺、工业、计算机科学、现代技术、非现代技术和各种材料能被混合在一起。对阿奇迷雅,有效的是"变化"概念。因为设计不足以胜任这个世界,绘画本身变成了一种连续的工作,没有开端,没有结束,一直充满遗憾。语言和行为交织在一起,不断组合和重复在二维和三维形象中,在有序的混乱体系中,惟一有效的是"在其本身之中"。视觉方面超过了文化根基和动机;最好的形象是被纯化的、冷化的、从艺术家的人类学和宗教仪式的权衡中脱离出来。想像力的随意漫游引起表现肌理的结构的出现,在无穷的冲动中,阿奇迷雅不断重新设计这个世界的形象和它的装潢蓝图。

对阿奇迷雅,设计对象必须同时是"正常的"和"不正常的"。正常性使它们进入日常生活,进入单调的标准化,而它们的特殊性使它们不俗,从而联系到人们对"意想不到","真碰巧"的需要和对特殊性和越过框界的需要。对阿奇迷雅,设计是一种循环:要出现的东西实际已经出现,个人的想像力(世界存留的基础)可以按喜爱的方式自由驰骋在任何文化里和任何地方。对阿奇迷雅,设计是神妙的,不能滥竽充数,而是伴随人们追求的生与死。

格雷罗
1985年7月
(Sato,1988,P.7)

当时艺术界的前卫派(Avantgardism)衰落,艺术创作进入后前卫(Post-avantgardism)时期。在建筑和设计中的表现为平庸化设计,例如,在超级市场上的一般用品包装被设计装饰成五颜六色(儿童服装用品也是五颜六色),并被各种颜色灯光照亮,从而突出新风格。这些艺术设计师们认为,大众需要这种"平庸化"艺术,它更接近大众日常生活和情感直觉,可以直接被用于大众建筑设计,室内布局和家具设计,以使他们自己的生活变得活跃、有新意、有创造性。1979年阿奇迷雅设计室给1970年代的激进派设计师提供了两次展览,它对参展作品提出了下列"中性对象"设计要求(Sato,1988,P.39):

1. 把对象的功能表现得模棱两可含混不清;
2. 设计重点是对象的感知形象,而不是它的功能;
3. 把各种不相称的部件组合在一起;
4. 创造一种普遍的沉静的气氛感觉;
5. 稍微改变一般人所期望的比例尺寸;
6. 引入一般人料想不到的因素;
7. 设计对象不应当荒诞;
8. 设计对象应当创造一种科学幻想气氛;
9. 设计对象不应当是后现代形式;
10. 设计对象必须能被工业方法制造;
11. 必须使用柔和颜色(白、灰、银、浅蓝、粉红);
12. 尽可能包含有软材料制的部件;
13. 不要过分使用装潢附加物(三维装潢物);
14. 使用光亮材料和无光泽材料;
15. 避免硬边棱角。

这些要求改变了传统的设计思想,设计师必须发现新概念,表现出设计对象的诗韵感和工业外形感。意大利全国各地有30位青年建筑师和设计师的作品参加了展览。通过这种方式阿奇迷雅收集到一大批激进派设计。

格雷罗,1943年出生,米兰技术学院建筑系毕业,1983年在巴黎任《装饰》杂志编辑。他说,阿奇迷雅的创作不是模仿任何已有的理论和实践,也不迎合任何人。他们的文化价值来源于他们的作品。因此他们能够以确定方式向前发展。喜爱他们的作品的人们有朋克(Punk)也有银行家,有富人也有穷人,它冲破了传统的政治阶级界限。阿奇迷雅不属于后现代派(Post-modern),而是新现代派(New-modern)。波托盖希(Portoghesi)曾对"后现代状态"的条件有一种相当广泛的哲学概念,按照这种概念,西方工业国家被认为处在后现代状态。建筑界的后现代派与工业设计界的新现代派的观点有根本区别。后现代派建筑的一个特征是翻腾过去历史中的各种风格。工业设计新现代派对未来问题更感兴趣，而不是历史风格问题（Sato，1988，119）。

经过了动荡和探索之后，1970年代意大利设计逐步形成了系统概念，把各种因素灵活联系起来构成一个新的环境概念，超越了传统劳动学的思想体系，充分探索了人与机器（各种机械和电子产品）的关系问题，认识到以往设计把人机的类型关系搞颠倒了。人机关系问题同期在德国、法国、英国和美国也引起设计界的关注，在1980年代末和1990年代成为设计理论考虑的中心问题之一。

1980年阿奇迷雅和门迪尼合作在奥地利的林兹市（Linz）计划了"设计论坛：设计的一个现象"，其中一个项目是"平庸设计"，这一项目后来又在威尼斯展出。他们形成了许多新实践概念。例如，传统观点认为家具及有限的东西才能被用来装饰环境和室内，但是他们认为人是环境设计的中心，不考虑到人，设计就失去了意义。他们尝试把室内设计得像一个舞台，家具和用品被设计成表达"家庭歌剧"。衣服可以被用来作为家具的一部分或用来装饰室内。按照新婚者的心理偏好，他们把新婚房屋设计得像一个海港，没有时间概念，没有空间概念，只有安定感，使人感受到愉快的想像。1980年阿奇迷雅设计并建成了第一座建筑物"阿蕾思屋"（Alessi House），它从理论上探索了各种功能要求，主要是心理功能和诗韵想像功能。床是生活中的一个重要部分，人生的三分之一在床上度过。按照人们的各种梦，阿奇迷雅把床设计成花床、鸟床等等。他们认为，现代生活处在一个"含义太多"的时代，每一件用品，每一个环境都被附加了新的信息。每一种生活环境都充满了大量规则条例和复杂的功能，人们对此感到心理劳累，想从零或简单重新开始，他们设计的服装表现了"空"，"静"，没有兜，没有扣（Sato，1988，81-123）。

门迪尼是新设计运动的积极倡导者。他毕业于米兰技术学院建筑系。1970～1975年任《卡萨贝拉》主编。1977年任《时装》（Mode）杂志主编。1980～1985年任《Domus》杂志主编。他认为这个时代正在告别城市规划，因为它只能积累垃圾和财富；这个时代正在告别知识分子的各种项目，处处表现出缺乏想像力这一革命性的问题；这个时代正在告别富有风格的项目，因为事情不论大小都被规定好了，建好了，还未被归类就过时了（Sato，1988，101）。关于家具设计，他认为将来每一个对象都与其他对象不同。1984年阿奇迷雅引入了后工业时代的"表现主义家具"，它们是由工厂生产线制造，每个家具都是手工绘画装饰（Sato，1988，126）。他们设计的灯具、帽子、鞋、首饰、花瓶可以被概括为"统统化妆"。它的部分含义是："除了技术结构外，设计不再有禁区"（Sato，1988，143）。

阿奇迷雅参加了一些重要展览，例如三年一次的威尼斯展览，威尼斯、巴黎现代艺术博物馆、华沙的意大利文化中心。他们的设计活动范围很广，包括建筑、日常用品、实验舞台、装饰、演出、服装，从激进设计到新现代主义。1981年阿奇迷雅获得设计领域的"金指南针"奖。1985年它组织了活动，题为"日本：未来的前卫"。

1985年他们又引入"哲学书柜"设计。它的目的是通过小书柜项目从实验对象中获得一种有机体系。门迪尼提出了几个设计哲学观点：当你最初想像这个对象时，要集中在他的视觉方面，而不是它的功能；把它的功能设计得含混些；尽力瞄准在一种视觉矛盾方面，即"硬"和"软"，以及不俗方面；把不相似的东西组合在一起；引入意想不到的因素，给人以悬而未决的感觉；部件应当沉静、浪漫、富有想像力，性格内向，微带自我小嘲；每个产品应同时具有手工艺术和计算机科学的品质。这些要点形成了他们的设计哲学和设计流派（Sato，1988，135）。

当许多设计师抱怨"该有的都有了"，"现在无路可走"，阿奇迷雅创作出新的出人预料的设计形式。阿奇迷雅表现出来起源于当时意大利的激进派的设计，它不是追求风格上的稀奇古怪，不再是仅仅为了工商业利润目的。他们以职业责任感，从社会现实问题出发，寻找解决问题的答案。他们从传统的功能设计转向心理学设计，使设计对象反映了人体与心理的一致性，它反映了"平庸"生活意识和生活习惯，表现了群体中的个人，社会里的个人。由这种概念，工业设计被变成了社会学的一个分支。这样构成了他们的"新设计"概念。它站在传统生活方式与"总在变"的计算机意识下的现代新人之间的中立区。他们认为，设计师再也不可能只闷头在办公室里设计一个个产品，而不操心周围的事情。设计师不能再局限在传统职业中，他必须面向实际生活。设计目的不再是维持个人住房与它环境的连续一致性，表面与深层的连续性，内部与外表的连续性，表象与内容的连续性。它把设计转向时代的"愤世嫉俗"的生活方式，把东西设计成平庸的，强调房屋的部分功能改变了，把设计同这些心理价值结合在一起（Sato，1988，143）。

三、大众艺术

　　大众艺术是前卫设计在意大利的另一个流派。小索特萨斯（Ettore Sottsass Jr.）第一个把大众艺术引入建筑和设计文化中。它主要指1960年代后期英国的大众音乐（pop music）和美国的嬉皮士运动。这种大众音乐反对传统行为方式，大众艺术反对正统艺术的美学准则。这些大众文化对西方广告设计（图文设计）、服装设计、家具设计有较大影响。他们用平庸化的日常用品、连环漫画和广告讽刺消费社会。有些设计师尝试性地使用新艺术材料制造出嬉闹讽刺式的、往往有煽动性的形状，反对老一代资产阶级的生活准则和生活方式。小索特萨斯（生于1917年）曾为许多计算机、打字机、家具公司设计过产品。他是意大利前卫设计之父。1980年代他曾是Olivetti PC机的著名设计师。他说："当我接到第一个电子机器设计任务时，吓得我3个月没敢动，当时人们还不太了解电子学，它就像一头猛兽要追我。这就是为什么我用铝把这台机器设计成又大又可怕：完全不可穿透"（Boernsen-Holtmann，1994，133）。1981年他发起并领导了以"孟菲斯"（Memphis，埃及的一个城市名，金字塔处于该地）命名的项目。第一批大众艺术的作品是家具和灯具，他说："灯光不单单可以照明，它还讲述了一个故事。灯光具有含义，它给人生喜剧舞台增添了许多比喻和风格"（Boernsen-Holtmann，1994，99）。同年9月，孟菲斯举办了第一届展览，它展出的家具和日用品呈现明亮色调，表现出乐观、愉快、甚至疯狂古怪的时代精神，引起前卫派公众疯狂一般的热情。例如，在陶瓷设计方面富有名望的图恩（Matteo Thun），在设计中引入了幽默情调，同时表现出技术严谨。他把动物形状同建筑外形结合在一起用于水壶设计。他依据金属冲模工艺设计的家具和灯具表现出对工业技术的新应用。这些家具和灯具表现出建筑概念和建筑因素，例如立地式的圆形座灯，或钢制办公立柜像一座高层建筑，因而被称为微缩建筑。另一成员布兰兹（Andrea Branzi）说，孟菲斯的"设计变成了一种表达符号体系，它的内容部分与文化有关"。这种设计把幽默玩乐精神和强烈的感情色彩注入到设计对象中。它的影响持续了多年（Boernsen-Holtmann，1994，112）。它再一次表明以功能主义为主导的国际现代派（Modernism）开始发展变化。它是争论最多的一个展览，有人批评孟菲斯的设计是"开玩笑"、"挑衅"，但是它的设计却很快传遍西方各国。而小索特萨斯又开始寻找新的道路。

四、其他趋势

　　同时在意大利还存在各种其他设计探索。一批设计师沿着理性方向继续发展，例如设计了"高科技"桌，它采用新型工业材料：玻璃桌面，不锈钢桌面，或用塑料制造。此外，太空飞行新技术和科学幻想电影也刺激了设计师对未来世界生活的想像，这些设计表现在1968~1970年的一些住房设计展览中，它的家具不再使用木料和钢管，而是采用塑料，形状也不是功能主义那样的矩形直角，这种住房强调人的情绪和心理要求，例如安全感、悠闲放松、充满想像、通讯发达等等。这种乌托邦的幻景设计到1973年的石油危机时也结束了。又例如佩谢（Gaetano Pesce）冲破了意大利传统的艺术与设计之间的界限，他用塑料把家具设计得像雕塑一样，采用有机曲线和寓言或比喻，没有直线硬角，同功能主义技术美学的表现观点完全不同。

意大利许多设计师致力过新意义的灯具设计，1970年代创新出各种有神秘色彩的柔和灯光，不直接照射人眼的灯具和可调光的舞台灯具。1980年代意大利灯具在美国市场获得很大成功。大众艺术之后又出现了"诗韵浪漫"家具，被称为超级家具，例如按1930年代风格和玛塔（Matta）超现实主义设计的苹果形的座椅，棒球手套形的沙发，泡沫橡胶材料制的环墙长沙发，绿色仙人掌形的立式衣帽架。意大利设计的桌子也著称世界。它品种多样，各种尺寸大小，可用于家庭、旅馆、餐馆、公寓。它采用塑料涂金属、大理石、花岗岩、石灰华（Travertine）、木料或塑料薄层压片，通常采用浇注、粘贴、抛光工艺。同意大利餐一样，它的咖啡机、厨房用品和餐具设计也很别致精美。

座椅沙发设计也表现出意大利的新设计思想。他们认为，这些用品应当揭示人的许多个性特点，它可以反映严肃、灵活、前卫、内向、庄重、抽象。它还可以表现自然风光，像花，像卫士。在厨房系统、炊具、台灯、衣柜、沙发、汽车等等设计中，意大利设计师都表现出新的时代精神，许多意大利设计师认为，去满足人们下意识的愿望，给没有时间做梦的人们提供美好的梦，是人们的设计使命之一。例如通过沙发表现保护、温暖、舒适和想像。设计师们长期以来忘记了床，现在又开始有了新的兴趣，设计考虑不仅仅局限在功能和美学上，而是把它设计得使人们有美好的梦和幻想（Boernsen-Holtmann，1994，146－153）。

在1970~1980年代西方后现代社会要求多样性和个性化，意大利设计正好反映了这一时代精神，一改千篇一律的家具外形和室内布置。西方后现代兴起离开城市，返回乡村，返回自然的生活方式，意大利设计正好表现了大自然的优美，把自然优美风光和高科技移情于物。后来设计行动上反映了双重意识：一只眼盯着现代工业世界，考虑是否可以采用最先进的高科技和大生产制造方法；另一只眼时时盯着"诗韵"破格，盯着视觉艺术、时装和飞快变化的新动态。家具生产中逐步采用了数控机床和自动化，它保证了高质量，但也给设计师带来了陌生的新问题。在工业化国家中，意大利居第六位，但是仍然存在不少社会结构和组织缺陷，例如不重视社会公共实施的设计（Nulli/Bosoni，1991，142）。

伯恩森·霍尔特曼认为，1990年代设计面临新的使命。设计不再只是确定一个对象和它的功能。在这个社会中，人们天天经历着紧张和不友好，室内结构和含义已经发生了变化，家具意味着去帮助人们恢复所失去的心情世界，是安宁舒适的世外桃源。著名设计师西佩克（Borek Sipek）说："设计师必须发现新目的，打开新天地"，他还认为，设计不是仅仅考虑功能，而且应当创造一种魔力与人心对话。在世纪转页时，同各个艺术领域一样，艺术设计也失去了它的绝对自信。这种自信在1960年代和1970年代曾是一种很强的力量。即使造反派反对国际流行的前卫现代主义，他们仍然把自己看作是新运动的先驱。在每个世纪末，人们都回顾以往，搜寻历史宝库，对装潢的兴趣使设计师们在1990年代创造了严肃的、新奇的、神秘的、富有感情的、唤起浪漫想像的各种对象。这种设计在座椅厨房用品等等中并不总能实现它们的功能，甚至引起反感（Boernsen-Holtmann，1994，146）。

第四节　美国设计

一、流行款式设计

消费概念、刺激消费、流行款式的设计可以被看成表现美国设计的特点之一。值得一提的是流线型设计。流线型的基本含义是：自由下落形成的水滴形状的阻力最小。这一原理后来被广泛应用在飞机、汽车、火车以及运动物体的外形设计中。1867年卡特罗普（S. L. Calthrop）申请了流线型火车专利。1930年代美国人对流线型着迷。1927年工程师布雷尔（Carl Breer）带领了工程小组开始在克莱斯勒（Chrysler）公司作实验，打算用流线型车体代替当时底特律（福特）的矮胖短粗的车型。他们认真作了7年研究实验，常常与Chrysler董事会观点相左。最后制造成功"气流"型（Airflow）小轿车外壳，但是被该公司否决了。这是美国第一次成功地尝试把艺术外形设计同工程制造结合起来，也是最后一次。从此美国汽车外形设计再也没有尝试把艺术外形设计同汽车功能结合起来，而是转向流行款式（Styling）设计，它的目的只是为了眼前短期市场利益。美国各著名汽车公司建立了流行款式设计部。德国人称这种设计思想是"底特律的马基亚维里主义"（Machiavellismus），它从15世纪意大利历史学家马基亚维里得名，主张为了目的而不择手段。

美国的工业设计主流产生于大萧条时代。1929年10月一个"黑色星期二"美国股票市场暴跌引起了历史上震惊的经济大萧条，它一直持续到1932年。在这个经济大危机时代，美国资本家"发现了以前从不知道的文化力量。在那一场生存竞争中，工业家们突然想到让工业设计师重新设计产品，以便从消费者口袋里讨出他们辛辛苦苦珍藏的钱"，"工业设计师被欢呼成国家经济复苏的英雄。《财富》杂志认为，许多产品的市场成功是由于产品美学的巫术。每年推出许多新产品式样变成了企业生存最基本的经济支撑原则"（Pulos，1991，160）。为商业利益设计，而不是为使用者利益，或者说通过设计来有意识地刺激消费，有目的地使商品报废，只追求流行新款式，而促成产品和设计短寿命，就是消费品设计。一直到1970年代的石油危机，美国工业才被迫重新考虑设计伦理。1945年以后美国消费概念传入德国和欧洲其他国家，1950年代和1960年代德国工程设计与工业设计大力发展功能主义设计，以抵制美国刺激消费设计，至今德国工业设计一直批评这种职业道德观。美国设计的具有长寿命的产品可能是可口可乐瓶子，它是1915年由萨姆尔森（Alex Samuelson）和爱德华兹（T Clyde Edwards）设计的，并且一直延续到今天。而美国那种流线型后来被德国和法国吸取过去，对德国大众汽车的设计概念有很大影响，并形成了法国现代汽车设计。据说到1940年代后期，美国工业设计开始采用劳动学思想设计汽车。

二、外国设计师移民

1935年到1949年期间，许多著名设计师从德国、法国、意大利、奥地利、苏联移民到美国后，对美国的工业设计起了重要作用。第二次世界大战期间美国才有了第一代受过正式工业设计教育的专业人才。1930年代德国包豪斯许多成员移居美国。格罗皮乌斯于1934～1937年移居英国，1938年移居美国。在格罗皮乌斯推荐下，原包豪斯成员莫霍伊·纳吉于1937年在芝加哥出任"新包豪斯"的校长。该校于1939年改名为设计学校，1944年又改为设计研究所。这个学校的硕士研究生部如今是美国最好的工业设计专业之一。密斯·凡·德·罗等等三人在芝加哥的伊利诺伊理工学院任教。布劳耶尔1935年移民英国。1937年去美国，在哈佛大学设计学校任教，并与格罗皮乌斯建立建筑设计所。他曾设计纽约的怀特尼（Whitney）博物馆等等著名项目。阿波斯1933年移民美国，在北卡罗莱纳州的黑山学院，后来到耶鲁大学任教，并在世界上许多大学授过课。1950～1960年代他在耶鲁大学著《色彩的相互作用》。拜亚于1938年去美国，从事教学和设计。

格罗皮乌斯于1938~1952年任哈佛大学的设计学院建筑系系主任。当时美国建筑教育还是以传统艺术院校（尤其是法国）为榜样。格罗皮乌斯把包豪斯教育思想引入美国。他指出，在强调书本的教育体制中感性的感知能力总是不能得到发展。他认为每个人都有创造能力，但是学校没有把这种能力发挥出来。他指出中小学校的艺术课应当使学生获得"手工技能"和"形状意识"，以及面向设计职业。报考大学的学生应当进行创造力和智力测验，合格者不必进行传统的考试就可直接上大学。他建议大学应当与车间和建筑工地的直接经验相结合，并建立自己基础课的实验车间，他要求加强实践教学和广泛的造型基础训练，促使三个系（建筑、地方规划、城市规划）紧密合作。他看到现代工业生产分工和专业化的弱点，提出建筑师应当是社会、技术、经济和艺术问题的协调者，这样形成了一体化的教育目的，使学生变成真正有全面能力的人。设计系第一学年设基本绘画和车间劳动，通过三维练习掌握材料和工具建筑基础。第二学年在设计工作室和造型车间学习，暑假到建筑工地和建筑实验室实践。他反复强调教育要面向复杂综合的现实，以及造型、功能和外形完整的建筑设计课程。他还要求学生能独立工作，同时学会与其他专业学生的群体合作。他认为引导探索创新比书本讲课更重要。他强调各种学科的内在联系，教育实践要一直持续到学生能把一切设计处理因素（社会确定目的、外形、结构、经济性）掌握成为不可分割的一体。理论基础课主要有视觉语言和基础设计。1938年格罗皮乌斯和布劳耶尔又建立大师班，主要从事复杂设计项目。他力求从实际中找项目给学生。他在哈佛研究生院的建设中为学生准备了大量项目。大师班的学生设计了教学中心、商学院的学生中心、图书馆和新的哈佛设计学院。最有名的是他同瓦格纳（Martin Wagner）领导学生规划设计波士顿的5000人的居民区（Siebenbrodt，180-181）。1948年他建立建筑师设计所，其设计项目来自全世界，有商场、医院、学校、厂房，其中还包括上海的大学建筑。

他的一些学生和他们的公司在1930年代已成为美国先进的建筑设计师，如斯特摩尔（Skidmore）、奥因斯和梅里尔（Owings and Merrill），他在哈佛的学生诺伊斯（Eliot Fette Noyes）后来成为纽约现代艺术博物馆的工业设计馆馆长和IBM公司的设计主任（Marcus，132-133）。

1940年密斯·凡·德·罗重新设计伊利诺伊理工学院校园等等，他进一步发展了功能主义设计，其建筑是钢和玻璃结构。

三、功能主义设计

功能主义设计是由美国著名的纽约现代艺术博物馆引入美国的。从1929年起，它就致力研究现代艺术和艺术在工业界与生活中的应用。1934年它举办了一个功能主义设计展，名为"机器艺术"，有选择地展出了美国制的、能够赋予功能主义设计思想的机器、标准化产品、家具和日用品。这些的设计与1930年代德国的功能主义主流一致。"它就像美国人举办的德国工作联盟于1924年展览会的广告窗口"。1938年它举办包豪斯展览，1947年又举办密斯·凡·德·罗作品展。在美国参与第二次世界大战前，纽约现代艺术博物馆的工业设计馆长诺依思举办了"家用家具的有机设计"，"由于它是美国惟一严肃收集、展出和出版工业设计的艺术机构，它的指导思想就变成了工业设计领域的指南"（Marcus，115）。1951年阿根（Giulio Carlo Argan）出版了对格罗皮乌斯和包豪斯的研究。1954年，在日本开始进行大规模建设时，东京国家现代艺术博物馆举办"格罗皮乌斯和包豪斯"展览会。格罗皮乌斯应邀参加该展，他当时很感叹地说，这种展览"如今在美国或任何欧洲国家是完全不可能的"（Marcus，130）。

战后美国有两大现代国际家具公司，一个叫赫尔曼·米勒（Herman Miller）公司，另一个叫汉斯·科诺（Hans Knoll）家具公司。前者是典型的美国式设计。后者是德国文化的反映，由汉斯·科诺于1938年创建，他的父亲曾是德国的著名家具制造商，并与格罗皮乌斯、布劳耶尔、密斯·凡·德·罗一直保持联系。汉斯·科诺把密斯·凡·德·罗的"巴塞罗那"椅（1929年设计）投入大批量生产，风卷纽约，被广泛用于办公室和家庭里。1964年他又增加生产了密斯·凡·德·罗另外四种椅子设计。这些钢管家具一直威望很高。到1991年布劳耶尔的钢管靠椅售价45美元到813美元。1994年密斯·凡·德·罗的"巴塞罗那"椅价格高达890～3800美元（Marcus，162–163）。1950年代末这两个美国公司都从国内市场转向国际商业家具，专门用新技术和新材料制造产品，1950年代这两个公司都受德国的"办公室景观系统"设计影响较大（Pulos，1991，166 – 167）。

四、美国设计代表性人物

欧洲工业设计基本上都是在国家政府组织下建立发展起来的。美国工业设计完全不同，它从未受到国家政府的指导或鼓励，而是由若干著名设计师在生存斗争中发展起来的，他们完全独立于工业企业，形成了美国式的自由职业者、商业设计所。他们的代表人物是格迪斯（Norman Bel Geddes）。他曾在剧院工作，1927年他建立了自己的设计工作室，雇佣的设计师在15～70人之间。他认为设计主要依靠思考。面对美国的现实，他提出设计创造过程包括六个方面：

1. 确定一个产品的准确操作使用要求；
2. 研究产品制造厂的设备和制造方法；
3. 把设计花费保持在预算以内；
4. 向专家咨询材料的使用；
5. 研究竞争；
6. 现场指导消费者使用所设计的产品。

他的开端并不顺利，他接受的第一批设计任务中包括Graham–Paige汽车公司的车体。这个任务委托既苛刻又简短，要求他设想五年后Graham–Paige的小轿车规划，然后回到当前设计每年的车型。当他完成了设计后，委托公司却不满意。其他代表性人物还有伊姆斯，洛伊（Raymond Loewy），蒂格（Walter Dorwin Teague），诺伊斯和德赖弗斯（Henry Dreyfuss）。

伊姆斯（1907～1978）于1924～1926年在华盛顿大学学习建筑学。毕业后曾在几个公司和设计所工作过。1936年进匡溪美术学院学习。1940年他与其他人合作获得纽约现代艺术博物馆的"家具有机设计奖"。1941年他开始实验用胶合板设计制作家具，1944年建立自己的制造公司。1946年成为美国著名米勒家具公司顾问，该公司大量生产了他设计的许多胶合板桌椅，整个时期他受意大利设计影响较大。1940年代后期美国发明了玻璃纤维，这种新材料对美国家具工业产生了很大影响。1948年伊姆斯设计了玻璃纤维座椅，椅子腿是用细金属管制成。后来他的主要兴趣转向展览会设计和电影制作，并有大量作品。他设计了1959年美国在莫斯科的展览会，制作了几十部电影短片。1953～1956年他在加州理工学院、耶鲁大学等七所大学任教或当顾问。1989年他的女儿把他的家具设计资料和模型卖给了著名的瑞士家具公司Vitra（在巴塞尔）的设计博物馆的创始人。伊姆斯是一位世界著名的设计师，他设计的许多桌椅在世界很著名，并且至今被Vitra公司大量制造，其中包括1948年设计的四种玻璃纤维座椅，1951年设计的两种网状垫金属座椅，1956年设计的青龙木胶合板Lunge座椅（这个座椅常常被用来作为他的象征作品），1958年设计的金属铝桌和座椅，这种座椅也被看成是他的象征。

这里顺便简单介绍一下著名的瑞士家具和办公室设备公司Vitra。1934年该公司在瑞士巴塞尔建立，在德国、马德里、巴黎、伦敦、阿姆斯特丹、美国长岛设有分公司。1957年它在欧洲引入伊姆斯的设计，1958年又引入著名设计师奈尔森（George Nelson）的设计，1984年开始制造意大利著名设计师贝利尼（Mario Bellini）的设计。从1988年以来，这个公司每年都要新引入制造世界最著名设计师的作品。1989年建立设计博物馆，并开始生产伊姆斯1948年设计的产品。

  诺伊斯于1928年到1932年在哈佛大学学建筑学，1932~1935年及1937~1938年在哈佛设计研究生院跟随格罗皮乌斯和布劳耶尔学习。1940~1942年为纽约现代艺术博物馆第一任工业设计馆馆长。在意大利Olivetti公司的工业设计影响下，IBM建立了工业设计，其中还有一个故事。1950年代Olivetti公司的工业设计在美国各地进行展览，而当时世界上最大的办公室设备公司IBM还没有工业设计政策。IBM董事长小瓦特森（T. J. Watson Jr.）认识到了工业设计的价值，并且很崇拜Olivetti的工业设计。一天，他在纽约大街上遇到堵车，侧眼一看，路旁Olivetti公司展览厅的橱窗触动了他的头脑，他想让IBM的产品也穿上统一的"服装"。他对同车的建筑师诺伊斯说他很遗憾IBM公司的产品缺乏一致性，并聘请诺伊斯作为IBM公司合作设计主任（1956~1977年）。诺伊斯又聘请了著名建筑设计师伊姆斯、图形设计师兰德（P. Rand）、以及一些著名的建筑设计师。1960年代IBM实现打字机的晶体管化，诺伊斯设计了IBM－A型电动打字机，他们把传统打字机的杠杆打字原理改变成半球式。这些设计师很清楚，使用计算机的工程师们也有特定的鉴赏口味。他们在IBM公司进行了大量设计实验，选择有表现力的颜色，并通过外形设计表现IBM机器的个性。最后发现70%的顾客购买了Model－40计算机，它的颜色后来被国际上称为"IBM蓝色"。当然这仅仅是工业设计在计算机领域的局部应用。现在，人们明白了工业设计在计算机领域中主要应当解决人机界面可用性问题。后面专门有一章分析这个问题。诺伊斯还为IBM公司设计了几种打字机。他在IBM公司时拒绝该公司每年"升级换代"改变产品型号的策略，拒绝对刺激市场消费概念的让步。同期他在泛美公司、美孚公司设计中，以及1969~1972年任MIT校长时也坚持同样设计道德和设计价值观。他还提议让包豪斯的密斯·凡·德·罗、布劳耶尔等著名建筑师为IBM在世界各地的公司设计了建筑。1965~1970年他是国际设计会议主席。诺伊斯去世后，IBM于1980年又聘请了德国人萨泊尔（Richard Sapper，生于1932年）为工业设计顾问。1958年萨泊尔曾在米兰工作一年，他成功地把德国设计特点（精确）和意大利设计特点（感官特性）结合了起来，并且擅长高科技的工业设计，1956~1957年为戴姆勒－奔驰公司设计师，1970~1976年他是意大利菲亚特公司实验车辆顾问。此外他还设计过电视机（1962~1964年）、可折叠收音机（1965年）、西门子电话（1965年）、定时器（1970年代初）、低压灯（1972年）等等。1980年代IBM的工业设计计划是由合作通讯部领导（位于Connecticut州Stamford市）。

  著名设计师梯格设计了第一代商用喷气客机波音707型的机舱。

  略维在法国的设计所与另一设计所联合为法英制造的协和飞机SSTS设计了机舱，他还设计了肯尼迪总统座机波音707空军一号飞机的室内布置。从此，波音公司和洛克希德公司一直保持与工业设计公司的合作，又设计了波音747和L－1011机舱。1967年到1972年美国航空航天局（NASA）与略维签订合同，后者为NASA研究太空飞行人体和心理课题并设计了太空实验室舱内设施。此外，他还设计过电动剃须刀、邮票、商标、瓷器、纺织品和家具（Byars,1994）。

五、美国工业设计师协会

  1938年建立了美国设计师研究所，1944年建立工业设计师协会，1957年建立工业设计教育协会，1965年这三个组织联合成立了美国工业设计师协会（IDSA）。该协会有专业伦理准则和章程，包括在分设的五个地区以及国际部。到1996年底该协会有2000多个会员，其中有我国大陆1名，香港4名，台湾1名，新加坡2人，日本8人，韩国8人等等。

  IDSA设有几种奖。"个人成就奖"授予对工业设计长期有重要贡献的人，每年授予一人。"特殊奖"授予有特殊贡献的个人和机构，每年授给一人或一个机构，例如1985年授予现代艺术博物馆的建筑和设计部，1993年授予摩托罗拉公司。"世界奖"，每四年授予一次，到1996年底共授予四人。"教育奖"授予卓越教育工作者，1988年设立该奖，每年授于一人。从1980年起设立"金质工业设计优秀奖"，每年奖励的人数不等。该协会出版《通讯月刊》、《创新》季刊。

第五节　日本设计

一、学徒期

  日本社会从上到下都认识到日本国土面积小，缺乏自然资源。进入工业化时代，商品出口是日本赖以生存的办法之一。第一次世界大战后，由于日本产品质量和设计很差难以出口。1925年日本大地震后，工业市场又被外国占领。先从福特公司进口了1000辆大公共车，同年福特和通用电机公司打入日本建立工厂，到1929年福特和通用电机公司占了日本汽车市场的85%。为了发展自己的工业产品，日本通产省于1928年建立了工业艺术研究所，目的是评估日本生产能力和潜力，引导工业界发展方向，并实验新产品，同时它还组织各种工业展览，邀请外国设计师讲课，出版工业艺术新闻月刊。1930年代日本有些青年建筑师和工业手工艺师很崇拜德国工作联盟和包豪斯，并到包豪斯上学。回国后他们建立了一些设计小组，跟随包豪斯方向进行家具设计。日本于1934年邀请包豪斯的教师陶特（Bruno Taut），为工业艺术研究所的顾问。在他的指导下，日本人学会了大批量生产的设计。陶特的思想成为该研究所的理论框架。他对日本的设计发展起了决定性的影响。那一代日本青年设计师在1950年代以后对日本的工业设计起了重大作用。另外，法国女设计师裴瑞安德（Charlotte Perriand）对日本的设计发展也有影响，1940年日本通产省邀请她访问传统工艺美术中心。在那儿她用日本传统材料（竹和木）制作出现代作品，并举办了"传统、选择、创造"展览，使日本人耳目一新。

  第二次世界大战后到1951年，美军占领日本。美军指挥部命令工业艺术研究所要在很短时间内为20万间房屋提供30种不同式样的家具，共计90万件，为完成这项任务，日本征用了日本全国2000家工厂。这一时期日本家具工业主要靠手工生产，家具式样采用斯堪的纳维亚设计风格，它适合手工生产，主要依靠木材和钢管。并且他们按照美国产品式样生产了洗衣机、电冰箱和厨房设备。这一工程持续到1947年。由此日本人从美国人那里听说了工业设计一词，学会了美国技术，并且熟悉了美国的消费品设计。这一时期日本集中发展钟表、照相机、半导体收音机、唱片机。原因是这些产品小，消耗材料少，易运输出口。1946年日产（Nissan）、三菱（Mitsubishi）、丰田（Toyota）三家汽车公司都是仿造美国汽车。美国汽车太费料，不适合日本，后来转向仿造欧洲汽车，例如1954年设计的轻型摩托车Juno是意大利风格的流线型，1955年Nissan的Datsun100型轿车是仿造英国的，1960年Nissan65型汽车是与意大利设计所Pininfarina合作设计的，1966年Honda S800M型轿车是按英国车设计的。一直到1970年代日本的汽车缺乏自己的创新，看起来都是一个式样。1970年代末的国际石油危机对西方汽车工业有很大震动，Nissan在美国建立汽车设计中心，并资助一些青年设计师到国外学习。这些努力在1980年代开始见效，1985年后日本汽车设计在许多方面已经可以同国际水平比较，并且一次能够推出较多概念车。

　　1952年日本建立了工业设计协会，当时只有25人，但是他们方向明确，活动积极，组织调查团到国外访问，邀请欧美设计师到日本授课。1950年代的十年被日本人称为"学徒期"。在这个时期日本一些大公司（例如三菱、日立）已建立了工业设计部。1953年夏普生产了第一台日本电视机，1957年建立了工业设计室。那时日本很少有自己的创新设计，大部分是仿制美国的高质量产品，模仿美国底特律风格，无数产品采用表面镀铬。各国皆知日本人走遍世界，到处照相，然后回去仿造。这一时期日本发展了电视机和家用电器。1960年代开始生产桌用计算器。

　　1957年日本通产省学习英国建立了优秀设计体制，日本政府对日本公司自己创新设计的产品给予认证，并授予G标志。这是一个商业措施，目的是防止外国盗窃日本的设计创造。1950年代后期在政府资助下，日本设计师到意大利、德国、美国、法国学习。当时日本人很崇拜意大利设计，称米兰为"设计之都"。日本贸易中心（JETRO）和通产省派许多日本青年设计师到米兰学习建筑设计和工业设计。1961年六名JETRO资助的设计师从米兰回国后建立了设计学校。1960年代日本经济迅速增长，1960~1978年国民收入每年增加百分之八。他们掌握了西方生产技术，开始进入独立发展阶段和大量出口，这样工业设计被摆在日益重要的地位。

二、文化苏醒

　　1969年日本改革了工业艺术研究所，从指导国家工业发展转变成为新产品科学研究中心。1973年国际工业设计会议在日本举行，它使许多日本企业家明白了工业设计和设计文化的重要性，并明白了要重视设计的国际性。这次会议对日本工业设计产生了重要影响，许多日本企业建立了工业设计部门。1973年夏普建立了总设计中心，1974年第一次推出了自己创新的产品系列。

　　1970年代日本公司开始与外国著名设计厂家合作。雅马哈（Yamaha）公司与Mario Bellini和德国Porsche建立合作设计。Mario Bellini于1976年设计的组合收录机曾获得许多奖，Porsche公司是德国著名的汽车制造公司，它的体育运动型汽车设计很著名。

　　1979年夏普公司变成跨国公司，它的设计中心有1300人，从事产品设计、创造新产品概念、广告和外形设计。1978年索尼公司建立了PP中心，以设计为主兼管市场，组织产品陈列厅和展览会，通过各种渠道收集大量信息来开发新产品。例如，1979年元月磁带录音机部一个青年技术员用索尼录音机部件制了一个小型录音机。在休息时，他用此很方便地听音乐。这一信息很快传到PP中心，由此制出了意想不到的新产品Walkman（小型便携式录音机）。到1982年元月索尼就销售了400万个Walkman。1982年一年中又销售了300万。由于这一成功，日本所有大公司都建立了部门去研究社会生活方式，以发现消费者的愿望要求。他们准确地抓住了工业设计的本质，工业设计要依赖市场和新技术；但是更重要的一点，它是文化因素，是设计文化和行为方式，或从社会生活角度考虑产品设计。这样，日本创造了家用电话回答机、小型传真机等。

　　最初日本设计师只注意吸收外国技术和设计思想。1960年代以后，日本开始从自己的文化中苏醒，以日本文化为本源，到1970年代后期设计出具有日本文化特征的产品。这种日本设计被称为高技术美学设计，它的典型特征是高技术与日本传统文化和美学价值结合起来。许多日本公司认为，袖珍化反映高技术，是技术完美的趋势，是外形与功能的成功综合，很适应手形和使用，因此日本设计的产品趋于小型化和袖珍化，用技术精致表现美学特征。塑料工艺和塑料电镀提供了新的形状和颜色。1960年代末日本多使用黑铬工艺，

1980年代采用表面光亮色。它的设计风格来自意大利和美国的后现代家具和建筑设计，但是用色是严格按照日本传统的颜色象征性。索尼产品本质上是保守型的，它主要精力用于技术开发和产品创新。夏普、日立、东芝是生产生活方式产品，设计"时装"型消费产品，面向青年人口味。例如1980年代中期，夏普设计的电话机、洗衣机、微波炉、旅行锅等等许多产品采用淡粉红色，适合女孩子口味。

1980年代是日本工业设计蓬勃发展的时代。许多日本设计师从国外回到日本工作，又有许多日本公司走出国门与外国公司合作。他们不仅在国外建厂，还建立研究、开发和设计部门，使日本产品具有当地的文化特色，从而更促进了日本产品在外国市场上的竞争力。工业设计反映文化因素，产品设计不与外国文化结合，就难以被外国文化和生活所接受。1980年代被称为后现代文化环境，许多产品的功能已经逐步达到完善，人们需要现代技术，但更注重情绪舒展。设计目的包括产品功能性，但更要创造有趣的、令人愉快产品，以适应人们的情绪需要。1980年代的米兰设计对日本有很大影响，受米兰Memphis和Alchimia设计思想影响，日本设计师开始面向玩乐精神设计。后现代设计在西方主要表现在建筑、家具和室内布置方面，而日本在技术产品中应用了后现代设计。1985年日立设计的烤面包机、咖啡机等像儿童玩具形状而不像技术产品，并采用光亮的黄色、绿色、紫色。

1985年日本共有工业设计师12万人，1986年7800个公司从事工业设计工作。日本通产省宣布1989年为设计年。为了建立21世纪的新型设计，东京成立了两大集团。一个是东京创造集团，有十大公司（包括夏普、铃木），目的是研究建立全方位的各种新产品。另一个是东京设计集团（包括佳能、索尼、日产、日电、日立），目的是从设计观点去研究发展战略，使日本工业适应和维持它在国际市场上的地位。

如今日本拥有许多著名设计师，在家具、建筑、消费电子产品、服装等等方面的设计已经形成自己的设计思想和文化特色。日本家具前卫设计与意大利有紧密联系，同时具有日本文化及佛教文化。

第六节　办公室设计

一、设计思想靠科学技术吗

欧美的工业设计对我们来说有些隔靴搔痒的感觉。下面通过办公室设计看看日本人怎么学会了工业设计。细江勋夫（1942～）在米兰建立了一个办公室设计所，该所1990年写了一本书《玩型办公室：面向世界地位的新文化》(Playoffice: Toward a new culture in the worldplace)。通过该书可以了解到日本人搞工业设计的思想，同时再举些例子进行说明。该书作者有四个人：细江勋夫、马里内利(A. Marinelli 美国人，1950～)，夏斯(R. Sias 意大利人，1953～)和山口昌男。

工业设计的思想基础是什么？是自然科学技术还是人文科学和文化？这里再一次强调，要区分工程结构设计与工业设计。工程设计解决功能结构问题，工业设计解决可接受和可用性，代表用户的观点。通过一百年来的经验，人们已经清楚，工业设计需要应用科学技术，但是只是作为手段和工具的一部分。工业设计有它自己的价值，它不是工程技术的一部分，也不是自然科学的一部分，而是从文化角度来解决自然科学技术没有考虑的问题，弥补它们的缺陷。该书作者也具有这种观点，他们认为科学和技术能控制机器功能，而不能控制微观（心理）领域，设计的作用正在于此。自然科学逻辑往往认为它能够预见未来，那么以自然科学逻辑为基础的设计方法论应当证实它能够对设计有预见性，然而并不成功。工业设计属于人的世界，它里面有许多事情不能靠自然科学技术来预见，而且不可逆转。

现在，人们已经清楚，没有科学技术就无法生存，但是设计不从属于科学技术。自然科学技术有不变的规则，然而工业设计中不存在绝对的不变的设计原则。同样，也不可想像依靠理性方法论就能指导设计。如果想建立设计常数，那就是人，只有人是设计常数。不应当把人看作是与自然永恒斗争（这正是西方文化传统的观点），而是把人看成是自然不可分割的一部分，这种设计思想来源于我国老庄的天人合一哲学。他们分析了过去的莎士比亚和意大利戏剧、战争，到今天的商业策略，从人的角度来看，他们认为日本文化尤其是办公室文化具有"不可预测"和"动态"两个特性。没有人的需要就没有设计，设计的诞生是由于需要的缺陷、由于富裕的缺陷、由于玩的缺陷、由于文化的缺陷、由于科学技术的缺陷。换句话，设计并不只属于科学技术高度发达的国家。

二、玩的含义

设计办公室首先要发现它的文化位置和价值观念。他们特别强调"玩型办公室"，认为应当把"玩"（Play），"游戏"（Game），"体育"（Sport）精神引入到办公室设计中。他们用"玩"指那些间接、即兴、偶然的活动，"游戏"指按照规则的再创造性的竞争比赛。"体育"在古盎格鲁-萨克森语中表示"过去的玩"，还表示作事情时不要为了"利益"而当作"任务"。他们把玩重新定义为：为了乐趣同时为了任务和利益。席勒（Friedlich von Schiller）曾说，"作为完整的人才会玩，玩时才是完整的人"（Man only plays when he is human in the full sense of the word, and he is only complete human when he is playing）。玩对儿童是很严肃的事情，同大人工作一样。玩常常与冒险相连。在玩时精力自由，充满表现力。温尼克特（D.W.Winnicott）在《玩的真谛》（Play Reality, 1971）一书中说："在玩中，可能只有在玩中，儿童和大人才变得无拘无束具有创造性"。他们也引用了我国哲学，认为老子（公元前约500年）把玩定义为"空"或"宽容"。车轮转动也是一种玩，它也是车轴与轮毂之间的"宽容"。玩是一种自愿的活动，在规定的时间和空间，按照规定的规则，充满了紧张和乐趣，具有"跳出日常老一套生活"的意识。这就是玩的作用，这就是玩的概念在办公室设计中的含义。在办公室设计中提出"玩"，是针对以往那种刻板枯燥单调压抑的办公室设计，创造一种环境使人以愉快的心情和友好的态度工作。不把这种文化精神表现在办公室设计中，不让在办公室玩，实际上是否定文化或者文化枯竭。

三、办公室设计发展过程

工业革命以来，办公室设计也经历了漫长的发展变化过程。以社会学为基础的设计，就是考虑文化的作用。所谓文化，是指群体的行动方式。在办公室设计中，就是要考虑社会群体的聚会。为什么要聚会？为各种目的聚会，以各种形式聚会，在各种场合聚会。他们从各国文化、建筑、历史，分析了各种聚会场所、生活空间，包括罗马的圣彼得广场、雅典的帕提农神庙、摩洛哥的游牧民市场、穆斯林寺院以及易经。他们还研究了各种家庭室内设计，从古罗马家庭，美国拓荒者家庭，日本家庭，到游牧民家庭。研究了人们的求活方式，各种壁画、时间和空间概念。例如罗马市内的西班牙台阶总吸引了许多游客，为什么？是由于它有露天市场、音乐场、餐馆、体育和比赛以及咖啡馆，这种设施创造了一种社会环境，使人们容易到这里来。人们需要聚会，需要与人接触交谈。通过这些调查分析，他们发现，聚会时存在着确定的行为方式。决定这些行为方式的因素有：聚会的正式程度，聚会场所，聚会者的差异（例如年龄、等级、文化行为等等），以及期望的聚会目的。这些需要决定了设计。

他们从历史角度研究了为什么需要办公室以及办公室行为方式。如果把办公室看作事务管理，那么可以把它追溯到"bureau"一词，它中的bure最初指中世纪商人的一种衣服，它很宽大，用来覆盖柜台，以便晚上专心算帐。如果把办公室看作信息管理，那么它的起源可以追溯到公元前3000年的叙利亚的艾布拉城（Ebla），当时已经出现档案体系。然而办公室文化的发展，主要是由于工业革命，它反映了工业思想逻辑。芒福德（L. Mumford）在《机器的秘诀》(The Myth of the Machine, Martin Secker & Warburg Ltd., London, 1967) 一书中说："力量、速度、运动、标准化、大生产、定量表示、准确、一致、天体规律、控制，首先是控制，这是现代社会新西方生活方式的秘诀"。美国工业化的价值观念（流水线、严密控制管理）也体现在办公室设计中，这种设计促使了工业社会的文化。第一个办公室是在19世纪末在芝加哥出现的，外表是一座摩天大楼，内部是开放空间，它的组织方式同工厂流水线相似。1960年底，在历史上白领工人人数第一次超过蓝领工人，出现了专业化的办公室设计。德国企业管理从理论上批判美国泰勒管理理论，提出了"办公室景观"观念。它打破了美国正统的流水线式和网格式的办公室，把室内设计成一个个"小岛"，工作相关的人们在一起办公，同时设计了相应的桌椅和用品。后来出现了所谓的"科学"的劳动学设计方法，去测量人体尺寸，办公室尺寸。办公室自动化和信息技术引起了重大变化，有人曾预言通过远距离网络代替办公室工作方式，但是错了，办公室仍然存在。它的作用不仅仅是办公，它对人们还具有吸引力，因为人们需要聚会和面对面的交谈。有人曾说：科学家的一半活动是与同事一起喝茶。办公室不但没有消失，而且变得更复杂了。曾有人预言信息的出现将使办公室变成"无纸"化，但是实际上，文纸管理并没有减少，反而增加了电缆线（传真机、计算机等等）的管理。面对面的对话被新的通讯方式（录像带、电子通讯、录音）所代替。出现了智能办公楼，它用专家系统管理各种设备。庞大的高度专业化的办公楼建筑物正面表现了现代技术，而内部却像令人恐怖的修道院里的小单间。到此为至，人们再找不到方法去设计办公室了，一个时代结束了。

四、以社会学为基础的设计

办公室设计要考虑聚会目的：为决策？为解决问题？为交流信息？他们估计，中级和高级管理人员花30%～50%的时间不在他们的工作场所，而是参加聚会。最重要的决定和商务协议就是在高尔夫球场和健身房这些奇怪的玩的地方作出的。把玩这种非办公室概念引入到设计中，其目的就是创造出一种灵活聚会空间体系。

怎么样来布局办公室？一个重要的符号是聚会时人与人之间保持的距离，被称为社会距离，它随人的个性和环境因素而变化，但是它基本上可以确定人际间的关系。他们根据"近侧观点"考虑室内桌椅之间的距离。美国人类学家霍尔（Edward T. Hall）在著作《无声的语言》(The Silent language, Doubleday & Co., Garden City, New York, 1959) 中引入了近侧(proxemics)概念。用他的概念和方法区分了下列八种距离：近亲密距离为0～15cm，人体可接触，视觉模糊，语音沙沙；远亲密距离为15～45cm，手可触及，这个距离的一个重要方面是视觉聚焦，语音较低；近个人距离为45～75cm，面部表达清晰可见；远个人距离为75～120cm，所谓"一臂远"；处于120cm时，人不可触及，它标志着"控制限度"；近社会距离为120～210cm，同事之间一般处于这个距离；远社会距离为210～360cm，社会交谈和事务一般处于这个距离；近公共距离为360～760cm，处于这个距离可以进行自卫或进攻；远公共距离为760cm以外，与重要社会人物一般保持这个距离而环绕；一般说，人们强调眼接触要容易，群体的领导位置要能够与各个成员保持眼接触。当人们要观察东西时总是围成圆形。他们从许多建筑中发现，圆形是一种交流（Communication）和交换的象征。圆形办公桌意味着不强调等级象征。当人们讨论问题时，往往喜欢围成圆形。圆桌的最大直径应当为2.5m，这样任意两个人之间可以用手传递东西。另外，要从空间关系方面考虑，会议桌应当与其他环境隔离开（例如可以用屏风），不被打扰。通过"玩"的概念设计办公室，目的是打破死板的组织结构和千篇一律的重复，考虑心理因素，通过设计创造最有效的气氛，能够鼓励和促进人的创造性和人际关系。

实际上通常人们喜欢成一定角度而坐。人们需要有一定斜度的座位，它可以保持坐形与座位各种不同的接触程度。座位空间的封闭性和舒适性要求，与坐形斜度和接触程度有关。

后现代社会中人使用、享受现代成果，但是价值不再是追求现代性，设计的一个特点是返回自然，把自然象征应用到设计中。他们分析了日本室町时代（1336～1573年）的室内暖炉设计。它是木框架结构，烧木炭。它除了供取暖外，还有其他含义，这些含义来自火。火在易经中表示南方、红色、夏天以及精神和心。西方的室内壁炉也有相似含义，另外壁炉在西方是与精神世界进行神秘交谈渠道的象征，至今很多重要交谈发生在壁炉旁。游牧帐篷里，壁炉被设置在中心位置。壁炉还是社会契约的象征。通常在晚上人们围绕壁炉，焕发出寓言精神，表现出家庭感。能不能把壁炉设计到办公室中？水在老子的《道德经》中论述了水，它善利万物而不争，居处于众人不愿意去的地方，天下柔莫弱于水，但任何坚硬的岩石都不能战胜水，它柔而不弱，强而不争，被看作为最高的善德。在圣经里，沙漠中有井和泉的地方，也就是牧民聚会地，在那里欢庆、举行婚礼，在那里进行商业交易。在室外建筑设计中，早已经注意到了广场水池喷泉。水和泉能不能引入到室内设计？在我国、日本和其他东方国家的许多宾馆和餐馆设计中都引入了水，例如室内的小桥流水、金鱼缸、地下温泉、彩色水柱拼字造型。

五、以心理学为基础的设计

以心理学为基础，是考虑个人的行动和心理方面。到了后现代社会，桌椅设计考虑的不再是人体生理学问题（当然设计已经解决了桌椅适应人体生理），而是人的心情。人们为什么需要办公室？视觉需要？桌椅引起人什么样的心情？桌椅的形状与颜色可以引起不同的心情。迄今为止，绝大多数桌子是简单几何矩形，是否可以是其他复杂几何形状？这首先要看看复杂几何形状的含义。复杂几何形状不符合科学逻辑有规律的规则（可预见的规则）。复杂几何形状只能用不理性的复杂数学来描述。然而几乎一切自然和有机形状都属于复杂几何形状，像岩石、花、树木、雪花、海贝等等。复杂几何形状象征了生长、偶然、温和，预示了人情味。从这一含义出发，如果考虑人的心情，那么供交谈使用的桌子面可以被设计成各种优美的曲线形状。

工业革命带来了新的概念：力量、速度、标准化和一致性，这些观念被称为初级功能，这些观念同大批量生产有关，因此出现了功能主义设计思想。到了后现代社会，人们对每个"成熟"的产品的二级功能更注意：舒适、图形性、安全和嗅迹。许多设计师叛逆了功能主义，返回到人和自然，提出新思想以适应后现代社会，为人创造完整舒适的环境。以手和脚为人体参照点（正如劳动学），这仍然是速度、力量和大生产时代的象征。人靠手脚作许多事情，但是手脚并不等于人。心、头脑、胃更重要。情绪与人的心和头脑相关。过去的办公室设计规则中没有考虑情绪因素，只强调严肃死板的气氛。通过室内桌椅的形状、光线、空气质量、颜色的设计，把人的情绪因素作用压到最低点。为什么不能采用柔和灯光？为什么不能使用宁静迷人的颜色和自然形状？为什么不能把办公室设计成使人处于自然感情状态？办公室环境桌椅用品装置对人的完成任务有直接影响。把它们设计得有象征价值，表现组织的正面作用，促进和谐的群体合作，调动人的美好精神，从而能够减少个人的无谓消耗。只是到了最近，文化与科学的再发现，人们才重新认识到心情愉快的价值。办公室设计不仅应当面向工业生产和人体尺寸，而且应当面向人的心情愉快和精神宁静。

罗伯特·普罗普斯特（Robert Propst）在20年前曾认为，办公室设计的主要错误是，没有随办公室的工作的进步而前进，仍然保持与一百年前的家具一致。他认为，办公室缺乏灵活性，没有给每个人充分的空间，也没有给创造性充分余地。同样短见的近期效益也控制了办公室自动化考虑，似乎增加人与机器就能提高生产率。20年前白领工人数超过了蓝领，似乎没有人认真考虑过去理解办公室的重要性，工作环境质量、雇员状态和生产效率之间的关系。直到最近，美国和欧洲才开始研究办公室内的不满问题。一个真正的智能办公系统应当考虑办公人员对话交流的需要，这是办公室的最基本活动。美国最新的趋势是使办公室具有"家庭感"，具有个人边界，表现个人的同一性。

在欧美建立设计所的日本人不仅仅是细江勋夫一人。在美国、意大利、法国等等有许多日本人建立的设计所。他们在法国从事服装设计，在意大利从事家具和汽车设计，在美国从事计算机和信息设计。笔者所耳闻目睹的在欧美的日本设计师都强调他们的东方哲学和文化，欧洲人感到很新颖，像坐飞机，云里雾里搞不清，然而我一听就明白，那是在讲老子《道德经》和《易经》，甚至气功。他们强调天人合一，回归自然。他们的设计思想在一定程度上反映日本人的设计状况。日本人的文化思想比较慎重。社会学中有一个很重要的结论：文化不能突变，人为的文化突变往往引起社会价值冲突和社会不稳定。日本保留了文化的连续性和进化式的逐渐发展变化。日本有组织有计划地认真走遍了全世界，研究各种文化中可以与日本文化相融合的东西。日本人从1960年开始到意大利和其他欧美国家学习工业设计，通过近20年的经验认识到工业设计并不是通过模仿抄袭能够学到的，到1970年后期重新复苏文化自我，认识到社会学（主要指文化和历史）和心理学才是现代工业设计的思想基础。他们立足东方哲学和文化价值，发挥出东方文化中的美学观点（例如粉红色、小巧玲珑、精致），并把它们同现代高科技结合起来，形成了日本设计。他们学人之本，而不是学人之表。他们发挥自我，而不是自我虚无。

第七节 法国设计

法国工业设计不同于德国或美国。法国人擅长设计精致对象，复杂技术产品，以及豪华用品。在第一次世界大战期间，法国飞机曾是最先进的。法国的装潢艺术和豪华产品被看作是整个欧洲的典范。古典主义和新古典主义（而不是巴洛克）总是与法国精神紧密联系。巴洛克建筑风格实际上只出现在路易斯十五（Louis XV）时代（大约17世纪）。1907年以后法国又出现立体主义（Cubism）。而英德的功能主义设计思想在法国没有多大影响。法国设计师从不追求造型理论的美学规则。

1919~1937年可以被看作法国的现代运动时期。以勒·柯布西耶，让纳雷（Pierre Jeanneret）为代表的现代运动引入了新的美学表现方法。勒·柯布西耶说："一个伟大的时代已经开始，因为人类活动的一切形式最终都按同样的原则组织起来。建设精神，综合精神，秩序精神和有意识的意志力正在被表现出来，并且艺术和文学必不可少，正如对纯科学、实用科学和哲学一样。有才能的人怎么能没有建设精神？他将无法实现他的任何想法。""设法把当前各种活动综合起来就是促进这一新精神的到来。"立体派艺术、黑人艺术和法国传统装潢艺术的结合在法国产生了艺术装潢。它在1925年的巴黎展览会上达到最盛时期。它是法国时代精神的物质化，表现了1920年代的法国时代精神和生活方式，它也是法国设计的主要特点之一。1929年装潢艺术的创新代表人物，如赫布斯特（Rene Herbst），查让(Pirre Chareau)、斯蒂芬(Robert Mallet-Stevens)等建立了艺术家现代派联盟(UAM)。这种艺术装潢风味在广告设计中得到充分表现,并且被建筑师广泛用于建筑物正面、电影院内部装潢、酒吧、大商场,被设计师用于各类日用品,例如香水瓶、香粉盒、烟盒、皮货等等。

法国现代运动的一个主要标志是1925年以后艺术沙龙的兴起。最初五年它展现的是美国的电器用品,1929年后UAM的设计师们开始展现自己的产品。它以人们梦想的现代新东西和家庭用品机械化,吸引了广大公众。1931年以后,艺术沙龙的大多数展品受勒·柯布西耶现代建筑影响很大。1920~1930年代法国仍然保留了豪华手工艺传统,并且表现在1937年的巴黎国际博览会上。UAM的设计师们的作品一直保持在样品制作阶段,而工业界根本不相信他们设计的新外形产品能变成大众消费要求。这样,艺术沙龙仅仅是展出样品,从未变成大批量的工业生产。

1935年流线型的汽车Peugeot402型标志着法国第一部现代汽车开始出现。第二次世界大战后(1945年)第一个艺术装潢沙龙成立。1950年代美国人消费生活观念传入法国和其他西欧国家。法国设计出现了三个趋势:第一种是"茹欧曼风味"(Ruhlmann taste),它主要是由室内装潢师建筑设计师兴起,要求家具和日用品继续保持1920年代的艺术装潢风格。这一趋势被称为"晚期现代"(Late modern)。它在结构上属于新古典风格,它的装潢有时借取温和的超现实主义。他们没有什么创新,只是重新生产战前他们设计的东西。应当记住,官方鼓励为大生产的工业设计在法国没有获得成功,制造厂商不愿意介入生产,在法国甚至没有很好的大商品的代理代销体系。第二种趋势是以一些UAM成员为代表的现代运动,例如勒·柯布西耶和裴瑞安德。从1949年开始,UAM每年在艺术沙龙举办展览,一直持续到1970年代,它是法国现代新东西(Modernity)与公众见面的最主要的地方,而艺术装潢博物馆对中上阶层起了重要作用。这一趋势中,一些UAM成员的设计方法和思想都与德国功能主义有关,同时还受斯堪的纳维亚流派和美国的影响。第三种趋势是设计自由式的、有机的形状。它是一些有新意、独立的设计师兴起的,他们抓住了时代的精神去设计室内装潢和家具摆设,使其像娱乐舞台。例如鲁瓦埃(Jean Royere)抓住了抒情抽象绘画的思想。他的设计特点是"高度时装"风格。

这一时期,塔隆(Roger Tallon)被认为是法国最有代表性的有国际影响的工业设计师。1957年他设计了轻型摩托车"塔昂"(Taon),以后十年日本摩托车仿造了这一设计。1963年他开始注意设计现代袖珍电视机"台立维亚"(Teleavia)。1969年他设计了墨西哥城的地铁。1973年设计了"客瑞鸥"(Corail)火车。他的设计表现了用法国精神来解释德国乌尔姆设计学院(HfG)的功能主义设计原理。

而法国到1972年以后才变成消费社会,到1980年代后期还没有形成大众消费品生产工业。1978年以后的法国设计被看作属于后现代(Postmodern)。法国文化价值体系并没有发生很大变化。法国设计的交通、大型项目、通讯、豪华用品、军用设备、时装仍然保持了它的质量。关于后现代的讨论首先在意大利,后来在英国和西班牙形成了一种潮流,而对法国设计师来说,好像什么也没有发生,他们仍然保持以前的设计思想。由于法国家具制造业不支持,一些著名设计师的作品,例如斯塔克(Philippe Starck)的设计只好送到国外生产。这一时期出现了以加鲁斯特(Elisabeth Garouste)和波尼迪(Matteo Bonetti)为代表的新原始风格(Neoprimitivism)。他们的作品围绕三个主题:1.通过粗材料的幽默和错觉进行装潢设计;2.研究自然,把它作为我们日常生活感知中所缺少的一个方面;3.通过历史感来寻找相互理解。思想家巴特(Roland Barthes)和鲍德里亚(Jean Baudrillard)提出了对形式符号学的新观点,它完全引出了一个新方向,他们的影响仍然主要在国外。主要原因是工业界和决策当局没有认识到消费者的新要求还包括符号象征特性。工业研究不再被局限在技术一行之中。它不得不扩大到行为科学，尤其是符号学、语义学和美学。在家具范围中，人们已经认识到，外形的创新不再单独依赖新材料的选用和信息处理，还依赖于文化参数的意识，设计师和制造业需要新方法通过实验来创造出新外形。

法国政府计划在在高技术领域，例如国防、交通、航空、核能和邮电方面进行重点研究，但是制造工业缺乏对大众消费品生产进行探讨。设计质量是通过长时间的进化过程来确立的，例如名牌汽车奔驰（Mercedes Benz）、宝马（BMW）。这种长期一致的努力才能创出坚实的名牌形象。在法国很难看到这种连续性，除了少数和高度专业化的部门，像军用飞机厂玛赛－达骚特（Marcel Dassault）或掘土机厂坡克莱（Poclain）。在一般民用品方面，设计往往是昙花一现，有时出现了一个著名产品（例如雷诺Renault 2CV型和雪铁龙Citroen DS19型），但是没有继续下去。再例如香水瓶，这类创造性的设计师太多了，但是他们往往只是个人成功，并没有形成一种风格传统。其结果，用户并不形成对一类产品的偏好。斯塔克的成功在于他的创造表现了一种内在一致性，而且很容易与装潢艺术的法国精神联系起来。法国工业设计在1980年代的现有成就是面向高技术的政策结果，它出自1950年代的决策，坚持了30年才看到了它的效果(de Noblet，1991)。

第八节　工业设计协会国际委员会（ICSID）

一、概况介绍

ICSID建立于1953年，是非赢利、非政府的组织，目的是促进国际各成员组织的工业设计合作和交往，促进国际间的会议、讲座、展览和设计组织。执行委员会由11人组成，每两年选举一次。由历届解任的执行委员会主席组成顾问委员会。常任秘书处设在芬兰赫尔辛基，共有三个工作人员。总秘书叫Kaarina Pohto。地址：ICSID Secretariat, Yrjonkatu 11E, 00120 Helsinki, Fanland。Email：icsidsec@icsid.org。Fax：2589607875。出版ICSID新闻通讯。在因特网上也能查到该组织的信息。

网址：http://www.icsid.org

到1997年为止，ICSID共有49个国家的138个团体成员，亚洲的成员国有印度、韩国、日本、马来西亚、菲律宾、新加坡、泰国，以及我国香港的两个组织和我国台湾的七个组织。ICSID下分几种成员组织：专业成员、促进成员、教育成员、非正式成员、合作成员。

二、国际会议

从1959年起ICSID每两年举行一次国际会议，并且大多数会议都具有一个主题，它反映出当时工业设计最关心的方向和思考的主要问题。下面列出各届会议的时间、地点和主题，使读者对近40年来工业设计思想发展有一个大致印象。

1959年，瑞典斯德哥尔摩，第一届会议。
1961年，意大利威尼斯，"面向传统的无形设计的美学"。
1963年，法国巴黎，"工业设计：一致的因素"。
1965年，奥地利维也纳，"设计与社会"。
1967年，加拿大渥太华和蒙特利尔，"人与人"。
1971年，西班牙意比萨和巴塞罗那，第七届会议。
1973年，日本京都，"精神和物质"。
1975年，苏联莫斯科，"为了人与社会而设计"。

1977年，爱尔兰都柏林，"发展与一致性"。
1979年，墨西哥的墨西哥城，"工业设计作为人类发展的一个因素"。
1981年，芬兰赫尔辛基，"设计完整性"。
1983年，意大利米兰，"从汤匙到城市，30年后之见"。
1985年，美国华盛顿市，"世界设计"。
1987年，荷兰阿姆斯特丹，"设计的反映"。
1989年，日本名古屋，"正在出现的风景：信息时代的秩序和美学"。
1991年，斯洛文尼亚的卢布尔亚那，"在十字路口"。
1993年，苏格兰格拉斯哥，"设计的复兴"。
1995年，中国台湾台北，"为一个正在变化的世界而设计：面向21世纪"。
1997年，加拿大多伦多，"人类的村庄"。
1999年，澳大利亚悉尼，ICOGRADA、ICSID、IFI联合会议。

本章练习题
1. 功能主义设计思想的局限性是什么？
2. 意大利现代设计的主要思想是什么？
3. 意大利新现代的主要设计思想是什么？
4. 工业设计在美国起什么作用？
5. 模仿多了是否能创新？日本工业设计怎么从模仿走向创新？

第三章 劳动学：机器、工具和劳动方法设计

第一节 美国行为主义心理学

一、实验心理学起源

心理学作为一门独立学科最早出现在德国，被称为实验心理学，创始人是冯特(Wilhelm Wundt，1832~1920年)。他曾在海德堡大学学解剖学、生理学、物理学、医学和化学。1855年获得博士学位。1873~1874年他出版了心理学史上最重要的著作《生理心理学原理》。它标志着心理学成为一门新的科学。1875年他在莱比锡任哲学教授。于1879年在莱比锡建立了第一个实验心理学研究所。当时他是世界上最著名的心理学教授。他的实验室对世界心理学发展具有巨大影响。他用实验方法研究了意识的结构。他还写了许多关于伦理、逻辑和系统哲学的著作。1862年他还建立了社会心理学，1900~1920年期间他出版了十卷《大众心理学》，其中研究了在语言、神话、习惯、法律和道德中出现的精神发展阶段。虽然他眼睛半瞎，但是一生共写了53735页文稿(Boring,1950)。美国把他看作是心理学结构主义(Structuralism)先驱。他建立的心理学方法形成了德国的传统方法，即心理学被看成是一门经验科学，而不是自然科学，不能套用自然科学的方法论研究心理学。这与美国当时的心理学（行为主义）有原则性的区别。

冯特认为心理学是实验科学，心理学的方法必须包括经验（经历）的观察。有些经验是观察不到时（例如思维过程），必须用自我观察，称为内省，例如让被实验者说出他是否受到感官刺激。后来美国行为主义以科学方法为名义拒绝了这种不可观察验证的内省方法，这导致了美国心理学向另一个方向变化。冯德认为心理学研究有三个目的：

第一，把意识分解成它的基本元素；

第二，去发现这些元素是怎么联系起来的；

第三，确定这种联系的规律。他的研究集中在经验的基本元素，研究了与人经验有关的方面，例如感官的感知(Sensation)、感觉(Feeling)和情绪。他指出心理综合特性决不仅仅是它的元素相加的结果。在这一原理方向上，1912年视觉完形(Gestalt)心理学家提出，整体并不等于其组成部分的相加和。

冯特研究的中心问题是意志行动，他的学生屈尔佩(Oswald Kuelpe，1862~1915年)继续了这一研究，形成了著名的沃茨波格(Wuerzburg)学派，其重点研究动机，这也是最早研究的人在动机(Motivation)引导下有目的的行为(Goal-directed behavior)，它成为1970年代以后心理学研究的主流。他的一个美国学生安吉尔(James Rowland Angell)后来成为美国功能主义心理学的重要人物之一。

在冯特开始研究实验心理学后，德国各地很快发展了心理学研究。艾宾浩斯(Hermann Ebbinghaus，1850~1909年)第一个开始研究学习和记忆过程。冯特的学生曾达600人，其中包括许多外国学生，他们后来为心理学作出了重要贡献。他教出了几乎美国所有的第一代心理学家。例如，他的第一个美国学生豪尔(Hall)于1892年建立了美国心理学学会，卡特尔(Catell)创立了美国心理学的功能主义学派。但是他们在美国建立的心理学和冯特心理学判若两家。由于美国价值观念不同，他们不再研究人脑思维问题，而是按美国的实用主义建立了美国心理学，并且很快用于教育、企业、广告、儿童发展、能力测试等方面。

二、行为主义的起源

心理学是工程设计和工业设计的重要基础之一,然而设计领域研究心理学有各种目的。一般说,研究消费心理学的目的是为商业目的,研究学习心理学是从中寻找操作训练方法,研究使用心理学是为了使产品符合操作行为。这三种目的分别代表了各种利益。行为主义是美国心理学中一个流派,从1910~1960年代曾主导了美国心理学界,它的影响甚至反映到1990年代的认知科学研究中。它对美国工程设计有重大影响,同时也引起一些重大问题,这些在西方国家早已被抛弃的东西在我国某些工程设计和工业设计中仍然被作为"科学"继续传播。因此,有必要搞清楚它的起源和实质。下面,先简述一下行为主义的要点和发展过程,然后分析它在工程设计和工业设计中的影响及效果。

美国第一代心理学者不认同冯特的心理学方法,认为科学强调"客观",强调现象的"可观察性"和"可验证性",而意识无法观察,意识"内省"是一种主观方法,别人无法观察验证。美国华生(John B. Watson, 1878~1958年)于1903年开始考虑在心理学中建立一种更"客观"的研究方法。这个"客观"形成了后来他的行为主义的根本出发点之一。1913年他发表了文章《行为主义者所看待的心理学》(Watson, 1913)。他认为:"心理学必须废弃一切对意识的参照","心理学研究的目的是弄清如下论据和规律:给定刺激(Stimulus)后,心理学能够预测其反应(Response)将是什么;或者给出反应后,心理学能解释刺激是什么","它的理论目的是预测和控制行为"。按他的理论,生物体(例如动物和人)的行为被看成是对外界环境和内部生物过程条件的反应。这样心理学就变成了"一种纯客观的自然科学的实验分支"。他认为"内省不是它的基本方法",这种方法是"不科学的"。"物理对象的世界(刺激,它包括能激发接收器活动的任何东西)形成了自然科学家的整个现象,只是被当作通向目的的各种方法手段"。行为主义重新定义了心理学的任务,并以客观实验作为基本研究方法的基础。这样,他把心理学定义成只研究刺激和反应行为,而不研究头脑(意识,思想概念,内省),不研究一切与思维和精神有关的"主观"概念(例如动机、感觉、感知、情绪)。心理学研究应当采用什么方法呢?华生学派主张采用自然科学方法,即物理学方法。他认为心理学必须把自己限制在自然科学的数据中,物理学数据就是心理学数据。他提出研究方法应当是:观察、测试方法、口头报告方法、条件反射方法。他的测试方法是测试刺激反应,把测试结果作为行为取样,而不是作为精神品质或个人特性的度量。口头报告是作为观察之外的评论或证实,很明显,口头报告是依赖"主观"的方法,他把"内省从前门丢出去",然后"让它待在后门"(Schultz, 1981, 218)。他提出的行为主义很快得到美国心理学界的承认,成为主流学派。仅仅过了两年,1915年他就当选为美国心理学学会主席。从此,美国心理学研究建立在行为主义理论基础上,把人的行为动机、意志、感觉、想法、意识等等概念都取消了,这些概念变成了美国心理学的禁区。它以动物进行实验,然后把动物心理学方法扩展到对人的研究和应用,例如,研究动物的学习过程,其研究成果被用于人的学习培训。在这一主导思想下,斯金纳(Burrhus Frederick Skinner)建立了美国一个影响较大的行为主义心理学体系,1920~1950年代这一理论体系主导了美国心理学领域。

在心理学中,刺激(S)和反应(R)有确定的含义。一个刺激S被定义为具有可测量的物理能量(例如一定波长的光),它能激发感官组织的特定的接收器(例如视网膜细胞)。反应R被定义为肌肉的收缩或腺分泌。刺激和反应之间的诱发联系是通过复杂的神经结构的神经冲动传递的。按照华生的观点,主要的行为数据是肌肉的动作(或运动)和腺分泌。这些反应构成了生命体的反应能力,心理学应当只考虑由刺激反应来描述的行为,而不必区分精神概念(动机、情绪等)。反应被分为本能反应和通过学习形成的反应。反应又被区分为显式（Explicit）反应和隐式（Implicit）反应。显式反应指可以被直接观察到的，如肌肉运动；隐式反应指腺分泌、神经冲动等等。这样，人与动物的行为可以被简化成"刺激－反应"模式。他还把这种刺激反应行为模式推广到"建筑房屋"、"写书"或"打棒球"，这样形成了与设计有关的心理学基础，他们用这一模式来理解、分析、预测、控制人与动物的行为。这些观点直接提供了工程心理学的基础，它以"科学"的名义对美国的工程设计和工业设计产生了重要影响，加上其他因素，导致了在美国表现很突出的机器中心论，它与德国功能主义为代表的人中心论形成两种不同的科学价值观和不同的工业设计发展方向。

行为主义理论是从许多哲学思想理论中产生出来的：

第一，达尔文进化论对行为主义有重大影响。它强调了动物与人之间的生理和结构的连续性。他本人还写了《人与动物的情绪表达》一书，研究了动物心理学。达尔文主义促进了英国和美国的动物心理学的观察和实验工作，1898年美国建立了实验动物心理学。动物心理学研究在美国很快得到发展。并把动物研究的结论（例如学习）用于人。

第二，俄国的巴甫洛夫的条件反射理论对行为主义的影响。他的主要贡献是从1902年到1936年去世前研究的大脑高级神经系统。最初他在实验中致力去探索大脑活动和心理反应，解释动物的愿望和判断等等，后来他放弃了这些主观方法，转向"纯客观"，把研究方向从"心理反应"改为"条件反射"。他的研究成为当时"准确客观的典范"。他用狗进行条件反射实验，每当给狗喂食物（无条件刺激）时，一个灯（有条件刺激）就被点亮。多次反复这种实验后，狗就对有条件刺激反应，只照亮灯而不喂食，狗也分泌唾液。这一过程被称为联系或学习。巴甫洛夫心理学实验获得了1904年的诺贝尔奖。曾有二百多位合作者到他的实验室工作过。华生把条件反射方法和原理也统一到他的行为主义理论研究中了。这种思想对我国有一定影响，例如有的教师认为学生很被动，对学生应当强制性地不断给予刺激，并进行机械式的训练，形成直接的条件反应。与这种教育思想相反，德国心理学认为，应当首先引起学生的兴趣，学生的动机决定他是否学习、学什么、是否能学习好。

第三，19世纪后期美国哲学对行为主义也有重大影响。美国心理学先驱詹姆斯（William James）和杜威（John Dewey）的实用主义（Pragmatism）强调，命题主张的意义和真正价值只能由它对行动的结果来评价。这一观点意味着应当有"客观"判据来判断知识的有效性。行为主义继承了这一价值传统，强调坚持实验技术客观，实验数据可靠，反对内省推论，认为只有外部可观察到的现象才能作为依据。这些观点方法形成了美国心理学的基础。

第四，物理学的研究态度，例如操作主义（Operationism）对美国心理学有较大的影响。操作主义是一种科学概念定义态度，它要求它所定义的概念可以被实验操作。这一方法是由哈佛大学物理学家布里奇曼（Percy W. Bridgman）提倡的。他说："考虑一下长度这一概念：一个物体的长度是什么意思？很明显我们知道长度的含义，假若我们能说出任何一个东西的长度的话，而且物理学家并不需要更多。要发现一个东西的长度，我们不得不进行确定的物理操作。假若测量长度的操作被确定了，长度的概念也就被确定了：这就是说，长度的概念所包含的只不过是一组操作；这个概念是相应的一组操作的同义词"（Bridgman，1927，5）。这一方法反映了美国学术界的实用主义方法。这种方法对美国心理学研究产生很大影响，使它向客观性和准确性方向发展，避免那些不可观察或不可用有形方式展示的问题，这些问题被称为"伪问题"。它表现了科学价值，也反映了它的科学理性的局限性。按照这一态度，无法通过实验来测试检验的命题和论点被认为是无科学意义的，例如意识是无法被观察的，因而是伪问题。按照这一方法，一些实际存在的问题，如疲劳，注意力分散等问题被忽视了。如今，操作主义态度在美国心理学界不再被广泛接受。

三、新行为主义

新行为主义指1930～1960年代的行为主义的发展，具体说，就是沿着自然科学的方向，像物理学那样引入假设演绎体系，按照操作主义态度采用准确实验方法，并引入数学表达方法。它的代表人物有以下几人。托尔曼（Edward Chace Tolman，1886～1959年），最初在麻省理工大学学工程，后来到哈佛学心理学，1915年获博士。1912年曾到德国工作，接触了德国心理学的传统和视觉完形（Gestalt）心理学。德国心理学传统认为人的有意识的行为不是刺激反应的结果，而是由一定原因引起的，称为有目的的行为。托尔曼把"有目的的行为"概念引入到美国的行为主义中，并把行为主义同视觉完形概念结合在一起，但是他仍然保持了行为主义理论传统。1918年到加州伯克利大学教比较心理学，在那儿他还研究了老鼠在迷宫中的行为：通过学习各种通往目的的途径，老鼠越来越快地走到目的地。行为主义认为刺激引起行为，而他提出引起行为的五个独立因素：环境刺激、生理驱动（drive）、遗传、以往的训练和年龄。他提出生命体（Organism）干涉变量概念，认为生命体对给定的刺激形成确定的反应，干涉变量有两类：生理需求和技能（对象感知，运动肌技能等等）。这样把S－R理论改为S－O－R理论，或"可操作行为主义"，这一理论对美国工程设计曾有过较大影响，这一问题将在后面谈到。1951年他又把干涉变量改为三大类：生理需求、信仰和价值动机、诱惑力（Valence）。他的工作对心理学的学习研究有很大影响。他认为奖励（惩罚）对学习不起决定性作用，人和动物通过学习和经验可以改善行为。

赫尔（Clark Leonard Hull，1884～1952年），1918年获威斯康星大学博士。他强调理论，引入了假设和演绎方法。心理学界很少有人像他那样精通数学和形式逻辑，很少有人像他那样定量性的定义变量。他研究了概念的形成、烟草对行为效率的影响，发展了统计分析的实用方法，发明了计算相关的一种机器。研究了催眠（Hypnosis）和暗示（Suggestibility）。1940年他与其他五人出版了《机械式学习的数学演绎理论：科学方法论的研究》。1943年他出版《行为原理》，此书在美国的学习领域占据很重要的地位，后来几经修改，于1952年改名为《一个行为体系》（A Behavior System）。他认为，人的行为是生命体同环境的连续相互作用，它发生在一个很广泛的生命体对环境的生理适应的过程中，人的行为不能全部用可观察的刺激反应概念来确定。如果这种生理适应处于危机中，就表现为一种需要状态。他同样不接受意识和人的行为目的这些精神概念，他把人性（人的本质）和人的行为看成是机械的、无意识的、循环式的，统统被简化成物理概念。他把"行为的生命体看成是一个完全由自我维持的机器人"（Hull，1943，P.27）。这种机械理性观念后来被应用在一些工程心理学和工程设计中，甚至延续到1980年代。

斯金纳（1904年～），1931年获哈佛大学心理学博士，曾在明尼苏达大学和印地安那大学任教，1947年以后在哈佛。他是行为主义先导者，是美国心理学界当代最有影响的人物。他强调经验体系，不用理论框架来指导研究。他发展了社会行为控制计划，发明了照料婴儿的自动机械床室，负责大规模应用教学机和行为改善技术，写了著名小说《Walden two》和《Beyond Freedom and Dignity》。1968年美国心理学会授于他杰出科学贡献奖。1968年他又获得国家科学奖。1971年美国心理学基金会授予他金奖。他认为人类生命体就是一部机器，像其他任何机器一样，人按照合法的可预测的方式在行为，以响应施加的外界力量（刺激）（Skinner，1953）。在解释行为时，不必考虑什么内部因素，生命体内部什么也没有，是个空壳体。他说："如果我们把科学方法用于人，我们必须认为行为是符合法律的,确定一个人所做的事是一些指定条件的结果,一旦这些条件被搞清楚,我们就能预测他的行为,在一定程度上也能决定他的行为"(Skinner,1953,6)。他认为,用自然科学这种机械的分析的方法能够引导、控制、改进、塑造人的行为。

四、对行为主义的批判

行为主义理论的一个重要前提是抛弃对意识的参照,它拒绝把意识、社会环境、动机作为行为的动因。相反,它认为人的行为是刺激反应关系驱使的。1960年代以后,对行为主义的批评在美国导致了心理学的"认知革命",产生了认知科学和认知心理学。对行为主义的批评主要有两方面:第一种观点认为行为主义完全否定人的认知过程。感觉、精神、意志、印象(image)等等行为主义理论禁区直到1970年代中期才被松动。1976年新任美国心理学学会主席的麦基奇(W.J. McKeachie)谈到心理学的许多变化,其中包括它转向意识研究,心理学把人的本质形象正在转变成为"人,而不是力学机械的(mechanical),也不是像老鼠,甚至不像计算机"(McKeachie,1976,831)。心理学又开始讨论意识和精神处理问题。心理学被重新定义为"系统研究和试图解释可观察的行为以及它与生命体内部不可见的精神过程的关系"(Kagan/Hanemann,1972)。这一潮流在心理学研究中逐渐增加了认知因素,例如信息处理、解决问题、决定过程、学习过程、记忆、动机、情绪、个性。行为主义在美国仍然是心理学界的主流,只不过与以前的形式不同了。在这一潮流中,出现了若干新理论。奥尔波特(G.Allport,1897~1967年)和莫瑞(H.Murray,1893年~)提出了不同的个性理论。班德拉(A.Bandura,1925年~)提出了社会学习理论,他认为我们是通过观察和模仿典范来学习,而不是通过刺激反应的经验来加强的,那么,谁控制了典范,也就控制了社会行为(Bandura,1977)。1974年他当选为美国心理学学会主席。

第二节 泰勒管理方法和定时动作研究

一、设计目的

工业设计不仅仅是设计一个家具或一台机器,而首先是设计人际关系和人机关系,规划人们的文化生活和劳动工作。劳动学是工业设计的一个主要起源。劳动学一词译自英文的ergonomics。它起源于许多领域,主要内容是考虑整个生产过程的设计,工艺过程规划和室内布局,劳动者的工种和岗位设计,管理的设计,机器人机界面及操作的设计。它的目的是什么?这很难用一句话概括。在不同国家,不同历史时期,它有各种不同目的:控制工人,提供生产效率和利润,或改善劳资关系,劳动安全与保护。在历史过程中,劳动学设计(或人机学)在美英和欧洲的起源目的并不完全一样,至今仍然有较大区别。在美国劳动学起源于泰勒的管理理论和动作定时研究(这二者有紧密联系)。它在德国起源于冯特心理学、企业管理和劳动保护。有些书上很赞扬20世纪初美国的动作和定时研究,认为它是劳动学的早期成就。下面就看一看它究竟是怎么一回事。

从18世纪英国工业化开始,生产目的从自给自足变为商品生产和市场竞争。为此,生产效率和利润成为企业主的主要目的。为了达到这一目的,企业主把控制工人作为主要目标之一。厂主采取了下述几种办法:

第一,通过机器来控制工人,换句话,设计机器的目的是控制劳动。威利司(Willis)说:"机器是由一系列部件按各种方式组成联系在一起,当一个部件运转,其他部件都要运转,它的运动关系是通过与第一个部件的联系所决定的"。瑞力奥可司(Reuleaux)说:"机器是抵抗体的组合,它是这样规定的,通过它用自然的机械力量来强迫劳动,用确切的和完全准确的运动来强迫劳动"。阿舍（Usher）说："机器的部件总是紧密相互联系在一起，这样人所希望的任何其他活动都被排除了……这种发展导致了全面的不可停顿的行为控制"（Usher，1959）。为了实现机械化大生产，发明了许多机器。这些机器的设计是为了提高生产效率，而不是为了减轻劳动负担。相反，它的操作很繁重，甚至很危险，工伤率很高。

第二，大量农民进入城市工厂，厂主认为他们只想赚钱，而劳动偷懒，要强迫实行劳动纪律，以改变他们的劳动节奏，提高劳动强度和时间。英国盛行的是高压驱赶，甚至用军事管制的手段强迫工人长时间劳动。工人过度劳累，生活贫困，平均寿命很短，加上各种社会因素，英国的阶级意识和阶级斗争成为长期历史现象。至今英国的阶级意识和对立仍然比德国和其他工业化国家强烈。其结果不仅使经济发展缓慢，而且经济脆弱。虽然英国最早实现了工业化，但是德国、美国、日本等等国家都超过了英国。

第三，为了提高劳动效率，设计了劳动分工（工种）和劳动岗位，但是各工种的生产情况并不像厂主想像的那样有效。1840年代在英国、法国出现了对生产管理的各种设计，把工资分配变成一种刺激因素来提高生产效率，其中计件工资是一种尝试。这一方法最终在美国得到系统发展。

第四，以泰勒为代表的系统发展了美国式的企业组织管理，包括停表计时、劳动动作设计和计件工资。

二、泰勒管理方法

1880年美国机械工程师协会（ASME）成立后，立即把企业管理作为一个主要设计任务。1886年ASME会议讨论的主要问题是企业消耗与资本计算方法以及企业内部的协调与控制问题。它提出了一些计算方法。不久就发现这些方法很难操作，企业工头们没兴趣填写各种复杂表格。1889年ASME会议上，泰勒（Frederick Winslow Taylor）否定了降低消耗的方法，提出应当通过"科学"分析劳动过程，以确定生产目的和工时，他还提出实行奖惩制度。

泰勒在青年时进入他父亲朋友的钢厂当车工学徒，很快就成为车工车间主任。他的理论也建立他在对人本质的理解基础上，他认为人爱好懒惰，总想多赚钱少干活，因此工人劳动时总开溜，磨洋工，他们担心勤快劳动会降低计件工资并造成工人解雇，他认为用驱赶强迫方法不能解决这一问题，只能用金钱刺激来发挥他们的能力。这就是他最初建立的经济人模型。泰勒估计工人出力只有三分之一到一半。而厂主却搞不清一个工人到底能干多少活，因此对工人无奈。泰勒用定时和动作研究搞清了这一问题。1903年泰勒发表了《车间管理》，1907年发表了他的经典《切削金属的艺术》，1911年在纽约成立了效率学会，1915年成立了泰勒学会，1935年它与工业工程学会合并建立了促进管理学会（Society for Advancement of Management）。劳动设计后来在美国被合并到工业工程中，1948年成立了美国工业工程研究所。该研究所把工业工程定义为："工业工程是关于设计、改善和安装由人、材料和设备构成的一体化系统；拟定数学、物理和社会学的专业知识和技能，并且与工程分析和设计原理方法一起，来规定、预测和评估这些系统的效果。"

泰勒把他的理论称为科学管理理论，包括以下主要内容：定时研究，功能管理（专业化管理），工具和贯彻实施的标准化，工作方法标准化，计划功能独立，使用滑轨方法和其他省时间方法传运工件，给工头规定操作卡，把任务定位，并给完成任务者高奖金，采用计件工资制，对等级产品和实施使用代号系统，规定行走路线等等。这些方法中，有许多方面对企业管理起了促进作用，也被推广了。但是它的核心是规定每个动作的时间，实施计件制，用奖金刺激生产，不允许工人组织起来。按照泰勒的观点，即使最简单的劳动动作，也不允许有经验的工人按他自己最佳方法实施，而必须按照规定的动作步骤去干。这样就必须建立一个庞大的白领计划管理机构，去研究规定各种劳动岗位的动作过程，这些人被称为功能工程师或功能工头（Barnes，20）。

三、泰勒管理法的实施

泰勒最初在他的车工车间实验推行两班制和计件工资制，但是工人们反对计件工资，并质问他："你肯定不要这该死的计件工资？"他回答："我现在是工厂管理人员。"工人骂道："你是一只该死的猪。"并警告要在六星期干掉他。他的最初尝试失败后，他很快讨好工人说："我现在又成个车工了。"后来再一次强制推行他所谓的科学管理法时，他又翻脸对工人说："我是个暴君，是个奴隶主。"因此工人有意破坏机器零件，几乎每天都会出现机器故障，使生产不能正常运行。他又实行赔偿制度。后来他总结这一过程时说，要贯彻他的管理方法必须经过三年斗争才能走上正规。具有讽刺意味的是，英国一本著名的劳动学书也是从车床谈起，通过一幅插图指出传统车床的设计根本不适合人体尺寸，而适合个子矮小两臂很长的动物，像猩猩那样。该作者以英国人的幽默隐含批评了泰勒的劳动设计理论，他不是为了工人减轻体力负担，而是为了企业主的最大利润。这幅插图也可以在陈毅然主编的《人机工程学》（北京航空工业出版社，1990）的第22页看到。

泰勒的所谓"科学管理"目的是什么呢？它是美国在资本迅速增加的企业中解决控制工人的问题。下面通过泰勒自己描述的一个例子来说明，这个例子曾被西方许多人用来证明泰勒理论的"经济效益"。当时在贝特勒合姆钢铁厂有五个高炉，75个工人靠体力扛运40公斤重的铁锭装上车，每人每天扛运12.5吨。他观察这一劳动过程后，不是考虑设计机械运输工具去减轻工人体力负荷，而得出一个结论：每人每天应当"愉快而满意地"扛运47~48吨。他认为工人一天的"合理劳动量"应当达到人的生理极限。这明显要引起工人反对和罢工。为了防止工人有组织地反对，泰勒采取两个办法：第一，他从不与一群工人谈判，他每次只同一个工人谈判。第二，他寻找劳动典范。他观察三四天后，发现了四个工人能每天扛运47吨，然后他仔细研究了他们的性格习惯和功名心，最后确定了其中一人为典型，此人是美籍德国人施密特，他具有典型德国人的特点：高大体壮、节俭谨慎、吃苦耐劳、守纪律，"每一分钱对他都像车轮那么大"。泰勒许愿把他每天工资从1.15美元提高到1.85美元，但是他必须严格按照吩咐去干活，不许反驳，也不许听其他工人的劝告，然后规定了他的每一个劳动动作，并对其进行时间测试。这样，他的工资增加了60%，而他干的活增加了3倍。这种管理方法最初使用在熟练工种的管理中，它不需要专业工艺技术，主要要求动作快，效率高。后来在他回顾这一段经历时说，如果我年岁大一些，经验多一些，我也不会参予在这种斗争中（Braverman，1977，80）。假如当时设计一种很简单的拖车运输铁锭，不仅可以减轻工人负担，也能提高生产效率。

四、动作研究的起源

泰勒认为绝对有必要强迫命令工人，对工人的控制要具体到每一个动作，这样以杜绝工人偷懒聊天抽烟。但是泰勒的方法往往只适用在一些熟练工种，要对工人要进行大量熟练训练。由于缺少动作标准，不容易作为通用方法进行推广。作为泰勒理论的继承人，基布瑞斯夫妇（F. B. Gibreth, L. M. Gibreth）进一步研究了人体动作分类、动作定时以及动作要素。基布瑞斯于1885年17岁时开始学建筑砌砖工。20世纪初他开始从事自己承包建筑。他注意到一个很平常的劳动现象：没有两个工匠按照完全相同的方法砌砖，每人都有他特别之处，快慢不一，节奏不一。他发明了一种脚手架，可以迅速安装起来，上面备有座位和盛砖箱，这样工人就被固定到确定的工位上了，不能乱跑偷懒，也不必弯腰从脚手架上取砖。他也改了灰浆箱，使得上泥浆更快，他要求工人只能用一只手上砖，同时必须用另一只手操作泥刀上浆。他夫人是学心理学出身。他与夫人发明了"微动作研究"技术，首先挑选出最好的工人作为研究对象，把他们的操作动作过程拍摄成照片（当时还没有电影摄影机），并用计时器精确记录每个小动作的时间，研究怎样能够减少砌砖动作，并研究了每个小动作的最快时间，最终他们设计了"取蘸"动作法，把砌一块砖从18个动作减少到4.5个动作，当然还规定了动作时间。这样平均每人每小时砌砖量从120块增加到350块。读者看到这个数字时先不要兴奋，你自己实地去试一试，尝试一小时砌350块砖是什么滋味？你能够把这种砌砖速度坚持多长时间？这个砌砖方法是在1911年被他俩发明的，当时美国还没有实施医疗保险，也没有退休保险和工伤事故保险。他俩还发明了周期图和时间周期图方法研究操作员的动作路线过程，给操作员手上戴上发光器，摄影记录下来手运动的这个路径，然后通过研究简化动作过程。这一方法在美国主要用于改善工作方法。1912年这一技术方法在美国机械工程师学会的一次会议上被公布于众，此后50年中该学会对进一步发展这种管理方法起了重要作用（Barnes，1963，16－20）。

他们把人的活动（例如写信）分解定义成17个微动作（基本手动作），用这些微动作来分析工人的操作过程，并按照最熟练工人的动作速度来规定每个动作的时间（精确到万分之一秒），例如把一个轻物体移动50cm的时间规定为0.6696秒，眼寻找东西的时间规定为0.2628秒。为了达到这些标准，工人必须整天训练，直到合格为止（Barnes，63－168）。

为了记录动作过程，需要摄影设备和精确测量动作时间的微计时器，以及有关的放映设备。四个基本因素决定要用的动作定时方法：

1. 该工作要用的每天（年）平均人小时；
2. 预计的职业寿命；
3. 劳动力考虑，例如小时工资，操作时间与机器时间之比，所要求雇佣的特殊能力，反常工作条件，工会要求等等；
4. 在建筑、机器、工具和设备中的资本投入（Barnes，33）。

他们的动作分析包括工作方法设计、分析工人劳动动作、分析操作过程。工作方法设计要点包括：消除不必要的工作以减少花费；合并操作动作；改变操作顺序以提高产出；简化必要操作。动作设计考虑的问题是：为什么目的？不干它行不行？为什么他来干？谁能干得更好？能否雇用技术较少和培训较少的人？在哪干？能否更经济些？怎么干（Barnes，50－60）？

分析工人劳动动作的同时，还要分析生产过程方法。用过程流程符合来代表各种工种和操作，画出流程图，统计操作次数、延迟次数和时间、运输次数等等，然后进行设计简化。例如通过此方法使仓库空间得到充分利用，设计的车间布局减少了34%的运输传递路程，洗衣厂传递过程不用推车，而采用空中行车。实际上，空中行车有时固定不紧，运输中工件掉下来造成人员伤亡。

进一步还要进行操作分析。操作分析用于研究一个任务的动作操作过程，例如，首先记录流水线上工人操作时左手、右手的动作过程以及配合，然后考虑操作的材料工件处理，工具、固定方法、装配架、机器是否适合这个工种，操作是否可以简化，工作条件（热、光等等）、更衣房是否合适，内务管理好不好。

这种理论把人机学看成是动作定时方法中的一个部分，基本出发点不是去设法改进机器使其适应人习惯，而是通过动作设计使人去适应机器，核心是动作经济原则。例如，把单手操作改为双手操作，两手应当同时开始并同时完成动作，两手不应当同时空闲，两臂的运动应当同时进行，动作方向对称。为了腾开两手干活，往往使用脚动开关。按现在劳动学观点，脚动开关容易引起工伤事故。

五、泰勒管理法与福特流水线的结合

泰勒称他的管理方法是"企业主的武器"。这样美国许多大公司建立了动作研究实验室。例如1929年美国通用电气公司（General Electric Co.）建立了动作研究实验室。美国通用汽车公司（General Motors Co.）也建立了工作标准和方法工程部。

除了泰勒管理法以外，福特流水线对西方企业提供生产效率也起了重要作用。1903年美国福特公司建立，最初制造载重汽车。当时总装车间要求各种专业高素质的技术工。那时被总装的汽车车位固定，工人要不断跑来跑去取材料和工具。1908年福特公司创造了T型车，改变了部分工艺，这样技工不必离开工岗，而雇用了一些女工传送材料工具。1913年福特在他的汽车制造公司设计了传送带流水线技术，通过流水线的速度来控制生产效率，并把这种机械流水生产方式与泰勒管理方法（规定动作，计件工资，奖金制）结合起来。它使一天的汽车产量相当于过去一年的产量。它形成了美国现代化大生产的基础，从而结束了手工工艺的生产结构。这种流水线的劳动强度极大，工人受不了，干不久就大量辞职了，他们宁可去干其他不太机械化的工种，这样曾一度造成工人不稳定，例如1913年工人流动率高达380%。福特后来也承认他那令人恐慌的发明引起了空前的劳动危机。当年底该公司为了增加100个稳定工人，不得不招收了963人。福特公司在底特律附近的著名工厂为了保持14000个工人正常生产，不得不雇佣52000人。为了解决这个几乎无法解决的问题，福特第二年把工人工资提高了一倍。

福特流水线、泰勒管理法、动作定时分析、这三个劳动设计方法被称为美国式管理。西方各国对其反映各不相同，它对法国1910年代和1920年代影响较大。下面主要看看它对德国的影响。

六、泰勒管理法对德国的影响

第一次世界大战刺激了军火生产。由于军备竞争，美国和欧洲企业把提高生产效率作为主要目标，这样泰勒管理法起了作用。1900年巴黎的世界工业展览会上，泰勒所在的贝特勒合姆钢铁厂展出了高速钢，它正是德国所关注的项目。1913年泰勒管理法传入德国，从此引起了长久的历史争论。一种观点认为这是一种古老过时的军事训练方法，17世纪法国路德维希十四世曾在工程部队中采用过动作研究，18世纪普鲁士军队曾进行过动作研究，1850~1860年代西门子公司曾采用过那种功能主义的方法，但是很快就抛弃了，后来美国人学了这些方法。引进泰勒管理法是把德国出口的古老东西又进口。他们认为泰勒管理法不是德国意义下的科学。德国的正统企业文化观念是：企业主应当像"仁慈的家长"，设法提高工人的企业责任感（例如给工人少量股票），靠高素质的技术工人造就高质量的产品，生产工艺过程应当由师傅规定。从1860年代起德国已经出现从文化社会角度研究企业管理，并且出版了许多关于管理的著作。他们认为泰勒管理法缺乏哲学核心思想，没有企业主与工人的合作意识，它把脑力劳动和体力劳动分开，减少了工人，却大大增加了科室管理人员，由他们规定工人的每一个动作，这是一种文牍官僚化的方法和劳资敌对的经济体系。普鲁士军事部曾警告：推广泰勒管理法是与提高生产效率相矛盾的，不会有长久效果。他们反对泰勒的经济人模型（金钱是人的目的），认为只有当每个经济人学会具有共同的经济责任意识时（例如诚实的纳税人，军人一般的职责感），国民经济才能得到稳定发展。他

们认为泰勒管理法是美国人只追求钱所造成的弊端。德国一些劳动学学者和心理学家以及教授还进一步批评泰勒管理法忽略了劳动心理因素。

战后德国政治军事经济大崩溃，这样情况下，出现两种规划思想，一种观点认为建立劳动学（这个问题在后面再谈），推行泰勒管理法，与紧缩开支一起作为主要国家改革政策。另一种观点强调，发展大生产和提高效率的主要手段是实现标准化和系列化大生产，并称之为合理化运动。1920年代德国政府打算推行美国方法（泰勒法和福特流水线），把它看作标准化与系列化大生产的继续。１９２１年德国建立了帝国经济核算监察委员会（RKW），1924年德国又建立帝国劳动调查委员会（REFA）以推行泰勒动作定时管理法。但是大多数企业没有接受泰勒管理法中的定时动作分析、奖金制度和计件工资制。只有个别公司尝试泰勒管理方法。当时德国著名的Bosch公司中的劳资关系比较缓和，工会把它称为"企业家伙伴"，但是该公司1913年推行泰勒管理后，立即引起工人罢工反对，也受到许多企业主的反对，因为他们在企业的自由范围也受到限制。

泰勒管理理论也遭到工程师们的反对，他们拒绝把泰勒管理法作为资本家个人获得最大利润的手段。德国工程师协会曾呼吁工程师站在企业主一方，为企业管理出力。而当时德国许多工程师是批判资本主义的自由主义者，他们对德国国家和企业制度不满，美国工程师认为他们"太单纯"。后来工程师协会又呼吁工程师在社会阶级中站在"中立"立场，作为"诚实的中间人"，从"客观科学"角度调节劳资双方的矛盾。为此目的，1919年建立了德国企业工程师劳动协会，推行泰勒管理法。

但是企业界也没有多少人支持泰勒管理法，战后劳动力过剩，企业主没有必要用泰勒式的高工资来节省劳动力，而且泰勒管理法引起体力劳动负担过重，增加劳资敌对，也不利于企业主利益。他们宁愿按照传统德国企业文化，在没有风险的方面，给工人小股票，使他们具有企业责任感。这种方法被英国人称为"慈善家长式"管理。另外，企业着重推广战前开始的企业合理化、标准化和系列化运动。它的主要目标是围绕着集中管理，能源供给中心化，实施大技术。德国于1917年建立工业标准委员会，以推广国家标准。德国主流管理方法认为标准化是技术管理的一个重要原则，是人们对秩序要求的一个逻辑产物。企业标准仅仅是为了企业利益，而防碍其他人的利益，对推广新技术不利，也影响国家出口机会。到1920年代初，德国实现了大部分的经济秩序。他们剥去泰勒管理法的意识形态，把它的一些成分用来作为能力研究和工种咨询，结合劳动心理学方法，以改善企业核算方法。但是从企业标准转向国家标准普遍引起企业很高花费，因此大多数企业不愿意采用这一标准。1936年纳粹实施四年计划，以国家命令方式强行推广了国家标准。后来德国标准体系对国际标准有很大影响（Braverman，1974）。

七、流水线对德国工业化的影响

1905年汉诺威的饼干厂已经安装了流水线。德国企业主对流水线的看法不同于泰勒管理法，他们对福特流水线有好感，从中看到了古老普鲁士伦理：群体合作精神，勤勉努力和权威。他们认为福特流水生产避免了文牍和中间官僚环节，把工人训练成守规矩的机械熟练工，并且能够同德国已有的批量连续生产方式结合起来。许多企业主把它看成"白色社会主义"，用它来反对红色社会主义。因此，德国自行车和缝纫机工业推广了流水线生产。1925年德国DKW公司引入了摩托车流水装配线，1928年成为世界上最大的摩托车厂，它使德国摩托车产量一直到1957年仍然高于汽车产量。

1918年后德国实行工业合理化运动，强调不要投入巨大费用，提高生产率的主要办法是实施标准化和系列化大生产。全面流水作业是当时德国的重要考虑。但是另一方面，有人反复强调不一定要花大量资金购买流水线设备和高度专业化机器（这个问题的教训德国至今不忘），与此相反，可以通过加速资本周转来起作用。有人警告说，德国汽车工业不能盲目照搬美国的熟练工方法。美国缺乏高素质的技术工人，德国则相反。1920年代德国税收制度把汽车看成豪华品，汽车市场较小，因此汽车工业主要采取"质量代替数量"的传统办法，依靠高素质的技术工人，只能小批量生产高质量的汽车，使奔驰成为世界著名汽车，而工人的工资只占生产成本的1/10。直到1960年代，德国汽车工业才达到福特公司的机械化水平。德国也没有采取福特的高工资和泰勒的能力（计件）工资。1928年帝国劳动法规定，自动流水线劳动只允许实行计时工资。直到1960年代德国还没有实行对个人和小组的能力工资。至今，德国企业仍然以计时制为主，而不是计件制。

企业产出是由市场需求所决定的，德国的传统观念是勤劳和节俭，当时欧洲还没有美国式的消费观念，因此当时生产效率并不是企业的所考虑的主要问题。德国企业主并不指望用高工资来达到高效率高产量。1921年戴姆勒集团公司一年生产的汽车还没有福特一天生产的多。当1926年福特公司在柏林安装了第一条流水线时，提供每小时3个帝国马克工资，它远高于一般德国公司的工资，引起一些工程师去当流水线熟练工。福特在他的书《我的生活和工作》中说："工资解决世界上9/10的心理问题，工程技术解决了其他的问题。"德国许多人批判福特和泰勒的这种价值标准，批判他们忽略了人的心理，一点也不考虑怎么把机器和劳动设计得使人满意（Braverman，1974）。

八、人本心理学

1950年代以后美国越来越多的人认为，把人看作机器人是不人道的，这一潮流导致了新兴起的人本心理学（humanistic psychology）在企业管理中的应用。它像许多社会批评者一样，反对当代西方文化中的机械力学观点，反对那些失去人道主义的部分，以至人被看作是巨大的社会机器中的一个无穷小，被看成只是统计数字或平均数。它认为行为主义至少是不通人情的，把人类看作像动物那样只是对环境的反应，或像稳定发挥功能的很守规矩的机器。人本心理学的目的是取代心理学中行为主义和弗洛伊德的精神分析这两大学派，因而被称为"第三势力"。它强调人的本质和行为的完整性，强调人的意志自由和有意识的经验经历，强调个人的独立行为能力和创造性能力。布根塔尔（Bugental，1967）提出了与行为主义的六点区别，要点是：不能只依赖（或主要依赖）动物研究中的发现来理解人的本质；人不是大白老鼠，依赖动物研究资料的心理学明显排除了人的经验；研究课题的选择必须对人的存在有意义，不能只为了适合和确认实验室研究；主要注意力应当集中在我们主观内部经验上，而不是表面上的明显动作行为；心理学应当关注个人实例，而不是群体平均性能；心理学应当寻找那些能够丰富人经验的知识等等。1962年成立了美国人道心理学学会，1971年美国心理学学会成立了人本心理学部。

人本心理学的早期代表人物是马斯洛和罗杰斯。马斯洛（Abraham Maslow，1908~1970年）被称为人本位心理学精神之父。最初他是行为主义者，一系列经历使他转变了学术立场，他研究了哲学、弗洛伊德精神分析和德国视觉造型心理学，他批评弗洛伊德的研究只是"为了骚扰那些神经过敏和精神病患者，而不是人类的正面品质和特性"；他接触了从纳粹德国逃到美国的许多心理学家后，很尊敬德国维特海默（Max Wertheimer）和美国人类学家贝内迪克特（Benedict），这导致他研究心理健康的人和自我实现的人（例如爱因斯坦等等），这些成为人性最好的样本。1950~1970年代他系统提出了"需要层次结构"理论的人模型：即生理需要、安全稳定需要、归属和爱的需要、尊重和自尊的需要、自我实现的需要。1967年他当选为美国心理学学会主席。他的这一研究中只取样了二十多个人，有人批评这么少的数据不足以普遍化,而且对象的选择是按照他主观的健康判据,它的含义不清,也不一。然而人本心理学却很快代替了泰勒的人模型,并在工业组织管理心理学中广泛得到应用。罗杰斯(Carl Rogers,1902年～)提出个性理论,强调母子关系很重要,得到母爱的婴儿趋向形成健康的个性(Schultz,1981,386-388)。

九、德国对泰勒管理法的批判

行为主义和泰勒管理法产生于美国的实用主义,泰勒和福特都强调熟练工,这种管理法不需要有学历有技术的工人,而依靠没有技术的熟练工,让工人用体力拼命。与此相反,德国普遍反对泰勒和福特贬低高素质技术工人的倾向。德国文化传统高度重视全面系统教育,重视培养各层次高素质的技术工人和工程师,高度评价高质量的劳动。他们适合于德国灵活的小批量流水线或单件生产,为此目的1925年重工业界建立了技术劳动培训研究所,致力一代青年工人精英的培训。

1920年代末1930年代初西方工业国家出现严重经济危机,德国许多工会领导、科学家和政治家把失业原因归咎于流水线生产。为了建立固定产品流水线,企业投入了大量资金买专用机械,造成大量工人失业。它提高了生产效率,很快造成生产过剩。改产品吧?由于设备专用,无法生产其他产品。德国许多合理化著作反复强调,流水作业应当是多层次的适当形式,不一定要花大量资金购买专用设备,而是通过加速资本周转,通过更节省的组织措施,提高劳动速度,减少资本需求和制造成本。德国普遍认为,那次世界经济危机的教训是,企业策略首先不应当朝着高投入的很完美的固定产品的生产体系发展,而应当立足通用机器,对市场反应必须迅速灵活。1945年后这种企业规划设计态度在西德成为主流。美国维蒂斯(Waites,1991,316)也承认,大批量生产不能盲目,必须依赖市场需求。他也承认工厂企业不应当大量投入专用机器,而应当立足通用机器。

1931年德国钢铁联合会负责人曾批判道:"我们把科学吃得太多了,吃盛了。科学技术、科学管理、科学材料、科学市场研究、科学帐目平衡等等,这一切科学要把我们带到什么地方?"西方工业国发展历史表明,只靠自然科学技术单一发展难以解决企业管理问题。

他们认为泰勒法和流水线使劳动强度加大,引起心理紧张。例如在成衣缝纫业中,用电气缝纫机代替了脚踏动作(脚踏劳动引起妇女职业病),提高了转速,引起神经紧张亢奋,从1920年代工人和雇员中大量出现这种状况,从而引起工伤事故增加。1909～1918年德国著名Bosch公司的平均事故率为2.76‰,到1928年增加了25倍。从1933～1936年德国公布的事故增加了55%(Braverman,1974)。为了减少这些问题,德国企业后来普遍实行小组工岗轮换,例如两三小时交换一次。

泰勒管理法对许多国家的企业管理方法有影响,其中有许多可取之处,然而有三条不可取:只代表企业主利益、用奖金来让工人拼体力、规定很紧张的动作时间。德国对泰勒管理法的批判一直延续至今。1991年德国北莱茵威斯特法伦州的劳动、健康和社会部出版了官方第100号企业报告《人与技术》(Mensch und Technik,作者Thomas Schlael,ISBN 3-89368-100-0),该报告是一个欧洲工业项目,它对CIM(计算机一体化制造)技术进行了实践研究,提出"人中心的CIM",批评以技术为中心的CIM无人工厂。其中对泰勒管理法和福特管理法的批判如下:"从健康方面来说,泰勒理性策略把一切系统因素都对准最大企业效率,其劳动强度过大,它迫使工人常常超体力劳动,过早损坏健康,导致心理精神病;""从质量方面来说,它排斥工人的经验,以专家主导的技术作为基础,把体力劳动与脑力劳动割裂开,排除了人与人的交流合作,全面地压抑了工人的能力(创造性、愉快劳动、积极创新)"；"从经济方面来说，由于高计划要求和高度控制，企业的经济效果常常是没有把握的，它是一种错误的理性化，增加职业病和失业，降低工人技术水平，企业不考虑这些开销，但是增加了社会负担"；"从控制方面来说，劳动组织依赖技术，它对产生手段、劳动过程和劳动产出采用集中控制，或者用完全强迫手段，它依赖专家的权力，而对工人不利，把工人排除在技术之外。"

第三节 欧洲劳动学和美国人机学

一、时代背景

在古代原始社会以及后来农业和手工艺生产中，工具是由劳动者（使用者）自己设计制造的，他们的设计目的很明确：使工具好用，适应使用目的，也就是说，使工具适应人。在当时技术条件下人们想尽方法省力，例如把石头磨尖，应用滑轮、杠杆、斜面。即使在现代社会里，只要工具和劳动方式是由使用者自己设计，他们的思想总是使工具和劳动方式适应人。例如在最早的手术过程中，大夫要自己寻找手术器械，影响了正常的手术过程，后来他们把手术过程设计成由护士配合，大夫呼叫器械名，护士把它按正确方向放在大夫手中。但是从19世纪西方工业化开始，工具设计目的不再由使用者自己规定，而是由雇主制定，设计目的是：尽量提高生产效率，最小花费投入，最大劳动力互换性，尽量减少受技术工人和工会牵制。因此出现了许多高生产效率机器，其中许多机器没有把使用问题放在第一位，例如机床设计只考虑机器的功能，并不考虑人高度和臂长。冲床、炼铁炼钢过程、煤矿设备等的操作使用很危险，大部分机器的操作很费体力，导致许多工伤和事故，然而这些机器大大提高了生产效率。在这一目的下劳动方式设计也有同样思想：技术性最小，最容易学，最容易达到工作高速度，最容易实现工人互换性。当人力便宜时，就不采用机器，并不考虑工人的体力负担和生理极限。当机器便宜时，就采用机器，解雇工人。18世纪后期19世纪初期欧洲人口迅速增加，大量进入城市。在英国工业化时期，工人们在老式工场、作坊和矿井下从事极其繁重的体力劳动，而且还受着贫困、疾病和工伤死亡的威胁。从工业革命中后期（约1820年代）出现了英国煤炭工业的黑暗历史，野蛮的土资本家只贪求眼前利益，变成了"挖煤狂"，用最快、最便宜的部分，掠夺式的开发煤矿。1842年（也就是英国基本实现了工业化），英国工业区劳动人民的平均寿命比贵族短一半，利兹（Leeds）劳动人民的平均寿命为19岁，贵族为44岁，利物浦劳动人民平均寿命15岁，贵族35岁，曼彻斯特劳动人民为17岁，贵族38岁。直到1914年在设计机械化技术、劳资关系、生产计划和市场方法方面没有多大进步。这种状况形成了英国煤炭工业"残忍的斗争传统"，到第二次 世界大战最危机的1942年，英国煤炭工业中83万个工作日损失在劳资冲突上了 (Royle, 1985)。

在德国工业化前（19世纪初）也出现了相似情况，1825年德国童工每天劳动6~14小时。19世纪肺病、伤寒以及多次流行的霍乱严重威胁着工人生命，工人死亡率约为1‰人/年。1861到1863年木工死亡率为4.4‰人/年。1850年煤矿工人死亡率为1.6‰人/年，到1880年增加到3‰。19世纪末20世纪初德国出现了劳动保护组织同行工伤事故保险联合会。1900~1914年工人死亡率降低到0.74‰人/年 (Peter/Meyna, 1985, 10-11)。

二、德国劳动学思想

洪堡教育改革对塑造人起了决定性作用，它强调人的个性、理性、社会性和道德性（责任感）、能力。这些思想对德国形成以人为中心的劳动学和人道主义工业设计奠定了文化和价值理性基础，使理性资本主义的德国与野蛮资本主义时期的英国有明显区别。下面以德国企业家西门子（1816～1892年）为例，看一看德国的发展。

1834年西门子从正规高中毕业后，进入军事学院学习工程技术。1847年他同精密机械师哈斯克（J. G. Halske）合伙建立精密机械公司，制造信号灯、水表、导线绝缘。1850年代他建立俄国电报网。1865年在伦敦建立"西门子兄弟"公司，并承建了伦敦到印度加尔各答之间的电报缆线工程。1866年他发明狄纳摩发电机。1892年西门子公司成为世界上最大的电器制造公司。1913年德国的电器产品占全世界的1/3。

他对待事业和金钱的理性可以从他几封信中表现出来，1865年他给弟弟写道："纯资本主义的投机项目从事实上和经历上不适合我们。我们不是商人，我们比不上任何一个习惯的吝啬富翁"。"假如我赚的金钱不能使那些忠诚地帮助我的人们也得到他想得到的一部分，那么这些钱在我手里就像一块烧红的铁块。"除正常工资外，他给工人又增加了利润分红。他的企业管理理性从下面一封信中表现出："我很早就清楚，只有当全体同事从他们的利益要求中获得愉快的、自然的综合效果作用时，持续扩大的公司才能够满意地得到再发展。要想实现这些，我必须使公司的全体成员按照他们的成就得到报酬和利益。"1849年他为机械工人建立了医疗保险和生命保险。在1868年开始与兄弟和合股人商量建立工人退休金制度，1872年他在全世界首先建立了矿山和冶金工人的退休金制度，还建立了亡工的遗属和子女的保险金制度，他不仅在德国公司中实施这些工人保险制度，还在他的伦敦公司、俄国公司中也同样实施。1888年他在公司内又建立了医疗服务，1908年建立了公司的医疗保险。此外，他还在公司建立体育运动设施、儿童之家，1910年又建立该企业的休假疗养暑地。1873年，他把劳动时间减少成九小时，这在当时德国是惟一的。1891年他又把劳动时间减少半小时，而当时德国大多数公司劳动时间是10小时。同时，他提供学徒培训和提高培训，使他们适应新技术。

第一次世界大战前德国工人平均每天劳动时间降到9.5小时（各行业情况也不一样）。1853年德国颁发了限制劳动时间和儿童最小劳动年龄法。1862年普鲁士采矿法规定每天8小时工作制。1905年规定在工作温度超过28℃的工厂中每班最多工作6小时。1878年的职业法规定14～16岁的青少年每天最多工作10小时，1892年规定妇女每天最多工作11小时，禁止青少年和妇女从事夜班，在采矿和工厂中禁止星期日劳动。德国首先实施了3大保险，1883年实施了医疗保险，1884年实施了事故保险，1889年实施了养老保险。此后欧洲工业化国家相继效仿，到第一次世界大战前实施医疗保险的国家和时间为：奥地利（1889年），瑞典（1891年），丹麦（1892年），匈亚利（1910年），英国（1911年），瑞士（1912年）。实施事故保险的国家和时间为：英国（1887年），奥地利（1889年），挪威（1894年），法国（1898年），意大利（1898年），丹麦（1898年），西班牙（1900年），瑞典（1901年），比利时（1903年），俄国（1912年），瑞士（1912年）。实施养老保险的国家和时间为：丹麦（1891年），澳大利亚（1898年），新西兰（1898年），英国（1908年），法国（1910年），瑞典（1913年）。其中没有美国。1920年德国制定了企业职工委员会法，规定企业里必须有代表职工利益的机构。1929年德国又推行了失业保险制度（Born, 1985）。

西门子对企业规划具有长远眼光，认为必须以科学技术为基础。1883年他说："自然科学研究形成了技术进步的可靠基础，如果一个国家不能登上自然科学的顶峰，它的工业决不会达到国际领先地位。"这种远见当时在世界企业界是罕见的。美国人和英国人是从德国人那里才懂得系统研究技术可以转变成工业经济成果。1885年他出15000m^2地产，支持普鲁士政府在1887年建立了世界上第一个国立研究所：光学和精密机械研究所（现在的德国联邦物理技术研究院，即国家计量院），该所对德国的标准化和计量起了决定性作用，那里曾出现了3位诺贝尔奖金获得者 (Feldenkirchen, 1992)。

第二次工业革命首先出现在德国和美国,是以电力和化工技术(尤其是化学制药工业)为代表性技术,这些被美国历史学教授诺布尔 (Noble, 1984) 称为人类技术史上的"人道主义的技术"。其中,西门子占有最重要的地位,他最先把电气技术用于采矿业,大大减轻了工人的体力负担,也提高了劳动效率。狄纳摩发电机出现后,普鲁士矿业部长和西门子都考虑把它应用到矿业中。过去,英国在矿业中只把蒸汽机使用在井下通风和排水,但是掘矿工作面上是靠手工。1877~1882年之间,西门子公司重点研究了电气技术在矿山的应用。西门子首先把这种发电机用作机械动力,解决机械化采矿和运输问题,从人道观点看,这正是当时急需解决的问题,如果只从金钱角度考虑利润,就无法理解西门子公司推广民用照明技术,的确,英国波尔斯对此感到"惊奇"。1879年西门子公司设计制造了供矿工采矿使用的钻矿机,1881年又设计了旋转式钻机。1879年西门子公司又为矿井隧道设计制造了电力机车,1881年在柏林街道建造了世界上第一个有轨电车系统,1882年在萨克森州的一个煤矿装备了隧道铁路。这些机车质量很高,一台使用了45年的机车从1927年起一直展出在慕尼黑的西门子博物馆中。1880年西门子公司制造了世界上第一个电梯。这些设计是以人为中心,使机器为人服务,减轻人的体力负担,提高劳动安全性,这样也改进了劳动关系,提高了工效,这种人道主义设计正表现了功能主义设计思想和以人为中心的劳动学思想。当时德国和欧洲这种设计思想正是劳动学的前身和基础。西门子积极参与国际市场上的竞争,但是对国内其他公司不仅仅采取竞争态度,也采取合作态度,它提供了全部技术设备给AEG公司去建设发电站 (Bowers,1991,90)。

三、劳动学的建立

在欧洲大陆国家,劳动学兴起发展的主要目的是减轻工人的体力劳动强度和劳动保护,这与整个欧洲历史文化传统、工业化发展过程中的工人斗争和人道知识分子的职业责任感有关。作为一门学科,劳动学最早出现在波兰,1857年波兰人亚司特色波夫斯基 (Jastrzebowski) 第一个建立劳动学 (Ergonomics)。该词出自希腊语 erg(劳动、工作)和 nomos(规律性、论、学)。亚司特色波夫斯基用劳动学表示"以最小的劳累达到丰富的结果"(Laurig,1990)。他在《劳动学概论》中提出人的生命力应当以科学的方式从事劳动,为此应当发展专门的学科,使人们以最小的劳累为自己和大家共同的福利获得最大的成果和最高的满意。他提出劳动不应当像当时这样被片面理解为只是体力劳动。他把这门科学命名为劳动学 (Martin, 1994, PP.26-27)。这种传统形成了德语文化圈、斯堪的纳维亚的工业设计主流。

德国劳动学的起源可以追溯到冯特实验心理学传统。19世纪末敏斯特柏格 (Hugo Muensterberg) 在莱比锡大学跟冯特学习了实验心理学。他把冯德学派的方法与科学管理结合起来,首次建立了企业心理学,于1912年写了《心理学与经济学》一书。一年后,该书被翻译成英文,书名为《心理学与工业效率》。他在书中提出了心理学技术,他写道:这门学科可以达到"技术科学"达不到的效果,"心理学技术不是为一个集团服务,而是为文明服务。"1918年柏林技术大学建立了心理技术研究所,研究能力测试,研究与各种劳动过程相应的人的能力要求,主要研究劳动疲劳现象。德国许多企业用它来测试工人能力,然后安排劳动岗位。在莱比锡获得博士学位的美国人斯科特 (Walter Dill Scott) 在美国大力传播了这种心理学技术,一系列大型企业应用这种心理和能力测试来选择适合各种岗位的工人。第一次世界大战时期,美国在军队中采用这种心理测试。

为了在德国建立劳动学 (Arbeitswissenschaft), 1919年10月德国的帝国劳动部邀请了一些心理学家、医生、社会学家、工会和工程师代表，讨论成立劳动学委员会。一开始，争论的焦点就是机器技术的阶级立场问题，采取泰勒理论还是站在劳动者立场？1920年4月有人在文章中提出"应当彻底背离泰勒基本思想，使工人觉悟"，应当研究工人的工种挑选和职业命运问题，并建议让著名社会学家维柏（Max Weber）任该委员会主席。这些建议基本被接纳，6月7日劳动部任命维柏为主席，但一周后他去世了。该委员会认为劳动学应当是多种学科的交叉和综合，目的是劳动保护。1924年成立了帝国劳动研究委员会，开始了劳动保护的系统研究，它曾在1928年出版《劳动研究导论》。1925年利德（Riedel）出版《劳动科学》，1927年柏瑟（Bosse）出版《劳动学》，李普曼（Lipmann）出版《劳动学教材》。主要目的是通过岗位和工序设计来减小体力劳动负担，实现劳动保护。以格瑟（F.Giese）为例，他于1914年大学心理学专业毕业，后来获得博士。1918年建立了实用心理学研究所。他曾计划写十卷劳动学，主要内容有：劳动生理学（劳动医学、劳动解剖学、劳动卫生和理疗）、劳动心理学、劳动技术、劳动教育学、劳动文化学、劳动经济以及劳动哲学。由上可以看出，1960年代的劳动学与他的劳动生理学大致相对应。到1935年去世时，他的计划没有被完全实现，只出版了《劳动医学》、《劳动生理学和解剖学》、《劳动病理学和理疗》和《劳动保护》（Raehlman 1988）。

1946年西德各地重新建立了劳动研究委员会，1951年成立了国家劳动研究联合会。1949年建立了中央劳动保护研究所，1972年改为联邦劳动保护研究院（Peter/Meyna，1985，13）。1954年米德（Walther Moede）著《企业劳动学》，1957年希尔夫（Hubert Hugo Hilf）著《能力研究和劳动设计的劳动学基础》。同时，在马可斯－普朗特劳动心理学研究所开展了理论研究工作。1960年代德国大学建立了劳动学学科。

四、劳动学在其他各国的发展

1949年英国成立劳动学学会，为了它的命名，英国心理学家莫瑞欧（Murrell）也建议用ergonomics一词。美国和英国劳动学学会的主要目的是研究生产劳动规律，使它最佳化。为此目的机器不能超过人的生理极限。这种思想是以机器为中心，与德国和欧洲大陆劳动学并不一致。在多数西欧国家，它主要目的和内容是使机器设计适应人道劳动，设法减轻人体力负担，而不是达到生理极限。针对这种情况，1990年布朗顿在英国重新建立了以人为中心的劳动学（Oborne，1993）。1950年代，北欧斯堪的纳维亚，西德，美国，日本成立了劳动学学会。1959年4月6日成立了国际学会IEA。1960年代，在荷兰、法国、意大利、澳大利亚、加拿大；1970年代，在奥地利、以色列、波兰、南斯拉夫、东南亚，也成立了类似的组织。1980年代以后出现的更多了。这个学科的目的和方法是什么？这一问题不能笼统回答。至今各国已经有50个关于劳动学（人机学）的定义（Hackstein，1977），由于各国（主要是德英美苏）心理学背景不同，由于各国文化传统不同，由于价值和目的不同，这一学科在各国呈现不同目的方法和对象。即使在同一个国家，劳动学在不同专业领域的目的和任务也不一致。但是有两种典型，一是以美国军事领域为代表的人机学，它以机器效率为最终目的。二是以德国和斯堪的纳维亚国家为代表的人道主义劳动学，它以人道劳动和劳动安全保护为目的，1970年代以后，德国实施了全国性的劳动学的应用研究和推广。下面简略分析该学科在几个典型国家的发展过程。

五、美国人机学的兴起

该学科在美国产生于几个不同领域，在工程设计和工业设计界一般把它称为人因素（Human factors）。美国军方把它称为"人工程"（Human engineering，Human factors engineering）。这一名称在美国军事以外的专业和世界专业领域中很少用，并且美国军方也逐渐不用此名称。美国有些心理学家使用"工程心理学"（Engineering psychology）代表此学科。这不仅仅是个名称问题，它反映了学科价值、研究目的以及依靠各种不同的心理学理论。

美国人机工程主要包括两方面内容：第一，研究人体测量、人的生理能力和限度，从而建立人模型。第二，建立系统设计方法，并应用此方法设计人机系统（主要是大型军用系统）。

最初，人机工程在美国和英国是由国防部支持的。在第二次世界大战中，军方需要为各种技术岗位挑选适当人员，为此行为学家要确定若干测试方法和改善训练程序。1920年代到1950年代行为主义在美国心理学界占主导地位。那些行为主义学家通过动物研究，总结出若干学习理论用来训练人。它主要依赖 S－R（刺激－反应）理论建立了人模型和人机系统模型，它把设备和环境看作是"刺激"，操作人员通过训练应当正确"反应"。这种思想就是机器中心论：培训人去适应机器（雷达、飞机、火炮系统等等）。那时的工业技术制造的飞机已经能够超过人的生理训练能力，因此出现了设计师所预想不到的问题，新飞机莫名其妙地掉下来，监督人员漏报雷达目标。最初人们认为监视雷达和声纳、发现一切敌方目标似乎是一件很简单的工作，按照"刺激－反应"观点，屏幕信号是"刺激"，人眼自然应当对它"反应"，这是一个很简单的"作用"与"反作用"的科学道理，事实上人人都漏掉一些目标。这些问题表明传统的只依据"科学"的专业人员挑选判据和训练方法已经不适合了，它同时表明工程设计和工业设计只依靠自然科学的时代已经过去了。军方开始建立心理学研究，直到1950年代中期，绝大多数研究项目是由军方出资。美国空军和海军于1945年建立了一些工程心理研究所，广泛研究知觉（尤其是视觉）和肌肉控制问题。例如，最初他们试图建立一种选拔判据去发现最好的监示操作员：这种人应当情绪十分稳定、性格内向等。是否存在这种理想的监视操作员？不存在。1950年马克沃斯（N. H. Mackworth）首先发现了"警戒效应"（Vigilance effect）：操作员开始监视屏幕十分钟后，警戒注意迅速下降，半小时后监测率下降到85%，一小时后为75%，此后下降比较缓慢，两小时后为73%。这一发现表明，雷达目标漏报问题主要不是人员选拔判据的失误，而是人的生理本质或生理界限。换句话说，不存在"行为稳定"的机器人式的监视员。后来对警戒注意行为的研究形成了许多专门课题，逐渐发现若干其他心理和环境因素对它有影响（Moraal，1976，3）。这仅仅是一个开始。1970年代以后出现认知心理学，人们又对注意进行了广泛深入研究。1957年美国成立了人因素学会，美国心理学学会增设了工程心理学学会。围绕着军用项目，他们在视觉和视觉显示器方面研究了眼的视觉特性、视觉的感知特性、数据类型和数据量、数据重要性、显示数据变化速度等等。1957年苏联发射了第一颗人造卫星后，美苏空间竞争进一步加强了人机学的研究发展。1970年代中期，美国"星球大战"计划提出并设计了供飞行员使用的头盔式显示器。同时，研究了听觉口语显示器和触觉显示器。

1974年北大西洋公约组织（NATO）科学事务部（人因素）在防务设备设计工程师和项目管理人员中推广人工程的教育培训。通过实践后他们认为人工程的确改善了人机系统的质量。同时，在NATO六国对防务设备设计中人工程手册的使用进行了调查，结果认为应当在设计工程师中尽早推广人机工程。他们认为，"在过去的十年中，人们已经意识到，人机（后者包括从简单工具到高精尖技术设备和环境）之间的良好交往对人机系统的性能是生命攸关的。出自这种意识，人们趋向于按照人的功能，即按照人的感知、决策和手工操作去设计设备和工作环境。这种方法有助于解决已存在的并且增多的系统可操作性和可维护性问题。"美国维讷大学工业工程和操作研究系主任克立斯特森在这次培训的教科书前言中,把美国人机学的价值、目的、以及行为主义理论基础讲得十分清楚,他说:"设计军事系统的人被迫发掘人与物质的最大资源……战争绝不给亚军受奖","未来系统的设计师应当考虑:

1. 人的固有特性;
2. 人无意识所掌握的特性(经验),一切与考虑的系统有关的因素;
3. 操作系统可以被有意识掌握的特性。

前二者可以通过人员挑选程序来发掘,第三条是训练程序的结果。这一切都能够、也应当冲击设计。适当使用人资源和大大增加训练投入是现代系统规划和设计应当考虑的惟一的前提。"他在这里强调人员选拔和训练,这正是美国人工程学的核心之一,人工程学的设计思想不是减少操作员的负担,而是提高操作准确性、精度、速度和效率,为此,必须强调培训。他评价人工程时说:"人工程已经大大影响了显示器和控制器、工作岗位设计和布局、通讯和减少紧张源(热、冷、刺激状态等等)"。他推测人工程也减少了军用飞机事故,"使它飞得更高更快更远,并同时操作导弹,而这在上一代人是根本不可能的",但是他又承认这些观点"很难证实"(Christensen, PP.X)。

美国在1960年代每年举行一次NASA大学的人工程会议(Moraal, 1976, 17; Stassen, 1976, 63)。美欧为军用发展了若干系统设计方法,它的要点是:

1. 规定系统任务目标;
2. 分析确定系统功能(注意:功能是用系统传递函数表达的);
3. 在机器和操作员之间分配功能(注意:它是按照机器功能要求来给操作员分配功能任务,即人应当适应机器的技术);
4. 制定硬件设计指标和人员性能要求;
5. 工程设计、人机界面设计、人员训练;
6. 系统模拟测试和实践测试;
7. 生产;
8. 使用。

它的基本设计思想是设计训练计划,即设计操作员去适应机器技术。美国军方的人工程学是以技术为中心,以机器为中心,为此目的,操作员要适应机器技术。在谈到这一问题时,克立斯特森说:"最后,是不是有人会得出结论说它技术太多了?我的回答是一个响亮的'不'。我们决不能减少技术,在很多领域内我们必须要有更好的技术","你们,人机工程师具有十分重要的作用"(Christensen, PP.XVII)。人机工程系统设计理论最初用于美国军用飞机设计。苏联的工程设计也采用过人的机电模拟方法。但是,德国工业设计从没采用过美国的这个理论。

1960年代美国人工程学引入设计领域后,人们在设计中开始用人体尺寸设计人机关系。但是当时许多人并没有认识到它的本质。1964年德国乌尔姆造型学院马尔多纳多和柏斯普写了《科学与设计》一文,严厉批判人工程学中那些靠不住的线性化方法,批判从人工程中简单化地借用设计方式,批判美国人工程学把人的复杂特性简化成机器参量,并批判把人看成伺服结构的模型。马尔多纳多提出了人中心的人机工程设计的基本思想:"工业设计是一种活动,它的最高目的是确定那些由工业生产的对象的形式特性。形式特性不是指外表特点,而是把结构和功能关系转变成按照用户和制造者观点的内部一致性。"他还认为,工业设计的应用与三个因素有关:

第一,社会和经济环境,即在一个有竞争或无竞争的社会中是否存在这种职业;

第二，设计对象结构和功能复杂程度；

第三，设计对象对手工艺传统和审美传统的依赖程度（Lindinger, 1990, 150 – 153）。

后来人们逐步认识到，把人模拟成机械元件或机电元件，就像把大老鼠作实验的结果应用给人一样并不科学。1980年代中期以来，设计界转向研究人的行动规律。

六、人工程的作用

另一方面，人工程主要从生理学和知觉心理学方面对人和人机界面的硬件进行的广泛研究改进，包括飞机军事车辆和武器系统的操作柄杆、旋钮、刻度盘等等，使它们适应人的感官和肌肉运动生理特征，因此在设计领域中1930~1950年代被称为"knobs and dials era"（钮盘时代）。这些改进形成了人机工程学和劳动学的经典内容。美国人工程学主要从适应现代飞机和武器系统起步，研究了操作员的感知、视觉、决策和肌肉控制能力。1960年代以后人因素学逐渐在民用工业中兴起，例如探索消费品的设计和安全性问题。

凡在人机界面设计中从事过知觉心理学研究的决大多数人都会体会到，操作员和用户的知觉是个极困难的问题。外国对它进行了大量研究，研究项目几乎难以统计，例如1974年由美国加州大学卡特瑞特（E.C. Carterette）和弗瑞德曼（M. P. Friedman）汇编的十卷《知觉手册》（Handbook of Perception, Academic Press, New York），每册约300页，各卷内容如下：

1. 知觉的历史和哲学根源；
2. 心理物理判断和测量；
3. 知觉系统生物学；
4. 听觉；
5. 视觉；
6a. 味觉和嗅觉；
6b. 感觉与伤害；
7. 语言和口语；
8. 知觉编码；
9. 知觉过程；
10. 知觉生态学。

人的知觉特性非常复杂，至今无人能够断言哪些知觉心理学内容对工程设计和工业设计有用。1980年美国空军航天医学实验所在DOD和NASA支持下开始了《设计师的知觉信息大全》（Integrated Perceptual Information for Designers）科研项目。该项目分为几个阶段。第一阶段汇编信息，它导致了1986年由波弗（Kennth R. Boff）、考夫曼（LLoyd Kaufman）和托玛斯（James P. Thomas）编辑出版了两卷集的《知觉和人操作手册》（Handbook of Perception and Human Performance, John Wiley and Sons, New York），第一卷名为《感觉过程和知觉》（Sensory Processes and Perception），第二卷为《认知过程和操作》（Cognitive Processes and Performance）。这是由美国空军提出的，由俄亥俄州瑞特－帕特森空军基地（Wright-Patterson Air Force Base）的阿姆斯特朗航天医学实验所（Armstrong Aerospace Medical Reasearch Laboratory）人工程部视觉系统科组织的一个项目。66名美国教授和研究员以及若干加拿大教授写了一万多页手稿，包括1500幅插图。尽管工程如此浩瀚，他们仅仅只是挑选了那些对系统控制和信息显示的人因素设计潜在有用的内容，这些内容是从四千多位研究人员的文章中挑选出来的。该书共有45章，第一卷共1300多页，第一部分理论和方法包含三章：

1. 心理物理测量和理论；
2. 人信息处理策略和优化；
3. 计算机绘图。

第二部分基本感觉处理Ⅰ有七章：

1. 眼作为光学仪器；
2. 光敏感性；
3. 瞬态敏感性；
4. 查看空间模式；
5. 比色计和颜色区别；
6. 颜色现象；
7. 眼运动。

第三部分基本感觉处理Ⅱ有五章：

1. 前庭系统；
2. 皮肤敏感性；
3. 动觉；
4. 听觉一：刺激、生理、阈值；
5. 听觉二：响度、音高、位置、听觉失真；反常病理。

第四部分是空间和运动感知：

1. 正面运动感知：感觉方面；
2. 正面运动感知方面；
3. 姿势、自我运动和视觉垂直的感知；
4. 深度和视觉加速运动；
5. 视觉定位和眼运动；
6. 空间感知；
7. 录像带和电影的运动和空间表示；
8. 双目视觉；
9. 空间感知适应性；
10. 交感交互作用。

（第二卷）第五部分有五章：

1. 听觉信息处理；
2. 口语感知；
3. 视觉信息处理；
4. 感知视觉语言；
5. 肌肉控制。

第六部分感知组织和认识共有八章：

1. 触觉感知；
2. 听觉模式组织；
3. 对象和事件感知的描述和分析；
4. 空间过滤和视觉形状感知；
5. 特性、部分和对象；
6. 视觉组织的理论方法；
7. 大脑映现的视觉功能；

8．视觉计算方法。

第七部分人操作有七章：
1．操作控制动力学效果；
2．监视行为和监督控制；
3．工作负载：此概念的评价；
4．工作负载评估方法论；
5．警戒、监视和寻找；
6．在环境紧张、疲劳和生理节奏作用下操作员的效率变化；
7．人处理器模型：一个人操作行为的工程模型。

这一项目的第二阶段为人因素心理学家和设计工程师的设计应用编写使用这些信息交流的描述格式，美国空军将出版三卷《工程资料纲要：人的知觉和操作》(Engineering Data Compendium：Human Perception and Performance)。它包括人机界面和系统设计。

七、吉布森（J. J. Gibson）感知理论

在行为主义理论下的工程设计强调：一旦机器（飞机）被设计固定后，训练就是决定性的因素。在实践中，一些美国心理学家逐渐发现行为主义理论的问题，跳出了此理论，创立了新的心理学，其中吉布森是一个典型。美国著名的视觉感官心理学家吉布森曾在第二次世界大战期间研究飞行员的问题：根据什么标准挑选飞行员，怎么样能够很快地训练出合格的飞行员。从大量的实践经验中，他对飞行员的视觉感知进行了很深入的探索，认真思考了各种心理学理论后有限的批评了行为主义心理学的刺激反应理论，也许他考虑到行为主义在美国的影响太大了。他说："什么是我的理论前提呢？我意识到我应当感谢视觉造型心理学家，尤其是（德国）考夫卡（Kurt Koffka）。我发展了许多他的思想。我很感谢美国心理学功能主义，例如詹姆斯和霍尔特（E. B. Holt）。我一方面受1930年代托尔曼的影响，另一方面受特罗兰德（Leonard Troland）的影响。对我来说，刺激和反应学说似乎是错的，但是我不打算拒绝行为主义。"他抓住了行为主义心理学的价值错位，批评用自然科学方法研究人因素的心理学理论行为，说："物理学、光学、解剖学和心理学描述了事实，但是在研究感知所适合的高度上来说，它们不是事实"（Gibson，1979，前言）。1950年他提出了新的视觉感知观点，建议把"深度"（空间）感知用"环境的表面"感知来代替。1979年他写了一本书《视觉感官的生态方法》，用新的方法描述人（主要是飞行员）的视觉感官行为。他的基本观点是：人作为视觉感知者（视觉观察者）与被感知的环境构成生态统一，按我们中国文化概念来解释，即人与环境合一。他提出物理学所描述的客观物理世界与人感知的环境（感知世界）并不是同一概念。例如，对飞机驾驶员来说，人眼感知的主要是环境的各种表面，它形成各种形状布局，这些形状布局对飞行员有行动含义。光照、阴影、各种物质（灯火、森林、田野、水面）的表面机理在光线的照射反射下对视觉感官造成特殊视觉效果，这些效果不能用物理光线和生理学来解释，而是与人的生活经验和行为目的有关。而刺激反应理论认为光线具有能量，它刺激人眼而形成视觉感官反应。他又提出物理光线与视觉感官光线的含义不相同。人眼不是对光线刺激来进行视觉感官，而是通过光线接受环境信息，在一定条件下，光线引起视觉感官的错觉，例如，黑暗中往往把反光的水面误认成高地面。他认为运动是视觉感官不可忽略的因素。他强调感知与运动有关，由于人的运动，视觉感官接收的环境信息不同于静态，环境表面的可见部分和不可见部分发生继续变化。最重要的是他提出，视觉感官受行为动机作用，通俗地说，视觉感官感知的对象往往是主观愿望（动机）寻找的对象，即视觉感官有动机性。这也意味着

在有目的的行动中，视觉感官往往不是被动的反应，而是主动的寻找，寻找与他行动目的有关的环境信息。例如当人感到走累的时候，会通过视觉寻找"能坐的东西"，平坦的表面对某些人就提供"坐"的行为目的。这就是说，在有目的的行动中，视觉感官在环境中寻找判断各种对象是否"提供行动条件"(affordance)，这样他发明了一个新英语词："affordance"，后来人们专门研究了怎么通过设计来提供行动条件。人们在使用工具和操作设备时，视觉行为也具有这种特性，这样他的理论直接影响了设计理论。1980年后期到1990年代初期，他的视觉感官理论对美术教学和工业设计美术教学有重要影响，同时，他的视觉感官理论为工程设计和工业设计提供了一个新的视觉设计目的：应当把人机界面设计成使用户能够感知到为他"提供行动条件"。这也意味着设计应当使用户变成主动者，使机器变成随动者。

八、苏联的劳动学

人人都知道苏联巴甫洛夫的条件反射定理。它是行为主义的重要组成部分。这种理论把人同动物的生理视作是等同的，因此在设计对象时用动物作实验，把得出的结论用于人。实践表明这种方法有时是很危险的。例如，苏联在设计太空飞行回收舱时，先用狗作回收实验，结果很满意。然而，当人乘这种回收舱时却全部死亡了。

笔者对苏联的劳动学或人工程学了解不多，仅仅引用一篇文章。1989年苏联高等教育研究所凡达（Valery F. Venda, 1989, 3-5）在辛辛那提的国际工业劳动学和安全会议上说，苏联的劳动学是"(1)研究人机环境系统中（人机）相互适应的一般规律和理论；(2)根据新的变换学习理论，人适应机器的一种方法，发展训练学生和专家的方法；(3)提高实验室心理学实验数据对真实紧张环境中的操作员安全问题的可用性；(4)研究个人对信息显示，计算机程序和对话，机器整体的适应性，以达到最快最有效消除因果关系导致的恐惧；(5)研究警报状态下紧张对人操作状态和性能的影响（包括声震动，信息流，责任等等）；(6)为复杂的科学系统的决策问题，设计任务和警报状态创造综合的智力集体活动的方法；(7)为警报状态、教育等等创造新的数学计算机模拟和人机环境系统的动态模型。"从他的讲话中可以看出劳动学在苏联军事领域的研究特点。他强调人对机器的适应性，或相互适应。这也反映了苏联当时的心理学发展动向，以及机器中心论的劳动学或人工程学。他强调在苏联劳动学中已经建立的规律有："(1)在任何系统中的相互适应规律；(2)在生活和人工系统中的相互可预测的多级适应规律；(3)结构和策略规律；(4)变换规律：系统一个结构向另一个结构的变换可能普遍引起系统的结构状态变化。变换学习理论即是根据这一定律。它对安全系统研究特别重要；(5)基本发散结构策略规律解释了生命人机系统的高可靠性和安全性。"

他认为，劳动学（或人工程学）的目的是"人适应机器"或"相互适应"。

小结：

1. 各国劳动学的主导思想可以分为三大类：

第一，以人为中心，机器应当适应人；

第二，以机器效率为目的，人要适应机器的行为特征；

第三，指导思想不明确，认为机器和人应当相互适应。

2. 德语国家和斯堪的纳维亚国家的劳动学是从劳动者角度出发，保护劳动者身心健康和安全。它的内容包括劳动组织设计、岗位设计、流水线设计、环境设计和机器工具设计。

3. 美国军事工业中应用的人工程的早期思想是依据行为主义心理学。它最初的基本思想是：以机器功能和效率为主目标。后来转变成人机界面的设计应当适合人操作员的生理特征。在设计机器的同时，也设计了对操作员的系统功能要求。它的设计目的可以被简单称为：机器操作适应人的生理能力，而人要适应机器的系统功能。

4. 使操作员适应机器的系统功能是机器中心论。它的核心是设计培训，即通过训练使人适应机器。这种系统设计中强调操作员（飞行员）的训练是个关键问题。为此，美国军方心理学研究机构研究了若干学习训练方法。每当美国空军出现重大飞行事故时，就会引起对其设计理论的批判。设计发展史表明"人适应机器"的设计思想是错误的。在后来的发展中美国人因素学也明确指出这一根本问题。

第四节 机器中心论设计思想

一、机械中心论

机器中心论设计思想是指：在人机关系和人机界面设计中以机器为价值标准，把人的行为类比成机器行为，它把人看成是机器系统的一部分，它的设计目的是最大限度提高机器功能和效率。这种设计思想在西方有很深的历史、哲学和科学根源。它对人机关系和人机界面设计思想影响很大，甚至被有些人作为科学根据。机器中心论来自技术决定论、科学决定论或数学决定论以及机械论。

二、技术决定论

哲学因果论认为，任何事物的发生是有原因的，是由早先事件引起的，不是偶然的，原因决定结果。科技界、社会学界、教育界（尤其在美国）有些人认为技术是决定性原因。技术决定论相信，新技术是社会结构和社会过程在宏观上引起主要社会和历史变化的基本原因。在微观上，新技术是影响社会和心理的主要原因。它把技术看成是一个独立的决定性的力量，把技术看成社会的核心。这种观点实质上相信，技术和机器创造历史、决定历史。例如，它提出"帝国主义"一词就是以电报技术作为先决条件之一，这个词在1870年代进入英语，即在英国同印度和非洲、美国同英国用电缆联接起来之后。它认为，电报使某些国家能够远距离控制其他国家，统一指挥全球的经济和军事活动，实现了"帝国"梦（Chant，1989，32）。那么殖民主义垮台，是什么技术决定的？

技术决定论实际上是一种信仰和价值概念，它相信技术发展能够决定一切，试图通过技术发展达到各种目的，用技术来代替其他因素和力量解决各种它认为存在的问题，例如试图用技术来控制和改变社会行为，解决人际关系问题和企业管理问题。在军事方面，技术决定论表现更突出。

与此相反，另一种观点认为，技术的确会引起人行为变化和社会变化，例如劳动工具、电话、电视机的出现引起人的日常生活的变化。然而，许多因素引起人行为变化和社会变化，技术只是其中之一。技术完全从属于特定社会、历史和文化环境中的发展和用途。还有人认为，技术是由有些人控制和选择的，或者政治选择和政治结构对技术的形式和效果有确定的作用，例如核武器、空间研究。批判技术决定论，并不是降低技术的重要性，相反是更全面认识它可能产生的效果，从长远考虑来选择技术、选择技术的发展方向。技术决定论只依赖技术"独立"发展，它是出现许多问题的原因。第二次世界大战后，有些科学家认为，技术决定论导致了道德困境。有些社会学家认为，技术决定论导致了社会问题复杂性和问题的变化进展速度，还认为技术变化超过了人与社会的适应速度。还有些人认为，技术是控制社会的因素，威胁了人的自由，尤其在美国，许多人强调要限制用技术干预个人事物。技术决定论信仰的根源之一是机器中心设计思想。

三、科学决定论

这里的科学是指西方文艺复兴以来的自然科学。西方自然科学方法论有下列三个要点：

1. 强调客观性。自然科学所研究的各种现象和实验过程必须是可被客观观察到的，例如机械运动、化学反应、人体生理组织等等。凡是不能被观察到的现象都不是正统自然科学研究的对象；

2. 强调逻辑推理。仅凭观察到的现象往往不能得到预期的知识，还要通过逻辑推理得出结论。因此需要大家公认的逻辑方法，例如类比、对比、演绎、归纳方法，科学家认为按照这些方法能够保证推导出合乎逻辑的结论；

3. 强调可重复验证性。其他人按照同样的条件进行实验和推理可以得到同样的结论，或者能够验证这些结论。

这三条原则也被称为科学理性，并根据这三条建立各种自然科学的学科，例如行为主义心理学。换句话，凡是不能纳入西方自然科学这三条的，都不承认是科学，例如中医中药。

科学的作用是什么？最初，人们以为用科学可以积累知识、预言未来，作为检验知识的标准。经过几百年的经验，人们逐渐认识到自然科学的能力是有限的。

按照上面三条原则决定科学研究的对象和范围，这叫科学正统论。上面第一条实际是涉及科学研究对象的观察（感知）问题，科学家不承认那些无法被客观感知的现象和对象。然而，人的感知能力很有限，周围世界中有许多东西至今无法被人感知到，或者很难感知到，或者被"不稳定"地感知到（有时可以观察到，有时观察不到），这些现象统统不是科学正统论的范围，科学不承认这些现象，直到能够被客观观察和验证为止。爱因斯坦的相对论不是根据观察现象总结出来的理论，当时也无法被别人通过实验重复验证，因此许多科学家不承认他的相对论。中医认为人体内存在经络系统，西方解剖生理学无法通过人体解剖验证它的存在，因此也不承认它。心理学中有些东西是无法观察到的，例如人的动机、目的、意识、思维过程等等。实验心理学之父冯特认为，这些过程只能通过主观回忆和口头表达得知，而美国心理学家普遍认为它"不科学"、"不客观"无法验证。人人都知道存在思维过程，人人都有意识和动机，然而这些课题不符合科学理性的条件，怎么研究它们？一百多年来西方科学界对此经历了漫长的争论和探索。尽管是人人皆知的现象，但是科学对它却无可奈何，这导致美国行为主义心理学。这说明，自然科学方法论不是惟一认识自然获得知识的方法，科学对有些人们熟知的现象无法验证，物理、数学或医学能够验证你头疼皮痒吗？这种自然科学理性的局限性是：它只承认自然科学理性是知识的惟一来源和判断标准，它的极端表现是只承认数学是惟一的科学表达，它不承认其他知识。实际上，除了自然科学知识外，人类还有另外两大类知识来源：经验科学知识和技术科学知识。心理学、社会学、历史学、艺术和美学、企业管理学等都属于经验科学。生产与技术知识属于技术科学。这种自然科学理性对人机界面设计曾经起了阻碍作用，它错误地把人心理学当成了自然科学对象，而否认了经验科学方法论。

几百年来的实践表面，科学主要是过去的知识的总结，对未来的预言很有限，科学预言错误的例子很多，这里不举例了。谁能预言五年后计算机硬件和软件？

在实际过程中，科学家往往忽略或掩饰了下列几个因素：

1. 当科学家没有观察到一个预定的现象时，当实验失败无法得到预期结果时，或者当上述三条科学理性都不起作用，科学家个人对该现象的信念（信仰）和想像促使他继续观察和研究下去。换句话，在科学理性不起作用时，个人信仰和想像起重要作用，这些东西是不符合科学理性的，它也许来自经验，也许没有任何科学根据，也许只是一种猜想或想像，在这种信念作用下，科学家相信自己的研究方向正确，就能继续坚持下去，这样可能会发现新现象，也可能终生徒劳。信念对许多科学发现起了重要作用，但是科学方法论上并不记载这些东西；

2. 历史和文化传统对科学家的科学世界观起不可忽略的作用。有时，在文化传统作用下，科学家并没有按照严格的科学理性和科学方法论。例如文艺复兴以来，有些西方哲学家和科学家把人看成是与机器相似的东西，它没有任何全面严格的自然科学论证，也没有全面充分的科学实验，但是许多科学家就以这种信仰为科学基础，建立了人机系统模型。下面还要进一步分析这个问题；

3. 科学方法首先要简化自然现象，数学家把自然简化成能够用他的知识表达的数学符号和运算，物理学家把自然现象简化成能够用他的知识表达的物理对象，化学家也相似。换句话说，凡是不能被数学、物理、化学知识表达的自然现象中的因素都被"简化"掉了，这是科学理性中最不理性的思维方法。例如力学家把人体运动简化成机械运动，构成了人机工程学中的人体力学模型，系统控制论把操作员简化成与机器参数一致的机械或电子学参数，数学理性认为数学是科学皇后，世界上一切都可以用数学表达。美怎么用数学表达？

四、机械论

机械论认为，一切自然现象的解释都能够并且应当参照物质运动和其规律。这种观点认为，在生命系统组织中，只有物理因素对他（它）们的运动起决定性作用。按照这种观点，可以用机械力学概念建立人机系统和操作员模型，它把一切不能严格用物理量定义的特性（时间、体积、形状、力学和运动参数）都忽略掉，只在机械力学的基础上讨论分析对象。

在古希腊哲学的原子论影响下，17世纪在西方出现了牛顿机械力学和机械论哲学，它形成一种世界观，用物理学的机械运动来解释世界上的一切，例如法国著名哲学家笛卡尔（Descartes，1596~1650年）认为，宇宙是一部机器，其中每一东西都是按照形体和运动而出现的。近代物理学进一步发展了原子论，认为世界上一切物体都是由分子和原子组成，都可以用这种机械运动来表达。这种机械论对生理学和动物学的研究也有很大影响，这一观念也渗透到生物学中。例如1663年笛卡尔根据动物解剖认为，动物的重要功能是热与液体流动的结果，至今许多化学专业人员仍然把人只看成是生物化学变化过程。笛卡尔认为，神经可以很好地被比喻成机器的若干方面，肌肉和腱可以被比喻成各种机构和弹簧，呼吸可以被比喻成手表的运动和风车的运动。法国哲学家和医生拉美特力于1748年断言，人是一部机器。在整个宇宙中，只有一种物质，它表现为各种形式。人也是由分子和原子组成。当时西方哲学和自然科学界普遍接受这一观点：人是一部机器。准确说，这种观点只是西方一种文化价值概念，并没有按照科学理性和科学方法论进行严格实验和论证，然而许多科学家就以它为出发点，承认人与机器本质相似。

这种科学理性在设计方法存在三个本质问题。第一，把人按照机器进行"简化"，只提取出那些物理和数学能够理解和表达的机械运动因素，建立了人模型和若干学科和理论，例如负反馈人模型、人机系统论。人的运动也被简化成机械运动，并且可以用牛顿三定律表达出来。这种简化忽略了物理和数学无法理解和表达的东西，例如人的知觉和理解过程，这恰恰是物理和数学无法表达的问题，也恰恰是人机界面设计中最重要的问题之一。正确的设计不应当"简化"操作行为，而是寻找操作员行为的复杂性，尽量发现各种实际操作情景的复杂情况、危险情况、紧急情况，通过设计给操作员提供各种有利条件，使他能够解决这些问题。

第二，这种科学理性的基本思路是，按照物理参数和数学表达，寻找出人与机器相同或相似的东西，而"忽略"了人与机器本质不同的东西，"忽略"了人机在界面的作用过程，例如人眼寻找信号和寻找操作杆的过程，"忽略"了人心理的一切活动，而这些心理活动恰恰对人机界面起决定性作用。这种设计方法必然给操作员带来操作和学习困难。正确的人机界面设计方法应当尽量寻找人与机器本质不同的东西，通过人机界面设计使机器特性适应人，以减少操作和学习的困难。

第三，这种科学理性把人控制机器的过程简单地简化成控制论中的负反馈控制原理，认为人控制机器的过程就是接收外界信号，进行信息处理和判断，通过反馈控制机器。它同样忽略了人在控制过程中的各种心理因素。心理学认为，由外界信息引起的负反馈控制，只是操作员的一种行为方式，其他方式还有：意志控制、动机控制、情绪控制、自动行为控制（习惯控制）以及失去控制等等。

五、机械论的人机系统模型

机械论观点对美国和苏联的行为主义和工程设计方法有许多影响。它认为操作员的控制行为可以用机械运动和力学参数来表达，人同机器一样具有特定"功能"，把人行为用机器行为参数表达出来，建立了系统论和控制论中的人机系统概念。在人机关系中，它把机器看成是主动的，是中心，人是被动的（随动的反应者），是从属者。

它把人的操作行为分为四种数学形式：阶跃函数、线性函数、冲击函数（微分函数）以及积分函数；把人的知觉动作过程表示成几个参数：反应滞后时间、反应速度、反应准确性和反应精度（重复性）。人怎么行为呢？按照传递函数。类似物体之间的作用和反作用和力学原理那样，人与环境的关系也是"刺激"和"反应"。这样又可以用机械和电子器件模拟人的动作过程。实验中，用外加力或外加电压表示"刺激"，然后看这个机电系统的反应过程。在人机系统中，人被看成是用来弥补机器功能的缺陷，这样把人的"功能"分为：监视系统输出系统输入，系统控制功能。为了使人这些功能起作用，给机器设计了显示器和控制器。这种系统的总目的是提高机器功能和效率，换句话，机器是中心，操作员是为机器目的服务的，他应当适应机器。这种理论把人机系统分为三大类：手工操作系统、半自动化系统、自动化系统。在手工操作系统中，人的功能是系统的力源和控制者。在半自动化系统中，人的功能是控制者。在自动化系统中，人的功能是信息处理。在这些基础上，又建立了最佳控制模型。这样人完全被看成为机器人了。这种人机系统模型叫科学理性模型。

这种假设的实际恰恰忽略了人与机器的本质区别。

第一，人的注意具有六个限度：

1. 时间和能量限度。人不可能长时间集中注意力，硬要求检验员操作8小时，出现的检验错误由谁负责？

2. 视角限度。人的视觉具有一定视角，不可能同时看到各个方位的东西，操作按钮与加工件不在同一视角内，会引起误操作或工伤事故，这属于谁的责任？

3. 敏感限度。人的视觉对运动物体较敏感，但是对静止或缓慢变化的物体不敏感，长时间观测一个缓慢变化的参数往往会出错，谁负责？

4. 条件限度。光线、可见度和环境干扰对人视觉有很大影响，这些因素在设计时不可能考虑完全，出了事故谁负责？

5. 经验限度。人只对有意识注意观测的对象反应敏感，往往只能看到所理解的东西，会忽略其他不注意的对象和不理解的对象（或者反应迟钝），出了事故谁负责？

6．注意对象的数目限度。人只能对有限数目的对象注意，不可能同时注意过多对象。给一个操作员提供30个监督仪表或20组参数，观测出错属于谁的责任？

第二，人的行动受动机和目的指导，动机变化，行动随之变化。机器行为过程由状态变化控制，只能从当前状态变化到所相关的一个状态，人的目的变化往往与机器状态变化不一致。例如，在紧急情况下，司机首先想到的是刹车，而不是离合器。所谓"培训学习"往往是让人适应状态变化过程。

第三，人可能会钻牛角尖，心不在焉。

第四，人人都可能误读、误操作、误反应。再天才的科学家也会笔误算错数据，然而，在恶劣天气时飞行员误读高度就可能导致机毁人亡，这是谁的责任？

第五，人不可能同时完成几个彼此不相关的动作，然而机器设计有时迫使操作员不得不同时操作几个对象。

第六，人人会遗忘，人脑记忆检索往往比计算机差，即使培训达到全优，经过两年后，人会遗忘不常遇到的机器状态操作处理，这样造成的事故由谁负责？

第七，操作中可能遇到未曾见到过的操作环境、操作状态，环境因素千变万化。当时间有限时，人可能会错误处理，这属于谁的责任？

第八，人在处理故障时思考判断往往不可能一次正确，尝试中出错属于谁的责任？

第九，工程设计主要是面向机器正常功能，而不是面向故障状态、危险状态、紧急状态，往往没有提供这些问题的数据显示和操作处理，出了事故谁负责？

第十，人的动作重复性低、速度低、人操作稳定性的持续时间不如机器长，对操作员的要求超过他的能力后引起的事故谁负责？

第十一，人的心理状态千变万化的，人的操作受情绪和环境影响。这些因素都无法用机械力学参数表达出来，然而往往起决定性作用，这样引起的事故谁负责？

第十二，人会疲劳，机器不会疲劳。这样造成的事故谁负责？

这里，特别强调了设计者的责任感。在设计中首先起作用的是责任感，其次才是设计知识。这种人模型只考虑用数学和力学方法，根本不考虑人的行为本质特点，表面上很科学，实际很不科学。实际操作情况与那种科学理性人机系统理论模型差别很大。在遇到紧急情况时，操作员的动作几乎完全是自发性的，与数学物理的理论设计完全不同。操作员行为是设计的主要基础之一，设计者只能通过大量实验，大量现场操作来了解操作员行为方式，而不是数学和物理，因此心理学是设计的重要基础。有些工程设计师和工业设计师往往不了解这个心理学背景，不加区别地应用这些设计理论。

计算机出现后，美国有些人又把人脑比喻成信息处理器。1957年内威尔（Newell）和西蒙（Simon）已开发出计算机解决问题程序"逻辑理论家"。在内威尔和西盟的研究中，把人脑看成了信息处理器，1970年代以后在美国认知科学界普遍把人脑比喻成信息处理器：人接收信息，处理输出信息，像一部计算机。这种观点也影响到人机学中的人模型。另一方面，也有人警告不能把人思维简单看成现在的计算机。计算机可以模拟人脑思维的某些部分，可以模拟人脑有些解决问题的方式，不能把人脑思维简单看成计算机的运算过程。

第五节 自动化和技术决定论

一、工厂自动化的起因

第二次世界大战期间，美国国内并没有受到战争破坏，但是却出现了另一种"国内战争"。从1941~1945年美国共出现14471次罢工，有七百万工人参加，超过了美国以往历史上任何时期。最常见的原因是工人抱怨工厂纪律苛刻和工作条件恶劣，另一个原因是厂方通过机器设计，用非技术的熟练工代替技术工，从而减少工人工资。按照泰勒方法（被美国称为是解决阶级冲突的手段），工人的一举一动都被严格规定好了，工人必须紧张高速地工作，而不是通过人道主义的工业设计来改善劳动条件。1940~1945年期间，美国共有88000工人死于工厂事故（如果一个军2万人，8万人就相当四个军），1100万工人受伤。因此可以看出美国当时的劳动组织管理和机器设计的大致情况。1943年福特公司两个工人抱怨工厂条件像监狱一样，而厂方以工作时抽烟为理由解雇此二人，结果引起了5000工人"总暴乱"，他们占领了人事部门，抢走工人档案。这类事件不仅仅出现在福特公司，也出现在美国许多大型企业。第二次世界大战结束后，工人罢工不但没有减少，反而日趋增加，1945年和1946年出现了"历史上最大的罢工潮"，2700万工人参加了4300次罢工。1950年一年的罢工达4843次。朝鲜战争期间9260万工人进行过罢工。1954年"标志着北美的不合作和总崩溃"。

1946年，美国总统顾问维尔森（原通用电气公司GE总裁）说："美国面临的问题可以归纳成两个词，对外是苏联，对内是劳工"。同年美国《生活》杂志曾总结了美国许多上层人物所头疼的事："劳动，美国的一个主要问题"。工会要求参与企业管理，要求参与利润、价格、生产调度和管理的决策。而企业一方继续继承泰勒管理法，依靠"方法工程师"、"时间研究"以及第二次世界大战时军方培养的"时间方法测量专家"，然而，他们中许多人也改变了做事情的方法，这样企业从没能够控制住工人和生产。另一方面，工人在熟悉泰勒管理法以后，也找出了对付的办法。美国一个大公司AVCO的管理人员指责一个工人"怠工"。此工人一点也不怕，他反而警告说："只完成72%的效率"。第二天管理人员发现"他准确地完成了工作，把他的产出效率减少了28.7%。"泰勒管理法失效了（Noble，1984，3-35）。

怎么办？一个工业关系分析家认为："改变这种情况的关键是引入新企业、新工艺、新组织结构，它不需要传统的管理方法，使工会也不起作用"。这个办法就是自动化。当时人们对自动化有各种动机：对新技术的热情，对技术进步的信仰，对提高生产效率的向往，对工人的控制以及军事目的。它是在军方支持下，先在军用航空工业中实现的。对自动控制的研究主要来源于美国麻省理工学院（MIT）（Noble，1984，39）。

二、从数控机床到计算机一体化制造系统（CIM）

数控技术的出现和推广并不是由市场经济规律确定的，而是由政府和军方推行的。1940年MIT建立了伺服机构实验室，为美国海军培训火炮控制军官。第二次世界大战后，该实验室在海军支持下转向数字计算机研究。在美国空军支持下，MIT于1952年开始研究数字控制技术。到1955年该项目完成时，只证明了用计算机把程序生成穿孔纸带自动加工的可行性。它预示了一种新加工工艺。但是，推广数控技术，需要投入大量资金，而且当时的经济效益并不确定。当时没有任何航空公司愿意冒险买这种数控系统。美国空军采取了措施匆匆忙忙把数控在飞机工业中进行推广。到1950年代后期，美国首先在飞机工业的各工厂进行了，技术改造和军事目标结合在一起，大量引入数控机床，主要推广了MIT设计的"连续路径轮廓加工系统"，到1971年已经有5000台这种数控机床。另一种数控叫"点到点定位系统"，到1960年代得到商业推广。但是到1971年95%的小企业没有数控机床。

为什么空军要迅速在军用航空工业推广数控？数控技术是一种新加工技术，可以制作各种曲线形状，在崇尚技术的美国，把技术看成是强有力的决定因素，甚至有人把它称为"第二次工业革命"，对生产实现集中垄断管理。然而，空军和军用工业的看法不仅这一点。

有了数控技术后，公司认为可以减少对技术劳动力的依赖，这样可以减少培训费用，减少工人工资。使生产控制权从工人手中转到管理人员手中，他们可以实施垄断控制管理，在办公室里可以远距离控制车间生产。用这种"智能"直接安装在机器里，就不再依赖技术工人的机械加工技能。可以新机器来管理纪律，生产就不再受"人为错误"和"人的情绪"影响，企业可以解雇不听话的技术工人和捣乱的工人（工会骨干分子），用驯服的、没有很多技术的"按电钮"工人来代替。工人的工作只是给机器上载卸载按电钮，这样一个工人可以操作若干台数控机器。可以通过数控加工纸带来机械式控制加工时间。GE公司的数控（N/C）管理顾问说："今天的自动化从概念说，就是泰勒科学管理的逻辑延伸。"美国《商业周刊》(Business Week, March 14, 1959)说："严格说，数控不是一种金属加工技术，而是一种控制哲学"。推广这种自动控制引起了新一轮美国的社会问题。1961年美国总统肯尼迪说："自动控制引起的失业是1960年代对美国的主要挑战"（Noble, 1984, 235）。

数控机床的经济效益到底怎么样？1968年伯克利的加里福尼亚大学对航空工业的数控进行了调查，结果表明数控机床"实际经济可行性的有限程度令人吃惊"。美国通用电气公司（GE）是数控的主要后台支柱，是制造数控机床的主要公司之一，也是首先推广数控技术的公司，1960年代中期，它拥有的数控机床数量远多于其他任何厂家。它推广数控主要有三个目的。首先，用数控可以达到很高的公差配合，这样可以满足空军关于航空发动机部件的加工要求。其次，实现军方要求的全面控制策略，GE的企业管理方法是对整个生产过程进行严密具体监视和高度集中权力，用数控机床提供了全面控制管理的最后一招。第三，通过数控机床来增强工人纪律，减少技术工人，提高生产率和利润。然而这些目标都没有达到。数控机床的确是一种新技术，这种信息处理技术对人机界面提出了全新的问题，要解决这些问题，需要对人的知觉和思维特性进行研究。从那时起到今天，认知心理学一直在进行这方面实验和研究，这些研究表明，对人的认识了解比对数控技术和计算机要困难，没有这些知识和经验，信息处理技术的人机界面无法设计好，而当时这种匆匆忙忙推广的数控机器在人机界面设计上有若干欠缺。这表现在两方面：

第一，工件编程相当难，计算出错难以发现，往往需要试加工，这样影响了生产率和质量。

第二，机器可靠性和自动化程度有限，当时没有给维修人员配备应有的手册和设备，一旦出了故障，维修很困难。这两个因素导致停机时间相当长。

但是，GE公司并没有意识到这些问题，而是以数控机器为后盾，匆匆忙忙开始了新的劳资斗争。他们认为"猴子也会操作数控"，把数控工人的工资制得比同类机械工人低两级。并且以加工纸带为计算工作量的标准，就意味着准备工作不计工作量，停机时间的损失要由工人承担，这引起了该厂有史以来第一次全厂大罢工。劳资纠纷从1963年12月一直持续到1965年1月。最后厂方答应了工人的工资要求。

1968年GE公司的航空发动机集团提出以后十年要把销售额提高一倍，为此要把数控机器也增加一倍。为了解决企业管理问题，该公司接受了上次教训，提出新的"领航员计划"，即操作员责任制和管理人员责任制。例如，规定上班时不许看报纸，提高出勤率，上下班必须打计时卡，不许聚众喝咖啡聊天，停止小孩子式的嬉闹，午饭时间不许延长，加强管理人员与工人的合作。这些规定比较合理，对发挥工人积极性有益。然而，这一次却受到管理阶层的反对，作为一个管理阶层整体，他们拒绝放弃用知识和特权对付工人的作风，不愿意改变泰勒管理法，拒绝改善与工人的关系。他们质问："是谁管理工厂？"这样闹闹轰轰到1975年，公司宣布终止领航员计划。

由于工潮和自发性罢工日益增加，生产率明显下降，工作伦理蜕化，1971年美国健康、教育和福利部制定了以"在美国工作"为题的调查研究项目。1973年该项目报告认为："几十个全面整理出来的经验表明，当工人参与决策他们的事务时，生产率提高，社会问题减少。"这可能是企业劳动组织和管理的核心。

美国数控技术的重要缺陷是人际界面的设计。1978年工程师董坎发表论文指出：数控的发展过程是落后的，由于数控缺乏婴儿期，需要退回十年重新发展后，数控才能对工业生产率作出最大贡献，即简单、经济、容易操作、适应小批量加工。这些都是与人机界面有关的技术。

这样又花了10年去发展附加设备，重点是改善人机界面可用性，减少尺寸和编程复杂性，给数控机器引入了可编程控制器和手工数据输入设备。德国西门子公司和日本公司给数控机床引入了微型计算机，形成计算机数控技术（CNC），制造出CNC车床、钻床、加工中心，明显改善了人机界面，提高了可用性，操作简单、通用、可靠。同一期间，出现了计算机辅助设计（CAD）、计算机辅助制造（CAM）、计算机辅助工程（CAE）。

但是，企业管理问题并没有解决。怎么办？1979年美国空军又投入1亿美元，制定了集中式计算机一体制造（ICAM或叫CIM）的五年计划，它把CAD、CAM和CAE结合在一起，形成设计、制造和管理一体化。这一大型项目包括70多个工业和学术机构。空军的目的是建立"未来的工厂"典范，因为"今天许多工厂无法管理，似乎无法控制劳工，开支花费始终是个未知数"，空军出钱资助的整个项目将"治疗这些病症"，并说，该项目的主要受益将是裁减"54%的人员"（蓝领工人）。这一项目不仅在美国引起很大社会反响，也引起欧洲国家的政府担心（Noble，1984，231－332）。

三、技术决定论

美国的数控技术发展过程反映了机器中心论的设计哲学或现代技术决定论。它的设计目的有两个。对内部，是为生产效率、控制人和裁减劳工，而不是用机器来辅助人的劳动，这种设计思想是泰勒理论的延续。对外部，是为了保持国际控制者地位。它反映了近几百年来某些西方文化的价值概念，并且已经成为这些国家社会学的核心价值之一，成为发展技术的主导价值。

实际历史并非如此。科学和技术的发展是由文化价值决定的。中国人首先发明了火药和火箭，当时中国已经具有技术知识能力，但是并没有去为侵占殖民地而发明大规模武器。同样，郑和下西洋时，已经具有远征殖民地的国力和技术，当时并没有去占领殖民地，也没有去掠夺外国财富。

人类生存（而不是寻求对其他国家的控制）依赖自然还是依赖技术？怎么依赖？这是当代人道主义科学技术人员正在思考的重要问题之一。在农业社会中，人类生存主要依赖自然，随着人口增加，自然资源减少，国际竞争，从依赖自然逐渐转向依赖技术。当前，以德国为代表的技术价值主要强调发展人道主义技术、公正待人的技术、环境保护技术。各国人道主义科学家、工程师和设计师研究发展与人类存活有关的能源、粮食、淡水和设计的重大问题。

四、社会达尔文主义和技术达尔文主义

达尔文的进化论理论，通常被简化成"物竞天择"和"适者生存"。这一理论主要强调了动物之间竞争（生存斗争）的一面，淘汰的一面。达尔文进化论与亚当·斯密的金钱竞争理论有相似的世界观和哲学观，这两个理论都产生于英国可能不是偶然的，这种看待世界的哲学与英国的传统文化有观。与此相反，生态学认为，敌对的竞争并不是存在的全部

现象。在德国文化圈中，生物学家海克尔（E.Haeckel）1870年在研究进化论时建立了生态学概念也不是偶然的，它研究动物与它的无机和有机环境的全部关系，它认为，动物、植物以及环境之间存在着友好的、敌对的、直接的和间接的关系。生态学是研究一切复杂的相互关系，它强调相互依赖的、长远的生存条件。换句话说，物种除了竞争一面之外，还有相互依赖、相互合作、相互促进的一面，例如母兽哺育幼兽，动物排泄废物是植物生存的营养。这对生存起更重要的作用。

一百多年来，西方社会学中存在着一种以达尔文进化论为价值概念的理论，叫社会达尔文主义，它用达尔文进化论来解释人类社会现象，认为有些人种在进化，有些在蜕化，"最强大的"是"最适应的"，它的存在必然要牺牲人类中不受保护的较"弱"的人种，改变穷人的任何改革花费太大，而且无效。这种理论不仅导致了德国纳粹的人种理论，而且也导致了今天某些国家的"文化优越论"、技术达尔文主义和技术决定论。

技术达尔文主义认为，技术发展过程和自然选择类似。它认为各种技术可能性总是同时存在，通过比较技术优点，按照冷静的计算和判断，通过市场自我调节作用，"成功"的技术必定是最经济、最好的。因为技术从发明创造到市场化要经过三次选择，每一次都保证选择出最好的。第一次选择是客观技术选择，对一个给定的问题，科学技术人员总选择最科学的、最佳解决办法。第二次选择是商人的金钱理性，有经济头脑的商人只选择最经济、最有市场的技术成果。第三次选择是市场的自我调节机能，它保证了只有最好的创造发明才能生存下去。实际上，数控技术不是由市场调节，而是由军方出资推广的。

事实上，市场成功的技术成功往往不是最佳的。在第一次选择时，技术方案的确定往往不是根据科学分析的最佳方案，而是受许多因素影响，例如投资、目的、时间、条件等等，这些因素往往不是由设计人员所能够决定的。换句话，技术中的"最佳理论"在多数情况下行不通，已经被"最满意理论"所代替。科学家、工程师在考虑职业前途时往往也同普通人相似。没有资金，什么也干不成功，谁投资，谁就有最终决定权和否决权。美国机器制造工业原来是个较小的工业，冷战"挽救"了这个工业。主要原因是美国政府大力发展军用航空。从1951~1958年机器制造业的研究和发展增加了8倍，成为重要的军工企业。从1945~1970年美国政府为军事目的共投入了1.1万亿。虽然常常有很大压力指责军用飞机的马力过大，速度太高、花费太高、不符合人机学中的人因素、对使用者不利，但是信奉技术决定论的军方并未转向以人为中心的设计思想。美国社会学家赖特曾说，1940年代美国军事、工业、科研一体化，反映了军方的主导地位，他认为"现代美国资本主义的大结构已经转向永久性的战争经济"（Noble，1984，21）。第二次和第三次选择中，数控技术的商品化并不是由市场自我调节所选择，而是由军方控制推行到它所属的企业中的。任何商人富翁的财力都无法与国家抗衡。进一步说，商业市场选择也不是以"最经济、最好"的技术产品为最高原则，而是以"最有利"为原则。美国MIT技术史副教授诺布尔（1984，8）说，1959年美国国防部已经成为美国机器母机工业的惟一的最大的消费者，因此，当其他用户施加压力，要求产品降价时，这些工业并不担心。当商业利益（而不是使用者利益）控制了市场时，就会用各种手段刺激消费，转而影响或控制技术商品的开发，美国1930年代的流线型汽车夭折反映了这一问题。

这种技术决定论和技术达尔文主义把技术描述成独立自主的中性过程、物竞天择的自然过程、冷静的理性和自我调节过程，小心地把社会、文化、政治、权势、利益、个人因素掩饰起来。诺布尔（1984，146）认为，这种技术发展的达尔文意识形态实质上只是用合法形式表现了（美国）社会权势和它的主导价值。正因为这些原因，以包豪斯和乌尔姆造型学院为代表的德国设计师代表强调设计师的责任感和职业道德，设计师应当代表使用者利益，应当代表没有社会发言权的下层。

第六节　劳动学和人工程学

一、影响劳动的因素

这里主要参照德国劳动学。德国劳动学不仅包括劳动生理学，还包括劳动社会学、劳动医学，劳动心理学。按照专业分，它包括许多专题，例如城市建筑劳动学（城市、交通、建筑适应人的规划和设计），工厂劳动学（工艺过程、流水线和工种岗位、机器工具的人机界面设计，劳动环境设计），机动车辆劳动学（各种车辆适应人的设计），安全保护、操作环境、机器和工具设计等。对劳动应当从七个层次来观察：

第一，社会对劳动的解释。从社会角度来说，它包括社会的劳动理论，劳动的法律方面依据，劳动作为国民经济因素，劳动市场等方面；

第二，企业文化、劳动关系和组织、生产过程、服务和管理。它包括企业和各组织的任务，企业策略等；

第三，劳动组合与合作形式。这里的中心点是分析劳动人员的合作（配合）、人际交流通讯、与上级的工作关系；

第四，劳动形式和个人行动。它把劳动者作为一个完整的人来看待，他具有动机目的、有一定意愿、有一定知识技能的社会成员；

第五，各劳动岗位的活动，劳动岗位的生理调节，系统对劳动岗位的要求。它包括对劳动岗位的目的、劳动过程的分析；

第六，机器与工具的操作，劳动的生理基础与劳动设计的技术基础。它包括人的动作和谐，人机行为的配合，操作过程中人的知觉、人的记忆能力、信息处理能力、动作和体力要求等；

第七，人体生物力学功能和劳动环境物理化学因素的影响它包括对人的体力和脑力负荷要求，性别、年龄和时间韵律等等人因素的影响，以及温度、噪声、光线、蒸汽、振动、气候等等各种环境因素的影响（传统人机工程只研究了这一层）。设计机器工具和任何对象都应当从上述七方面进行考虑。

劳动学也采用了系统概念，但不是工程中用的技术系统方法，而是从实践抽象出来的社会人劳动系统概念。从一个具体工种或劳动岗位来看，劳动系统包含五个部分：劳动人、工具和机器（劳动手段）、能源、工作对象（工件）、劳动环境。系统的输入包括：材料、能量、信息（指令、计划、技术要求、程序等等）。系统的输出是：产品、废料、信息（控制说明、质量说明、干扰等等），辐射（噪声、热、有害物）。按照这种概念，设计者可以建立具体的设计系统，并规定设计目的和任务。

设计目标有三类：

第一，劳动保护设计。为此目的建立了德国劳动保护机构，劳动保护法律（八类），劳动方法设计的法律根据和设计方法；

第二，劳动设计方法。它包括劳动系统的技术选择，劳动组织设计，机器与工具设计；

第三，劳动经济设计。为经济目的建立了制造工艺过程（流水线）设计和工资形式(Luczak, 1993; Martin, 1994)。

二、设计和研究对象

劳动学和人机工程学的设计和研究对象可以分为几大类：

1. 设计方法的设计。设计任何对象前,首先要计划好设计方法、设计过程、工艺过程。人工程最初研究的一个主要问题就是大型系统的设计方法,例如飞机设计和生产、核电站的设计。是否存在一种设计方法适应各种设计领域?不存在。这些大系统的设计和制造是个很复杂的过程,在设计阶段就要考虑驾驶员和操作员的培训,安排好设计、试制、工艺可行性、培训流程。为此人因素工程师应当具有工程设计能力和人因素知识。美国军方设计研究认为,人机工程有四个作用:确定这些系统中人的作用,设计系统的人机界面去适应人的能力和限度,评价和测试设计结果,建立培训方法。人因素工程师参与的任务包括:确定系统要求,确定概念要求,分配人机功能,确定最终设计要求,确定对操作人员的要求,在设计中应用人因素工程,测试和评价系统。他应当具有下列技能和技术:确定功能流程块,分析信息流程,确定操作顺序,分析操作任务,制造模型和模拟,测试人机界面性能。

人因素在设计过程中的作用有下列10个:

(1)设计产品和系统必须符合用户要求,同时设计者和制造者要清楚这些要求;

(2)确定系统的使用目标,建立操作性能标准;

(3)确定系统的限制(性能、价格等等);

(4)建立动态操作过程说明(电影剧情剧本);

(5)建立详细操作要求,定量说明灵敏度、精度、速度、容错、可靠性、交付期、以及系统的维护;

(6)确定系统功能和子功能;

(7)综合分析硬件、软件、操作员的功能定位,在这个设计阶段人因素具有很重要作用;

(8)分别确定硬件、软件、操作员的详细功能要求;

(9)确定系统、设备和设施的设计概念,准备设计图纸,反馈用户对硬件评价观点,确定硬件模型、技术和资金可行性;

(10)然后进行详细设计。人因素工程的主要任务是保证上述要求得到实施。

人因素工程对各个设计阶段的介入如下:在概念前阶段应当同用户接触,分析全系统以确定下列四个方面:

(1)使命和操作要求;

(2)完成各使命所需要的功能;

(3)对各功能的操作要求;

(4)计划分配硬件、软件和人员的功能。

在设计系统概念阶段要分析下列四方面:

(1)研究实现各个硬件功能(研究子系统设计)的最好设计方法;

(2)描述对操作员、维修人员和用户的任务要求;

(3)确定培训要求;

(4)确定操作过程的信息流和操作流程。

初步设计阶段要考虑:研究制造人机界面模型,人机模拟,人因素研究,分析操作时间顺序,精炼操作员任务分析和任务描述。详细设计阶段要考虑:书写系统和产品目的报告,建立系统功能流程描述和信息流和操作顺序,分析各种主要操作员之间、维修人员之间、用户人机界面之间的行为联系,识别对操作员、维修人员和用户的技能要求,分析安全和危险,评价操作员、维修人员和用户的人机模型(控制、设备操作,布局)(Woodson/Tillman/Tillman, 1992, 730—731)。

2. 美国国防部的命令"DOD DIR 5000.1 获得主要防务系统"对军事硬件系统开发的

人机工程提出了总要求,各后勤部门都规定的硬件系统开发的人机工程要求,主要有"MIL-H-46855军事系统、设备和设施的人工程要求"和"MIL-STD1472军事系统、设备和设施的人工程设计判据"。从事设计军事系统的人员必须熟悉它,还要遵守各种具体规定。例如美国空军规章800-15规定人因素工程知识包括:

第一,人的生理能力与限度:一般人机学书对此有较多描述;

第二,生物医学知识:包括安全和健康,人员保护,食物维生,逃生,险境中维生,个人恢复;

第三,人力和人员要求:能够建立要求以保证人员培训能够胜任操作、维护、控制、和支持系统设备;

第四,培训:能够设计培训要求,培训计划,培训资料,培训设施;

第五,人因素测试和评价:要评价空军人员通过系统培训后是否能在实际环境现场操作、维护和支持系统。因此还要评价,是否人因素要求已经被正确用于系统设计,是否满足生物医学和安全准则,系统是否提供了符合实际现场的有些操作性能,人员配备信息是否适当和完全,完成任务的辅助措施是否有效和适当,是否满足培训和培训设备要求;

第六,系统测试计划:测试和评价要符合总系统的要求,系统操作测试计划必须规定实施责任,必须提供对系统的充分访问入口保证测试可能性(Woodson/Tillman/Tillman,1992,729)。

3. 从人因素角度规划和设计城市建筑体系、交通系统、工业系统、农业系统、通讯系统以及消费品结构。工业设计应当把设计系统、人、环境与资源保护看作为一个完整的循环过程,这在我国尤其重要。我们人口多,人均淡水、矿藏、树木很少,山脉多,可耕种土地很少。为此,工业设计必须把保护自然资源、处理好工业和生活废物废料、寻找代用材料、节约能源、减少放热、保护生态平衡作为工业设计的重要历史使命,把植树变成我们的民族文化,要对中国人的子孙万代负责。寻找有效材料是许多国家工业设计的重要目标之一,工业设计历史上第一个设计对象(伦敦的玻璃宫)选择了玻璃和钢铁代替了传统的木材和砖瓦,1950年代初美国用玻璃纤维设计座椅家具,1963年意大利发明聚丙烯后对欧洲的工业设计有很大促进,许多用品用聚丙烯喷铸制造。1990年以后这种塑料椅在欧洲每年销售四千万只,它成本很低,材料费约3.5马克,上税0.5马克,市场销售价7.99马克(Goetz,1997,P.94)。1996年德国范登堡教授从环境保护角度提出,好的工业设计要减少熵(热),采用低熵材料(天然植物材料,加工过程省能源),采用自然形状。

4. 从可用性角度设计各种日用产品,包括门窗、把手、停车场、人行道、台阶、坡道、各种车辆的阶梯、浴室、休息室、储藏室、厨房、办公室、剧院、特殊工作劳动岗位(汽车飞机驾驶舱,拖拉机驾驶座等等)、流水线、照明、音响、视觉显示器、控制器(柄钮杆盘键)、定位固紧装置、机器的人机界面、各种工具、家具用品。要保证可用性,一定要考虑产品的使用现场,要考虑各种操作情景。

5. 各类特定人群(妇女、儿童、老年人等等)对许多用品工具有特殊要求,例如刀具对儿童很危险,应当设计各种专用刀具(转笔刀等等)取代裸刃刀具。尤其是我国人口有5%属于残疾人,大约五六千万,他们的要求应当是工业设计的一个重要方向。德国和斯堪的纳维亚国家很重视为残疾人设计各种用品和工具,几乎在各个城市都设有残疾人专用品商店,包括轮椅、扶手、刀具、浴盆、厕所等等。

6. 计算机人机界面和信息界面。近20年来计算机的人机界面变成工业设计的重要发展方向之一。近10年来多媒体和互联网也变成工业设计的一个分支。它的设计方法不同于体力操作机器工具。认知心理学成为它的主要设计基础。

7. 从使用工具用品角度,研究各种姿势的人体尺寸,人的生理力学特性(各种姿势下手的力量、脚的力量、反应时间、人体平衡、温度噪声响应、视觉响应、听觉响应、振动响应化学气氛响应等等），各种行为及反应特性，以及各种行动过程特性（例如驾驶汽车的过程、撞车的过程、操作计算机的过程等等）。

三、设计标准

人机工程学用于军事设计，武器设备的效率、速度、准确度是主要设计目的。这种设计中最重要的原则是设备性能不能超过人操作员的生理性能，因此设计的主要衡量标准是工作负荷（包括体力负荷和脑力负荷）。直观上说减轻工作负荷是个不言自明的概念，实际上却不是这样。首先要确定什么叫人的工作负荷？许多人研究过这个问题，经过近几十年的研究，美国人工程普遍认为两个因素影响人的工作负荷：完成任务所需要的时间，操作员处理信息的极限能力。并且进一步认为，如果单位时间的要处理的事件超过了操作员选择和处理能力时就会出现超负荷，超负荷的操作员会出错，忘记响应。一般说三个原因引起超负荷：任务复杂；单一的困难任务；环境因素复杂。例如在山谷中飞行。怎么定义工作负荷？在技术领域对概念下定义时，往往要考虑它的测试手段。至今已经有许多工作负荷定义，工作负荷定义也涉及设计中对许多问题的争论，例如战斗机应当设一个飞行员还是两个？民航机设两个飞行员还是三个？人机界面设计不好，就会引起控制操作和观察显示时操作员的重负荷。在美国人工程中主要使用两个定义：任务时间分析法（Task-timeline analysis）和可信程度法（Rating scales）。

在任务时间分析法中，工作负荷指数被定义为所需要的操作时间与实际有效操作时间之比例。例如飞机一次飞行任务可以分为若干阶段，每个飞行阶段的开始时间到结束之间时间的差叫有效时间。这个飞行阶段包括若干飞行环节，测量各飞行环节所需要的时间时，先按照时间顺序排列驾驶员的操作任务，以熟练驾驶员为范例测量出每个操作任务所需要的时间，例如移动手触及开关所需要的时间。按照定义计算出工作负荷指数。同时把飞行员的整个操作过程录像，用它分析每个操作的微动作过程。这个定义有三个缺陷：飞行员的控制任务的困难度没有被考虑在内，同时操作两个以上动作（左手控制飞机方向舵，右手操作开关，同时要通过无线电对话）的工作负荷没有被考虑在内，也没有考虑飞行员的思维活动负荷（例如气候恶劣引起的驾驶员视觉困难和操作困难）。这三个因素恰恰是脑力劳动负荷的重要因素。认知心理学和行动理论恰恰认为，人的行动最忌讳同时完成两个以上目的无关任务（例如一手画圆另一手画方）。因此这种任务时间方法不适合脑力劳动。另外，这种方法的缺陷是把飞行员只作为被动的"执行者"。使用这种定义去衡量驾驶舱设计，可能引起设计的不可靠因素。

可信程度法用于美国航空。它把飞机驾驶舱的设计标准定为飞行员的操作效果质量（操作质量可信度），即飞行员能够通过不费力准确的特性完成支持飞机的飞行任务。这个标准是以飞行员为中心，以不费力及准确控制飞机为标准，尽量减少操作困难度，而不是以飞机的性能为测试标准。美国NASA进一步发展了这个可信度方法，可信度由六个参数决定。这六个参数是：脑力要求，体力要求，暂态要求，自我操作行为，费力程度，挫折灰心因素。首先分别测量出这六个参数，然后给它们分别乘以加权值，再相加得出总工作负荷。这个方法也受到若干批评。有人认为，操作质量可信度不仅仅受驾驶舱设计因素影响，还受飞行员培训和动机的影响，有时飞行员可能分不清脑力负荷与体力负荷，各种可信度对飞行员的负荷不一定是有意识的。可信度有时不能反映不同条件下的工作负荷。换句话，具体工作负荷应当具体分析，很难定义一个概念去适应各种设计，例如同样是驾驶汽车，高速公路上行驶或在沙漠上行驶的工作负荷因素不完全相同。同样在一条公路上行驶，白天与夜间不同，工作日与节日也不同。这些都可被归纳成环境和情景因素，设计必须要考虑环境和情景因素，不能只在设计室里闭门造车，这是近些年来劳动学和人机工程对设计方法的研究结果。然而，工作负荷至今还没有令人满意的定义（Adams，1989，175–179）。

工作负荷的概念对有些国家的设计有较深影响。以效率为目的的设计中，往往用工作负荷为检验设计的标准，也许它是设计军事设备的标准之一，士兵负荷过重，武器效率较低一直是个重要问题。根本解决办法是自动化，让机器完成任务，让人操作员处在第二线进行控制监督和校正。

在德国人机界面设计中，工作负荷一般指两个含义：(1)在给定时间内要求完成的任务数目（行动数目）；(2)所需的行动时间与给定时间之比。

1970年代以前欧洲劳动学的设计目标主要有两个：一是减轻体力劳动负荷；二是提高机器工具的可用性，为此设计思想是让机器工具适应人。这种设计目标并不是无条件地把短期效率放在第一位。适应人是什么含义？是让设计对象适应人的知觉、适应人的思维、适应人的动作、适应人的行为特点（容易忘事，容易误操作，容易分散注意力）、适应人的操作过程（适应手形、适应人的姿势等等）、适应人的检验评价过程、适应使用环境、适应人的任务。其中，适应手形操作在德国和斯堪的纳维亚国家的设计实践中应用很广泛。

四、社会学人模型

劳动学中大多建立了社会学人模型。德国劳动学中明确指出，西方工业化工程中劳动管理和工具机器劳动设计的基本依据是经济目的和人模型（对劳动者的看法），它决定了人机关系。在各历史时期曾提出了各种人模型，它把现实人复杂行为通过简化形成"理想"的典型行为方式。在各历史阶段，曾出现过泰勒的经济人模型、社会人模型、自我实现人模型、目的人和复杂人模型。这些人模型属于宏观社会人机关系模型，它决定了生产系统和管理方法的设计基础。

泰勒的经济人模型出现在1900～1930年期间的机械化生产时代，它认为在原则上人是能够通过金钱来刺激，并且在劳动中追求最高报酬。在组织内人是被动的和单独的个体，可以被组织控制和摆布。这个理论反映了美国文化特征。它的主要思想是把劳动划分成尽可能小的单元，它要求尽可能少的技术，工人可以很快熟练工种，从而达到高生产效率。它也反映了美国行为主义"刺激-反应"心理学在工业经济中的应用。电影《摩登时代》中卓别林就反映了当时美国设计精神。这种生产线的设计主要考虑的是高生产效率，而不太考虑工人的劳动强度，设计思想是用机器指挥人，而不是人指挥机器。这种经济人模型在德国和欧洲许多国家早已经被抛弃了。

社会人模型认为人不是个体的，而是属于社会群体关系的，例如工人组织成工会。人首先是由社会要求产生动机的，当人感到劳动空洞无意义时，他就会在社会关系中寻找能够使他满意的劳动位置。与老板的金钱刺激和控制相比，他受自己职业群体的社会准则的控制更强。劳动者要求得到承认，有归属感，要求名正言顺。这种理论认为，人不是被动者，而是行动的自主体，他有动机，在实践和文化生活中是主动的参与者，有意识地从事和掌握工作劳动，他有自己的行动能力与环境打交道。这一理论研究了人的社会行动方式，对德国的劳动设计以及工业设计的社会因素考虑有较大影响。它认为，设计不仅仅是考虑一个孤立的产品对象，而应当考虑社会因素。现在，这一思想已经成为工业设计中的一个专门方向。

1950年代美国马斯洛的人本位心理学提出了人的要求层次理论，它形成了自我实现人模型。这种人模型认为，人追求自我发展和自我实现。

托马策夫斯基（Tomaszewski, 1978）提出，人是独立的主观者，它要求自我控制。这种理论对人行为解释有较大影响，从而影响了企业管理和社会行为准则。它对工业设计也有较大影响，例如要求设计尊重个人隐私（个人文件口令），衣着、家庭用品、家具、汽车设计表现个性。在这一方向上，工业设计研究各种社会群体的特殊要求，统计社会爱好趋向。

1980年代又出现了复杂人模型，它认为，人的生活表现为各种有目的有意义的行动的一种综合，个人总有多层动机，多种要求。在一定时间一定情况下，人们的要求并不相同。人是变化的，发展的。人对环境起主动积极作用，人的目的假设和期望是面向未来的（Martin, 1994, 168-170）。

操作员心理学模型。美国人机工程学认为人是机器系统的一部分，完成系统的输入和控制功能。它把人模型抽象成眼和手脚动作，分别由一些参数来表述。眼的参数主要有：寻找发现能力、视觉对象的区分能力、视觉对象的识别能力、视觉反应速度。手脚的参数为：动作种类、机械力学特性（阶跃、积分、微分运动特性）。综合参数为：感知动作反应滞后时间、反应速度和反应准确性等等。并且用系统传递函数表达机器与人的统一作用。设计目的是让机器适应人的这些生理特性。

五、人机行为区别

由于行动理论和认知心理学到1980年代后期才提出了比较系统的人心理学模型，所以在此以前，劳动学中缺乏供设计师使用的以人为中心的用户模型。当时，设计师只是强调人与机器的下列本质区别。

第一，机器擅长准确的机械运动。人手动作或人体运动不擅长几何运动或机械运动，无法与机器那种严格的几何线条运动相比，也达不到这种准确度和精密度。

第二，人的运动受动机控制，它的运动是主动的有目的的，人改变动机后，就会立即终止当前行动，开始新行动。这个转变过程（从终止前一个行动到转入新行动的开始）是个无意识的过程，这种转变称为跳跃式的动机变化，而往往不考虑当前状态。机器运动是状态变化，必须首先要处理当前状态，然后才能转向所允许的状态。例如，要变化机床速度，首先要停车。机器不像人的动作那样可以跳跃。人机界面设计的关键目的是把人的行动方式转化成机器的行为方式，或把机器的行为方式转化成人行动方式。这一任务也是人机界面设计中最难的，但是这一问题经常被忽视，而错误地认为人机界面只包含显示器和控制器设计。

第三，机器符合机械运动规律，而人对机械量感知准确度和精度很差，例如距离、速度、加速度、位置关系（平行、夹角）、温度、长度等等。这一点似乎人人都明白，但是设计中往往忽略了这一点，电熨斗设计时是否考虑了怎么让人感知温度？人眼对化学物质的感知也很差，你能用眼区别糖和盐？

第四，人的耐久能力远比不上机器。机器可以单调重复地运动，在这种状态下人容易分散注意，这往往导致事故。

第五，机器运动速度很高，人的感知和动作反应速度远不如机器，即使在短时间注意高度集中的状态下，也往往跟不上机器的运动速度。

第六，操作工具和机器时，可能会产生视觉错觉，手误动作，或粗心。这可能产生致命结果。设计中应当考虑机器的"免疫"能力，例如对错误操作不反应，对致命操作必须先给出提示，并提供安全结构。例如像科学幻想电影《独立日》中那样，一个飞行员想按下飞机启动按钮，不料手误，于是机器告诉他："你要投原子弹"。

由于人机的行为差别，人们最初认为在人与机器之间设计一个界面，就可以解决人操作与机器性能的不协调问题，这样把人机工程学的目标定为设计人机界面，并把人机界面定义为机器的显示器、人工控制部分（例如机器按钮、操纵杆、控制柄）以及操纵过程。设计思想是让机器适应人的尺寸、反应速度、力学特性。从上述人机区别可以看出，这种人机界面定义太狭隘了。人机界面设计的首要目的是建立人机关系。为了达到这个目的，首先要建立人模型，然后才可能确定设计人机界面的明确目标。

第七节 人中心设计思想

一、劳动学人模型（用户模型）

以德国为代表的劳动学中的设计思想是：劳动不应当是惩罚，而是人的需要，人需要公正的劳动，不应当用技术和机器来奴役虐待人，劳动学的应用必须目的适当，并用适当方法来实施，这些方法不必一定是用（工业）技术规律来决定。劳动学的内容是有法律依据的，它应包含"人－劳动"系统对人适应的一切知识，严格地按照人和人的自身固有规律性来进行设计（Martin，1994，30）。换句话，劳动学在德国是作为道德力量和人道主义知识为基础的设计方法，它是对科学技术决定论和经济商业利益的平衡和修正。它的设计概念是以人的劳动本质为出发点，它认为人的劳动有两个基本范围：劳动作为人存在需要组成部分，或劳动作为生产因素。它认为，人的本质决定了人必然要与自然环境和社会环境交往，人通过劳动来实现这种交往。不劳动，或不喜欢人道劳动会使人变得不合群，导致攻击性或粗野行为。劳动是人存在的一个必要条件。

人中心设计不是从机器功能为设计出发点，而是从人操作行为出发，通过人机界面设计来指导机器功能设计，并通过人机界面给人提供满意的操作条件，因此用户模型是设计的基础。所谓人模型是指设计师应当具有的关于用户使用机器工具（或任何设计对象）的知识。严格说，不存在一种普遍实用的用户模型。设计任何产品前，都应当先建立具体的用户模型。然而，从心理学角度看，用户行为有许多共同特性，根据这些特性，心理学建立用户模型框架。许多书都讨论了人模型，但是由于目的不是明确地以人为中心，这些人模型都不尽令人满意。本书作者在另一本书《Action theory and cognitive psychology in industrial design》中全面分析了用户各类行动方式，建立了两大类用户模型。一种是体力操作用户模型，适用于机器工具的人机界面设计。另一种是用户思维模型，适用于计算机人机界面设计。进一步还建立了人机界面关系理论。本章只想从实用角度简单谈谈体力操作用户模型。下一章简单谈谈计算机用户模型。

1980年代以前劳动学主要研究靠体力操作的机器工具。这种体力劳动模型主要包括三方面：

第一，行为因素模型。它包括下列七方面，每个方面又包括许多因素：

1. 劳动人特性：价值概念与劳动伦理，它涉及人的劳动动机和目的、责任感概念、出力因素、出力形式和疲劳；
2. 素质特性：劳动人性别和年龄特性、行为准则和人的生理节奏；
3. 单项智能特性：各种生理能力、各种知觉能力、各种思维能力、各种动作能力，以及能力的培训和技能水平，失业可能性和影响；
4. 知觉和思维模型：用户习惯的感知方式、逻辑推理方式、解决问题和决策方法、记忆力、语言理解和表达能力、学习能力等等；

5. 体力因素：人体测量、动作和运动习惯、感知与动作的配合、人的精力；

6. 劳动环境因素：原材料的物理、化学、生理因素、危险材料、辐射、气候、热、机械振动、照明的影响；

7. 情绪习惯：引起情绪的原因，情绪造成的后果。对体力操作机器工具来说，用户的知觉和肌肉动作是设计师考虑的重点。通过设计，应当给用户提供条件，满足知觉和动作要求。进一步还应当考虑，体力操作机器工具不应当给用户造成复杂的思维推理问题，也不应当引起情绪剧烈波动。

第二，用户任务模型。它包括：

1. 动态因素（行动过程）：动态行动过程指用户操作使用的完整过程，动态因素主要指操作方式、动机，它包括：建立什么操作计划、采用什么操作过程、知觉与动作怎么配合、怎么检验评价操作结果。用户在使用工具和日用品时，还会产生许多想像和预测，他想像这个工具的性能，想像怎么用手抓握，想像操作过程，预测操作结果等等。这些因素构成一个动态过程。这里主要分析操作过程中知觉、思维、动作之间的配合，各种智能因素起的作用，用户具有的关于该用品的操作使用知识，以及他们的操作习惯。用户操作任何机器工具和用品都是在确定的环境中进行的，设计时不能脱离这些操作环境因素。

2. 操作状态：一般设计师只考虑用户有充足时间、充足精力、处在平常环境和轻松心理状态时的操作行为，实际情况往往不是这样，例如建筑装修中往往要抬头在顶棚钻眼，手动工具设计必须考虑这种操作状态。家庭妇女可能一手抱着孩子，另一手给孩子做饭或操作洗衣机，因此这些用品应当尽可能设计成用单手操作。另外，在通常操作状态下，人的紧张度不高，注意力不很集中，容易忘记事情，容易误操作。当工件没有准确安置在流水线上时，应当用指示灯警告操作员，并且机器无法启动，误操作不应当引起事故，不应当把用品损坏，不应当引起人身伤害。机器和流水线设计必须考虑夜班操作人员状态，应当考虑二人（或多人）配合的操作，光线可能不充分等等。用户在使用操作中遇到问题时，他们会看一看、试一试，这种尝试性动作不应当引起意外后果。正常操作状态还包括用户学习问题，设计应当考虑到怎么使用户容易学会操作方法。

3. 非正常操作过程包括很多情况，这要根据具体环境因素，例如在黑暗中操作，在恶劣气候中操作，在高温中操作等等，尤其应当注意处理紧急情况过程，事故处理过程，疲劳状态下操作，受伤情况下操作。设计应当减少紧张因素和心理负担。

第三，人模型中的最后一个方面是分析紧张因素和压抑因素以及可能造成的后果。压抑因素可能由人际关系因素引起，紧张因素可能由操作速度、环境噪声、温度、振动、气候、心理压力等等因素引起，它可能引起工伤、职业病、精神压抑、失业。通过人机界面设计应当减少或避免这些问题。

二、人中心设计观点

从1974年德国开始实施了全国性的"公正对待人的技术"的设计计划，全面改造人机界面设计。1986年美国诺曼和德雷珀出版《以用户为中心的系统设计》(D.A. Norman/S. W. Draper (1986)：User centered system design，LEA，Hillsdale，New Jersey)，这本书提出以用户为中心的计算机人机界面的设计。英国于1993年出版《人中心劳动学：布润腾派的人因素观》(Person-centered ergonomics：A Brantonian View of Human Factors，edited by D. J. Oborne/ R. Branton/ F. Leal/ P. Shipley/ T. Stewart，Taylor & Francis，London)，总结了布润腾在英国从1960～1986年写的一系列文章，明确提出人中心的劳动学（人机学）。从此人中心与人道主义设计逐渐变成设计界的指导思想。人中心设计观点主要包括下列几方面。

第一，人道主义设计。设计必须要正确对待人，面向人，适应人，支持人的劳动。主动劳动是人与动物的主要区别之一，劳动是人的基本需要之一，在劳动中存在愉快。应当通过设计正确分配人机系统功能，使劳动适应社会，促进社会道德和准则，促使人际关系，减少和避免对劳动者的过分要求，尊重人能力限度，达到技术经济合理，促使个性。这样也避免了眼前短期经济效果，着眼于长远经济利益。使劳动者（操作者、使用者）满意，保护劳动者，保护环境和生态平衡是德国工业设计的基本标准。

第二，过去的工业标准是以技术为中心的，现在逐渐被修改成以人为中心。现在的标准包含了劳动学中的概念，使技术参数符合人体生理能力。人体尺寸属于德国工程设计标准DIN33402，例如德国标准DIN4551、DIN4552、DIN4555对转椅设计提供了可调靠背、固定靠背、办公室计算机座椅可调靠背的设计数据。它还提供了人体运动观察分析的方法。德国还建立了劳动保护技术设计标准（一共108个标准，包括噪声、光线、温度、振动、辐射、劳动岗位、机器、显示屏、办公家具等等），劳动学设计标准（13个标准，涉及心理负担、劳动界面、劳动分析、体力、办公室、流水线、典型劳动岗位等等）。1980年代，国际标准化组织建立的人中心的标准ISO9241"用屏幕显示终端的办公室工作的劳动学要求"。这一标准的第二部分是根据德国标准而建立的。这一标准文件改变了工程师习惯的传统标准方式，它优先规定了目的（操作舒适，对工作人无损害性能），设计师可以选择不同方法来达到目的要求。这的确是一个重大改变。按照这一标准的要求，工程师独自可能会感到设计工作中有困难，弥补办法是在设计过程中包含劳动学工程师。然而在许多方面很难规定"使机器适应使用"的参数指标。

第三，建立以人为中心的人机关系。工业设计的主要作用之一是建立和谐的人机关系。以人来控制机器，还是用机器来控制人。一般美国人机工程学上说，在手工劳动中人起三个作用（体力操作、控制操作和监督结果），在机械化劳动中人的作用有两个（控制操作机器和监督结果，机器代替人实施加工），在自动控制系统中，人的作用只有一个（监督机器运行，机器代替人完成了另外两个任务）。似乎人机关系就这么简单。实际人机关系并不是这样简单。布润腾提出，控制行动总是与责任感相关的，应当把人看成是有责任感的行动者。他提出责任操作员模型，机器操作员是个自决定系统，他的决定因素是行动前对他自己行动后果的意识感，这就是理性的本质，设计人机关系意味着操作员投入到责任中去了。设计必须考虑正常状态和非正常状态的操作控制。现在通常的设计只考虑了正常状态下的控制，没有考虑非正常状态下的考虑，因而在紧急情况下、在处理事故状态时，机器往往难以被人控制，系统设计方法中并没有把操作员看作完整的人，而是只有眼睛（监视仪表和显示器）和手脚（控制操作）的机器人。把人看作是机器的输入部件，必须按机器的要求去反应，手必须准确完成数学函数动作（阶跃函数、线性函数、微分函数），眼与手必须准确反应配合，这样才能起控制作用和监督作用。也许经过长期训练后操作员可以通过考试，但是谁能够长时间准确按照这些数学函数操作机器？人不可能长时间精确无误地重复，这是人的本性。举个最简单的例子,坐着不动,你能维持一小时吗？设计师自己能达到吗？劳动学和人因素对人机系统的出发点不应当把人看作是"机器系统对人的要求"，而应当以人作为出发点，人处于工作状态的中心。人应当被看作是一个整体，而不是人的一部分。设计中使用的人模型应当考虑理解人的价值、人对系统的看法、人的目的、责任和要求、人的能力、人机交往的动态本质。

第四，以机器工具的"可用性"为设计目的，使机器适应人。1970年代以前，劳动学把人看作生理体，认为所谓机器适应人就是适应人的生理能力，适应人的视觉和听觉能力，适应人的生物力学能力，适应人的尺寸，适应人的手形等等。现在发现这种观点很片面。

人在进行操作机器时，主要受价值和动机目的支配，视觉、思维、动作也受动机支配。人中心的设计应当把操作员看作是有价值观念的人，他们的行动是有目的的。行动中，他们朝着自己的目的行进，不断把中间行动结果与最终目的进行比较、思考、修正，不但"干"，而且"想"，包括想像预感（想像操作结果）和行动期望（想像下一步干什么）。劳动学工程师应当理解这些动机和意图，并通过设计来促进这些目的，同时要避免与他们的想像不一致而导致的错误操作。人日常生活中的一个重要愿望是减小不确定性，人中心设计也应当减少操作使用中的不确定性。如果行动后果不可预测，人会感到十分紧张。如果你不知道拐弯时应当把汽车方向盘转动多少角度，你很可能把车开到人行道上去了。如果你不知道一条计算机命令的功能结果，你敢操作它吗？执行操作之前，计算机应当告知其执行效果；操作行动后，机器应当有结果反应，这是人中心设计的一个重要方面。各种日用品操作、计算机软件操作、数控机器操作，都应当考虑这个问题。人行为有许多缺陷，他在操作中会走神儿，可能心不在焉，可能有动作失误，可能反应不及时，可能心烦意乱，可能受环境干扰，动作速度和正确性比不上机器，可能遗忘，可能误读，可能错误理解，可能错误决策，可能没有发现问题，可能疲劳，注意不长久。设计应当把操作员看作完整的人，从人的本质出发看待操作员，把机器特性设计得符合（或弥补）人的这些特性。

第五，保护劳动者的安全和健康，减少伤害。从工业革命以来，工人寿命短、职业病、工伤事故多，精神压抑症一直是个重要问题。安全和健康保护是维护人的劳动权利的基本条件。劳动学和人因素设计应当包含道德考虑。在德国已经形成系列的劳动安全和保护法律以及许多设计方法。例如工人被看作为社会技术系统中的一部分，机器设计应当体现他们的价值和道德。安全技术设计已经成为设计领域的一个专业方向，主要分析煤矿事故、交通事故、油船事故、核电站事故等，并且已经应用在飞机、汽车、火车、轮船、核电站、机器、日用电器和工具的设计中。它的目的不是一味追求现代高技术，而是重新反思几百年来人类制作的各种机器设备和工具，把设计思想和设计标准从机器技术中心论转向以人为中心的设计，从机器工具设计原理上防止操作人员受损伤。在这种设计思想下，建立了安全技术标准，认证产品时不仅要检验机器的技术指标，还要由人因素工程师检验安全操作性能。

第六，减少紧张源。造成精神压力的来源叫紧张源。除了明显工伤外，长期精神紧张和精神压力引起各种职业病，例如腰肌劳损、气管炎、耳鸣、长期失眠等。它不仅来自工业环境的噪声、高温、振动、快节奏，也来自不适当的机器设计。过去劳动学和人机学中仅仅从生理反应角度研究紧张和疲劳，没有从心理角度认识，实际由于责任感，人在操作机器时可能感到紧张。过去有些机器不符合人的责任感要求，像火车，刹闸后它并不能很快被停下来（Oborne et al, 1993, 25）。通过设计应当减少这种紧张源和精神压力。生产工艺过程中的不合理人因素、不适当的企业管理也造成各种紧张源，例如在签订的定合同中规定，甲方（出资方）应当给乙方（承接项目方）拨款10万元，但是在实际操作中存在一个问题，甲方要求乙方在接到合同拨款前，先写出拨款收据交给甲方，否则甲方就不拨款。乙方往往没有其他办法，只好在没有收到款时先写出收款证据交给甲方。万一甲方不讲理，以此为据向乙方索款，乙方在法律上毫无自卫办法。这种不合理的程序给承接方造成很大精神压力，无一例外，它使人长时间睡不好，注意力不集中。实际上，这个问题在密码通讯理论上已经解决了，在国际贸易和工业国家中已经有可以参考的办法。它的主要思想是双方共同认可一个能够信任的第三者（丙方）作为中介，例如可以让一个银行作为中间人给双方作保。甲方把款交给银行，银行通知乙方，乙方认证该通知无错以后再把收据交给银行，银行把收据出示给甲方，如果甲方认为收据没错，银行把款交给乙方，把收据交给甲方。如果甲方或乙方认为出现了无法调节的问题，银行就把款退回甲方，把收据退回乙方。这样在最坏情况下也不会出现拿了款不认帐，或拿了收据不付款。

第七，使人机界面的操作符合人的行动方式。设计用户界面时应当了解用户操作行动方式。要设计好汽车驾驶界面，应当调查司机行动特性。调查什么样的司机？老司机（专家用户）？布润腾曾调查过数百位司机和交通监督员，询问他们开车时到底在干些什么事。使他吃惊的是，那些具有三四十年经验、具有高智商值的人们往往说不清他们的开车过程：怎么开车，开车时到底干些什么，何时作出行动决定等（Oborne er al, 18）。这一经验表明，设计师调查什么用户是个很关键的问题。实际上，这些专家用户经过多年实践，已经适应汽车驾驶，形成了自动行为（习惯）。他们可能认为现有汽车、计算机的设计是合理的。然而，一个生手可能认为汽车驾驶太危险，从生手容易犯的操作错误和提出的问题可以发现设计问题，例如换档，首先要踏离合器，然后再换档，这明显是面向机器的功能，而不是面向司机的"快""慢"行动概念，换档过程要求司机必须严格遵守操作顺序，对新手来说，不能分心，脑和脚必须配合好，稍一疏忽就会出事故。为解决这个问题，自动车取消了换档概念。计算机操作也同样，使用多年计算机的人往往认为"计算机就是这样，必须要学习"。他们往往认为键盘比鼠标更容易操作，键入命令比点菜单命令更方便，他们已经忘记学习花了多少时间，往往不会从外行新手角度出发。一位博士生程序员曾说"只要手脑健全的人都会使用键盘"，这是典型的科学理性和机器中心论。为了解决使用问题，心理学对用户进行了许多研究，发现用户概念是个复杂的问题，可以分为偶然用户、新手用户、非专业用户、专家用户（例如计算机打字员）、专业用户（计算机程序员）、不情愿用户（由于陌生反感等原因，不想用键盘，但是又不得不使用它，例如银行自动取款机）、家庭妇女用户（计算机远程订购）等。他们的操作动机、行为方式、知识水平、操作习惯等等各不一样。

第八，根据用户的使用出错改进设计。许多安全和工伤问题是由于操作出错引起，此外还有大量隐性的操作出错，它虽然没有引起明显的事故和人体受损，但引起潜在安全危险以及对用户的隐性损害，例如鞋夹脚，工具难使用等。也许10次键盘操作出错没有引起一次危害，但是第11次可能会误删去一个很重要的计算机文件。又例如街头的自动取钱机，人们往往这样操作它：把磁卡插入取钱机，输入密码和钱数，拿钱，然后匆匆忙忙走了，晚上到家才想起来忘记拿磁卡了，到哪去找？人们容易忘记事情，设计能不能设法使人们避免这种失误？可以。许多设计都可以使用户避免这类失误。正确的设计是，当用户输入密码和钱数后，让自动取钱机先送出磁卡，当用户取走磁卡后再送出钱，一般人是不会忘记拿钱的。人的动作容易失误，这是人的天性，有些管理者以为通过批评就可以使这些人改正，这如同削足适履。应当通过设计来减少和防止这类情况。避免用户遗忘、避免用户动作失误、避免操作使用错误是设计改进的主要动因，产品设计必须考虑使用现场和人的有关行为。

第九，无人工厂与失业问题。西方一种典型设计思想是尽可能地提高效率，用机器代替人，这样造成失业。人中心设计思想是通过人机界面的设计支持人的工作，而不是取代人。近些年来德国又提出通过工业设计来提供新的就业机会。当前人们主要担心的一个问题是计算机自动化造成的失业问题。美国空军在1940年代末开始研究自动控制机床，1952年麻省理工学院制成了首台数控三轴铣床。这种数控机器进一步发展成计算机数控（CNC）技术。1980年代形成了计算机辅助设计（CAD）、计算机辅助质量控制（CAQ）、计算机辅助计划（CAP）、计算机辅助工程（CAE）、生产计划和控制（PPS）。这些技术与计算机信息处理结合在一起最终形成了计算机一体化制造（CIM）。为什么要发展这种生产技术？实现无工人的工厂，据说并不取代管理人员。它的目的是什么？消除"人为干扰因素"。与机器相比，人有许多缺点，生产工程中的大部分问题来自人际关系。换句话，通过CIM技术将来要解雇更多的工人和工程师。一个工厂只要一个老板和他的秘书就可以了。1970年代初德国戴姆勒奔驰公司引进了第一批美国机器人,有些人提出"无人车间"、"无人工厂"设想,这代表了西方工厂主利益的典型设计思想:发展科学技术、提高效率、解雇工人。这种潜在的可能问题引起欧洲许多国家的担心,1986年英国、丹麦和德国联合进行了一个欧洲工业项目,调查研究了CIM发展,于1991年写出报告《面向人的灵活制造CIM概念》(Menschenorientierte CIM-Konzepte fuer die flexible Fertigung: Praxiserfahrungen in einem europaeischen Industrieprojekt, 1991, Thomas Schael, ISBN 3-89368-100-0)。文章中再一次批评了泰勒管理法的指导思想,明确指出技术并不是价值中心,技术设计应当表现人的生活与活动,技术设计工程应当积极保护人自己的社会地位关系,提出发展以人为中心的CIM技术。他们提出下列人中心的人机系统设计原则:

1. 人与机器应当相互补充共同达到一个目标,单靠人或单靠机器无法实现这个目标,人使用机器,机器支持人,这是面向人的技术设计的一个原则;

2. 通过用户来控制,人应当有决策自由和高度灵活性;

3. 通过观察生产输出,人可以改变和撤销输入输出量;

4. 系统过程透明可见,不要给人造成意外;

5. 人机系统必须与用户经验一致,输入输出过程必须与用户经验一致;

6. 系统应当能够解释它现在正在干什么;

7. 系统应当使用灵活,以保证人的自由要求以限制机器;

8. 应当使用户能够控制故障和干扰;

9. 人最困难的一个问题是无意识的行为动作,系统设计决不能忘记这一点,在这种情况下当计算机执行了一个错误操作时,不能把用户置于无可奈何的地步;

10. 在各种情况下,人会试一试有什么可能方法,这不应当导致机器错误和损失,方法是:限定尝试边界,预先告知可能的操作后果。

1970年代德国许多企业已经到达能力极限,怎么在1990年代在国际竞争中继续生存?要不要引入CIM?德国认为,市场的激烈竞争迫使企业不断提高生产力,这样导致了面向技术的观点,他们把自动化看作是陈旧概念(是为了解雇工人),把CIM看成为技术中心的设计。德国认为只能把机器看作是对人劳动的技术帮助,而不是取代人。为了实施这种人中心设计,德国于1970年代就在几个大型企业AEG、Bosch、大众汽车公司装配车间和Hoesch钢铁企业公司贯彻了大规模的劳动设计和劳动结构化项目,以每个工人的能力为基础,按照人机功能要求组织成小组,而不是横向或纵向劳动分工,这种方法被称为群体技术原则。然而没有找到有效办法来代替技术中心的自动化。到1997年德国失业人口达到450万。

下面几节重点分析三种人中心设计:可用性设计、安全设计和产品符号学。

第八节 可用性设计

一、可用性的研究方法

1960年代末德国设计界流行起"外形跟随使用"(form follows use)名言,外形应当符合使用和操作需要,这是设计思想发展的一个新阶段。可用性是指机器工具的操作使用是否符合人的行动过程的动机和目的(即行动计划)。机器工具好不好使用是人们判断一个工具、机器、用品的主要根据之一。凡含有用户界面的机器必须包含可用性设计。可用性不仅涉及产品的功能特性,还涉及到使用界面。它的核心是研究人的使用动作特性和使用过程,主要与人的知觉、思维、肌肉动作有关。它的设计方法主要根据人体生理学、心理学(行动心理学、认知心理学、社会活动理论等)和社会学,从人使用对象的角度,研究人的生理特点、操作行为心理过程、以及社会因素对操作使用的影响。从中找出适合于人操作的条件，通过人机界面设计去满足这些条件。一般有两种研究方法：非实验方法和实验方法。

第一，非实验方法。设计师观察用户自然操作使用过程（而不是在实验室里规定操作过程），让用户填写操作过程调查表等属于非实验方法。研究改进计算机人机界面时，经常要靠观察用户操作来评价软件的可用性。这里要注意一个问题：什么现象可以被准确观察？人体动作，手的动作，脚的动作等可以被观察到，这些通称为明显肌肉动作。观察这些现象能够了解体力操作过程，以及环境因素和现场因素对用户体力操作的影响。什么现象不能被直接观察到？动机和思维活动不能（或很难）被观察到，这些被称为不明显活动。用户操作计算机时，或观测雷达屏幕时，他们的人体和脚基本不运动，他们的手都在操作键盘，从远处看他们都差不多。怎么观察心理活动？观察什么？主要观察眼的活动。例如观察用户操作计算机时，要注意用户眼睛看什么东西。当眼寻找目标时眼球要转动。当考虑识别目标时眼球凝视不动。当遇到困难时眼神犹豫。为了观察眼球活动，人们制造了眼球运动跟踪器。

通过这些观察还不能确定的问题，可以让用户在操作过程中"出声思考"（一边操作，一边自言自语讲述思维过程），许多人不习惯出声思考时，也可以在实验后让用户回忆口述心理活动、自我描述操作过程或者进行书面专题调查，当然这些只能作为参考。通过这些办法可以发现用户界面中的问题。观察前应当准备好观察计划，例如观察用户之间的交流方式、注意力对操作的影响、出错行为、误理解、人际合作失误等等的影响。观察必须要长时间反复，尽量注意到各种特殊情况，特别要注意不经常出现的现象。调查后会进一步发现问题，需要再深入观察调查。这种观察和调查是设计过程不可缺少的，实验室心理研究往往不能代替这种观察和调查。相反，现场观察和调查往往能够弥补实验室方法的不足。但是观察和调查也有缺陷，它往往难以得出系统深入的规律。

第二，实验方法。它包括现场实验和实验室的研究。国外过去在实验室研究得比较多。心理学实验一般在一个隔离的屋子里进行，尽量剔除其他因素影响和外界干扰因素，通过实验可以系统地调查所感兴趣的变量。实验目的从何来？从用户的实际操作使用现象中来。汽车转弯时要转动方向盘，遇到紧急情况时要迅速转动，人们有时会埋怨司机把方向盘转过头，结果把汽车撞到路边的树上了。是否能够使手的动作又快又准？这个问题在许多实际操作中都存在：把晶体管插入包装盒的插孔里，手工操作机床，手工把零件送到位，瞄准运动目标等等。这些动作都可以被抽象成手运动的速度与准确度的关系问题。费茨（Boff/kaufman/Thomas，1986）对这个问题抽象出来进行了实验研究。他设计的实验中要求手持笔运动到一个目标靶，这个矩形的靶的边长从 0.65cm 变化到 5cm，手运动距离从 5cm 到 40cm 变化，运动时间是相关变量，人要通过视觉反馈来控制手运动的准确度。费茨的实验结果表明，当要求的运动准确度提高时（靶的高度不变，宽度减小），手运动时间要增加。若靶的宽度增加，要求的运动准确度降低，那么手的运动时间减少。要注意靶的高度和宽度的变化实际上可以表示成靶的面积。靶的面积大，要求的运动准确度降低。假如手的运动距离与靶的宽度成正比变化，手的运动时间保持为常数。通过实验他归纳出一个公式：手运动时间 $=a+b(\log_2 2A/W)$。其中 A 是靶的高度，W 是靶的宽度。a 和 b 是常数。费茨把（$\log_2 2A/W$）定义为困难指数 ID。例如，当 ID = 3 时，运动时间约为 0.3s，当 ID = 5 时，运动时间约为 0.45s，当 ID = 7 时，运动时间约为 0.67s。这个实验结果被称为费茨定律，是心理学中描述视觉－手肌肉运动的一个基本定律。此后，其他人又研究了手在显微镜下的运动规律，在水中的运动规律，头的运动规律，用鼠标移动屏幕光标的运动规律等等。这些研究对设计和培训起长远作用。

有些设计问题无法通过现场观察得到，只能通过实验来研究分析。例如对儿童来说汽车座椅太宽太不安全，人们设计了各种儿童座位，把它固定在汽车座椅上面，怎么评价这些座椅是否安全？只能通过实验。1996年德国对各种儿童附加座椅进行了实验，用模型人代替儿童放在这些座椅上，让汽车高速行驶然后急刹车，看这个过程中模型人与座椅的行为过程，并把整个过程摄影下来进行分析。最后发现，几乎一切儿童座椅设计都无法保证儿童安全，只有一种座椅比其他的稍好一些。这些现象很难在现场观察中得到，现场观察也往往达不到这种系统性和深度。但是应当注意，实验结果是在一定条件下进行的，应用别人实验结果时必须对这些条件分析清楚，不能任意把实验结果普遍化，不能任意推广到各种设计情况。过去多在实验室研究心理现象的结论与实际情况有较大区别。现在人们注意实际现场因素对心理的影响。

不进行观察和实验就不可能设计出好的人机界面。当然实验结果还要进行数据处理，它离不开数学。需要强调的是，人机界面设计有自己的价值，心理学实验和观察是人机界面设计的重要基础之一，数学计算不能代替实验和观察，它只是设计工具之一，只能弥补设计认识中的一部分缺陷。人机界面设计主要依赖实际经验的积累。

二、用户视觉研究

它指用户在使用一个工具或用品时的知觉过程、思维过程、手动作过程、它们的配合、情绪的影响，以及环境因素的影响。其中使用操作主要依靠知觉和手（脚）动作。知觉主要指五官的感知、运动感、加速运动感和平衡感。在用户使用工具时，知觉不再是个刺激反应的被动生理过程，而是受行动愿望和动机指导的。其中眼的视觉是最重要的，简单说，视觉设计的要点是：

1. 了解用户在操作工具的过程中的视觉意图（何时，何方向，看何物）；
2. 视觉能力的需求：视觉搜索方法、发现目标、区分目标、认出目标，其中，发现和认出目标对设计考虑是最重要的；
3. 用户的视觉经验；
4. 视觉预测和期待；
5. 视觉环境；
6. 注意力负载；
7. 视觉疲劳；
8. 视觉错觉。设计中要使提供的视觉信息符合用户目的；信息表达方式（文字、图形、表格）符合视觉直接感知，一看就懂，不必视觉判断；信息量不多也不少；不要引起视觉的错觉等等。以上各方面构成视觉设计的重要考虑内容。

在使用工具的过程中，人手动作不是孤立的肌肉生理行为，而是受目的和意志控制的行动，或经过长期学习后形成的习惯动作。也就是说，手的动作是与大脑思维，人眼活动相配合形成一个动作整体，形成了"动机-知觉-动作"链，因此，设计中不能只孤立考虑手的生理适应性，而应当考虑适应用户有目的的手行动。设计的中心问题是首先要搞清楚人手的动作目的和动作种类、运动方式，以及各种动作的组合联系，从而在设计中提供条件去满足知觉和动作的要求。

设计师往往忽视了用户的视觉与操作配合，而事实表明视觉设计是最困难的问题之一。视觉设计错误有许多种类：

第一，设计对象缺乏视觉引导，使人容易产生视觉错觉，图3.8.1是某个大学图书馆

图3.8.1 玻璃转门。你能一眼看出它的入口和出口吗？由于这个玻璃门缺少视觉引导，不少人撞到玻璃上了。改进方法是在玻璃上贴上条纹带，就可以避免这类问题

图3.8.2 改进电压表设计：使电压表刻度盘与手操作对象处在同一视角内，测量人员不必转动头部，就可以同时兼顾测量探头和测量读数，从而减少了双手滑动引起的短路危险

的玻璃转门，由于门上缺乏视觉引导，常常有人碰到转门玻璃上，后来在门上贴了横色带后才避免了这个问题；

第二，手操作与眼观测方向不在同一视角内，电工手持测笔接触高压电极板，眼转到另一方看电压表，手容易滑动引起短路危险，图3.8.2改进了电压表，使人眼能够同时兼顾测笔与电压表显示；

第三，开关布局与电灯布局不一致，例如会议室、展厅、剧院的灯光设备有大量开关键矩阵，这些键钮的布局与灯光实际位置不一致，引起操作困难。

第四，视觉含义不清楚，例如计算机显示屏前面板下部设有七八个按键，其功能含义往往不清。这些都是视觉设计中的问题。另外常见的设计问题还有以下几种。

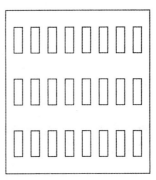

图3.8.3 电源开关布局与实际电灯布局不一致，给操作带来很多麻烦

三、面向机器技术的设计给用户造成思维困难

人机学专门从视觉和触觉上分析了各种按钮设计，但是许多情况下，按钮并不是由知觉确定的，而是由思维认识确定的。1970年代以前的照相机提供了光圈、距离、时间的选择。按照人机学方法只从肌肉生理上来分析，操作动作并不难，只要用拇指和食指把镜头转一转就可以了，但是实际上，它的操作不是由手决定的，而是由人脑认知决定的，人必须懂光学知识，懂光圈的含义，知道影响曝光时间的因素，它给普通用户带来使用困难，顾东顾不了西，要么忘了光圈，要么忘了距离，大部分相片像在云里一般，或像画家梦寐的印象派一般。日用品的使用方法必须面向人的生活经验，不能以技术和科学知识为中心。现代的自动照相机改变了那种设计思想，消除了面向机器的操作。录像机的设计也有同样问题，它的预定时录像很难操作。有些洗衣机电熨斗设计也提供的许多选择可能性，给用户使用同样带来了意想不到的困难。动作选择不仅仅是手操作问题，而是信息认知处理问题，设计师不应当提供过多的选择可能性。

四、操作环境

操作环境和操作情景是人机界面设计中很重要的问题。一家公司开发了一个汽车用的

卫星定位系统，用户可以通过键盘输入目标地址，该系统就可以在行车过程中告诉你行驶路线。试用中顾客都说该系统"好，好，好"。但是这个系统始终没有能够被推上市场。问题出在键盘上，设计忽略了操作环境状态。汽车行进中很难操作键盘，也很危险。而平时无意之中又很容易误碰上若干键。如果半途中要改变目标，只好先停车，在高速公路上可能要开半小时才能找到出口。因此，汽车用的卫星定位系统不能采用键盘作为输入器件。任何人机界面设计都必须考虑各种实际使用环境和操作情景，要考虑用户各种动作可能引起的后果。任何设计都不能只靠计算和绘图。例如，消防队员的防火帽的设计主要应当考虑环境因素，头盔应当抗冲击，防止面部和后颈被火烧伤，头盔不晃动，高亮度下保护视觉（变色镜），汗的处理，耳机和微型麦克风与头盔的固定应当戴卸方便。设计一种高质量的防火队员帽是不容易的。

五、操作使用过程（Handhabung）

工具、机器以及任何用品设计中，应当以用户的操作使用过程为主要依据。这是德国工业设计界常用的一种方法，主要包括两方面：

第一，使工具适应手形，大部分机器工具和日用品靠手来操作，因此工具的形状应当符合人手的抓握方法，例如图3.8.4改变传统瓶子的圆筒形结构，使瓶子的中部较细，适应人手尺寸和抓握形状。

第二，分析用户的使用操作过程，一个操作过程包括：产生动机目标，形成行动计划，实施操作，检验评价操作结果。例如设计门锁和开门过程，它是由下列动作构成的：眼寻找锁孔，眼识别正确钥匙，一手把钥匙插入锁孔（或把磁卡插入锁槽），转动钥匙，另一手抓住把手，转动把手，推（拉）门。在这个过程中，视觉、思维、手动作配合在一起完成了操作行动。各种实际因素影响这个过程：

寻找锁孔：一般的设计是把门锁安排在把手下面，视觉往往不能直接看到锁孔。正确设计应当使把手不遮挡住门锁。

识别正确钥匙：如果你有10把相似的钥匙，如果你有耐心，如果你开门之后没有急事，那么你可以慢慢试。如果你是一个办公楼的夜寻守卫，你的钥匙可能要装满一小车。如果你必须在黑暗中开一百个门，检查每个房间内电源和窗户是否关了，如果你匆匆忙忙又忘记带手电筒，那么，你也许就能体会到这个小小的设计疏乎引起多么大的麻烦。钥匙设计可以分三类：普通工作人员的钥匙只能开自己的房门，部门领导使用局部通用钥匙，可以开本部门的各房间，总管人使用全通用钥匙，可以用一把钥匙开各个房间的门。

图3.8.4 使瓶子适应手形

图3.8.5 把手暗示了转动方向

插入钥匙：锁孔入口往往太小，难以把钥匙插入，锁孔引导有引导槽。钥匙有方向性，这要求人们应当记住插入方向，锁孔设计应当明显给出方向引导。

当你用右手转动钥匙的同时，左手要握住圆形把手转动，向什么方向转动？左旋还是右旋？许多人认为这不是问题，但是，对有些人这的确是个问题，他每次都不得不"试一试"。如果手里抱着婴儿或一堆东西，无法同时用两只手，那么开门的确变成了一个困难问题。把手应当暗示转动方向，应当把圆形把手改为有明显操作方向的长条性（或曲线形），这样不必考虑旋转方向。还应当考虑省动作，例如一只手就能开门。

这种门锁对有钥匙的人来说不容易开，可是对小偷来说又太容易了，一脚就能把门和门框踹开，因为我国当前的门框结构和室内装修忽略了门的安全问题。为此，人们不得不再安装一个铁门，把家家户户设计得像动物园。这不仅仅涉及家庭住房设计，也涉及到办公楼的设计，统计资料表明，现代社会中，办公室犯罪数目年年增高，门窗安全是建筑设计考虑的主要问题之一。

现在的门锁需要用金属钥匙，一个门锁一把钥匙。每个成人都有一串钥匙。为了防止丢失，又设计了钥匙环、钥匙链。一串钥匙放在裤兜里，没有多长时间，高档裤子的裤兜就破了。为了减少裤兜磨损，又设计了钥匙袋。这样仍然不安全，有的人往往忘记把钥匙放在什么地方了，于是又设计了电子口哨呼叫器。你一吹口哨，它就发出"嘟嘟嘟"的声音，哦，钥匙在沙发下面。一段时间后，电子口哨呼叫器的电源耗尽了，这样又要给它买电池……这样，为了解决一个问题，引起了一连串新问题，或者把一个问题转换成为另一个问题，而不是解决使用问题的最终设计。这种设计思想在日常用品设计中相当普遍。这种设计思想的出发点是"增加附件来提高可靠性"。人们已经认识到由增加附件的方法往往提高了复杂性，而对可靠性的改进往往有限。能不能采用新的设计方法，使锁安全可靠，而且使用简单方便？为此出现了若干新型锁，例如数字锁、条纹码锁、指纹锁、人面部识别锁等。

六、定位、固紧、测量

这个问题似乎很简单，但是人机界面设计中往往忽视了它。一般人都知道，任何机床都有定位装置。车床有工件同心定位爪，它既能保证同心又能固紧工件，这样才能保证加工。但是对于榔头，刀锯，手钻等常用手工工具，却往往缺少配套的定位和固紧装置。加工中人只好靠手来固紧钉子或木料，这样难以保证加工质量，又很容易伤手。谁没有被榔

图 3.8.6　铁栅栏应当设计得美观些

头砸过手？谁没有被刀子割破过？设计制造榔头和刀子的人自己也在所难免。陕北石匠在用榔头砸石料时，左手握一个长把铁环把石料圈起来，以防石料乱飞。工业设计师应当充分认识到，刀、锤、锯是危险工具，它们容易伤害人手。没有工件定位固紧装置，也难以保证工作质量。为此目的，应当改变观念，设计新的工具来代替各种不同场合使用的刀具，例如为儿童设计了转笔刀。在这方面，德国设计的木工工具很有特色，例如手锯架、冲力榔头等等。手用工具的定位和固紧应当是工业设计的基本考虑之一。

图 3.8.7 定位斜角木锯，德国奥特（Georg Ott）于 1877 年发明。经过一百多年改进，由木制结构改成金属结构。它可以把锯条准确定位成 90°、45°、36°、30° 和 22.5°，锯出的木条斜角可以拼成四边形、五边形、六边形和八边形

图 3.8.8 木工常用夹具。图中 "IF" 表示该产品获得汉诺威工业设计奖

图 3.8.9 给手电钻增加一个支架，就可以增加许多功能

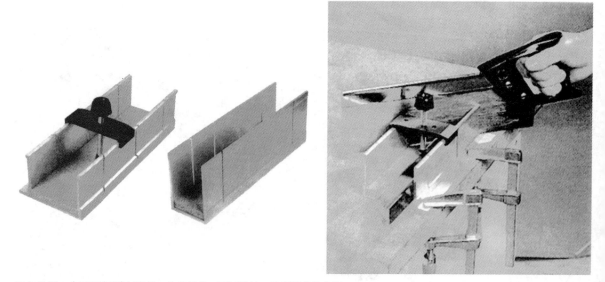

图 3.8.10 木工经常要锯 45°角，为此目的，可以设计一种很简单的夹具

图 3.8.11　木工工具台是木工的基本设备之一。它应当满足多功能需要、轻便、存放省空间、价格便宜

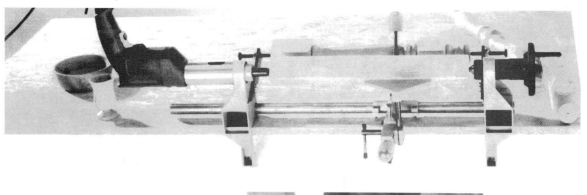

图 3.8.12　木工简易车床：制作一个简易支架固定手电钻和木工工件，就可以把它当作木工车床使用

图3.8.13 室内装修经常要钻孔打眼,以安装管道和线路。给手电钻设计一些附件就可以实现这些目的

图3.8.14 BOSCH公司设计的测距器,测量范围为0.6~20m,准确度为1%

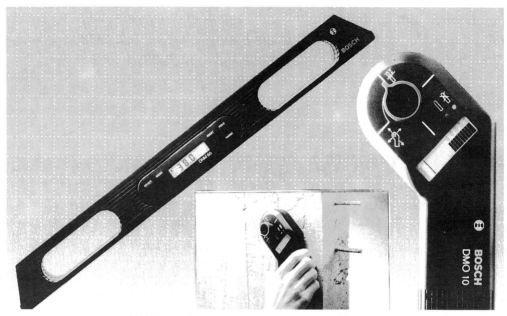

图 3.8.15 BOSCH 公司设计的智能型角度测量尺和测量器,可以测量倾斜度、角度和水平度,测量范围 60cm,角度准确度 0.1°

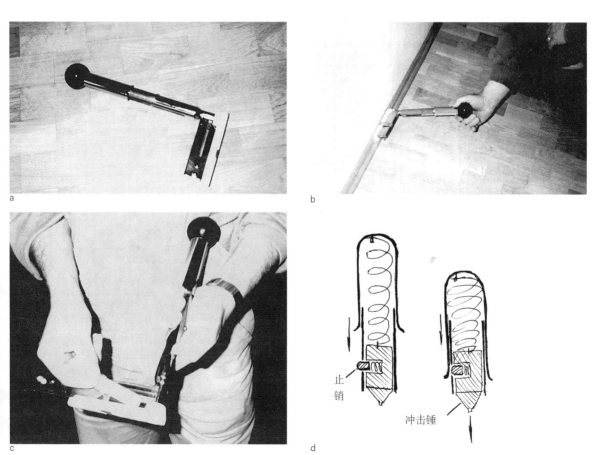

图 3.8.16 冲力钉锤。这是一个很独特的设计,完全改变了榔头的形象。不必用手扶钉子,避免了误伤手。它使用排状钉子。它的工作原理是靠手的冲力先压缩弹簧,然后靠把手的前沿滑动压下一个止销、释放弹簧、使冲击锤冲向钉子。图 a 是它的外观。图 b 是使用方法。图 c 是排钉的安装方法。图 d 是原理示意图

七、日常小用品

玻璃镜框、盛物箱、瓶盖都是日常用品。设计师不大重视这些东西的设计，认为那是个小东西。设计不当的瓶盖往往给用户引起许多麻烦。实际上，设计高质量的瓶盖并不容易，因为它的使用要求很多，而且有些要求相互矛盾，例如要求密封，又要求易开。下面举几个设计实例。

图 3.8.17　右边是矿泉水瓶盖，用铝薄皮制成。瓶盖下部有压纹，用手可以把瓶盖扭开。中图是洗头剂瓶盖，塑料制成，与瓶子连成一体。洗头时，闭着眼也很容易把瓶打开，也不必在浴室里为找瓶盖而费时间。左边是油瓶盖，塑料制成，用手可以把密封盖撕开

图 3.8.18　墨汁瓶盖。墨汁瓶是黑色的，人们看不见瓶内有多少墨汁，瓶口又较大，一不小心，就容易使墨汁喷涌出来。日本改进设计了墨汁瓶盖，在瓶盖侧面增加了一个小开口，这样就克服了上述的使用问题

图 3.8.19　洗涤剂瓶盖。压－提式瓶盖。避免了在厨房找瓶盖的问题。有些自行车水壶也采用这种瓶盖结构

图 3.8.20　印泥盒和鞋油盒盖往往很难打开。本图所示的金属盒盖采用了新使用方法，只要用手指压下箭头所指的部位，盖子就很容易被压开

图 3.8.21 可折叠的盛物箱,供家庭购买物品使用。它的价格仅仅 4 马克,比一包香烟还便宜

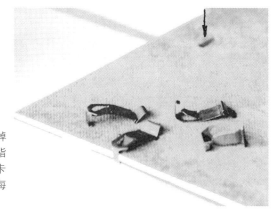

图 3.8.22 玻璃镜框的简单固定方法。该设计省掉了通常的边框,在背面制板上开了小槽(箭头所指处),用金属弹簧卡把玻璃板和纸板固定在一起,并卡在小槽中。这个弹簧卡设计得很巧妙,每个部位和每个形状都具有功能

第九节 手工电动工具的可用性设计

适应操作设计在手持动力工具方面应用很广。工业环境中的手持动力工具包括手提砂轮、手提碾碎机、手提钻、手提铲枪等等。它的动力可能依赖电机、气动马达、液压马达

或小型内燃机。有些设计书上把这种工具的人机界面设计局限为人体尺寸和生理力学问题，即手提工具的重量适当，符合手形操作。这种观点很片面。这种工具往往很重、高噪声、振动性很强，长期使用这种工具，还容易引起职业性"白手病"。1989年德国弗劳霍夫技术研究院专门研究了这类工具的可用性设计，并提出下列改进方法（Bullinger／Lorenz／Muntzinger，1989．299-305）：首先要从实际操作环境和情景分析紧张源。

第一，主要紧张源是机械振动。这种振动使操作者很难定位，降低操作质量，容易引起工伤，以及手臂和腰慢性职业病。工程设计应当减少工具振动，主要是减少振动的惯性力和工具内转动部件的不平衡力矩。另一种方法是设计抗振动和减振系统。

第二，另一个紧张源是噪声。一种噪声源来自手提冲击锤、手提凿枪、手提电动螺母枪和手提研磨机。噪声污染同样引起许多职业病。德国标准DIN45635对手提动力工具的噪声有规定。减少液压工具空气噪声的一个有效方法是用声音吸收管把废气释放掉。他们还研究了电动锯，它的噪声来源是驱动机构、锯刀和气体交换系统（释放废气和吸气）。他们制造了一种电动锯，用内燃机驱动可以减少噪声。另一种噪声源来自工艺过程，其中主要来自被加工的工件。以往工具设计者往往不考虑这种问题。实际上通过设计适当工装夹具可以减少噪声。电机轴转速达每分钟25000～30000转时，动力工具会产生很高噪声，例如1.6kW电锯的噪声高达98～107dB。通过改进驱动机械、出屑部件、限制转速，可以把噪声降低到97.5dB。电机的噪声主要来自它的风页部件、页片的数目、形状、尺寸、布局结构和转动灵活性，另外如果可能的话，应当引导空气顺利进入工具。

第三，加工产生的金属尘埃对人肺危害很大。应当给这些手持动力工具设计吸尘器（或废屑容器），例如在碾磨轮的轮缘应当收集尘埃。

第四，手持动力工具的操作姿势五花八门，例如仰面躺在地上手举工具，头向上手持工具在顶棚上钻孔，为了保证精度，工人往往要费很大气力保持定位准确和长时间操作。因此必须减轻工具重量。为了减轻重量，手持动力工具改用两冲程内燃机（internal-combustion engine），它却产生大量碳氢物，用铂铑镀层可以减少80%的碳氢物。在设计工具的人机界面时，要分析工人的操作任务，要使各种操作状态下手能够抓紧工具，容易对准定位，容易操作开关，还要保证工具操作同时适合左撇子。在这些考虑下他们研究了把手的形状、材料和尺寸。另外，手电钻还应当配备深度标尺。

要实现安全设计和劳动保护要求，许多工具机器必须重新设计，需要进行大量研究。这算不算高科技？也许不是。这有没有经济效益？短期看也没有，而且要投入资金。但是保护了工人安全和健康，减少了事故和损失，提高了长远效率，使人的精神面貌好，这是人长远的生活和工作目的。从1920年代以来德国、斯堪的纳维亚国家以及欧洲其他一些国家的劳动学从总体上朝这种设计的目发展，在这方面进行了大量研究和设计，如今已经形成了一种安全技术设计体系，它不仅维持经济稳定，而且改善了社会风气。

下面给出一些手用电动工具。它们的设计都考虑到适应手形以及左手和右手操作。

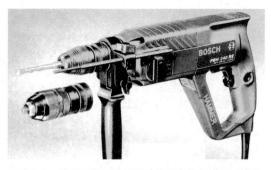

图3.9.1　德国BOSCH公司设计的手电钻PBH240 RE型。1970年斯朗（Hans Erich Slang）和施顺（Klaus Schoen）给手电钻设计了一个定位扶手（E23SB型），像一个冲锋枪，提高了操作稳定性，这一设计获得1975年德国联邦"优秀外形"（GOOD FORM）奖。本图显示的手电钻又增加了一个进钻标度尺，重2.3kg

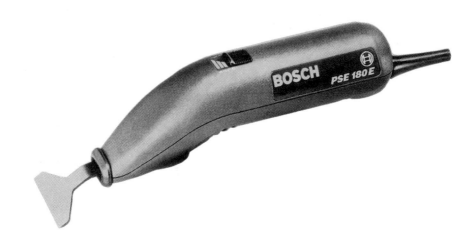

图3.9.2　BOSCH公司设计的家用手工电动铲,供室内装修使用。设计中考虑了适合左手和右手操作。功率180W,空载振动速度6500、7500、8500次/min（三档）

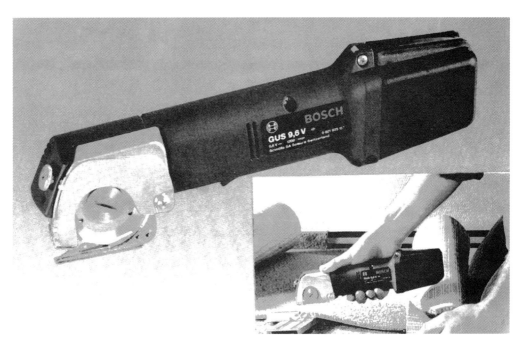

图3.9.3　手工蓄电池电动剪刀,重1.2kg,电压9.6V,可剪塑料、地毯、皮革等等

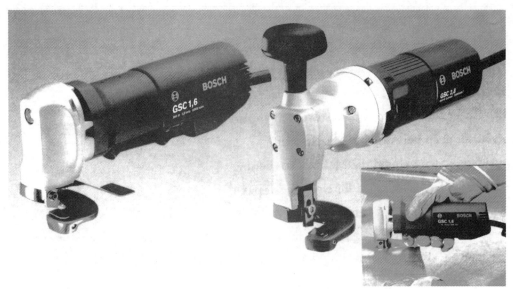

图 3.9.4　两种手工电动剪板机，重 2.7/1.4kg，功率 500/350W，可剪厚度 3.5/2mm

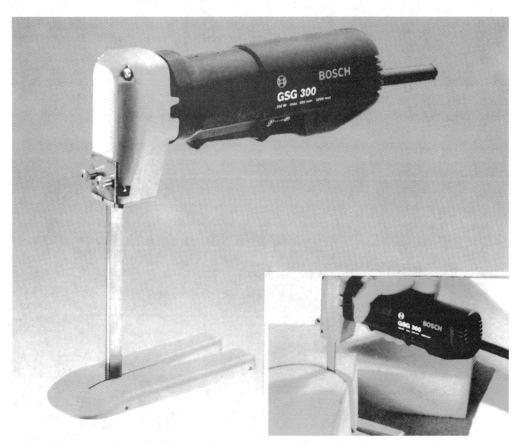

图 3.9.5　手工电动泡沫塑料振动剪刀，重 1.6kg，功率 185W，可剪厚度 300mm

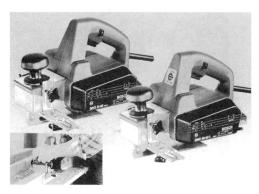

图 3.9.6 两种手工电动木刨,功率 450/420W,可刨宽度 82mm,可刨深度 24mm,重 2.9/2.8kg

图 3.9.7 冲击式振动铲,重 30kg,功率 1600W,冲击功率 50J。适用于拆卸水泥板、废旧建筑、柏油马路等等

图 3.9.8 德国 AEG 公司设计的振动式砂纸抛光机,重 2.2kg,600W

图 3.9.9 AEG 公司设计的电动锯,可锯木料、建材钢、陶瓷等等,功率 500/600W,重 1.8kg

图 3.9.10 AEG 公司设计的电动式木刨,500/800W,可刨深度 1.6/2mm,重 2.5/3.8kg

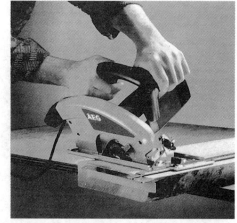

图3.9.11 AEG公司设计的三种电动式圆盘木锯，630/1200/1400W，重4.8/4.8/6kg，可锯厚度46/60/75mm

图3.9.12 BOSCH公司设计的手电钻附带钻屑收集袋

图3.9.14 BOSCH公司设计的手提式电动平面抛光机，功率310W

图3.9.13 BOSCH公司设计的建筑装修用的无级变速电锯，可锯木料和塑料，功率520W

第十节 几个具体设计问题

一、用户期望

怎么了解用户的要求？用户期望这个心理学概念就是针对这个问题。从可用性设计角度来说，用户期望指他们为什么需要一个产品，他们日常的行为与这个产品有什么关系，他们在什么环境和情景下使用这个产品，他们使用这个产品的行为过程是什么，他们有什么习惯，可能出现什么操作错误。设计前应当了解用户的期望。用户期望与许多因素有关。主要包括下列几方面：

用户对东西是有挑选的，分析用户要求时首先要考虑他们追求的文化倾向，这主要通过他们的价值观念表现出来。用户的价值观念包括目的价值和方式（Instrumental）价值。这个问题的理论性比较强，这里仅仅简单说明一下。目的价值与最终目的有关，它包括民族生存、安全、平等、自尊、平静的生活、舒适的生活、有刺激的生活、自主等等。方式价值与实现目的的手段有关，例如独立行为、有礼貌的行为、有负责感的行为、自制行为、主动行为等。这些价值往往通过时代精神表现出来。

在市场经济下，很难通过法律控制消费价值观念（例如盲目崇拜外国货）和国内市场。这并不是说就没有方法解决消费观念问题，许多国家在这方面积累了成功的经验。韩国人不买外国汽车。德国经济实力相当强，但是他们很勤俭节约，许多德国人说："我买一部德国汽车可以减少一个失业工人"。他们可以在一定程度上把国内市场打开，但是人们不买（或少买）外国商品，这种价值观念主要通过普及教育来控制。多数人在青少年时期形成主要价值观念，因此义务教育在这方面起重要作用。某些国家在普及教育中反复强调他们国家人口多、自然资源少，必须靠商品出口和原料进口才能维持民族生存。这种教育对形成消费观念起了主要作用。

考虑一个企业内的设计项目时要调查四个层次要求：企业管理文化，技术文化，系统设施和机器配置，人机（和人际）界面。在设计工业系统时，用户期望首先通过企业文化表现出来，所谓企业文化主要指企业的主导价值，强调出口、强调效率的企业往往要求流水线和自动化，要求严格管理控制。技术文化主要指劳动方式、工作岗位设置、管理方式，人际交流方式和企业的口语和书面技术语言。这两个因素决定该企业对机器系统的设计价值要求，决定系统设施和机器配置，决定人机（和人际）界面的期望。系统设施和机器配备以及人机界面要求还要考虑操作员，他们的知识水平、行为习惯、操作期望、出错模型等。

劳动学从许多方面研究了用户期望并积累了许多数据，例如各种年龄的动作能力，各种年龄组对安全的态度和应急行为方式，各种人的日常行为方式，各种职业行动模型（例如驾驶汽车、开车床、搬运东西等）。通过大量心理学调查后，有人（Woodson/Tillman/Tillman，714－715）把人们日常普遍对产品、系统、对象的使用期望总结了15条，以它们作为设计的基本常识：

第一，人们往往希望东西足够小，便于携带，容易包装。重东西费材料，容易使人费力或失去平衡。这在当代生态问题日趋突出的情况下显得更重要。

第二，人们往往认为车辆驾驶台应当设计得适合司机的身体尺寸，因为座位尺寸不适当会引起司机处于疲劳姿势，或者施加过大控制力和费力操作方式。实际上正确的设计是驾驶舱内部应当可调整，例如座位高低和前后可调，方向盘可调。

第三，人们普遍学会了右旋法则，顺时针转动可以关紧龙头，扭紧螺丝。天然气阀门、水龙头等等的设计应当符合这种约定。否则会引起误操作甚至危险（想关紧煤气阀门，结果却被无意打开）。

第四，电源开关的安装位置在各国有一定的约定俗成。

第五，人们习惯于控制方向盘转动方向与车辆转动方向一致。这一条似乎人人皆知，其实不然，体育训练用的投球机的投球方向可以向上下左右移动，但是控制把的转动方向与它不一致，引起使用困难。

第六，仪表显示器一般可以调整，人们习惯于调整旋钮转动方向与其指针转动方向一致。否则容易引起调整错误。

第七，人们习惯于一些颜色的含义，例如交通信号灯，"红"表示火和危险。工业环境中也规定了动力线的颜色。违反这种约定可能会造成危险。

第八，人的注意受光亮、很响的噪声、闪动的灯光、鲜亮色吸引。如果显示器选择不适当的刺激信号，难以引起视觉注意，也可能会分散人的注意。

第九，暗色会使人靠近，亮色使人退远。室内设计时要注意观察颜色印象习惯。

第十，人们习惯于面向声音信号源，驾驶舱内信号源要设计在操作员前方斗位置高度。

第十一，视觉有邻近效应，把邻近的东西往往看成相关的，例如一幅画旁边的标签应当是该画的说明。控制器与显示器应当归类布局，把相关的控制器与显示器靠近，否则容易增加视觉和思维困难以及误操作。

第十二，人们往往认为产品是安全的，系统是处于正常状态，系统功能正常，提手足够结实，以为别人没有把它打开，因此没有提防。应当把产品设计成为不可能使用出错。如果达不到这一点，那么给用户提供保护，或能够引起用户对事故危险的注意。

第十三，当人失去平衡或要滑倒时，会伸手抓最近的东西。设计要避免邻近物对人的伤害，或提供对人的保护。

第十四，发现异常现象时，人往往很自然地用手去尝试探究。这引起许多人身伤害的。材料选择和机器工具设计要避免人手触及危险部位。

第十五，人们期望桌椅台阶高度适合于他们的习惯高度。

当然这十五条只反映了用户很小一部分期望，只能作为提示，启发人注意观察理解具体设计项目中的用户期望。

二、怎么使用人体测量数据

几乎在每一本人机工程学书上都花了大量篇幅描述了人体测量数据（包括人体尺寸和生理力学数据）。它可能给人造成一种错觉，以为机器性能不要超过这个限度就行了，这种设计准则有时是很危险的。实际上，人机界面设计的主要目的是提高机器工具的可用性，用户的动作过程模型才是设计的主要依据。例如，人的体力和脑力有一定限度，汽车、飞机速度和加速度太快，复杂的推理等等都会给人操作员带来危险和过分困难，设计应当从操作行为出发，减少操作困难度和推理复杂性，减少单调重复性动作。应当重点设计紧急情况下的操作过程。设计体力工具时，主要目的是减少体力负担、减少紧张和工伤事故。设计脑力工具时，减少思维负担，减少注意力分散因素才是主要目标。第二，不同人群的人体尺寸和生理特性也不同，为这些人设计工作岗位（包括桌椅尺寸和强度，汽车驾驶舱，环境空间等等）和服装鞋袜时要参考这些数据。这时往往错误地认为平均人体尺寸就是设计标准，实际上在许多情况下必须考虑最大最小尺寸，例如门的高低、汽车和飞机舱的尺寸必须能够使各种尺寸的人都能适应。第三，以平均尺寸作为工作岗位设计标准时必须要特别谨慎，因为实际上没有一个人完全符合各种平均尺寸，也许他的高度符合平均尺寸，可是身长腿短。解决这个问题的通行办法是把工作岗位设计成可调整，工作台的高度可调，座椅的高度可调，书包带的长短可调。第四，人体尺寸是裸体测量的结果，实际工作岗位设计必须考虑增加富余量。第五，人体尺寸与紧急控制设计有关系，美国调查了七种喷气战斗机，68%的紧急控制无法被属于5%最低人群的飞行员完成，许多控制机构距手脚还有5～10英寸远。10%的控制器无法被属于5%的最高人群飞行员完成。同样，驾驶载重汽车时，处在标准姿势的驾驶员无一人能够用手触及控制手闸，20%的司机不用膝盖靠着方向盘就无法用脚踏离合器和脚闸（个头高腿长），这种姿势在汽车拐弯刹闸时很危险（Adams，1989，P.183－184）。

三、键盘

人们对键盘有许多误解。据说最早的打字机是英国1714年发明的，目前还没有发现它的设计图纸（Beeching，1974）。美国于1829年出现第一个打字机专利。1868年舒斯（Sholes）获得打字机美国专利，并于1873年由Remington公司（该公司制造枪、缝纫机和农业机械）生产了1000台。这个打字机键盘又被称为Qwerty，因为它最高一行字母键盘从左起字母顺序是Q、W、E、R、T、Y。1905年一个国际标准委员会批准它为标准键盘。学会熟练使用这种标准键盘并不容易，实验表明要达到每分钟40个词的速度需要学习100～120小时，这是对职业打字员的最低要求（一般说，学会一种计算机语言需要100小时）。再要提高打字速度就非常困难，要达到每分钟60～80个词的打字速度还需要数倍时间的操作练习。1936年和1943年西雅图华盛顿大学教授德弗拉克（A.Dvorak）按照泰勒理论和动作时间分析方法研究了这个标准键盘，他认为在各行、各业、各种水平的教育中，学习打字机键盘是最费时间的。他指出标准键盘的四个设计问题：

第一，大多数人不是左撇子，而标准键盘用左手敲键数占57%。

第二，人的有些手指比较灵活有力（像食指），而标准键盘分配的敲键动作与此不成正比。

第三，标准键盘有三行字母键，中间那一行叫本行键，双手定位在这一行。比它高一行的叫高行键，比它低一行的叫低行键。本行敲键率只占32%，高行占52%，低行占16%，它要求手指作不必要的运动。

Qwerty

Dvorak

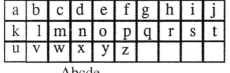
Abcde

图3.10.1 三种键盘：上图是Qwerty键盘，中图是Dvorak键盘，下图是Abcde（按字母顺序）键盘

第四，有时一只手完全空闲，只靠另一只手敲键，它往往正好是弱手（左手）。

他与迪勒（W. L. Dealey）按照动作时间理论设计了一种新的简化键盘，56%的字母用右手敲键，70%的字母在本行敲键，目的是提高打字速度。他们并于1932年获得专利。当然他们知道只有理论分析结果不行，还必须通过实际操作实验得到有说服力的数据。然而实际试用这个简化键盘所得到的数据并没有很强的说服力，无法取代标准键盘。1956年美国政府又出资，对此键盘的使用进行了一次实验研究，其结果仍然没有充分说服力让简化键盘取代标准键盘。为什么按照动作经济原则设计的打字机没有达到预期目的？什么因素影响敲键速度？什么因素影响学习速度？这个问题表面上很简单，实际上往往难以搞清楚，这正是人因素困难之处。然而1984年美国吉尼斯世界记录大全中记载一位女士用标准打字机每分钟打150个字，用简化键盘每分钟打170个字。1982年诺曼和菲舍（Norman/Ficher,1982）对打字键盘又进行了实验，让没有打字经验的人使用两类打字机键盘，一类是标准键盘，另一类是非标准键盘。非标准键盘又包括三种打字机，其中一个键盘按照字母表顺序把字母横向排列，第二种是按照字母表的顺序纵向排列键盘，最后一种是按照任意顺序排列字母键盘。按照一般人想像，新手一定用按照字母表顺序排列的键盘打字最快。实验结果相反，新手用标准键盘打字最快。为什么？人们进行了若干解释，但是并没有充分说服力（Adams,1989, 288—296）。

第十一节 安全设计原则

一、人道化设计

由于长期以来的竞争，形成了技术中心和机器中心的工程设计，飞机汽车速度越来越快，轮船越来越大，机器功能越来越复杂，而操作人员越来越少，操作任务越来越复杂。由于机器和技术不适合人，各种人为操作出错和事故在工业复杂系统损坏原因中占80%，在空间技术中占40%，在撞船事故中占70%，在交通事故中占90%（Shafran, 1995, P.185）。大型民用客机事故，1979年3月28日美国三哩岛核电站事故和1986年4月26日苏联切尔诺贝利核电站事故，1990年代以来大量海船事故，都造成很大污染和损失。这些事故对劳动学设计有重大震动，使人们认识到以往的以机器技术为中心的劳动学设计思想有严重缺陷，重新考虑人机设计准则和设计思想。1974～1984年西德研究和技术部实施"劳动生活的人道化"计划，实施应用对人公正的技术，完成了1600个项目，建立了新的设计思想，发展的人道技术。1991年美国职业安全和健康管理局提出工业领域劳动学标准（OSHA, 1991）。

德国"劳动生活的人道化"主要解决的问题范围如下：

第一，由工伤事故和职业病引起的健康损坏，例如噪声、有害源材料、危险工具等等。高事故率出现在肉类加工工人和建筑工人。常见职业病有听力减退、呼吸道病和皮肤病；

第二，劳动环境恶劣，它虽然不导致工伤事故，但是令人不舒服或很难接受，包括高温、寒冷、气味难闻、噪声。这些劳动岗位有高炉、冷室和野外作业；

第三，重体力劳动，不适当姿势，汗流满面，仰面操作工具，体力搬运沉重的工件。它往往在装配车间；

第四，长时间注意力高度集中，例如视觉检验质量，调度控制；

第五，单调无聊、短周期重复劳动，手工动作（装入取出）。例如冲床和压榨机，节拍式的流水线，与计算机信息处理有关的办公室和服务行业，人机对话式劳动。为了改善这些工作方式，德国采用小组劳动方法，把工人组织成小组，扩大劳动范围，定时交换岗位，这样可以减少单调操作造成的疲劳，并在1980年代德国全国性的计划"劳动与技术"中继续扩大贯彻。瑞典VOLVO汽车公司和荷兰IBM公司也引入了这种企业管理方法；

第六，社会隔离，难以进行人际交流。有些岗位要求特殊环境（例如紫外线检验材料），分散式家内工作和计算机远程信息处理。这种劳动岗位完全被隔离或密封；

第七，组织条件，损害劳动以外的家庭、社会关系和业余生活。例如夜班、周末班、护理病人、救火队、交通、餐馆，以及由于经济原因充分利用资本的各种手段（例如CAD

劳动岗位）(Luczak, 1993, 3)。

完成了这个计划后，德国又开始实施"劳动与技术"计划。1987年、1988年完成的项目有过敏反应和过敏病，解决纺织工业中的噪声问题，印刷业中新技术的对人公正应用，产业中投入的新技术的保护和健康，建筑业中的劳动人道化，空调室内工岗的健康保护，劳动条件引起的心理负担，改善森林业和农业劳动条件，制鞋业的专题项目，为保护健康而采用的新材料。1989年、1990年完成的技术改造项目是木工手工劳动研究，包装经济，服装工业，饭店与餐馆业，继续改善农业劳动条件，人中心新技术在办公室和管理中应用。1990年、1991年完成了项目有噪声、化学危险物，以及重体力劳动问题，改善了劳动环境的通讯和对话能力，改善了农业经济条件，继续实施办公室和管理方面的人中心应用，改善公共交通和环境的劳动条件，继续改善森林业、农业、营养业的劳动条件，老病残服务业的劳动条件，进一步研究心理负担，健康保护的新材料。

二、安全技术

德国勒姆克和迈亚编写了三卷《应用安全技术：技术与环境的劳动保护与安全手册》(E. Lemke and P. Mayer, Angewandte Sicherheitstechnik:Handbuch des Arbeitsschutzes und der Sicherheit in Technik und Umwelt, 1984)。该书共有十一章。第一章安全学中，把系统定义为人、环境和技术的综合，提出无危险的安全技术的基本特点。

第二章介绍了法律基础，包括劳动保护法、环境保护法、民法、健康保险法等等。

第三章劳动保护设计，是该手册的中心。它包括五十个专题，分别论述了各个领域的劳动保护设计原则和安全技术。主要内容如下：有害原材料，体力操作机器（各类机床），电子技术，监测设备，传送技术，运输，焊轧粘贴技术，矿山，化学，农业，爆炸技术，控制技术，机器人技术，安全技术的研究和评价，劳动保护心理学，冒险分析，工作保护和报警，防辐射技术，废物保护，急救。

第四章环境保护包括七部分，保持空气清洁，消除噪声，废物经济，水域保护，方针和准则，危害分析。

第五章技术，机械，化工，电子技术。

第六章交通运输的危险与危害。

第七章家庭与生活。

第八章医疗技术。

第九章当前法律和技术问题解答。

第十章介绍八个实例。

第十一章职业培训。从该书内容可以看出，劳动学设计不单单是少数人的一个专业技术行为，必须通过法律、教育、全面技术更新，使它成为工业国家的社会行为准则和习惯。

安全技术包括下列几方面：

第一，用安全可靠性设计代替功能设计。人们通常认为工程设计只是产品的功能设计。这种设计准则的水平太低。德国建立了五级可靠性设计测试规则，它包括：部件可靠性、功能可靠性、运行安全、劳动安全和环境安全。

第二，改变工业环境和操作工艺。为了保证安全可靠性，必须在设计中分析并避免工业环境中的各种危险来源（例如电源、辐射、有害材料等等）和危险操作。

第三，保护技术应当满足三个要求：

1. 运行可靠。工作原理和工程设计必须按照两个安全技术原理进行。首先，人身安全操作。它包括五方面要求：消除或减弱各种外界不利影响因素（人因素学中所分析的噪声、温度、震动等）；采用经过考验的规则和强度；控制工艺、材料和装配；检验零部件，确定它们的无危险应用范围。其次部件和机器失效后，应当不危害人的安全。它意味着限制危险只引起有限的事故。它也包括下列五方面：事故前，潜在事故应当可被识别（例如煤气检漏）；事故不会产生严重后果（例如用小瓶装煤气；市内不用管道煤气）；限制机器设备的功能；有限事故出现后，不引起其他新的连锁危险；并可以采取措施停机。最后一点，事故过程应当能够被记录以便被评估。

2. 强制作用：当危险状态开始，保护要起作用；当保护措施停止或保护结构解除后，危险状态应当被强制结束。德国标准DIN31001的第五部分对此有举例说明。有些情况下，只有当危险状态被排除后，保护作用才能被解除，这对核电站等等设计十分重要。在分析切尔诺贝利核电站事故中发现，安全系统至少跳闸五次，很明显它在进行安全保护作用。但是操作员却用钥匙打开控制柜，去恢复了它的工作状态。

3. 无论有意或无意的干预，所设置的保护作用不会被损坏或失效。

第四，保护系统应当具有三个功能：以系统的有关量作为信号来捕捉危险状态，把被测量与标准值进行比较，生成所需要的信息，然后控制系统避免危险后果。用安全保护技术可以构成安全系统和安全装置。在机械系统中安全系统包括：运行安全系统，劳动安全系统和环境安全系统三种。

1. 运行安全分下列几种：对滚筒式机器、升降机、采掘传送机器要加设对力和力矩的过载保护；对锅炉、容器、管道要设计过高压和过低压的保护；给涡轮机、压缩机、升降机、采掘机器要设计转速过高保护；锅炉、核反应堆、供暖设备要有过高温保护；带有中央轴承和润滑供给系统的大型机械应当配备润滑油保护；燃烧和爆炸保护和监督系统。

2. 劳动安全系统包括下列六种：压力机器和冲压机配备双手开关（单手不能开机，这样避免一只手放在加工面上）；工作位置外的脚动开关（操纵者只有离开加工位置去踏开关后机器才能动作，这样避免人体被伤害）；机器上配防闯入网；可卸壳（罩）带有插销和定位控制，机器工件出口和机器转动部位配备保持距离装置；压榨机、剪板机的保护区配备靠近反应系统（用非接触式传感器探测人体，当人体靠近后，机器自动停车）。

3. 环境安全系统包括对各种有害物、有害气体、灰尘、油的监督，对废物的过滤、预处理和清洗。

保护装置的功能是把人与安全源隔离开，德国标准DIN31001的第一部分和第二部分对此有规定和举例，例如各种保护罩壳。

按照安全技术设计要求，德国对自动化系统（包括计算机控制）、电机系统、医疗技术设备、交通系统、化工系统的设计都制定了技术标准、设计准则、设计方法。

由上述可以看出，德国的机器工具设计的确比较好，也许这也是德国机器工具长期出口多的原因之一。从1963～1977年美国从21%下降到16%，英国从15%下降到9%，日本从8%上升到15%。1977年在世界制造业贸易中，西德占21%，美国16%，日本15%，法国0%，英国9%，意大利8%（Finniston，1980）。

三、美国的劳动学保护

美国职业安全和健康管理局于1991年提出工业领域劳动学标准。该文件认为，由于工作岗位暴露在劳动危险中，大量美国工人可能会产生某种职业紊乱病，包括肌肉骨骼神经系统的紊乱和积累性的劳损，导致这些职业病的原因是由于手、手腕、臂、腰、脖子、肩膀和腿长期处在重复性动作、操作费力、振动、支撑性姿势和困难位置、机械压迫，或者处在其他劳动学紧张源中。它往往引起手腕脉管综合症（Carpal tunnel syndrome），各种韧带失常和腰肌劳损，听力失常。美国劳工统计局报告说，1989年由于重复性动作、振动、压力和听觉失常引起的重复性损伤有147000人次，占所记录的职业病的52％。它还不包括最常见的腰肌劳损。而1981年和1984年分别占18％和28％。工厂噪声引起高事故率，是超级市场出纳员事故的50％，肉厂工人的41％，报纸工人的40％，玻璃工人的30％。1989年和1990年邮局工人长期疾病紊乱增加了75％。这一状况反映的许多问题，涉及到社会、管理等等，也与工业设计（包括劳动岗位和劳动方法设计）有很大关系，它反映了美国机器工具设计的状况。它也引起很大财政开支，1993年华盛顿州的一半工人补助用于与劳动有关的职业病，大约十亿美元，例如扭伤、神经压力、综合性炎症等等。其结果当然降低了生产。在这种情况下，不得不重新定义劳动学设计原则，提出劳动学是从人体力和生理能力和限度方面研究工作要求进行设计，使职业工作适应人，而不是让人适应职业工作，它的目的是提高设计设备、环境、工种岗位、任务、工具、工艺过程，以及培训方法，来防止发展职业病，减少疲劳、出错和不安全动作。华盛顿州劳工部还报道，由于采用劳动学方案改进安全设计，使若干企业（包括福特汽车公司和几个大的食品公司）开支减少，美国西北航空公司在装线车间减少人体紧张姿势、把劳动时间从8小时减为6个半小时，结果提高生产率10％～15％，同时雇员的精神面貌也有改善（OSHA，1991；FJW，1993）。

1995年以来美国开始研究起草文字，以减少职业病，确定工作岗位危险因素，限制振动工具和冲击性工具的使用，有关资料可以直接参阅网络文件：

http://www.ergoweb.com/Pub/Info/Std/ErgoDraft/oshaindx.html

第十二节　产品符号学

一、符号学

人是通过语言、眼神、表情和动作进行交流的，这些被称为符号。简单说人脑通过处理这些符号来交流信息、采取行动。简单说，研究这些符号的学说叫符号学。具体说，符号学是交流（通信）的一种理论方法，它的目的是建立广泛可应用的交流规则。符号学语言学的创始人是瑞士的索绪尔（F. de Saussure，1857～1913年），他把语言学看成是符号学的一个分支，其他有些人则相反，把符号学看成是语言学的一个分支。早期的符号学的主要人物还有美国的哲学家皮尔斯（C. S. Peirce，1839～1914年）和莫里斯（1901～1979年）。后者于1920年代作芝加哥大学学习心理学，后来改学哲学，毕业后在芝加哥大学和哈佛大学任教。他是包豪斯成员莫霍伊-纳吉的朋友，1948～1949年曾研究中国人和印度人的价值观念。当代的符号学主要人物有巴特、埃克（U. Eco）、梅茨（C. Metz）、克瑞斯特法（J. Kristeva）、格瑞马思（A. Greimas）等，以及有些语言学家像雅可布森（R. Jakobson）和哈力代（M. A. K. Halliday）等人。符号学研究信息符号（Sign）的种类，句法学（Syntacs）、语义学（Semantics）和语用学（Pragmatics）。信息符号包括象征（Symbol）、符号（Sign）、图形符号（Icon，图符）索引（Index）、寓意和信号（Signal）。句法学研究符号组成句子的规则，语义学研究句子的含义，语用学研究它的应用效果。符号学中提出：人用语言来表示行动，称为词语行动（Verbal action），它直接与人思维、交流以及行动有关。后来研究集中在两个问题上：人的理解与语言（信息）的含义，对此提出了各种理论。1960年代后期符号学开始变成研究媒体理论的主要方法。对多数符号学研究者来说，它不是一个独立学科，而是研究各种文化、艺术、文学、大众媒体、计算机人机界面中的符号和交流方式。参与符号学研究的有语言学家、哲学家、心理学家、人类学家、计算机专家、工业设计专家，以及美学家和教育学家。有人从符号学角度研究美术图画的功能，有人建立了图文（广告）设计符号学、产品设计符号学、计算机符号学。然而，应当注意，符号学只研究符号和交流规则，艺术与人的符号交流，广告与顾客的符号交流，产品与用户的符号交流，计算机与用户的符号交流等等，它只研究了符号交流方面的原理，这一设计理论是对传统技术美学或功能设计思想的补充，但是并不能用它代替功能设计思想。

符号学的研究范围很广泛，对计算机人机界面设计产生了很大影响。这里只提一下美国技术哲学家瑟欧。1969年美国的瑟欧（J. Searle）出版一本书《话语行动》(Speech Acts, Cambridge University Press, 1969)，1979年出版书《表达与含义》(Expression and Meaning, Cambridge University Press, 1979)，1980年他写了一篇文章《意图和行动的意向性》(Intentionality of intention and action, Cognitive Science, 1980, 4, PP.47-70)。在这些工作的基础上，他又综合了他的思想于1983年出版一书《意向性》(Intentionality, Cambridge University Press, New York, 1983)，该书包括十章：意图状态的本质，感知的意向性，意图与行动，意图的因果关系，潜在背景，含义，意图状态和话语行动的强调表达，含义是在头脑中吗，适当命名和意向性，后记：意向性和大脑。他的这一系列书和文章主要论述了人的有目的的行动，提出了意图、动机与行动的关系，提出了话语行动，这些理论对欧洲信息设计、思维工具（计算机等等）设计和工业设计产生了很大影响。

美国的斯堪的纳维亚学派建立了计算机符号学。从目前看，还没有产生决定性的影响。符号学的基础仍然是行为主义心理学。如果能够按照心理学行动理论和认识心理学，重新组合建立符号学，也许会引起计算机设计的重大变革。迄今为止，没有多少人意识到这个思路和它的长远意义。

二、产品符号学

在工业设计领域中也出现了产品符号学。这是设计方法论的一次重大变革，具有长远的历史意义。1960年代乌尔姆造型学院就曾经探讨过符号学在设计中的应用。后来德国的朗诺何夫妇（Helga Juegen, Hans Juegen Lannoch）、美国的克里彭多夫于1984年明确建立了产品符号学。后者于1962年在乌尔姆造型学院毕业，任美国宾西法尼亚大学交流学教授。他们对产品语义学的介绍文章登在德国杂志《Die Form》1984/1985年第108/109期上。1985年在荷兰举办了三天讲习班，介绍了产品语义学，各国40多位工业设计师参加了学习。1990年赫尔辛基工业艺术大学举办了三天讲习班，由克里彭多夫、约根、布拉其（Bobert Blaich，荷兰菲利普公司合作工业设计经理）、麦科伊（Michael McCoy，美国Crankrook美术学院工业设计系主任）、莱恩夫朗可（John Rheinfrank，德国工业设计教授）分别介绍的产品符号学，以及荷兰菲利普公司应用产品语义学改变产品形象后的效果。

克里彭多夫把产品语义学定义为一个新领域，它关心的是对象的含义，对象的符号象征，它在什么心理、社会和文化环境中使用。在设计方法中，它把产品的象征功能与传统的几何、劳动学和技术美学在一起，采用比喻和语义方法。

传统的机器方法是从机器的功能出发进行设计。先确定机器功能，把人机界面作为机器的一个部分，从机器功能考虑人机界面，由机器功能决定人机界面。设计过程中往往会最后才考虑人机界面，并且把机器不能完成的任务分配给人，由人的操作来弥补机器的缺陷。这样使机器处于主动地位，操作员就往往处于被动地位，这就是行为主义设计方法。操作员不得不花大量时间搞懂机器、熟悉机器，改变自己的行为习惯，以适应机器行为。这种设计使操作员容易出错。

从机器功能出发设计人机界面的方法来自系统论的设计方法，它是把人的行为用机器参数表达出来，例如，人机工程学把人看成像机器一样的功能部件，通过运用对操作员的可测试的参数，把系统性能最佳化。人机工程设计师总认为人有许多不可靠因素和缺陷，花很多精力去定义什么是人的错误，鉴定人是否疲劳，把人看作机械行为，对人的能力有定量要求。这是古老过时的设计思想。要改变操作员的被动地位，就不能再依靠这种设计理论。

  产品语义学提出了新的设计思想，它认为，人希望机器适应我们人的行为，大多数操作错误是出自机器的不适当的符号和象征，机器实际能干的事与它向用户表现出来的符号不一样，使操作员产生误解。产品语义学不是从机器功能出发，而是从另一头、从操作员的希望出发，了解人们的理解过程和实际操作行为特性，操作员的实际知识和经验水平，由操作员的这些行为特点、知识和经验来决定人机界面，以人机界面设计来指导机器功能设计，从而使设计的产品支持和符合用户的理解。产品语义学的口号是"使机器容易懂"，减少学习过程，使机器符合操作员的经验、行为特点和操作想像，从而也能够减少操作出错。产品语义学不是用来使产品性能最佳化，而是使产品和机器适应人的视觉理解和操作过程。

  语义一词来自语言。在口语交流中，人们通过语义来理解对方的含义。在视觉交流中，人们是通过表情和眼神的视觉语义象征来理解对方。人们在操作使用机器产品时，是从部件的形状、颜色、质感理解机器。产品符号学的设计方法就是从人的视觉交流的象征含义出发。人们依靠视觉线索去理解产品的"语义"（含义），每一种产品、每一个手柄、旋钮、把手都会"说话"，它通过结构、形状、颜色、材料、位置来象征自己的含义，"讲述"自己的操作目的和准确操作方法，例如一条缝隙表示"打开"，圆形表示"转动"，红色表示"危险"等。你怎么会看出房子的门？通过它的形状、位置和结构。如果你指着一面墙说："这就是门"，没有人会相信。人们早已经把门的形状和位置以及它的含义，同人们的行动目的和行动方法结合起来，这样形成的整体叫行动象征。同样，水壶、自行车、菜刀等等都是行动象征。这些象征的含义是人们从小在大量的生活经验中学习积累起来的，这是每个人的知识财富，设计者应当把这些东西象征含义用在机器、工具、产品设计中，使用户一看就明白，不需要花费大量精力重新学习。换句话，产品的目的和操作方法应当不言自明，不需要人去解释。怎么才能在人机界面设计中实现这一目标呢？产品语义学认为：通过人们已经熟悉的形状、颜色、材料、位置的组合来表示操作，并使它的操作过程符合人的行动特点。

三、产品语义学设计方法

  设计每一个产品，首先应当建立用户模型。它是设计师具有的关于用户的知识。把符号学用于产品设计，首先也要建立用户语义模型，它主要包含用户对产品的操作使用经验知识，常用来操作该产品所使用的词语，用户发展形成的产品的操作逻辑思想（例如，怎么给电视机接通电源，怎么选择电视频道，怎么操作控制可以达到预期目的）。这些词语的动作内容构成了用户语义模型。这种用户语义模型是设计师的主要依据，使产品的人机界面提供这些操作条件，并准确表达它的含义。

  设计中应当提供五种语义表达：

  第一，人的感官对形状含义的经验，硬、软、粗糙、棱角具有什么含义；

  第二，方向含义，物体之间的相互位置，上下前后层面的布局的含义；

  第三，状态的含义，包括静止、关闭、锁、站、躺的含义；

  第四，比较判断的含义，轻重、高低、宽窄的含义；

  第五，操作，设计应当提供各种操作过程的方法，计算机人机界面在这方面恰恰比较欠缺。

产品语义学强调设计师应当解决下列三个问题：

第一，不言自明，使产品能够立即被认出来它是什么；

第二，语义适应，采用易懂的操作过程构成人机界面的结构；

第三，自教自学，使用户能够自然掌握操作方法。

他们强调，设计师应当尽量了解用户使用产品时的视觉理解过程：用户在什么位置寻找开关？把什么东西理解成开关？怎么发现操作方法？如果一个产品的含义不清楚时，引起什么错觉？用户怎么进行尝试？怎么观察产品的反应？换句话，产品应当允许用户进行尝试，应当对各种尝试提供反馈信号，使用户能够进一步了解产品内部的运行行为，使产品行为变得透明。

在操作使用时，用户有两种动机。一种是平衡感觉，一致相关感觉，这是从美学敏感性引起的本能动机。另一种是行动目的引起的动机，它与操作使用过程有关。操作时，用户需要机器反馈信号，以评价操作结果。对任何操作，机器都必须提供反馈，反映各种操作的效果。如果关门听不到声音，你能知道门是否关紧了？在操作键盘上敲入命令后，计算机没有任何反应，你知道发生什么了？

他们认为，用户出错主要来自错误设计，这种设计没有给用户提供准确的感知，含义与操作不一致。他们区分两种用户出错。第一种是学习尝试出错，用户从产品的行为动作中获得新的理解，产品设计应当给用户提供这种尝试可能性。第二种是操作时的中断出错，进入了死胡同，无法继续操作下去。产品设计应当给用户提供帮助，使用户能够跳出死胡同（Form，1984；Vaekevae，1990）。

产品语义学的产生是设计思想史的一次重大变革，它提出了以人为中心的设计思想，跳出了自然科学决定论和数学决定论思想。它认为，设计不应当以机器功能为出发点，而应当以人为出发点，产品应当自己会"说话"，告诉用户它有什么功能、怎么操作。然而它还不是一个系统的心理学理论，1980年代后期，心理学的行动理论和认知心理学的发展，才给这种设计思想提供了比较全面的基础理论。

本章练习题

1. 行为主义心理学的主要思想是什么？
2. 泰勒管理法的目的是什么？企业管理的根本思想是什么？
3. 资本主义工业化的主要标志是什么？
4. 人本心理学是针对什么问题？
5. 劳动学的指导思想是什么？
6. 劳动学在英国、美国、欧洲有什么不同？
7. 机器中心论的设计思想是什么？
8. CIM在美国的主要目的是什么？你认为它适合什么领域？
9. 人本设计思想要点是什么？
10. 人机界面主要包括什么？
11. 用户模型主要包含什么因素？

第四章 计算机人机界面设计

第一节 认知心理学与认知科学的产生

一、引言

这一章主要介绍计算机人机界面设计思想。计算机人机界面设计主要是以认知心理学、认知科学、行动理论为基础。为此首先要了解一下与设计有关的几个学科发展过程,然后介绍认知心理的主要观点,其目的是建立适应于计算机人机界面设计的人思维模型,这些人模型也可供其他产品设计参考。

二、计算机的出现

众所周知布尔(George Boole)建立了计算机中的逻辑计算数学。他的基本出发点是描述人脑的逻辑思维的规律,他认为人的思维不是随意的,而是按一定规则进行的,这一规则被称为计算(computation)。1854年布尔发表了一篇论文《思维规律的研究》(A investigation of the law of thought),他在该文中说:"本论文的目的是研究推理过程中,控制大脑各种操作的基本规律,用计算的符号语言去表示它们,去建立它们。在这些基础上,逻辑科学建立起描述其特性的方法……以揭示可能的征兆,并把它看为人脑的本质和组织结构。"他用代数型的运算方法建立了人思维的演绎过程。这是逻辑学的一个转折点,他给逻辑建立了形式,按照共同的推理方法,其结论就是正确的。它与推理内容无关,也不因各人解释而异,这种方法符合科学要求的客观性。这样他把逻辑真理的判断从内容含义转变到符号和连接符、转变到关系运算和抽象法则,使逻辑句法重于语义,从而创立了形式逻辑的发展方向。他认为,他的逻辑学完全对应人思维时所使用的逻辑。他的长远目的是从逻辑和概率这些数学理论中找到思维规律,并确定人的思维规律。他的理论对计算机的发展起了重要作用。然而现在人们普遍明白了人脑思维过程远比这几种逻辑复杂,人脑逻辑思维过程包括这些逻辑,但是不能被简化成这几种逻辑运算。

德国祖瑟(Konrad Zuse)最先发明了通用计算机。祖瑟(1910~1995年)生于柏林,在柏林技术大学学土木工程。他感到计算尺太麻烦,萌发思想设计新的计算机器。他认为需要三种装置就可以完成算术运算:存储器,控制器和运算器。1934年他发明了第一台全机械式的计算机Z1型。1936年他开始制造第二台计算机Z2型,他把可靠性看成很重要的设计要求。由于当时电子器件不稳定,而电话交换机中使用的继电器已经是成熟可靠的器件,而且很便宜,所以他采用了继电器。1939年他开始制造第三台全继电器的计算机Z3。由于服兵役,他中断了一年工作。1941年他完成了Z3型计算机,它的设计先进,是一台由程序控制的通用计算机,他用600个继电器构成运算器,用2000个继电器构成存储器。从这时起他又设计了Z4型计算机,他的研究工作受到德国航空研究所支持,并且把他的计算机用于设计德国的V2型飞弹以及飞机。第二次世界大战结束后,Z4型计算机在德国一直使用了8年。他一共制造了21台计算机。1945年他发明了编程语言Plankalkuel。他的设计思想充分反映了德国文化传统,设计很有远见。这表现在两方面:第一,他从一开始就采用了二进制运算。第二,人机界面在当时(甚至到今天仍然)是一个很困难的问题,为了避免大量的人工操作以及人工操作的出错,他设计了专用区把程序存储起来,很聪明地回避了人机界面的输入难题。另外,祖瑟还是一个出色的画家。

1936年24岁的英国数学家图灵（A. M. Turing, 1912～1954年）发表了一篇著名文章《论可计算的数字以及在决策问题中的应用》(On computable numbers, with an application to the Entscheidungsproblem) 他提出了图灵机的概念，这是一种抽象的通用计算机。他的想法是用这种计算机来证明数学中存在着不可解的问题，他还证明了有些数字不可计算。他还探讨了各种可能的计算机器类型的逻辑特性。这台计算机的关键问题是脉冲技术和二进制运算。第二次世界大战爆发后，他加入了英国情报机构，从事敌方情报解密工作。战前德国发明了ENIGMA机器，用于加密雷达信息，他的任务是设法解密ENIGMA代码。他同纽曼（M.H.A. Newman）先发明了Robinsons计算机，1943年制造了Colossis，它由1500个电子管和电磁阀构成，并配备了高速纸带穿孔机。1944年制造了Mark II Colossus计算机，它包括2500个电磁阀，并且在战争结束前制造了8台。由于这台机器在第二次世界大战中用于解密，所以他们的研究工作高度保密，并且在战争结束后，由于"英国政治家的保密嗜好，这些机器的详细情况没有多少被公布，全都被销毁了"。直到1975年才把一些照片和秘密文件公开，从中，人们才了解到这种计算机的概况。它具有电子存储器，二进制运算和条件转移逻辑。从德国和英国的计算机发展过程可以看出，他们把计算机看成是一种计算工具，而没有把计算机同人脑等同起来。

1939年美国IBM公司根据哈佛大学埃特肯（Howard Aitken）的研究论文开始制造计算机。他指出了为商业记账运算和为科学运算设计的计算机的重要区别，例如后者要处理负数运算以及复杂的函数运算。这台计算机的设计比祖瑟的计算机落后，它主要采用机械方法进行逻辑运算，没有条件转移逻辑。这台计算机有16m长，要用4马力电动机来驱动。到1944年这台计算机还没有完工。与此同时，美国贝尔实验室的斯迪必茨于1938年设计了计算机，他的目的不是设计通用计算机，而是用它解决电子线路的设计问题。这台计算机首次采用了电话线的远程操作，后来这台计算机用于弹道计算。

1943年美国麦克洛奇（W. S. McCulloch）和皮兹（W.H.Pitts）在《一种神经活动固有的思想逻辑计算》(A logical calculus of the ideas immanent in nervous activity)一文中，把计算机的二进制逻辑状态等同于神经传导的"有"或"无"特性，把注意力集中在神经元的计算（信息处理）能力上，而不是神经的生理特性上。他们还认为，在特定限制条件下，特殊类型的神经元具有特定的逻辑特性（即与或非功能），并提出了表达每种逻辑特性的命题运算（propositional calculus）。他们断言，从原理上可以用这种运算描述一些神经元的计算。

第二次世界大战前，美国爱荷华州立大学的阿塔纳索夫（John V. Atanasoff）开始研究电子计算器，可以进行二进制运算，但是这项研究没有被完成。在为美军研究弹道计算表的过程中，宾西法尼亚大学使用了模拟计算机，并用电子模拟代替了机械模拟。在这个基础上，1943～1946年制造了第一台电子计算机ENIAC，它包含条件转移功能。它的体积大得惊人，英国人把它称为"恐龙"。它有18000个电子管和电磁阀，数千的继电器和电阻，功率为100匹马力。令人更出乎意料的是，它没有采用二进制运算，而是十进制运算。现在人们知道计算机的人机界面设计是一个关键问题，而当时ENIAC计算机设计中恰恰在这个问题上缺乏远见，防碍了它成为通用计算机。它采用大量开关键输入新程序，这要用好几天时间才能完成。它没有把程序存储起来，对每一个新程序，它都必须重新再调整输入。诺曼认识到这一问题，1945年提出应当把程序存储起来，从而设计了EDVAC计算机，并于1951年完工。与此同时，1949年美国出现了EDSAC（电子继电器存储自动计算机），这是美国第一台通用计算机。1950年美国国家物理实验室与英国图灵合作设计了相似的通用计算机ACE（Cardwell, 1994, 468—484）。

诺曼（J. von Neumann，1903～1957年）生于布达佩斯，在柏林和布达佩斯上大学，22岁时获博士学位，23岁时成为柏林大学最年轻的教师。1930年到美国普林斯顿大学。30岁时，他与爱因斯坦等人被委任为高级研究所的第一批教授。在设计计算机过程中，他受图灵计算理论和大脑逻辑功能思想影响。从布尔开始直到今天，一直存在两种计算机设计思想，一种观点认为用二进制逻辑和计算机可以模拟人脑思维。另一种观点认为计算机只是一种工具。诺曼不认为二进制逻辑能构成人脑思维，他说："大脑的语言不是数学语言。"

1956年麦克洛奇和皮兹又出版《大脑的具体化》(Embodiments of mind，Cambridge，MA：MIT Press)。他们用数学概念分析了大脑皮层的功能和相互作用的神经元组的通讯。这两篇文章产生了很大影响，一些心理学家开始尝试用各种计算机模型模拟大脑各种思维功能，例如模式识别、有目的的行为、逻辑思想等。1950年代已有人用计算机模拟神经元、感知元、学习模型。这些研究对心理学发展起了重大影响，过去不可观察验证的思维活动现在可以通过计算机来模拟和验证。从此，计算机的发展同认知心理学紧密联系起来。

为什么会出现人机界面概念？因为以前设计思想是以机器功能为中心，以机器效率为主要目的，它是依靠工程原理和技术可行性来实施的。确定了机器的功能后，或制造出样机后，才去考虑或实验人的操作是否合适，这时才发现机器行为与人行为不一致,怎么办？推翻它的功能结构原理，再重新设计？谁也不能保证下一个设计就能满意。怎么解决操作问题？添一个人机界面，用它作为人与机器功能之间的配合调整。这种思想是以技术为先导的设计。在这种设计思想下，用户不得不适应机器。设计思想进一步发展，以机器功能设计为主，兼顾人机界面设计，或者让心理学家提供参考建议，最后考虑功能与可用性的折中。当前，许多人就处在这种设计思想下。当设计思想积累了充分经验后，产生第三种设计思想，以人目的和行动特点为主要依据，以用户的行动为设计出发点，然后寻找所需要的和所适应的工程原理以及技术可行性。这是以人为中心的设计，让机器适应人。

三、控制论的出现

维纳（Norbert Wiener，1894～1964年）是控制论创始人，也是人工智能和认知科学的直接先驱。他小时候是个神童，一入小学就上三年级，7岁上四年级，10岁上中学，19岁获得哈佛的哲学博士。他掌握了13门外语，其中包括中文。他在自传中说他从小的"弱点"是"计算"。后来获得奖学金到欧洲进修，他从学于英国剑桥的逻辑学家罗素（B. Russell）和德国哥廷根大学的著名数学家希尔伯特（D. Hilbert）。后来他到麻省理工学院，1944年建立科学方法论讨论小组，其中有墨西哥生理学家罗森布卢特、电子工程师比格罗、数学逻辑学家皮兹和神经生物学家麦克洛奇，他们来自各个学科，但是围绕着反馈控制这一问题，却有共同的思想基础。最初他们讨论的问题与军事有关，例如为了对付德国空军需要发展高射炮，他们研究怎样预测跟踪飞机问题。同年在夏农（C. Shannon）支持下，维纳与诺曼在普林斯顿组织了第一次控制论会议。后来其他学科也对控制论发生兴趣，例如生理学中发现一种人行为是通过负反馈来控制。生理学家勒维（K. Lewin）、人类学家贝特森（G. Bateson）和米德（M. Mead）、社会学家摩根斯特（O. Morgenster）等第一流科学家也加入这个小组。他们共同建立了控制论和负反馈控制系统，然后各自又在医学、人类学、经济学、计算数学、工程、语言学等等中发展应用控制论。例如给机器配上传感器和负反馈控制从而制成了恒温箱。维纳甚至相信这类机器可以像人的功能一样。维纳在后期曾花了很多精力论证信息是熵。

从局部来看，人的一些行为是由反馈方式控制的，例如操作飞机和机器去完成一定任务。但是人行动的控制有多种方式，控制过程复杂得多，只凭控制论中的数学概念不能完全解释。当时多数学者认为，人是这种反馈控制系统。维纳反对这一观点，他认为生命系统是开环系统，不是由形式逻辑决定的，如果把人的控制看成是"自校正"机构，那么人是属于社会系统，是由人的目的、经验和技能决定的。当时，在军方支持下，进行自动化研究，其目的是用计算机控制生产过程代替工人。维纳坚决反对。GE两次邀请他讲述控制论，他都拒绝了。1949年他还写信警告说，计算机和自动控制系统将会导致无人工厂，这种技术在当前企业家手里，将会导致灾难性的失业问题，他估计这种危险情况将会在10~20年后出现。1980年代后期，CIM（计算机一体化制造）在欧洲引起了大量失业，这个问题将在后面专门分析。

四、信息论的出现

1930年代，夏农在麻省理工学院作博士论文时，用继电器和开关电路实现了布尔代数。因此有些人认为人脑思维可以用电子线路来模拟。夏农后来成为信息论创始人。

早在1928年哈特莱（R.V.L.Hartley）就提出一种方法用数量表示一条消息中的"信息"量。这一观念从一开始就把该学科引入到错误方向。柴瑞说："很遗憾，起源于哈特莱的数学概念已经被称为信息"（Stonier，1997，P.13）。当夏农在贝尔实验室工作时，该公司正好在研究信息从一个系统向另一个系统传递的控制问题。1949年夏农和韦佛（W. Weaver）发表《通讯交流中的数学理论》，建立了信息论，这一时期诺曼曾向夏农建议信息是熵。他们继承了西方"人的机械论"的传统，在数学信息论中又一次提出：从通讯交流角度来看，人与机器是等效的。但是信息论只研究信息的传递规律（数学规律，机器规律），而不是研究人对信息的认知理解过程，因此，夏农的信息论与人处理信息根本没有关系。为了研究信息的传输，信息量的测定是个重要问题。他把信息单位定义为二进制数的一位，用概率方法计算一条消息中各组成部分的信息性的量值大小。按照夏农的定义，由S个字母符号表示的一条消息（N个符号）的统计罕见值或"惊奇值"的量度，称为该符号串的平均信息量H，它可以被表示成：$H = N\log S$。从人对信息的理解来看，这并不表示信息。他在信息论中引入了热力学中的熵的概念（即一个系统中紊乱程度的量值）。他的根据是：他给信息建立的等式（$H=N\log S$）与奥地利物理学家波兹曼建立的统计力学等式（$S=k\log D$，其中S是熵，k是波兹曼常数，D是系统的紊乱状态）相似。这一错误解释把信息理论研究者和工程师都引入歧途，至今仍然有许多人被这两个概念混淆不可自拔。实际上，这两个等式的含义根本不同，N并不是k。近些年来越来越多的人认为了：信息不是熵。熵通常表示"乱的程度"、无序、可能性（概率），不适合表示信息。信息论并没有研究信息内容、语句的组成规则、语言的含义、人对信息的认知以及信息的使用效果。人的认知思维和交流是基于信息内容含义，而不是基于信息的统计概率和熵。人的信息交流更重要的是与语言、文化、社会环境有关。其实，夏农本人也曾指出信息论不能用于信息的内容。

斯童尼尔（Stonier，1997）认为，信息是宇宙的一种基本特性，就同物质和能量一样。能量使物质变热，信息使物质变得有组织结构。信息表示一种组织事物的能量（容量）。假如一个系统表现出有组织（结构），它就含有信息，通过信息处理后，原始信息材料才变成有序的消息，才能获得它的含义。信息、消息、含义，是三个不同的基本概念。信息的原始材料形式并不一定是字母，也可能是生物中的DNA、原子晶体、电磁场辐射，或其他形式。熵的变化的确可以量度一个物理系统信息内容的变化（组织结构的变化）。熵增加（紊乱程度增加），信息的缺乏程度也增加。他举例说，当冰溶化时，熵增加，同时冰失去了它的结构，信息（冰的组织结构）变化了。他认为，组织结构的蜕化消失反映了信息的减少，因此熵的增加对应于一个系统的信息内容的减少。除了热以外，各种能量都表现出一定组织结构形式，因此它们都含有一定信息。

五、人工智能（AI）

人工智能之父图灵曾认为数字并不是计算的主要方面，他曾创造了一个简单的非数字的计算模型。他还证明了计算机可能以某种智能方法工作。人工智能是一种机器能力，它可以执行某些与人的智能有关的复杂功能，例如推理、判断、图像识别、学习、问题求解。人工智能正式产生于1956年，洛克菲勒基金会资助美国达特盟特学院的一个讨论班，主要组织人麦卡锡（J. McCarthy）当时在斯坦福大学人工智能实验室（世界人工智能中心之一）研究计算机科学，参加者有明斯科（他后来在MIT建立人工智能实验室），内威尔和西蒙（他们在皮兹堡的卡内基·迈伦大学建立了第三个人工智能中心），夏农（贝尔电话实验室）等。他们所代表的两个基本趋势主导了后来20年人工智能的发展方向。麦卡锡和明斯科代表了一种趋势，内威尔和西蒙采用了与他们相反的方法，代表了另一个趋势。受数学家波利亚（G. Polya）1945年《怎么解决问题》的影响，1957年内威尔）和西蒙已开发出计算机解决问题程序"逻辑理论家"。这个程序是在计算机专家萧（C. Shaw）的帮助下，发明了一种新的编程工具，后来由麦卡锡发展成为一种符号编程语言LISP，这种语言广泛应用在欧洲和美国。最初，人工智能工作者的目的是探索人的智能活动的详细过程，并用人工智能程序来描述。1961年内威尔和西蒙将它又发展成为著名的"通用问题解决者"（General Problem Solver，缩写GPS）。在这个研究过程中，他俩人首次提出了解决问题常用的两种方法类型：算法（algorithm）和寻找发现法（heuristic）。算法是确定的处理过程，可以保证解出答案。寻找法是不精确的经验法则，不能保证找到答案。日常生活使用工具机器来解决问题时，大量采用寻找法，例如尝试法、means-ends法、回溯法、类比法、机会法等。当前，人工智能研究领域包括语言处理、自动定理证明、问题求解、智能数据检索系统、视觉系统、自动程序设计、专家系统、机器人学等。它的目的是复制人在这些领域中已达到的能力。1992年日本第五代计算机项目的失败对人工智能曾有一定影响。1997年5月11日，IBM的国际象棋计算机"深蓝"以二胜一负三和的成绩击败了最优秀的国际象棋冠军卡斯帕洛夫。中国围棋远比国际象棋规则复杂，至今计算机围棋的水平仍然很低。有些人甚至宣称计算机将能够思维。但是另一些科学家反对这种信念。许多第一流的科学家都参与了这一讨论。心理学家警告，不能把计算机同人的功能划等号。这一争论一直延续至今。人工智能已经被应用到计算机人机界面设计中，后面将进一步分析整个问题。法国设计了另一种人工智能语言PROLOG，被日本人用于第五代计算机项目中。1980年代人们又倾向于用C++语言给人工智能编程。1963年E. Feigenbaum和J. Feldman编辑了该领域的重要论文集出版成书《计算机和思维》（Computer and thought），它成为以后30年中最畅销的人工智能书。目前，AI的方法论和理论基础书是D. Partridge和Y. Wilks编辑的：The foundations of artificial intelligence，Cambridge University Press。

六、认知科学的建立

以上各种学科的发展最终走到一起，形成了认知科学，1977年美国认知科学（cognitive science）杂志出版，1979年8月在圣迭哥的加州大学举行了第一届认知科学的学会会议。诺曼是该会议的主要组织者，认知科学学会的创始人还包括神经学家吉斯温德（N. Geschwind）、语言学家莱可夫（G. Lakoff）和威诺格拉德（E. Winograd）、哲学家瑟尔（J. R. Searle）、心理学家约翰逊－莱尔德（P. N. Johnson-Laired）和鲁梅尔哈特（D. E.

Rumelhart)、人工智能学者明斯科（M. L. Minsky）、尚科（R. C. Schank）和西蒙。他们把认知科学定义为：对人（思维和行动）的客观研究。认知科学来源于心理学、语言学、神经学、人类学、人工智能和哲学，从中形成了一门新学科。它的方法论是采用计算机模拟方法研究人的思维和行动。

认知（cognition）的含义是"知道"（knowing）、"理解"（understanding）和"思维"（thinking）。认知过程主要指大脑的信息处理过程。认知心理学研究人大脑的思维过程（在美国把它称为大脑信息处理），它包括知觉、推理思考、记忆与回忆、学习过程、语言表达和理解、概念形成、行动计划（行动过程，行动程序）；广义上还包括处理问题和决定（决策）。这样，心理学经过了半个多世纪后才返回到它的正题上。

第二节 认知心理学的用户模型

一、脑力劳动

在机器时代，工业设计要解决的主要问题之一是如何减少人的体力劳动负担。经过几十年的努力，人们用机器代替人体力劳动。通过人机界面的设计改进，用控制键和显示器代替了繁重的体力劳动，把体力劳动转变成脑力劳动。回想起来，1950年代我国许多城市家庭做饭要靠人力拉风箱，而现在使用煤气炉。做饭不需要体力了，但是要有煤气知识，要掌握点煤气炉的操作知识和技术。为了日常生活，人人要有电冰箱知识、电话知识、电视机知识，知识比体力更重要。另外记忆能力也很重要，要记忆许多磁卡数字、电话号码、身份证号码、信用卡号码、计算机口令、各种业务数字等等。过去通信地址用城市街道房间号码表示，现在增添了邮政编码。如果用计算机因特网通信的话，还要记忆电子通讯地址。记忆成了日常行动的重要能力前提，记不住数字，会给行动带来意想不到的困难。在西方国家这一问题更突出，一个人要记住几十组数字，例如打国际电话，要记住国家代码。一旦忘记取钱卡号码，就会造成无法解决的困难。出门必须要带护照、身份证、汽车驾驶执照等等，还要记住这些数字。商业广告上说，用各种磁卡能给你带来方便，实际上并不是这样。设计这些数字操作的人是否自己想过，你能记住几个数字？现在做事不需要花费体力，但是处处要花费脑力。这样设计要解决的主要问题从减轻体力负担变成了减轻脑力劳动负担。

设计机器的人机界面，首先要了解操作员的行为，即建立：

模型一：用户的思维模型（mental model），例如人怎么感知、怎么思维等等。

模型二：用户的任务模型（task model，又叫行动模型 action model），例如一个完整的操作过程。西方国家沿着科学理性的传统，建立了这两种用户模型。它们主要面向正确行为，描述了用户怎么样正确感知、合乎逻辑地进行操作、选择最佳方法、成功达到目的。这种模型描述的是理性行为模型，仅仅是理论上的"理想用户"模型。迄今为止，这种理性模型仍然主导了计算机的人机界面设计。实际上，人的行为过程中含有许多"不理想"的、非理性因素，例如视觉错觉、感知能力限度、容易忘记事情、无意识的操作错误、容易受情绪影响、容易受外界干扰等。在这些因素作用下，人们往往不可能一下就成功地完成操作，而要经过一些反复、失败、尝试。因此，本书作者于1996年提出了非理性用户模型（见德文杂志 Oeffnungszeit，1997年第5期）。如果人机界面设计不考虑这些因素，必然给用户造成很重的学习和培训负担，必然会引起较多的用户出错。

1970年代以来在美国出现了认知心理学，1960年代德国又继承冯特心理学的传统继续发展行动理论（动机心理学），1980年代后期俄国心理学界提出了活动理论。这三个理论变成了计算机人机界面设计和信息设计的主要理论依据。认知心理学主要研究行动的各部分，例如感知、逻辑推理、语言、学习、解决问题、决定、情绪等等，它是建立模型一（用户思维模型）的理论基础。行动理论（德文 Handlungstheorie，英文 action theory）研究的主要内容是：价值、动机、目的、行动过程和行动控制，它是建立模型二（用户任务模型）的理论基础。活动理论主要研究了影响行动的社会因素，严格说，它是一些经验结论，还没有构成一个完整的理论。这三种理论目前还有一定局限性，还不能提供确定的人思维行动结论。

二、技术行为种类

许多人研究了技术行为的分类，其中影响最大的是拉斯姆森（J. Rasmussen），他于1983年写了《Skill, Rules, and Knowldge, Signals, Signs, and Symbols, and Other Distinctions in Human Performance Models》(IEEE Transaction on System, Man, and Cybernetics, Vol. SMA-13, No.3. May/June)。他主要研究了工业环境中人的操作行为，总结出三种技术行为方式，它们是：

1. 以技能为基础的行为（skill-based behavior），简称为技能行为。
2. 以规则为基础的行为（rule-based behavior），简称为规则行为。
3. 以知识为基础的行为（knowledge-based behavior），简称为知识行为。

他把技能行为定义为"在行为中不需要有意识的注意力（或控制），以流利和自动化的感知和动作进行的操作"，例如在流水线上熟练地装配零件，熟练地骑自行车等。规则行为被定义为"在遇到相似情况时，用存储的规则或处理方法来控制的行为"，例如按照交通规则骑自行车，按照技术规则操作机器。知识行为被定义为"在不熟悉的情况下，不存在有效的技能或规则，这时控制必须提到更高的水平，这时的操作行为被称为知识行为"。例如过程监督中，判断问题、决策和解决问题的行为。这三种方式并没有严格界限，打字员专家的两手可以像跳舞一般迅速打字，对他们来说使用键盘是熟练的技能行为。而初学者要一遍遍地记忆操作规则，把打字变成了生疏的规则行为。一个很有经验的电视修理技工，只要大致看看、试一试，就知道电视机的故障在哪里，这种行为介于技能行为和规则行为之间。而对一个没有维修经验的人来说，修理电视机是很头疼的事，要看专业书，作实验，判断故障源，最后还要设法解决问题，这样就变成了知识行为。这就是说，同一种机器操作，对不同人可能表现为不同行为方式，这与学习和经验有很大关系。

另一方面，人机界面的设计的质量也影响操作行为的类型。设计也可能把原来靠技能行为操作的工具变成靠知识操作的工具，从而把操作使用变得困难得多。也可能把靠知识控制变成靠规则控制，把靠复杂规则控制变成靠简单技能控制，从而使操作变得简单。一般说，技能行为有三个基本特点：简单感知，简单动作，感知与操作动作形成了直接联系，不需要大脑思维有意识的控制。所谓"简单感知"是指这种感知信息种类很少，感知方式是人们在日常生活中已经熟练掌握的，感知信息内容很简单，不需要思维，例如"亮"与"暗"，"开"与"关"，"高"与"低"等等，而且采用直接感知方式，眼看到的"高"是直观图形形象，而不是用数字或文字表示的高度。所谓"简单动作"当然是指一般人在日常生活中已经掌握的动作，例如用手指"接触"、"推"、"抓"，而且通过简单学习，就能较容易地把这种简单的感知和简单的动作形成联系，并熟练成习惯。进一步还要考虑感知与动作之间是否容易配合在一起，例如视觉看到的"高"，与手动操纵杆的"向上推"容易配合在一起，而与"向左推"和"向右推"不容易配合在一起。敲计算机键盘就不是简单动作，而是复杂的技能行为或复杂的规则行为。鼠标就比键盘容易操作，它的操作动作只有"滑动"鼠标、和"揿"按键两种简单动作,容易形成技能习惯。操纵杆比较容易与视觉的方向感配合到一起(控制前后左右这四个方向)。这就是最基本的设计出发点。另一个重要的设计思想是,设法把需要知识行为的工具简化成靠规则行为的工具,例如提供机器维修规则,而不是讲述复杂的机器原理。把依赖规则行为的工具简化成采用技能行为的工具,例如把键盘操作改为鼠标,使复杂技能(用键盘给计算机输入数字)变成简单技能(用条纹扫描输入器代替键盘),从而进一步减少操作困难和学习过程。

三、用户认知(思维)模型

一个程序员编写的人机界面程序,换另外一个程序员就往往会感到操作困难,这是由于设计者只按照自己的思维操作方式设计人机界面,并没有考虑别人的思维操作方式,也没有提供必要的人机交流手段。许多设计心理学者都提出,要想提高设计对象的可用性,设计师应当采取用户的思维模型(mental model)。思维模型是用户大脑内模拟型表示知识的方法。用户是从一个特定角度看计算机的,他的思维模型就是从这一角度表示对象计算机的一个特定状态,并且是按照想像操作的情景去构成的,这个角度和状态与用户预想的使用情景相符。例如飞机驾驶员是从驾驶舱内座椅的角度,按照各种飞行动作情景,构成了他的驾驶操作模型,在他的思维中驾驶舵和各种仪表都与飞行操作联系起来了,甚至与某一次飞行的特殊经历联系起来了。他们会说,阳光直照在仪表板上时,很难看清刻度指示等等。而工程设计师的思维模型是另一种类型,他们把各种控制器和显示仪表同飞机的功能联系起来,与机器的原理知识联系在一起,而不是与操作员的使用过程联系在一起。要提高机器的可用性,人机界面设计必须同用户的操作行为联系起来,具体说用户思维模型包括下列几方面:

第一是用户与各种实体的关系:它包括用户、其他有关人员、操作对象、社会环境与操作环境、操作情景。这些因素被称为操作使用的社会环境因素。例如包括用户与操作对象(汽车)、用户与操作环境(马路,行人,其他汽车)、用户与操作情景(天气、白天或黑夜,与别人聊天)、操作对象与环境(汽车轮胎与马路表面)之间的关系,该用户与其他人的关系。这种用户实体关系模型是从用户操作角度看到的(而不是从设计者角度)。当然,这些因素在各种情况下的重要程度不一样,设计中不能同等看待这些因素。人机界面设计应当尽量解决各种操作环境和操作情景下用户可能遇到的问题。

第二是用户的知识:它包括用户对一个产品的使用知识,例如计算机的概念和功能、操作系统的概念,以及其他必要知识:怎么安装、怎么搬运、怎么储藏。这种知识是用户学习和使用操纵的基础。人机界面的设计目的之一是减少用户必须学习的知识量和困难度。

第三是用户行动的组成因素:主要包括感知、思维、(肌肉)动作、情绪。

感知指操作中用户的感知因素(视觉、听觉、触觉等)和感知处理过程。感知是有方向性和目的性的:例如操作计算机过程中,什么时候他想看(寻找、区分、识别)什么东西,在什么位置上看,在什么方向他想听什么,在什么操作器件上他想感触什么。这些过程是很复杂的,人在行动中随时随地可能想要看看操作进行的情况,听一下操作是否正常,或用手感触一下振动或温度。感知是操作的必要前提,不按照用户需要提供的感知条件,用户就很难顺利进行操作。计算机人机界面设计中,用户感知是关键之一。

思维包括:用户对操作的理解,对语言的表达和理解,用户的逻辑推理方式,解决问题方式,作决定的方式,怎么学习操作等等。在设计计算机人机界面和其他思维工具中,用户的思维模型是分析重点,其中用户怎么理解是一个很复杂的问题。用户靠思维引导他的整个行为过程,手动作只是起执行和触觉感知作用。

(肌肉)动作指用户手(和人体其他部分)的操作过程。人的操作是由基本动作种类构成,它与动作习惯、操作环境和情景不可分开。例如一般办公室用的计算机可以用键盘,但是汽车导航仪不能使用键盘作为输入设备。在使用体力工具时,体力操作动作是设计考虑的重点。而对计算机操作来说,应当通过人机界面的设计把用户的手指动作变成无意识的操作过程,这样使用户不必分心考虑手指操作,而是专心考虑他要解决的问题,因此感知与动作的直接联系与统一是主要考虑的问题。

机器没有情绪,但人有,这也是人与机器的主要区别之一。情绪是个很复杂的因素,它对人的理性行为和非理性行为都起作用。一般认为,当情绪过低或者过高时,对人的理性行动起负面作用。只有当情绪适中时,才对行为起正面促进作用。情绪是心理学的一个专门分支,它不是本书的重点。

用户在操作各种对象时,行动的各个成分(感知、思维、情绪、意志、手动作)起的作用和相互关系也不同,可以把人的使用行动分为:感知行动(例如使用望远镜观察,X光照片的观察),思维行动(例如计算机编程),意志行动(例如汽车拉力赛),体力行动。在感知行动中,人使用工具的目的是感知,感知是行动的主导方面,手操作起配合作用。设计目的主要是:提供符合感知愿望的条件,手动作配合要无意识、自动化。在思维行动中,人使用工具的目的是认知、思维(例如用计算机解密码),思维起主导作用,其他因素起配合作用。设计的主要目的是:提供条件促进思维和学习。体力操作工具时,体力操作起主要作用,感知和思维起配合作用。设计的主要目的是:减少体力负担。人机界面的设计目的是:创造用户所需要的行为条件,通过人机界面设计来满足这些条件。下面还要分别分析感知和认知特性。

四、用户任务模型(操作过程模型)

任务模型指用户为了完成各种任务采取的有目的行动过程。为了使设计符合人的使用目的和行为,除了建立用户思维模型外,还要建立用户的任务模型,看看用户是怎么操作使用计算机的。当然,使用不同工具用品时,人的操作过程不同。

用户的理性操作是按照一定过程进行的,设计师应当实际观察他们的操作过程。一般说它包括下列几部分:

1. 用户的价值和需要决定他的目的动机(目的、期待、兴趣)。在使用操作用品时用户有许多动机和目的,他怎么样从许多可能的目的中选择一个目的?怎么把一个复杂的目的分解成若干简单的子目的?

2. 为了实现目的动机,用户要建立行动方式动机,也就是行动计划(何时、何处、操作什么、怎么操作),他怎么思考和选择操作过程?

3. 用户怎么开始操作?遇到问题时,他用什么策略去解决?用户每完成一步操作,都会通过各种感知把中间结果与最终目的进行比较,纠正偏差继续行动或中断这一行动。

4. 完成行动后他要检验评价行动结果。对可用性设计来说,要发现用户的全部目的期望,全部可能的操作计划和过程,全部可能的检验评价操作结果的方法。例如室内电源开关,人们可能有许多希望:用它开关电灯,用它能调节灯的亮度,用它自动定时(或程序控制)开关电灯。对走廊灯的开关,人们希望从楼底层能开,从其他任意一层能关,并且反之也行,或者楼门(家门)口的灯应当自动亮,当人出现在门口时,门灯就自动亮了。从另一方面看,一个行动过程是由感知、思维、动作、情绪组成。例如怎么让人在黑暗中能够发现灯的开关?哪种开关容易被发现?设计必须了解用户怎么感知,感知什么,怎么思维,怎么选择操作过程,可以通过人机界面设计给用户提供满意的行动条件和行动引导,例如操作准备工作的引导，操作目的引导，决策引导，问题解答引导，操作过程引导，手动作引导。

用户学习过程模型也是设计师必须考虑的一个问题。人一生要学习操作多少种工具、用品、机器。有人估计大约有数千种，学习用筷子，勺子，各种玩具，锁门开门，开窗关窗，电视机，自行车，电话……。其中有些用品只需要几分钟就能学会操作（例如简单玩具），但是学习打字则需要上百小时，学习驾驶汽车，一般人大约需要20~40小时就能开车了。大部分东西学习起来并不难，但是要达到熟练不出错还需要几年时间。如果学习操作每件东西需要3小时，学会一千种东西就需要3000小时。每天学8小时，一共需要375天。然后需要很长时间去熟练。过去人们发现打字机占用的学习时间太长，现在人们又发现学习计算机很困难。设计研究用户的学习过程，就是要设法改变人机界面设计，以减少学习困难，这个问题在我国当前的计算机人机界面设计中和计算机术语翻译中应当引起注意。

使用计算机完成绘图、写文章、漫游网络等等各种不同任务时，用户的操作过程是不同的，因而用户任务模型也不同，并不存在一个万能的用户行动模型。迄今为止，心理学家建立了许多用户行动模型，其中影响较大的是三个模型：GOMS模型，诺曼的操作系统模型和从任务向行动转换的语法模型（task—action grammar，简称TAG）。

1983年出现了著名的GOMS模型（Card，Moran & Newell，1983）。它描述了专家用户的文字编辑行动过程，主要提出了最简单的用户行动计划方式。这个模型提出用户操作文字编辑行动具有四个组成部分：即建立操作目的，形成操作、方法和选择规则：

1．用户首先要建立行动目的，打算去编辑什么。较大的目的（编辑一篇文章）要被分解成较小的子目的（删除，增添，拷贝），每个子目的对应一组敲键动作。

2．操作指用户必须实施的基本操作动作。

3．方法指调用这些操作行动的过程方法。

4．选择规则指用户怎么选择这些方法。当存在若干种方法时，用户将挑选适合当前情况的方法，例如他可能选择操作步骤最少的方法，选择记忆最少的方法等。这个模型主要描述了用户操作一个输入设备的过程知识的内容和结构。

诺曼（1984年）提出了用户使用操作系统的行动过程模型，把它分为四个操作阶段：

1 用户要先形成操作动机，这要求用户具有关于操作系统的知识和计划行动过程的知识。

2 行动选择阶段。

3 操作阶段。

4 评价所达到的总目的。这两个模型对计算机人机界面设计影响较大。任务行动语法模型将在后面介绍。然而这些模型只给出了"大致原则"，只能作为大致参考。在具体人机界面设计中还必须建立自己很详细的用户任务模型。一个实际的用户的任务模型包括下列四方面：用户的理性操作过程，因果期望（习惯），正常操作状态和学习过程。

第三节 用户知觉

一、知觉

知觉指下列生理处理过程：外界信息通过眼、鼻、耳等等传感组织被转变成形状、对象、事件、气味、声音等等。对知觉应当从两方面理解：

第一，从生理角度理解它的能力和容量；

第二，从人有目的的行动角度理解它的作用和需要条件。过去认为知觉是个纯生理过程，外界刺激引起知觉。现在认为生理条件是知觉的基础，然而在有目的的行动中，知觉是个主动的有意图的过程。

二、知觉能力

下面先从生理角度分析知觉能力。每个传感器官有记忆能力，被称为知觉记忆（视觉记忆、嗅觉记忆、听觉记忆等），它具有一定限度，只能串行输入。大脑记忆包括两个部分：长期记忆和工作记忆（又叫短期记忆）。短期记忆的基本作用是选择感知对象和进行当前思维处理。短期记忆每次只能处理 7 ± 2 块信息，例如 7 ± 2 个图形符号，或 7 ± 2 个名称等（Miller，1956）。这是一个重要发现。按照这个结论，人可以短期记忆7个字符，7个数字。怎么样可以增加记忆量？采用信息块。一个信息块是人脑中相互紧密联系在一起的信息，包括常用名词词组，常用数字（例如自己的生日），常见图形（例如天安门）和符号。这些信息块是人们在日常生活中积累起来的。换句话，在计算机人机界面上采用这些信息块，可以使用户处理的信息量增大。另一方面，计算机屏幕不要一次显示过多信息，只应当显示与用户当前操作有关的最少信息。第二，短期记忆时间最多只有20秒。什么原因使它记忆时间这么短？沃夫和诺曼（Waugh & Norman，1965）研究结果表明：各种干扰（例如后续新信息不断出现，其他思维问题的插入）是影响工作记忆的主要原因，而不是由于记忆的自然衰退。这一结论对信息设计有重要意义：减少外界信息量，减少思维量，可以改进工作记忆。第三，除了知觉记忆外，人还有长期记忆能力。感知内容从短期记忆送入长期记忆需要25～170ms。由此可以得到感知设计结论：设计的东西要符合用户的视觉生理能力，不要在屏幕上一次给用户提供过多的信息，也不要提供时间过短的信息。

眼不转动时可以看见的范围叫视野或视角，视角内的东西并不具有同等清晰度，只有在视网膜中心很小的焦点区内的对象可以被清晰看见，在聚焦区以外视网膜上，视觉对东西运动感知很敏锐。如果眼监视对象与手操作对象分布在两个视角，往往会使用户顾东顾不了西，引起误操作，甚至危险。

人眼观测计算机屏幕时，视觉注意的期待有确定的分布（图4.3.1），往往对左上角比较敏感，应当用这个部位显示最重要的信息。

视觉感知是个很复杂的过程，包括寻找、探知（发现）、区分、识别过程。人眼对运动对象感知很敏锐，例如闪烁的光，运动的人和车。从设计角度来说，应当使设计对象容易被发现、容易被区别、容易被识别。三维物体的视觉感知（又叫深度感知）是设计应当考虑的一个重点。人怎么感知识别各种三维物体？根据玛尔（Marr，1982）视觉计算理论，视网膜上得到的信息是各种光的亮度和二维的物体的边界线、轮廓、相似面。通过单眼深度线索（表面机理、相对大小、相对位置、透视、阴影）、两眼深度线索形成2.5维轮廓。经过大脑处理，把2.5维轮廓变成（识别）三维立体性的物体。简单说，形状、表面机理、位置关系、颜色、材料构成人们的视觉经验，人们根据它们来识别衣服、家具、电器等等日常用品。如果设计不遵循这些日常经验，就会产生几种效果：引人们好奇，引起错觉，或者引起使用麻烦。这是一条基本设计原理。

太空系统中，人的视觉感知与在大气层内有不同。在发射和重返大气层加速度情况下，视野和敏锐性降低，视觉反应时间和跟踪能力蜕化。失去了大气对光

40%	20%
25%	15%

图4.3.1 视觉注意在计算机屏幕上的分布（Staufer，1987）

的散射的视觉提示，缺少地平面、太阳、重力引起的垂直定位参照，对物体形状、距离、位置和相对运动的感知也有一定蜕化（Wesley/Tillman/TillMan，P.112）。

三、知觉的意向性

人的知觉不仅仅是个生理过程，在有目的的行为中，知觉是有方向的、有意向性的，不是被动的刺激反应过程。一般说，感知有三个目的：行动前的感知是为了了解和预测整个行动过程和结果；具体行动中感知是为了寻找信息，为下一步行动作准备；行动结束后，感知是为了检验行动结果。因此可以得出一个结论：用户界面应当显示与用户行动有关的7种信息：用户的操作目的；表示操作开始和结束的提示信息；表示行动过程的步骤；表示下一步行动信息；反映行动结果的信息；事故和错误纠正信息；紧急处理信息。当前计算机信息显示中往往缺乏用户行动步骤和纠错信息，这是使用计算机的主要困难之一。

人的视觉、听觉、触感等等各种感知是与人的行动紧密相连的，而且各人有各人的感知与动作的配合经验。人使用榔头时，能看到每个动作的过程和结果。这有两层含义：

第一，工具的操作过程是可见的；

第二，操作结果直接反馈给人的知觉。

操作榔头时，人可以靠视觉定位，靠手感确定用力大小，靠听觉判断材料软硬，视觉、听觉、触觉成为一体，自然与行动配合。如果让人只用眼睛来感知操作榔头的过程，听不到声音，手感觉不到力的大小，就不知道榔头有多重，难以判断用多大力。自从出现微电子器件，电子设备变成了黑盒子，人们难以知道它里面是什么行为过程，无法看到全密封的洗衣机的运行过程和效果，无法感知计算机内部的行为过程，也无法直接看到全密封的自动加工过程。有些职业主要是感知活动，例如仪器维修，这些人员往往花大量时间寻找故障在哪里，靠测试仪器往往不能解决问题，还要靠经验来推测和判断。缺少感知信息，是引起用户操作困难的主要原因之一。对此，诺曼（1988，P.121）提出一条设计原理，使设计的东西透明并提供对人操作的反馈信号，使人知道机器的行为。

四、自然信息

人们在实际生活中，视觉、听觉、嗅觉、触觉等等器官感知综合起作用，接收到一个感知对象的多方面信息，它的形状，它的颜色，它的表面肌理，它的温度，它的硬度，它的行为方式等等，这些信息综合在一起，使人对这个物体有较全面的认识，这种信息被称为自然信息。在长期生活中，人们已经很自然把感知的自然信息同各种对象联系在一起，尝到辣味，不用看就知道是辣椒。闭上眼，手摸一摸，就能区分辣椒和白菜。这就是说已经积累了大量的感知经验，这些感知经验已经与他们的行动方式和解决物体的方式结合在一起，并且形成了许多习惯。所以有人提出，计算机设计应当根据人们日常生活经验，提供这种自然信息，而不是靠计算机专业臆造新概念信息，这样能够减少用户的困难，这是一条重要设计结论。

计算机中用6位十进数表示年月日，例如450511表示1945年5月11日。近来人们才发现这种表示法的重大问题，它不能区分1945年和2045年。这给全世界的信息库造成了很大问题。据《人民日报》海外版1998年3月31日报道，要解决这一问题，估计全世界要花费数千亿甚至数万亿美元。

五、满意的信息

只提供自然信息还不能满足人的感知要求。在一些情况下，用户还要求其他信息和有利的感知过程。能够满足用户（操作员）感知愿望的信息才是满意的信息。它可能来自下列几方面的要求：

第一，不费力的直接感知，不需要花费很多注意、不需要进行思考就知道看到的是什么东西、是什么含义。例如空中交通管理通过雷达屏幕监督飞机。操作员不但希望观测到飞机位置，还希望直接观测到各飞机的航班号、航向、高度和速度。用望远镜不但能看到运动的汽车，还想知道它的速度。最好能够"透视"，就像一部电影里那样，把一个手提式轻便智能探测器对准一个包装盒，它就能说出"里面是炸弹"。

第二，知觉具有期待特性。通过日常生活中大量使用各种工具用品，人们积累了经验，从而形成了知觉期待，当人看到一个房子时，会想到它一定有门，当人看到一个房门时，会想到门上有锁，并且能估计到锁的位置。如果把锁的位置移得很高或很低，都会给用户带来麻烦。当你走进黑暗的房子里，会在门边墙上寻找电灯开关，并想到打开开关时，灯泡应当亮。用户在操作各种工具和用品前，都对它有期待。开机后，计算机显示的信息往往是面向计算机的操作，而不是面向用户的期待，这些信息不必显示，应当显示用户所期待的信息。

第三，知觉往往希望预先告知。行动前，人们往往希望知道行动的可能结果。例如，在触摸一根金属导线前，首先会产生一个问题："它是否带电？是否带220伏电压？是否对人体危险？"但是，金属导线并不会说话，自然信息中往往不能提供这种预测。当我饿了，我的眼寻找食物，但是，食物并不会说它在哪里。有时，用户自己难以预测操作机器的结果，例如人们可能不了解洗衣机的容量，不了解电源开关的负荷量，为此，设计应当预先告知用品的最大容量、能力，以及可能出现的危险。用这种预测可以使用户知道操作后果，避免错误。这样通过预先告知行动后果，来提醒他的行动错误。计算机中的提示功能是一种预测。这种预告有两个作用：提示下一步操作和提示行动结果。人要费很多精力去寻找文件，计算机的寻找功能（find）提供的位置预测，但是它只显示出该文件的目录结构，如果该文件处在五层目录之下，用户很难记住这些目录。计算机的寻找命令最好增加一个选择功能，直接跳转到被寻找的文件，这样可以减少记忆和操作步骤。人对工具往往有可逆操作的要求，榔头可以钉铁钉，也可以拔铁钉。一般说，计算机应当提供正操作命令和逆操作命令（例如写文字和删文字），使用户可以灵活纠正操作过程。但是有些操作实际上是不可逆的，删除的文件无法恢复，因此，预先告诉用户操作后果是很重要的。

第四，人的知觉系统有一定弱点，例如人眼不擅长感知物理和化学参数。你能看出10.01m长度？你能看出3km/h的速度？你能看出什么东西是甜的或有毒？现实中往往需要感知这些参数和特性。例如，飞机穿过峡谷是很危险的，飞行员很难同时顾及左右两侧。用定位仪把飞机左侧与山的距离固定（例如50m），用头盔显示器来显示飞机右侧与山的动态距离，这样可以减少飞行员的感知困难。因此设计应当提供完整信息，满足用户的期待和预测，减少感知困难。

实际操作过程中，用户知觉不是一个单独行为，知觉与动作往往直接联系在一起，形成一个行为链。这时设计应当把二者统一起来。

通常人机界面设计的主要问题是设计师往往把注意力集中在设计操作方面，而忽视了设计知觉。计算机人机界面的设计重点是知觉和思维。

第四节　含义，理解，学习

一、阅读

人的思维活动包括：知觉、大脑知识表达和记忆、逻辑推理、问题求解和决策、语言含义和理解，以及学习。人机信息界面中，语言涉及的问题很多，包括各种符号、句法、语义、语用、知识表达、逻辑、含义与理解。下面只分析与知识表达、与理解含义有关的东西。使用计算机后，人的许多行为方式发生了变化。1980年代大约有10个研究项目发现，用计算机屏幕阅读时的文字理解速度比阅读通常的纸面文章要慢15%～30%。1978年有人在实验中发现，学生用PLATO终端进行考试所花费的时间几乎是通常纸面考试的二倍，计算机系统运行较慢、计算机输出速度低、软件的用户界面设计不当，都影响了学生的速度，但是另外还有37%的时间花费找不出原因，可能是由于学生搞不清怎么控制媒体，还有些知觉和思维原因很难从观察中发现。1983年有人研究了用计算机屏幕审阅文章，134行文章中含39个错误，包括拼音错误、掉字、重复字等等。让32个人用苹果Ⅱ（12英寸黑白屏幕）阅读该文章，并阅读用点阵打印机输出的同样文章。结果发现，阅读打印文章的速度和探错率都较高，阅读速度高30%～40%。然而，1987年有人又研究了这个问题，发现用屏幕和用纸面印刷，阅读速度没有明显区别。有人认为，早期的显示屏分辨率低，缺少抗失真（Antialiasing）技术，对阅读有较大影响（Schneiderman，1992，442－444）。实际上，问题并不是这么简单，许多因素影响阅读速度和效率。从笔者自己的多年经验，纸面阅读的确比屏幕阅读速度快，寻找速度快。

二、记忆

人通过感知器官接收信息，然后送入长期记忆中。思维活动时，从长期记忆中取出信息，送入工作记忆中进行处理。当前认知心理学的主流认为，人脑记忆中有两种知识表示方法，一种是图形、物景和画面；另一种是文字，它用命题来表示知识。长期记忆有几个特点：

第一，人们记忆的不是完整画面，也不是故事的准确逐字逐句原文，而是人们理解的画面含义和文字的含义，人很难记住画面的细节和文章的完整语句；

第二，画面记忆能力比文字记忆能力强得多，斯丹丁（Anderson，1990）曾做过一个实验，人们可以记忆一万幅画面的73%；

第三，人对文字的识别能力比对文字的记忆力强得多。施帕德（Shepard，1967）做过一个实验，人们只要看一遍，就能识别出600个单词中的540个（占88%），这个实验被称为内容识别。而在同样条件下，人们只能回忆出5、6个单词。换句话，人的内容识别能力比回忆能力强得多。如果把这个实验结论用于计算机人机界面设计上，那就是：用菜单显示操作命令适合人的内容识别能力，而键盘操作则要求很高的记忆能力，这样可以使学习和操作明显变得容易。

人的感知也与这两种知识表示方法有关。人的视觉较容易感知、理解和记忆用画面表达的内容，应当用模拟画面表示飞行高度、相对位置、相对快慢等等有形的东西和概念。其他有些东西通过文字表达容易被感知和理解，例如时间、速度、加速度等等抽象概念和有些二阶概念（三阶概念）。适合用画面表达的东西就不要用文字表示，否则人要通过思维把文字再转换成画面才能理解，这样就加重了思维负担，在时间紧急情况下，可能会引起误操作或危险。适合用文字命题表示的东西就不要用画面表示。工业设计中有一条基本思想：描述操作行动和形状时，往往采用简单图形比喻代替文字叙述（交通标志、原理图、操作示意图等）。而近10年计算机软件设计才使用示意符或图标（Icon）代替文字，用人们日常所理解的东西比喻计算机术语，从而使用户容易理解、容易记忆。但是当前许多软件又走向极端，提供的图标过多，超出了人们日常生活经验的理解，这样失去了图标原有的作用，造成与文字同样的问题，难以理解。另一个问题是图标过于复杂细腻，而不是用简单图形表示含义，使人要花费较多时间去识别和理解，同样失去了图标的作用。人机界面设计应当适当选择画面和文字，以适应人的感知思维特性和能力。

三、含义

计算机大量的概念和层出不穷的新概念是用户很头疼的问题。概念的含义是什么？怎么描述概念才能使人容易理解？含义的本质是什么？有几种理论试图解释这个问题。第一种理论认为，描述概念含义必须立足于读者的背景知识，具体对象概念是与它所指的物体对象联系起来的。幼儿识字书上把"火车"二字与火车画面并列在一起，使儿童很容易建立起火车的语言概念，这是一种好的用户界面表达方法。这种描述并不要求把一切细节画得很清楚，但是特征属性必须准确表达出来，这种画面被称为示意图。如果科技书中缺少这类画面，就会造成理解困难。计算机专业描述这类概念应当包含两方面：第一，描述对象；第二，描述它的目的、功能、用途或作用，以及环境情景。

第二种理论认为，一个概念的含义是由许多组成部分构成的。描述这个概念就应当把它各组成部分含义描述完整。例如，要描述计算机系统，就要把它包括的各组成部分描述清楚。而计算机书中对有些概念往往描述不完整，例如常常用"系统"和"界面"（接口）概念。界面可能指人机界面、软件界面、硬件界面等等。系统可能指硬件系统、软件系统、应用系统等等。而计算机文章中常常只说"系统"，用户搞不清楚什么系统。

第三种理论认为，一个概念的含义是从特征性面貌中推导出来的，它可以通过有代表性的范例模型表达这些特征，这种特征表现在该概念的各种实例中。例如"水果"，可以列出它的各种特征来描述它的含义。实际上有一类词汇可以较容易通过特征来定义，还有一类词汇具有模糊概念（又被称为自然概念），不能这样定义。例如，西红柿算是蔬菜还是水果？土豆是菜还是饭？这种模糊概念是通过列举各种原型（范例）来定义的（Sternberg，1996，295—298）。

计算机引入了大量新的行为概念，例如机器运行行为，操作系统，各种命令，内存布局等等。这些概念用画面容易表达清楚，先给出硬件物体示意图，再给出操作过程画面，或把二者一起表达。开机、关机、键盘操作命令、鼠标操作菜单、数据结构、数据库概念等等，都可以用这种方法表示清楚。但是许多用户对这些描述并不满意，主要存在两个问题：

第一，操作动作表示得不准确不完整，用户按照它去操作时会遇到困难；

第二，用户有自己的任务目的，他们需要知道怎么操作才能达到这个目的，然而操作说明书上往往只描述了一条条单独命令格式和功能，没有描述任务操作过程。只靠这些知识，很难知道使用过程，也难以自学。例如一个绘图的主要操作步骤，怎么开始，有哪些绘图方式（各种绘图命令都属于这一类），怎么纠错，怎么退出，用户主要需要知道按照这一顺序的主要操作步骤。又例如，发 email 的过程顺序：怎么开始、怎么纠错、怎么结束、怎么发出邮件、怎么作废当前邮件。

抽象概念比较难表达，实际上计算机的用户界面中、任何机器工具的用户界面中很少有抽象概念，问题往往是，设计师把具体对象概念描述成为抽象概念，或者能够用形象方法描述清楚的概念，却用抽象方法来描述，给读者和用户造成人为困难。描述抽象概念的方法有下列几种：

第一，从哲学角度描述（定义）概念，这种方法主要表现了认知过程的指导智慧；

第二，物理描述，例如仪器的原理和结构；

第三，数学描述，例如仪器的传递函数；

第四，用比喻描述定义概念，当前在计算机领域中，人们倾向用这种方法，例如采用鼠标、窗口等等概念，用图标表示文件种类。但是，比喻往往与真实概念有区别，例如有的人不容易理解数据结构中的指针比喻；

第五，在定义中描述操作方法，例如，1kg重量被定义为1kg质量受到的重力，这一定义给出了测量原理；

第六，没有定义，只给出使用环境和情景。例如一般物理书中没有定义时间和空间，只给出了使用环境。一般哲学书讲了很多内容，却没有给出哲学定义。

大多数计算机用户是通过自学来掌握使用方法的，他们的自学全靠说明书和用户手册。如果这些说明书和手册不能够正确表达含义，就会给用户造成很大困难。对用户来说，计算机的含义是工具，他们的目的是使用工具，而不是研究工具。他们需要知道的是，机器行为对他们目的和任务的含义，而不是计算机原理。

四、理解

与含义紧密相关的一个问题是理解。提供信息是为了让人理解。含义与理解是两个难点问题。爱因斯坦曾说过："最难理解的一件事是为什么我们能理解各种事情"（Wagman，1991，103）。人理解语言含义的机理是什么？理解的本质是什么？怎么才能理解？这些问题对设计用户界面十分重要，目前，很多计算机的专业人员还没有意识到这个问题给用户造成的困难，往往没有考虑用户是否能够理解用户界面。为了了解这个问题，先看下面一篇短文：

"瑞士发明者斯托克发明了一种能向上腾空的自行车，这种自行车与普通自行车没有什么区别，但后轮上的齿轮带动着一条额外的链。链子驱动与一条齿状履带啮合的齿轮，从而带动一个升降机构的伸缩臂。当骑车者开始踩踏板时，啮合的齿轮会把自行车向天空抬起。"（某报纸，1997年7月14日第六版）

你能看懂这一篇短文所描述的自行车吗？你能理解这篇短文所描述的腾空原理吗？反正我没懂。不懂的地方是一些概念，例如"额外的链"，"升降机构"，"伸缩臂"和描述的动作过程，像啮合的齿轮怎么把自行车抬起。这有两个可能性，一是我不懂这些概念和机器动作过程，二是该文章本身就没有讲清楚。如果机器动作过程用照片或动作原理图表示出来，可能比较容易理解。

人怎么理解所读的文章呢？理解受许多因素影响，包括下列几个过程：

第一，当我们读到一个个词时，我们从大脑中寻找以前所记忆的它们的含义，这被称为语义译释。记忆的词汇含义量往往与受教育的程度有关。计算机词汇很少出现在小学和中学教育中，也很少出现在一般人的日常生活中。当前有些中文软件的用户手册中使用大量自造计算机术语，而对这些术语没有任何解释，这给用户学习造成很大困难。要普及中文软件，必须在用户手册中尽量避免计算机专业术语，应当采用人们日常生活习惯的书写时的用语，应当适合初学文化水平；

第二，如果从记忆中不能找到词的含义，人们往往根据上下文、环境情景来推导词的含义。如果计算机用户界面环境使用户感到生疏，超出了他们的知识经验，当然使人感到难以理解；

第三，文章的含义（结论）是用命题表示的，计算机中，命题往往由概念与操作动作构成。人脑中也是用命题表示法记忆的。理解了这些概念和动作，就基本理解了命题含义。

被理解的短小命题语句容易记忆。例如，一般人认为哲学很难，但是中国古代孔子老子哲学命题往往用短小命题表达，像《三字经》，文字通俗，命题短小，深入千家万户，容易记忆，容易流传。这是中文的特点。当前计算机领域往往偏重从英文中吸取概念，但是许多术语和语句表达脱离了中文语言中的固有含义，这个问题必须引起计算机界的注意；

第四，应当从读者和用户理解的角度表达含义。作者写文章有他自己的含义，往往读者对文章的理解并不是作者要表达的含义，读者是按照他们的观点、动机、经验、逻辑、环境情景来理解的，这些东西构成了他们的思维模型。要想让别人理解自己写的文章，作者首先要理解读者的阅读目的、经验水平、思维逻辑以及环境情景；

第五，当读完了计算机手册后，读者在自己头脑中要建立该计算机的一个模型，它表现了对计算机操作的理解，它比手册简单得多。它主要包括两个内容，一是他接受的新概念，二是完成各种任务的简要的操作过程，这些扼要的内容是用画面和命题来表示的。为什么我们不能按照他们这种模型方法来写说明书、操作手册、help 功能呢？

第六，人眼容易感知有含义的图形，因此近些年计算机用户界面用图标（icon）代替文字。但是适合用文字描述的东西，就不应当用画面来表达。例如，打开计算机后，屏幕中央显示了一个磁盘图符，一个问号在闪烁，你能理解它是什么含义？另外，图标表示的含义必须是人们日常生活中所能理解的，设计者自己造过多的图标同样引起用户理解困难，这个问题在1970年代的劳动学中已经研究过了。用户操作计算机时要理解对他们的操作行动有含义的信息，主要是两种信息的含义：操作概念和操作过程。所谓操作的含义，计算机工程师理解的是机器内部的运行，用户要理解的不是面向计算机的运行，而是面向用户目的的含义，"怎么通过操作达到目的"，即行动计划（操作方法）。而硬件工程师所想理解的是，人机界面操作引起机器的什么运行行为；

第七，用户理解计算机，不仅意味着能够用计算机来达到行动目的，更重要的是自己能够独立操作，并承担操作后果引起的责任。人机界面设计往往没有考虑到这个问题的严肃性，没有提供充分的设计保证来使用户承担操作责任。例如，计算机信息系统是否有权限级别？了解信息应当承担什么责任？误操作是否会造成意外不可弥补的损失？又例如，使用专家系统来工作，如果出了事故，责任归操作人员还是归设计人员？软件提供的信息含义不准确，理解有二义性，造成事故后责任归谁？归专家还是归软件设计者？

结论：计算机给用户提供的信息应当使用户容易理解，使用户理解用计算机可以实现哪些目的，完成各种任务的操作过程，以及承担的责任。

五、文章翻译

语言文章也是一种人际界面，作者与读者的交流界面，写的文章应当让相应的读者能理解含义。这是人机界面设计的一个重点目的。初中物理书上把力定义为物体与物体之间的作用。笔者一直不懂这个"作用"是什么含义，许多中文书也都是这么定义的。老师同学对这一概念似乎都不屑一顾。大学毕业后，与别人聊天中才发现，谁也没有解释清楚。偶然问一位名牌大学物理老师，他也说不清。后来看了英文书，才明白那个"作用"是指物体之间相互"拉"、"推"、"压"等等动作关系，这种动作引起力。由于引进外国技术，也引起了一些文字表达问题。1980年代以来，美国计算机界已经明确提出"对用户友好"，其中包括计算机概念应当使人容易理解，因此计算机概念往往采取比喻，用简单生活概念比喻计算机中的新技术概念，这样可以避免制造新词汇。这也是认知心理学的贡献之一。但是，我国有些人不了解这一主要趋势，反而把计算机中简单的术语翻译得很难懂，人为地给用户制造了许多困难。例如，把英文中很简单的词"text"（文字）译为文本，使人想到一本书。把"map"译为映像，由此出现"内存映像"，难道内存里有一幅美丽的画，使人幻想不已。把它翻译成"内存分配"或"内存对应转换"是否容易懂些？又例如把"physical address"译为物理地址，使人不由自主地发问："是否有化学地址？生物地址？"把它翻译为实际地址不好吗？这类例子相当多："机器面向"（应为：面向机器），"对象面向编程"（面向对象的编程），"赋值"（value assign，给定值，传送值），"模式"（mode，方式，种类，形式），"知识基"（knowledge-based，以知识为基础的）。

认知科学、心理学、知识工程中常用heuristic一词，《新英汉词典》（上海人民出版社，1974年）把它翻译为"启发式的研究"，"启发式的论据"，基本含义为"启发"。由这一解释很难看懂有关文章。为此，笔者两次问一位德国哲学和语言学教授，才明白这一词出自希腊语，含义是"寻找"和"找到"，认知心理学和知识工程中用它表示一种常用的解决问题的思维推理方式，可以译为寻找法。pattern recognition一词出自对人视觉的研究，指人眼视网膜怎么识别各种二维和三维对象，可以翻译为"对象辨别"、"物景识别"、"形状辨别"或"画面识别"。这一原理在小学中学人体生理课和美术课上已经学过，人人都知道这一概念。在英国和美国对pattern recognition，在德国对Mustererkennung，中学以上程度几乎人人都明白这一含义，而在我国被译为"模式识别"，除了极专业人员外，谁能明白？把生活概念和比喻抽象化，是计算机难懂的一个重要原因。心理学对计算机人机界面设计提出的要求之一是，为了使非专业用户容易理解计算机，计算机概念用日常生活用语和比喻表达。但愿大家能够重视这一问题，给用户少制造点麻烦。

外国软件设计中在人机界面上采用了许多图标，我们有些设计人员没有搞清它的作用，也机械模仿了这些图标。我国计算机的用户界面应当使用图标还是用中文？这应当进行用户调查：这些图标能够达到直接视觉理解吗？是中文容易感知理解，还是图标容易？哪些用中文容易理解？哪些用图标容易理解？中文与英文有许多不同，计算机用户界面不能盲目采用符号学中关于字母拼音语言的结论。

六、用户大脑映像

人们闭上眼，可以说出家里各个屋子的结构和布局。计算机专家在黑暗中也能找到计算机的电源开关，因为经过了长期生活经验，这些环境已经像画面一样记忆在大脑中了。设计者习惯于从自己的大脑映像出发进行设计，这种设计往往不符合面向用户的可用性。设计者应当采用用户大脑映像进行设计。这是诺曼（1988）的一条重要结论。

但是如果人机界面与用户的大脑映像不一致，就会带来很多操作困难。一栋楼的电源柜内保险插头的排列布局与实际各家的居住位置往往不一致，使人们很难识别一个确定的保险。又例如，电子专业人员头脑中都有许多电子线路原理结构，但是设计不合理的印刷电路板使人很难找到预期的电路和元件。设计师应当按照自然布局来构成设计图。这也是诺曼（1988，93）提出的一个重要设计原则。例如，电源开关的布局应当与各家位置一致，电路布局应当尽量与原理图一致，从而使人能按照大脑映像直接感知思维。

七、学习

计算机应用越来越广。而学习计算机操作使许多人感到头疼。应当学习什么知识？怎么学习？这两个问题使许多人束手无策。计算机知识太多，计算机知识发展太快，人们费很大功夫掌握了它，三五年一过，新一代计算机出来，概念、原理、硬件、软件、操作技术几乎全变了，就连专家也必须不断学习紧跟，否则就会变成外行。引起这个问题有两个原因。

第一，商业利益的刺激，有些新软件并没有许多新东西，但是为了刺激销售，有意推出一个新文本，我国计算机界对这一问题应当有一定认识。

第二，设计者缺乏用户观念，不了解人的学习过程。

许多心理学家对学习过程进行过研究，这里只重点介绍两种学习理论。行为主义认为学习过程是个刺激反应过程，必须经过大量机械化的重复训练，才能形成熟练反应，这种学习理论来自巴甫洛夫的动物条件反射理论，并不适合人的有目的的学习过程。然而，至今不少教师仍然采取这种观点，从小学起，给学生布置大量作业，把学生训练成机器人，不允许学生注意力分散，不允许学生情绪波动，实际上这些要求连老师自己也达不到。另一种学习理论是三段式学习。安德森（Anderson 1982）根据费特（Fitt）等人的理论提出，人的学习过程分为三个阶段（以学习使用计算机为例）：

第一阶段是认识阶段。在这个阶段主要学习两种知识：概念性知识和操作过程知识。概念性知识包括计算机键盘的字母位置、电源开关的位置、各种定义、命令格式、使用的条件。用户是按照他自己的知识基础和方式去理解这些概念的。理解了这些概念后，还要学习操作。一般说，他们按照规则去实施操作行动。许多情况下，用户不可能参加培训班，而是通过看书来自学。当他们遇到问题时，要么问人，要么自己尝试。学习计算机命令操作必须学会命令句法、命令含义、使用环境、操作任务向操作命令的转换。这比其他工具复杂得多。怎样使用户学习容易呢？人们采取几个办法解决这个问题：

1．人机界面采用许多生活语言来比喻计算机概念，例如"文件"、"窗口"、"菜单"、等等。

2．通过示意图解释人机界面和操作命令。

3．具体描述操作规则和操作过程。

4．用键盘操作命令不如用鼠标操作简单，因此把操作系统命令的键盘操作改为图符鼠标操作，把键盘操作"删除文件"改为用鼠标抓住文件符然后送到"废纸篓"。这样，非专业用户不必学习记忆命令的键盘操作。

5．通过帮助功能。

6．给用户提供尝试可能性，它不至于产生任何破坏作用。

第二阶段是联系阶段，通过不断实践，概念性知识和过程性知识被联系在一起，形成一个完整的闭合知识体，被转变成他们的操作过程技能。他们不再死板模仿规则，而是通过自己的实践，把概念同操作技能联系在一起，并形成自己的方法，并且逐渐减少错误。设计者应当明确用户操作所需要的最少知识量，并且使这些知识能够形成完整的操作，使用户独立地处理各种操作问题。人机界面设计应当给用户提供操作知识，不要给用户提供与操作无关的概念。

第三阶段是独立行动阶段。他们的技能变得熟练，操作越来越快，准确性也提高。操作变成了自动性的行动，不再需要有意识的控制。人动作与机器操作过程形成和谐一致，被称为人机调谐（tuning），它包括操作过程的精炼，准确区别规则的适用情景，优化操作（加强好的规则，弱化较差的规则）。设计者应当明白，并不是一切机器的操作动作都能够达到调谐状态的，有些机器操作方式对有些人可能永远不能达到和谐状态，这些操作方式违背人的感知与动作的和谐关系，思维和动作的和谐关系。例如键盘操作，学习打字机到一定程度时，出错率就会很低，速度很快。一般说，学会驾驶汽车，平均需要 20~40 小时，但是，要使操作变成自动习惯、学会自如处理各种现场紧急问题，需要几年实践，在这之后，一般人不大容易出交通事故。而学习计算机键盘很难到达这种程度，专家用户也会有相当高的出错率（大约10%）。

第五节　计算机的可用性

一、心理学对用户界面的设计思想

当前许多用户界面是由软件工程师设计的，他们主要以计算机系统功能为中心，把用户界面看成是系统的一个部分，从系统功能角度来设计用户界面。第二类用户界面设计人员是劳动学工程师，他们不是以计算机系统功能为中心，而是以用户界面为中心和出发点，以用户界面的要求来指导计算机系统的设计。他们设计用户界面的主要目的有下列几个：

第一，以用户的行为为基本出发点；

第二，考虑用户学习操作的时间长短；

第三，以用户操作中的出错率为依据，改进界面设计；

第四，分析用户在操作中需要记忆的东西，减少用户短期记忆负担，长期记忆和学习负担；

第五，采用日常生活常识和比喻，减少和避免计算机专业术语和逻辑思维；

第六，从用户的思维和感知能力出发，减少各种脑力负担，包括：视觉寻找、区别、识别负担、解决问题负担、决策难度。这些问题往往被表示为"减少注意"；

第七，注重用户的个人特性和区别，例如青年人、老年人、妇女、残疾人的特殊需要。

这些目标被称为计算机用户界面的可用性。

二、用户模型是可用性设计的依据

1980年底，计算机人机界面设计转向可用性（Usability）目标。计算机的可用性指用户对操作的满意程度。它是以心理学的行动理论和认知心理学为理论基础，以人使用计算机的操作行为为主要研究对象。可用性能主要包括对知觉、思维、操作三方面的要求。减少使用错误是个直接设计方法。

人使用计算机时，主要采用两种行为方式。第一种是由任务驱动的行为，也叫按照用户的动机驱动的行为。按照行动理论，人的行动由四个阶段构成：第一阶段，人们在长期使用计算机过程中形成了想像、信念、价值和需要。第二阶段，动机形成阶段。想像、价值和需要引起行动愿望，但是每次只能选择一个愿望成为动机和目的，要采取一个具体行动时，按照它的目的动机（德文 Absicht）要形成行动方法动机（德文 Vorsatz），即操作行动计划，"在什么时候"、用"什么设备"（用鼠标，还是用键盘？）、用"什么操作规则"（移动鼠标，揿鼠标键）、选择"什么方法"、来作"什么"事（删除文字）。第三阶段，当用户认为他的目的和计划可行时，就开始实施操作，在操作过程中感知、思维、手指操作动作形成有机整体。第四阶段，行动后阶段。把操作结果与预先设定的标准比较，评价行动。上面的诺曼模型和GOMS模型描述的是这种操作行为方式。

第二种是由数据（信息）驱动的行为。这时用户主要根据屏幕显示信息来决定下一步行动。这种操作方式可能表现为若干情况。例如操作游戏机，用户必须按照屏幕显示的各种情景反应。这种操作方式把用户置于被动状态，看他反应速度和准确性。但是在动机驱动时也会出现这种情况。例如在人机对话绘图操作中，由于行动计划不完整具体，每操作一步，用户必须看看屏幕显示信息，按照具体情况反应行动。这种由于计划不完整（往往不可能完整），使行动计划过程由主动变为被动，然而总的方向是向着用户建立的目的。在这种情况下，设计应当考虑怎么给用户提供计划线索。有时在操作中会遇到意外紧急情况，你不得不中断当前行动，转入应急，这样也变成了被动方式。完成了这个行动后，也许你已经忘记了最初的行动目的，那么设计应当提供断点记忆和提示，并使用户能够回到中断处。也许某一刺激引起了新的动机，例如，你打算在因特网上寻找关于西安的大学信息，在寻找过程中，你突然发现在西安要举行计算机学术会议，你对此很感兴趣，于是你进一步查询这个会议，并按照网络上提供的地址报名要参加这个会议，然后很高兴地退出了因特网，忘记了你最初的查询目的。这是由于人头脑中有许多意向，只有当机会出现时，才可能采取行动，这被称为机会性行动或机会性解决问题。信息数据提供了一个机会，激发了一个新行动，而中断了另一个行动。这时，设计应当提供目的记忆机构，提醒用户目的。使用户在使用计算机时，能够完整灵活地控制全部行动过程。这是一个重要的设计思想。

当前，在用户界面的研究方面对键盘输入命令和文字编辑处理方面的用户行为分析得比较多，对绘图行为过程分析得较欠缺。

下面主要以计算机为对象来分析设计要考虑的问题，主要目的是解决设计对象的可用性。其他设计对象也可以参考这种设计思想。需要指出，人机界面设计是相当不容易的，目前只研究了少量的典型现象，很多问题还没有研究清楚，而且对人的许多行为还处在分析解释阶段。表面上觉得很简单的问题，实际并不如此，往往一个很小的问题，都要花费很多调查和实验。例如应当采用多少图标？它涉及到认知心理学、语言学、社会学等方面，而这些知识偏重于在许多方面还不能提出确定的解决问题的方法。另外，心理学因素是很复杂的，在不同实验环境中，有时对同一个问题得出不同结论，进一步说，实验室结论往往并不能反映实际使用情况。例如实验室研究认为，高级程序员对程序的理解有他们的策略，不受程序名的影响。但是，实际上，实验室研究中只让他们读了很短的程序段。如果读一个很大的程序，专业性很强的程序，他们的理解受什么因素影响？

三、用户的动机和目的

用户使用计算机时有他的使用动机。不论设计什么东西，用户的使用动机和目的始终是首先要搞清楚的问题。在形成使用动机时，用户考虑两方面，第一是目的动机，即要达到什么目的状态（例如要用计算机写信），同时还建立目的状态的标准和行动的标准，例如，给家里人写信用亲切口气，求职信要工整，并提供通信地址。第二，这种目的状态和行动标准决定了用户选择各种不同标准的工具以及方法动机。例如给家里写信最好用手写体，而求职信最好用计算机写，并进一步要考虑首先写什么，其次写什么。每个时刻，人只能专心从事一个行动，他的思路应当集中在写信上，而不是考虑怎么操作输入器件。因此工具的功能和操作过程应当适应用户的行动过程习惯，成为用户无意识的行为，而不是让用户改变他固有的行动习惯，去适应工具的技术操作规则。否则用户要花费许多时间学习工具操作，写信时不得不分心，以考虑工具器件的操作方法。

设计者必须从用户角度考虑使用目的和操作过程。用户操作计算机时，首先要打开显示屏的电源开关，从用户角度来说，这个开关的位置应当在平面的正面，这样用户容易看到它。实际上许多显示器的电源开关在它的背面，有时很难找到。又例如怎么设计网络主页的内容？许多大学的网络主页显示了该大学的风景照片，介绍了学校历史，设置的系科，校内生活。这种设计像一种概况介绍，并不适合用户访问。主页设计应当考虑哪些人会访问它？访问目的是什么？一般说访问大学主页有四类人：本校人员、该校的校友、要报考的人、校外有访问意向的人员。本校学生主要关心的是开学和放假时间、学校的制度、课程表、中心实施（图书馆、计算中心等），以及本系的信息。要报考的人主要关心系与专业设置、教授及方向、何时报考、住宿、食堂，在哪儿得到报考材料等等信息。访问学者关心的是教授及专业研究方向成果。后两种人都需要大学地址，教授地址，并且最好能够直接发出电子函件。为了研究网络主页设计，我曾实验查询过三十多所大学主页，发现许多大学主页设计主要是面向该校学生,没有提供学校地址,很难找到某教授的研究和发表文章索引。

四、计算机的感知性困难

感知性指通过人的感官能否得到预期的信息。机械工具和日用品与计算机的一个重要区别是可感知性。

第一,机器的结构可感知。人可以看见自行车的车把、车闸、踏脚,它们的形状各不相同(视觉形状感)、颜色不同(色感)、表面肌理不同(材料感)、运动或不运动(动感)。

第二,触觉可感知。手的触觉也可以感受许多与人行动有关的刺激信息。人手脚能够感触到它们的表面肌理不相同(材料感,位置感)。手握车把时,能够感受到是否握紧了(安全感),转动车把时,能够感受到费劲不费劲(力感)。冬天还能感受到它很冷(温度感)。

第三,动感。人有运动感、振动感、速度感、加速度感。

第四,嗅觉可以闻到各种气味。听觉可以感知各种声音。使用工具和机器时,这些视觉、触觉、听觉、嗅觉刺激包含了各种与操作和环境有关的信息。通过这些综合感知,人可以知道机器的行为状态,操作进行情况,以及操作的结果。过去有些人以机器为中心,偏面地认为人机界面只是由显示器、控制器和操作过程造成,把人简化成机器所需要的功能:监视输出信号和控制输入,这样认为只有眼和手对机器起作用,眼起感知作用,手起控制作用。实际上人的感知是受动机支配,有时需要看,有时需要听,有时需要触摸,各种感知器官综合起作用。如果人能够直接感知到各种想要感知的信息,那么这种人机界面就被称为可被感知的。

用户操作机器工具时,主要想感知哪些信息呢?这与操作目的有关的信息,它包括下列几种:

第一,人机界面的结构和布局。一个柜子的前面有合缝,有把手,这种结构暗示着它是可打开的,两扇玻璃插在槽中暗示着它是滑动门。如果没有这些结构和布局,你知道怎么打开它?结构和布局提供的操作线索,它应当符合用户的经验。这种结构和布局往往通过它们的形状、颜色、材料和表面肌理来表现,从中用户能够看出它们的目的,它们能够给人提供什么行动。例如用户通过形状来判断什么是按键,什么是旋钮,红色按键表示电源开关,圆形东西可以转动,左旋可以把螺母取下来。在长期生活中人们已经积累了大量的经验,这些经验已经变成用户对人机界面的期望。

第二,机器的功能原理应当可见。自行车各部分的运转原理都栩栩在目,人能看见车把与前轮的联系,车闸的作用原理,齿轮和链条怎么啮合转动。

第三,机器的行为过程、状态和情景应当可见。用户可以通过各种尝试来发现自行车是否运行正常。通过力感、声音等线索可以看到出了什么故障,应当怎么修理。

第四,能同步感知到自己行动的状态结果。当你转动车把时,能同时感知到手把是否同时转动,自行车是否同时转动。

用户需要感知五种信息:人机界面结构、机器功能、机器的行为过程、机器所处的状态、人的行动结果。

用户在操作计算机中,什么时候感知?想用什么器官感知?感知什么?这个问题几乎没有人能够说得清,因为人的感知过程太复杂了。看一下用榔头钉钉子这个简单行动,人用眼看钉子、瞄准榔头,通过手握榔头把感受用力大小、通过耳听到的声音、眼看到的效果,可以知道一次钉的动作已经完成。人的感知器官可能是处在有意识的状态,要寻找什么信息;也可能处于无意识状态,而意外的刺激信号却引起了他的注意。人有时想看,有时想听，有时想用手触摸，也可能同时感知，也可能交替感知。这些感知过程往往成为很自然的行为过程，多数人在事后说不清感知过程。只有一点可以肯定，人要感知与行动目的有关的信息。只有通过观察人的行动过程，才能了解上述感知过程。观察用户操作中的感知过程，是设计、改进和评价人机界面的重要前提之一。

计算机与以往的机器工具有很大不同，一切输入信息只能从键盘和鼠标（和菜单）上感知，一切输出信息只能通过眼看屏幕来感知，而眼的信息感知量还很有限（五个至九个信息块）。计算机感知的困难主要表现在下面几方面。

第一，计算机键盘"不透明"，从计算机输入键盘很难看出操作命令和软件功能。计算机键盘不同于打字机键盘，打字机键盘的键与操作目的相对应，每个键上标有字符，它就是行动目的。敲下Z键，打字机就把Z字符印在纸上。因此，可以直接靠手指的位置感记忆键的位置。用户从打字机键盘上可以感知行动目的。另外，打字同人用笔写字母文字的过程相应，一个一个字母打下去，就出来一个个词，换句话，从手写转变到用打字机写，行动计划基本不必改变。即使这样，要想打得熟练还要花很长时间（使感知直接同手指操作结合起来，并使它形成自动化）。计算机键盘则不同，计算机操作命令在键盘上不可直接感知。你能直接从键盘上看出有什么操作命令？能用手指感觉出操作命令？不能。只能凭记忆。只记住操作命令还不够，还必须把操作任务计划转换成计算机的操作顺序。硬件、软件一升级功能就增加，操作命令也增多，令人难以记全，而且往往连命令格式也改了，有些机器还采用了缩写命令（例如"delete"用"del"代表），只靠字母组合还不够用，又采用"control"键（用"ctrl"键与一个字母组合使用），好像认为给用户提供了更多的方便，其实相反，往往把用户搞糊涂了，瓜地里挑瓜眼挑花，眼不够用，脑子也不够用。另外，各种软件采用不同单词，五花八门。有一次，我使用一个计算机时，想删文件，我不记得用什么英文词。我用"delete"试，不行。用"erase"，也不行。我没办法了。后来才知道应当用"rm"（remove）。能不能把它设计成：用这3个词都能使计算机删除文件？操作过计算机的人大概都有这种体会，心里的目的很明确，知道要去作什么，但是偏偏不知道命令格式，或找不到要用的操作命令。计算机操作命令在键盘上不可见。计算机键盘上各个键上标注的不是操作命令，也不是用户行动目的的（有时用户目的与操作命令是一致的，有时并不一致）。专家往往说，不必记全这些命令，只要记忆常用命令就行了。问题是，一旦缺少一条命令，整个任务就无法进行下去，你不小心不知道什么时候碰下什么键，就引起意想不到的结果。

第二，面向计算机技术的描述给用户造成感知困难。用户关心的是完成他的任务，而不是面向计算机技术的机器功能。计算机的功能指它的技术行为能力，增加一个功能，程序员往往就编写一个该功能的操作命令，以为这样就给用户提供了界面，这种设计思想往往并不符合用户要求。每增加一个机器功能命令，就迫使用户要学新的操作，还要思考怎么把它转换成自己的使用目的，建立相应的操作规则和操作方法。为什么程序员不能直接给用户提供与用户目的对应的操作命令？例如，用户信息文件往往以压缩码传送，用户接收后要解压，不同格式的压缩文件要用不同解压命令，格式也不同，这些是面向机器技术的操作，能不能在用户界面上把这种命令避免？例如，可以把解压隐藏在"接收"命令中。用户并不关心机器怎么处理信息文件。用户操作计算机的很多困难是不知道操作过程，操作过程从键盘、鼠标和菜单上看不出来。软件设计能不能提供操作过程说明？例如怎么发送电子邮件？怎么从网络上提取信息文件？

第三，计算机运行过程和所处的状态很难感知。用户输入一个程序名，敲下回车键后，计算机没有任何反应，是计算机出了故障，还是在运行程序？发送一个电子邮件，对方是否收到了？花了多少时间？

第四，用计算机控制加工或监督工业过程时，操作员只能在屏幕上看到输出信息，而且往往是有限的文字信息，没有现场情景图象，不是机器加工的直观现场。如果屏幕上显示出"加工出故障"，你不一定知道是什么故障，无法预测怎么排除，也不知道是否对人有危险。现场变成了"黑箱"。另外，用计算机控制机械加工时，技术工人过去的加工技术和经验都不起作用了，只能靠软件规定的步骤操作。用计算机来监督核电站内的过程时，只能看到软件规定的东西，如果真实现场的情况超出了软件的描述，监督人员就无法了解现场的真实状态，对力、温度、震动、疼痛、危险的感知判断都没有了。这对人感知行动环境情景造成限制。另一方面，如果人机界面上显示过多信息，信息形式（图形、文字）不符合人的感知认知能力，都会造成用户思维和判断的困难。

五、使用计算机时的行动计划

用户建立操作目的后，还要建立操作计划，它又叫操作规则和操作方法。一般说，用户可能建立若干操作计划，从中选择一个，然后把它转换成机器操作顺序，最后选择操作命令。这时人机界面设计主要考虑两个问题：怎样使这种计划和转换过程变得简单？怎么减少用户脑力负担？怎么促使用户选择适当行动计划？

用户在各种活动中形成了各种经验和计划习惯，绘图有一定习惯，买东西有一定习惯，写文章也有一定习惯。计算机操作计划（操作过程）应当尽量符合这些习惯。如果计算机操作顺序不符合这些习惯，会给用户造成较大麻烦。下面举例分析一下这个问题。赖特和利科瑞士（Wright & Lickorish，1994）研究了用户使用电子购买软件选购商品的操作过程。他们考虑了下述几方面：

第一，建立用户模型。这个电子购买软件主要考虑家庭妇女的操作行为，实验用户是18~48岁的妇女，大部分人没有使用过计算机。该软件的操作是用鼠标和菜单。

第二，操作方法的选择标准。一般说用户可能有4种操作选择依据：花费时间最少、动作最少、容易学会、要求的记忆少。有人发现无经验的用户与有经验的用户采用不同操作方法。无经验用户采用鼠标操作较少的过程，误以为这样速度快，实际上，在屏幕菜单上寻找和查看（感知）这些操作过程（即检索），比较和选择（决策）这些过程所需要较长时间，结果操作变得慢了。这提示软件人机界面设计中应当分析用户的检索和决策过程。另外，无经验用户选择容易记忆、容易学会的操作过程，而不是较快的过程。与容易学习直接有关的是记忆，用户往往选择对工作记忆要求较少的过程。有些专家倾向于给用户提供"不费脑子"的操作过程，这样使用户可以把注意力用于考虑下一步操作。还有人认为，在漫游操作中，用户主要考虑哪个过程能有效达到目的，最快达到目的。

第三，帮助用户记忆。在复杂漫游任务中，用户往往被其他内容所吸引，忘记了原来的行动目的(例如忘记存文件)，因此帮助用户记住操作目的是软件人机界面设计中的一个重要课题。有些软件设计者给用户提供线索，提醒用户去操作未完成的任务，例如提醒用户在退出前要存文件。他们提出在电子购买物品的软件中给用户设计了3种记忆帮助机构：漫游计划器（planner）帮助用户记忆漫游目的；笔记本帮助用户记忆商品价格（包括商品、商标、价格和商店），以便在漫游后比较各个商店对某种商品的价格；商店记忆器帮助用户记住已经漫游过那些商店了。

第四，他们还研究了用户日常生活中的计划习惯。他们发现，用户操作电子购买软件时，是按照一个一个商店去漫游，而不是按照一种商品去检索各个商店（尽管这种方法用计算机更简单），即她们行动中仍然想像着现实生活中逛商店的方式。用户并不选择最短路线。计划器被选择得较多，但是用户很少去再读它。当用户有4个以上购买目的时，就常常使用计划器。在3个实验中，笔记本是最实用的，这也符合西方妇女购买物品的习惯。这一点表明，用户是按照他们的生活经验和习惯来考虑行动过程计划，计算机的人机界面应当符合它。

六、程序理解和程序说明

许多程序员都感到读程序比写程序难。理解编程语言不同于理解人的自然语言。程序理解与4个程序因素有关：程序知识、程序命名、程序语言的作用表达以及程序语言。

第一，程序是否容易理解与程序的命名有关。蒂斯雷（Teasley，1994）曾研究了各种命名对初级程序员理解Pascal程序的关系。当程序命名有含义时，例如表达程序目的或功能，这些程序员容易理解该程序的含义。因此，好的程序命名应当表达它的目的或它的功能。

第二，理解程序与掌握的编程知识有关。蒂斯雷提出，程序员根据程序的文字结构来理解程序。为此需要5种知识：操作、控制流向、数据流向、程序状态和程序功能。操作指程序源码命令所表示的行为。控制流向指程序的执行顺序。数据流向指数据对象的变换顺序。程序状态指一个操作的执行与该程序各方面所必须具有的条件之间的联系。程序功能指程序的主要目的和各种子目的。对于程序理解来说，操作、控制流向和数据流向属于低层面知识，程序状态和程序功能属于高层面知识。他让专家程序员进行实验，读15行Cobol程序或Fortran程序，然后回答程序理解问题。他发现，对程序的理解错误多数与程序的状态和功能有关。对程序的各种操作、控制流向和数据流向的理解，与对程序的功能理解没有关系。不理解程序的功能，仍然可以理解程序的低层面知识。程序的命名好坏不影响对低层面知识的理解，但是影响对高层面知识的理解。

第三，只具有程序知识还不够，理解程序需要一定的理解策略。初级程序员往往缺乏这种能力和策略。这种理解策略主要是抓住了程序语言的作用表达，蒂斯雷认为，作用表达是编程语言的一种特性。写程序时，要能够把要解决的问题转换成编程知识。换句话，程序通过编程语言的表达来解决各种问题。反过来，理解程序时，不是仅仅理解一条语句结构，而是要识别它们的语句块和要解决的问题。他们提出，通过三方面策略可以理解编程语言的这种作用表达。

第一，可识别能力：要能够区分程序的代码块，一个代码块可以是一条语句，也可以是一组代码，例如用"begin—end"，"if—then"来区分语句块。

第二，语句向结构的转换：要能够把一条语句转换成它在程序结构中起的作用，例如a=3在程序开始可能表示把变量a初始化，在其他地方可能表示赋值。这种理解并不涉及程序的应用领域。

第三，语句向任务的转换：通过一条语句应当能够理解它在程序中完成的任务或解决的问题，这种理解涉及程序的应用和设计思想。他们通过实验表明，编程语言的作用表达能够促进对Pascal程序的理解。

第四，各种编程语言具有不同的作用表达。培宁顿指出，Cobol程序员能够较好地回答数据流向的问题。Fortran程序员能够较好回答控制流向问题。Pascal程序教学中强调控制语句的终止条件，这样使人们容易理解程序执行时的状态。

这里要强调一下程序和文件的命名问题。人们常常忽略了，变量和文件命名不但对理解和检索很重要，而且命名相当困难。许多人都有体会，给家里人起名字很难。命名要求创造性能力，这属于高难度的思维能力。这个问题在使用计算机中表现得更明显，因为使用计算机时，命名是一件经常遇到的事情，而且程序员的注意力往往集中在编程算法上，忽略了命名。当编写了一百多个子程序后，才突然发觉不记得各子程序的名字表示什么含义，才感觉到寻找一个子程序很困难。秘书用计算机写一封信，要存一个文件，然后给它命名。如果一个秘书每天写五封业务信，到年底就要写上千封信。怎么查找某一封信？

计算机文件命名应当主要考虑理解文件内容和查找文件这两个问题。有的软件提供的命名功能，但是一般还不够满意。目前，用户还不得不学习文件命名。编程中给变量和程序命名应当表现它的含义，可以是它的功能，可以是它完成了的任务，实现的目的，或者算法。一般应当接近自然语言。如果用缩写助记符，应当同样能够表达出它的含义。文字、文件和图形文件命名前，首先要建立分类目录，并从一开始就从容易理解和便于查找的角度，考虑文件的命名方法。

这里还要强调程序注释的书写。为了减少程序理解的困难，应当在程序前面写一段注释。它主要包括几部分：

第一，应当说明该程序的目的和功能。

第二，应当说明输入输出变量以及来龙去脉。

第三，应当说明程序运行顺序和所要具备的条件。

此外，在程序中也应当对关键语句加以说明。在主程序前应当描述整体程序结构，它的整体变量名及含义，最好能够用示意图说明它包含哪些子程序，以及它们的结构流向。这个描述应当像一本书的目录和索引那样清晰。

七、计算机的可操作性

使用工具时，手有什么功能？首先，人依靠手脚操作各种工具。由于手的生理结构，它只有若干有限动作种类，例如"指"、"抓"、"捶"、"推"、"投"等等。其次，手的触觉又从操作中感知力和表面机理等等反馈信号，以区分各种对象，指导行动，评价动作结果。传统劳动学设计中主要考虑的是：手触觉和手动作在生理上的自然和谐。这种设计思想把人只看作生理体。按照行动理论，生理结构是条件，手的操作行动受动机支配，还受环境情景作用，因此设计手操作过程时，动机、动作、触觉感知、环境情景影响这四方面要综合考虑。根据这种观点可以发现计算机操作中存在的一些设计问题：

第一，面向机器的操作与面向用户目的的操作。人操作机器时，存在两种行为方式：一是、人的有目的的行动。在行动中，人在目的指引下，要考虑行动计划，考虑何时开始行动，一步步执行，不断从反馈中判断修正行为，直到达到目的。这是一个整体过程，人不希望他的行动整体被其他因素打断。例如人开车床加工时，发现转速太低，他马上就想提高转速。这就是说，人的行动变化是动机变化过程，由建立动机到开始行动，到结束行动，是一个完整的行动。动机一变，马上就会中断当前行动，转向新的行动，这两个行动之间的动作过渡过程往往是无意识的。但是，在操作车床时，用户不能直接这样做。二是机器行为的特点是状态变化。机器行为时，各部件相互联结，相应构成一定状态，这些状态只能按照一定顺序连续变化。大多数车床是通过改变齿轮传动比来改变转速，只有先停车，才能改变转速（齿轮传动比），再启动车床。

计算机行为也是状态变化过程。状态变化有确定的限制，不可能从当前状态转向任意状态，只能转向某些确定状态。现在人机界面设计中已经开始注意解决这个问题，一般采用两种方法：第一种，使用多窗口。当用户在编程时，突然收到一个电子函件，他可能马上就想看这个函件。但是他不得不先退出编程状态，这个操作对他来说是多余的。多窗口功能可以使用户随时启动一个新的任务，交错进行几个任务。第二种，在有些情况下，可以省掉建立新窗口操作。在图书馆查询系统中，用户敲入一个主题词（例如，"计算机应用"）后，屏幕上显示出全部与计算机应用有关的书名。用户突然改变想法，要查询生态学书目，他可以直接敲键输入"生态学"，在他敲第一个键时，屏幕上自动建立一个新窗口，并在其中显示"生态学"，敲下回车键后，系统就开始寻找该书目并显示出来。

第二，不同设计方法引起的不同操作方式。有些计算机工程师往往从计算机系统（硬件和软件系统）角度考虑设计，把用户界面看作是该系统的一个功能，把用户界面功能向计算机系统靠拢。这种设计决定了软件的行为方式。另外，他们往往只根据软件功能来考虑键盘输入操作方式，而不考虑实际用户操作行为。劳动学软件设计人员是以用户界面为中心，以用户要求和人行为为主要设计根据来编写整个程序，即，让计算机功能向用户靠拢。计算机人机界面应当具有下列特点：不论谁设计软件，不论是什么机器，不论技术功能怎样，人机界面上对同一个行动应当具有相同的命令形式和操作过程。不论机器功能怎么变化，人机界面的概念、知识和操作方式应当比较简单稳定。工具只是工具，它的操作应当简单稳定。我们中国人早有这种设计思想，例如几千年来筷子有各种各样，但是操作使用基本不变。如果筷子也象计算机这样，三年一种新功能，五年一个新型号，再配三本精装的使用说明书，我们可能早就想别的办法吃饭了，总不能饿着肚子认真阅读使用说明书吧？

第三，计算机行为引起的操作方式。计算机的基本行为方式是微步骤。每一步只完成一个硬件状态变化的动作。机器的这种技术行为对软件工程师的设计思想有影响。软件工程师往往没有以用户的行动完整性作为软件设计的主导思想，而是把一个完整的行动拆成若干操作命令，并夹杂了面向机器的操作。广告上说，计算机可以大大提高效率，但是，许多用户的经验并不如此，用计算机书写的主要优点是容易编辑修改长文章，但是用计算机写信往往比手写要慢。机器的内存和速度提高很快，但是用它写信并没提高速度，这主要是由于附加操作较多。例如，写一封短信只要5分钟。开机、进入软件、设置参数、设置文字格式却需要10分钟。又例如，用户往往要查找一个文件，然后进入这一文件，也就是说，查找和进入文件是一个完整的行动。计算机系统都提供了"寻找文件"的功能（find），在此功能下，用户写入要寻找的文件名（例如"文章1"），系统就能发现它在哪个目录下（例如"文章1"在目录"理论文集"下）。严格说，它只完成了用户的一半目的，只发现了文件在何处。然后，用户不得不退出"寻找文件"状态，退出当前目录，进入所希望的目录，进入所希望的文件（文章1），只有最后一个操作是用户所希望的，其他都是面向机器的行为的操作，它们打断了用户有目的的行动整体性。这种操作方式比人们已经习惯的查字典复杂得多。查字典时，从索引找到一个字所在的页数，然后直接翻到该页，"翻到新一页"与"关闭旧页"是同一个动作，而在计算机中却被分成两个动作。实际上，在寻找文件命令"find"中可以增加一个选择项（进入该文件）就可以解决这个问题。

第四，输入困难。目前的计算机仍然缺少自然输入器件和手段。视觉输入（图像识别），自然语言识别和输入，手写体输入等等还处在初级阶段。

八、应当学习什么

我们用笔写文章时，注意集中在怎么写文章，而不是集中在笔上，笔在我们手中运用自如，就像手的一部分，想快就能快，想慢就能慢，完全随我们的手控制，不需要注意的控制。当我们拿起一只从未见过的笔，只要看一看试一试就会使用它了，不需要看说明书。每个人从小都花了很长时间学习使用笔，使我们的手掌握了这种动作技能。同样，使用筷子、系鞋带、洗东西、使用扳手等等时，我们又掌握了许多手的动作技能。这些学习过程中，我们的基本学习方法就是看一看，试一试，问一问。这些所掌握的动作技能和学习方法是我们每个人的财富，使我们能做许多事情，我们日常的生活和工作都靠它们。但是面对计算机人机界面，我们这些经验和能力却失去作用了。面对厚厚的使用说明书，我们不得不再重头学起。这种设计思想很不聪明。

对非专业用户来说，所谓的学习计算机，主要是学习两类知识：

第一，面向计算机的知识，计算机的用途和与用途有关的基本的知识。这类基本知识应当尽量简单，只与操作使用有关。操作电视机只要了解各个插头的作用、开关、频道、三色、对比度、亮度、声音概念就够了。这些与操作有关的知识应当比较稳定，电视机不断更新，新汽车年年都有，但是用户必须学习的基本操作知识却没有什么大的变化。计算机人机界面设计者必须考虑：用户学习的最少知识集应当是什么？这个知识应当尽量少，比较稳定。如果不建立这个概念，就难以从根本上解决用户的学习困难。

第二，用户还要学习面向特定任务的知识，操作过程的计划，并把一个任务转变成一系列的操作命令。设计较好的用户命令应当容易被人理解，不需要看说明书，并且输入输出设备容易操作。但是当前的计算机大量的学习内容实质上是学习键盘操作、命令功能和格式、操作顺序。这些训练是把人的行为转变成计算机的行为方式。这种学习概念是错误的。设计人机界面的目的就是要把机器行为方式转变成人行为方式。当前，并不是全部人机界面的设计人员都明确了这个目的，而是把人机界面设计中的困难转交给用户了。这种学习是无尽头的，只要计算机功能一变化，人机界面就会变化，操作方式很难稳定下来。凡要求用户学习许多面向机器行为的操作，只表明这种人机界面设计得不好。它要求用户去记忆大量操作命令，参数格式和操作步骤，并引起很重的记忆负担、学习负担、思维负担。

此外，计算机的人机界面应当符合人们日常生活中的学习习惯。当人们看到一种新用品时，也许不会使用，这时首先想到的往往并不是去看说明书，而是仔细看一看这个用品，试一试，想一想，问一问。计算机人机界面也应当提供这种学习可能性。这要告诉用户计算机到底是怎么一回事？新手首先需要对计算机使用有一个直观概念，在任何计算机用户界面中都没有解释这个问题，计算机专业人员认为这不是问题，而它恰恰是新手最怵头的问题。它包括以下几点：(1)用户需要一个计算机的"示意图"，它直观形象地显示了计算机内有什么东西。当前的目录结构形式并不完全符合一般人思维形象，因特网上的许多主页显示方法值得参考。(2)计算机怎么工作，或者说怎么操作计算机？应当给新手提供示范程序。(3)哪儿是开头，从哪儿开始，从任何一个状态怎么找到开头？怎么开机关机？怎么中断当前操作，回到起点重新开始，或者转到另一个操作？

非专业用户是否应当掌握计算机操作系统的键盘命令操作？许多计算机专业人员回答："必须学。"我举一个例子来说明这个问题。如果你是个计算机专业人员，如果你从未学习过自动取钱机的使用方法，当你第一次使用银行自动机提款时，如果它也具有一个你遇到不熟悉的键盘命令操作系统（当然，实际上并没有），你有什么感觉？在国外我曾见过几个计算机专家第一次使用取钱机的情况，这三个人变得像小学生一样，相互推委，"你先取"，"不，你先取"，经过几轮谦虚之后，三人才都承认："我没用过，不会用"。三人都有一个共同的问题："如果操作错了怎么办，会不会有报警，把我们当小偷？"他们想问别人，但谁也不来教他们，人家都说："我不能知道你个人的秘密"。我走上前讲了取钱方法。他们取完钱后说："其实很简单。"的确很简单，比计算机操作系统简单多了。

再回到正题上。计算机专业人员往往从自己习惯的专业角度，把操作系统看作必学的知识，必须学会用键盘操作系统命令，而不认为是计算机人机界面的设计缺点，并不认为今后应当改进。这是以机器为中心的想法，不改变这种想法，计算机很难改进。大多数非专业用户要知道怎么用计算机写文章、查询图书、查询电话号码、查询火车时刻表等等。应当把键盘命令的操作系统概念减到最少程度，直到完全避免键盘命令操作，一开机就能够进入应用状态。只提供采用鼠标菜单和图符操作。人们对鼠标操作并不满意，能不能设计新的更方便的输入方式？

　　人的行为有它自己的规律，硬要人按照计算机的行为方式去做，人必然会常常犯错误。计算机操作应当采用人在长期生活中积累起来的生活经验（生活知识）、动作技能、语言技能，采用人花费了大量精力学会的知识技能，采用人已经熟练掌握的动作，采用人的无意识的自然动作方式，而不是强求人去学习计算机行为方式。

　　要减少这些问题，必须对用户的思维方式、记忆、动作一一进行调查研究。目前在这方面还有许多问题要研究。学习键盘命令操作需要大量时间，不适合非专业用户。鼠标菜单操作比键盘命令操作简单。但是如果菜单设计得不好，也会给用户带来操作困难。设计时必须调查用户怎么想像计算机操作？用户希望的最小命令集是什么？用户希望怎么感知信息？什么形式的操作符合人的行动目的和行动方式？什么输入设备适合人的动作方式、有利于现场操作、有利于处理紧急情况？什么样的操作方式符合人的思维和自然动作？怎么减少记忆负担？怎么减少学习负担？这方面有许多问题还不清楚，还要发明创造许多新的输入器件设备和软件。

九、用户界面的不一致性

　　前面已经说过，计算机操作的一致性主要包括：命令集与用户的行动任务概念一致，命令含义与用户的行动期望一致，命令格式与人的思维和行动计划一致，命令的操作与人的动作习惯一致。每一种计算机也许都能够实现这种一致性，但是不同版本的人机软件操作不一致，不同型号的计算机的操作却不一致。记一种操作系统并不难，记忆几种键盘命令集是相当头疼的事。学会一种操作方式并不困难，如果你最初学会了 IBM 机，3 年后画图改用 Macintosh 机。过了 5 年又用 IBM 机，就会发现不会用了。在计算中心用 UNIX 操作系统，在微机上要用 WINDOWS，再加上各种应用软件的操作命令，的确给用户增加了许多额外记忆负担。键盘命令操作系统这个问题看来目前还没有解决，除非那几家大公司达成一种协议，统一设计用户界面。应用软件的用户界面怎么一致？只要采用键盘命令输入方式，这将永远是个问题。如果采用菜单和图标操作，用户可以不记操作命令，只要记忆操作过程。

　　计算机的用户界面应当一致化。世界各国制造的自行车和汽车都具有很相似的用户界面和操作方式。而各种类型计算机的键盘操作、用户软件界面都不相同，甚至同一厂家生产的计算机和软件也会有许多操作方法，这种设计只给设计制造带来了方便，却给用户造成很大困难，为此人们要化很多时间学习操作方法。如果煤气炉、电视机、电冰箱等等都需要这么长学习时间，谁会去用它们？工具仅仅是工具，而不是用户的目的，用户希望工具顺手，简单一致。

十、注意

　　设计者有时说，已经给用户提供了必要的方法和信息，但是人们还是常常出错，怪他们自己不注意看，这不是设计错误，而是用户错误。注意是认知心理学研究的一个重要课题。注意是一个很有限的资源：能量很有限，分担任务数目很有限（最好只承担一个任务），持续时间也很有限。笔者曾试过，注意力高度集中只能维持几分钟到十几分钟。另一方面，几乎一切心理活动在未成为习惯（自动化动作）前，都要占用注意，监视计算机每一步操作要占用注意，眼睛寻找目标、识别目标、阅读、思维判断、手操作鼠标键盘，都需要占用注意，这给人的注意造成很大负担。这个问题往往被设计者忽略。1970年代初，笔者在一个晶体管车间作测试工。测试工序使用4种参数测试仪器，靠手工分别测试锗高频管的放大倍数、击穿电压、反向漏电流和频率，然后按照测试值把晶体管分为废品或四档合格品。6个人分别测试各个参数，每批大约有几千个晶体管。这4种仪器质量很好，显示仪表也符合视觉特点。6个人轮流测试参数，以减少思维疲劳。可以说，凡是能够保证测试质量的措施都采用了。但是，面对一盒盒测试后的成品和废品，不禁困惑，它们外表全一样，谁知道测错没有？谁知道放错没有？从旁观者角度来看，似乎每个操作员都在紧张地测试。然而你能看出他们是否专心？他们是否正确地把每个晶体管分类了？两年后，笔者从一大堆废品中随意抽了100只进行测试，竟然发现有10%的合格品。又试了几次，结论相似。当时晶体管质量不稳定，参数老化后的漂移是一个原因，但是，人为错误肯定也是一个主要原因，因为人的注意不可能长时间完全集中。如果按照1950年美国马克沃色（N. H. Mackworth）发现的"警戒效应"，半小时后的漏错率为15%，这么比较的话，我们的出错率（10%）还是比较低的。但是，它意味着每十只废品中就有一只合格品。怎么解决这个问题呢？再用手工把全部废品重新测试一遍，结果可能相似，只不过换了换晶体管。问题出在手工测试方法，工具仪器设计与工作方法设计不可分割，这种靠人思维判断的测试仪器不适合流水线，不适合长时间连续操作，只适合实验室中的少量测试。后来安装了全自动测试机，操作工只要把晶体管正确插入机内，它就自动测试各个参数并分各个档次，这样才解决了问题。

人机界面设计往往轻视了注意这个问题。实际上，注意是人大脑各种思维活动的一个集中表现。人与外界交往时需要注意，大脑内的思维活动也需要注意。注意是心理学研究的一个很重要的领域，从1966年以来，每两年举行一次"注意和操作"（Attention and performance）国际会议，对注意的研究迄今主要集中在人与外界的关系上，注意对大脑内在活动的关系研究不多。这可能会给人机界面设计者造成一种误会，以为大脑思维活动不需要注意。当人与外界交往时，注意主要起两个作用：选择信息和专心某事。注意是知觉和思维活动的瓶颈，它只具有很有限的容量，是个很有限的资源，没人能够长时间专心。由此，通过设计尽量减少用户对注意的需求。减少注意，必须从多方面改进人机界面的设计，主要途径是：

1. 减少感知负担：不要显示与用户任务和操作无关的信息，菜单应当简单；
2. 减少同时操作的任务数，限制机器的功能；
3. 减少思维负担：采用日常生活逻辑思维方法，避免科学逻辑推理方法；
4. 减少动作复杂性：键盘操作复杂性高，鼠标操作复杂性低；
5. 减少操作步骤；
6. 减少操作时间；
7. 采用人的自然行为方式：自然感知方式、自然思维方式、自然动作方式、自然交流方式。

从这儿可以看出，注意的设计考虑几乎包括了上述全部考虑。也就是说，对注意的设计考虑是人机界面的根本问题。

十一、软件设计评价标准

国际标准组织于1990年7月的ISO标准9241的第10部分第二版对人机界面设计提出

了标准,德国标准组织的 DIN66234 的第 8 部分对人机界面设计也提出了标准 (Koch/Reiterer/Tjoa,1991),它们主要包括下面 7 个方面:

第一,人机对话系统应当适合用户任务。如果对话系统支持用户工作任务、输入精炼、减少重复操作,用户可以按照任务要求控制数据,对话系统不会给用户增加额外不必要的负担,那么这个对话系统就是适合用户的任务。对话系统的技术行为应当通过计算机系统自己来完成,而不需要用户完成应当由计算机干的事。只要能够保持与任务要求一致,就应当减少操作复杂性,例如可以把若干操作组合在一起。输出显示应当符合用户的任务要求。对话提供的操作方法应当适应用户有规律的重复性任务。

第二,人机对话的自我描述性。如果每步对话可以被用户直接理解,或者可以按照用户要求给出有关信息,那么这种对话就是自我可描述的。在用户的每个行动后,计算机系统都应当有能力给用户提供反馈信息。如果用户操作可能导致严重后果,系统应当提示出对用户的要求或解释反馈信息。反馈和解释信息应当与用户任务环境中的术语一致,而不是与软件对话系统技术术语一致。一般说,英文表达中使用的"透明"(transparent),"支持"(support),"反馈"(feedback)都反映了对话自我描述原理。计算机系统透明指该系统的结构模型和处理过程应当减轻用户记忆负担,提供操作方向,使用户能够形成一幅"图画",清楚知道机器的功能和信息以及当前的对话状态。例如办公室系统应当时时能够回答:"我在哪里?我在这儿能干什么?我怎么会到这儿?我还要去哪儿?我怎么能够去那儿?"这一要求是用户界面设计的中心要求,它往往涉及下面各种特性要求。

第三,用户对计算机的可控制性。这个特性可以被分为 6 个方面的要求:人机相互作用的速度应当符合用户自己的对话速度。对话工具可以由用户自己构成 (configurable),用户可以自己选择当前任务的对话工具,给用户提供信息使他能够计划工作进程,计算机的应用状态不应当干扰用户当前的活动。用户可以在任何时候中断对话,能够决定是否从中断点继续恢复对话或者取消对话,并还能够重新启动对话。交互作用的水平(即总反馈信息量,敲键次数,与应用程序的信息交换量)应当置于用户的控制之下。使有经验的用户能够使用缩写格式的命令,得到行动引导和帮助。输入输出数据的方式(格式和类型)应当完全置于用户的控制之下,避免不必要的输入输出。在出错和危险情景下,应当提供完整的信息和对话工具,使用户能够容易恢复所失去的数据。可控制性与灵活性有关,灵活性也是对话设计的一个中心概念。对话顺序的控制应当交给用户,使各种顺序过程都可能实现。

第四,支持用户学习。用户学习是逐渐进步的过程,通过使用,提高技能和应用软件知识。如果对话系统能够引导用户通过学习阶段并减少学习时间,这个对话系统就被认为支持用户学习。它的前提要求是减少学习复杂性和维持一致性。要支持用户学习的话,用户界面设计中要注意命令使用频繁度。给常用命令要提供缩写格式和缺省格式。对不常用命令应当提供自解释功能和较多的信息。对话的设计规则应当透明,以使用户能够建立他们自己的记忆方法。在屏幕上建立信息显示标准位置,相似的显示布局等等,使用户容易形成操作习惯。帮助信息应当与任务相关,帮助学习还应当提供与用户任务相关的学习方法。显示方式和显示信息应当使用户容易建立全局概貌,使人容易感知、容易理解。

第五,个性化(任务处理灵活性)。如果对话系统能够适应各用户的个人需要和技能,那么就认为该对话系统支持个性化。对话系统的个性化设计目的是让各种人都能够使用。对话部分特性在设计中应当考虑用户特性(尤其适应经验较少的用户)。对话功能可以被修改,以支持用户特性(例如适应高水平的用户)。使用者可以使用不同的词表达同一个命令。提供不同技术来精炼输入和显示输出信息,在应用软件的语义中添加个人化功能。使对话系统适应用户的任务范围和知识水平,适应用户的语言和文化,适应用户的感知和动作能力,适应用户的思维能力。这个要求已经发展成人机界面设计的一个专门方向:适应性设计。

第六,对话符合用户期待。为了使对话符合用户的期待,应用软件的对话系统从结构上和过程上应当尽可能准确地符合它的用户任务模型,给用户提供简单的导航结构,使用户能够容易访问任务,减少用户记忆负担,避免失控状态,使用户始终清楚当前的交互状态,使面向任务的操作合理。这个问题同时涉及功能性、复杂性与操作简单一致性之间的折中考虑。给用户提供的信息应当保持到最少程度,没有多余信息。在操作过程允许用户要求新信息。对话应当始终保持相似一致性,符合用户的对共同任务过程的期望。

第七,容错。按照具体任务情况,使用专门技术改善出错状态的识别和它的恢复。即使输入有错,使它的副作用减到最小,或者不需要人工纠正输入错误。不能让用户的输入导致出现系统的不确定状态或系统锁死。计算机系统能够自动纠正某些出错,给用户提供易懂的纠正错误的操作过程。自动纠错功能应当可以被切断。当用户需要时,及时给他们显示出错信息。应当提供工具去自动验证数据正确性,避免给用户提供附加控制命令进行很严格的操作(例如"delete"、"cancel"、"replace")。应当始终给用户提供一致的"escape"功能。一般情况下,应当使用户可以在不改变系统状态下进行纠错。当错误出现时,应当告诉用户为什么出现这个错误,怎么消除它的后果。并且在软件设计中宽容这种出错,或从设计中设法避免这种出错。通过错误管理系统,使它的副作用减到最小。

十二、设计建议概述

各种人机界面的可用性设计目的是:人机界面必须以人为中心,适合人的感知、思维和行为方式,使用户在任何时候都能完整、自由地控制计算机,不费力地实现他们的使用目的。要达到这个目的,计算机的人机界面必须简单,应当符合用户的想像、知识水平和经验、感知方法、思维方法、语言表达方式、解决问题方法,以及动作习惯。人机界面应当能够把人行为方式转变成机器内部的执行功能,还能够把机器的功能转变成人的行为方式,并符合人行动的完整性和灵活性。另外,给用户提供各种满意条件,包括目的引导,行动启动引导,计划过程引导,行动结果评价引导,诊断纠错引导。总括上述分析,人机界面设计应当建立在实际用户模型基础上(即非理性用户模型),包括下列考虑:

第一,计算机人机界面应当可被感知(即透明),使用户能够直接感知他们想了解的操作方法、运行过程、机器的运行状态和结果。

第二,应当使用户对计算机有完整的控制,这要求操作一致、简单、灵活。所谓操作一致是指符合用户想象和习惯。所谓操作简单是指操作步骤少、操作不费劲(不费脑力)、操作动作单一循环、减少改变机器状态变化的操作。所谓操作灵活是指能够方便地解决问题、方便地处理紧急情况,可以中断,可以从中断点恢复操作,可以回到起点,可以并行处理。

第三,每个操作动作应当自然流畅。人机界面设计应当给用户的每个操作动作提供几个条件:符合用户目的,容易感知到与操作有关的最少信息,完整的启动操作条件,操作过程自然顺利,完整的操作结果反馈。

第四,减少和避免面向计算机的专业知识,计算机操作方式应当符合用户日常生活经验。

第五，把操作要求局限在用户最少操作知识集，包括最少概念知识，最少操作过程技能（减少计划、减少选择策略、减少选择方法），最少思维能力要求（减少抽象归纳、演绎、类比、对比、命名等等能力要求），最少操作动作种类。用户界面上应当把操作对象和操作行动变成到最少数目。硬件软件升级，操作方式不应当改变，减少用户学习负担。

第六，只有面向用户目的的机器功能才使用户获益，面向机器的功能必须转换成符合用户目的的操作，面向功能操作应当变成后台操作，不应当把面向机器的许多高级功能分别摆在用户菜单上，它会引起用户困难，分散用户注意。

第七，手操作动作与感知的关系应当符合人的一般生活经验和习惯。操作对象和操作过程应当采用日常生活逻辑（生活经验、生活语言、日常推理方法）。操作应当直观、形象、可见，让用户可以直接感知和直接操作对象（例如"把文件图符直接丢到废纸篓"表示删除文件），而不是采用间接操作（例如用字符命令格式操作）。

第八，操作行动可被预见，操作结果可以被预知。

第九，操作命令应当可逆，使人在行动中可以后悔，可以改变想法，可以纠正错误。

第十，避免面向机器状态的操作。控制机器状态变化应当属于机器本身的功能设计考虑的一部分，而不应当把这些任务转交给用户操作。

第十一，使用户可以"试一试"，"看一看"，"听一听"，可以按照他们的尝试方式操作，而不是按照设计者想像的"惟一正确"步骤。

第十二，操作应当容易形成习惯（自动动作）。例如，采用人已经学会的动作，感知和动作一致、重复。

第十三，人机界面功能应当弥补人行为的一些弱点，例如遗忘、失手、走神。计算机应当提供各种操作记忆机构。

第十四，人们不满足键盘和鼠标输入，人们需要简单自然的输入和控制方式，它能够像人使用自己的眼、耳、鼻、口语和手那么方便，并且像人眼与手那样和谐配合。

要使当前的机器适应人，还有一个相当漫长的过程，不得不逐渐改进。设计计算机用户界面往往比写计算机专业内的程序算法还要难，许多编写过的人都知道，设计人机界面时不知道依靠什么理论根据，很难找到界面程序参考资料，程序技巧性很高。更难的是研究了解用户思维和操作心理，这需要认知心理学，软件和硬件的合作。

美国大学计算机系大多数都开展了认知心理学的研究和人机界面的研究。从1980年代初，逐步研究了人机界面的用户行为。人机界面设计逐渐变成了计算机领域的一个重要部分。计算机曾以工艺技术和算法发展为主要对象，现在回到它的正题上：以人机界面为主导。1980年代以来，国际上开始举办人机界面学术会议，到1995年上已经召开了五次人机交流（Human-Computer Interaction）学术会议。发表这方面论文的主要杂志有：International Journal of Human-Computer Studies，Human-Computer Interaction，Human Factors。计算机可用性成为各国研究应用软件的一个重点研究方向，提出了屏幕菜单、图标（icon）、图形显示、联想文字（hypertext）、效果声音、虚拟现实等等方法。针对人的各种行动方式，创造了头盔显示器、传感手套等等自然输入设备。IBM、Macintosh、Texas Instrument 等各大公司都专门研究人机界面，并提出了设计思想和准则。进一步可以参考：

http://www.ibm.com/ibm/hci/index.html

http://www.drsoft.com/comouterhealth

http://devworld.apple.com/ngs/abrpub/docs/dev/techsupport/indisemac/HIGuidelines

第六节 非理性用户模型

一、人的行为非理性

迄今为止，人机界面设计都是以理性人用户为基础，这种用户（操作员）行为符合理论行动过程（先建立动机和目的，然后建立行动计划，合乎逻辑的感知和思维，符合目的的行为，合乎逻辑的评价行动结果，情绪对行动没有负面作用等）。人的理性有一定限度，超过这个限度后，就表现为非理性行为。所谓"非理性"是指人的行为不再严格受行为目的、动机和行为规则控制，这种非理性表现在知觉、思维、情绪、意志和动作各个方面。主要可以被归纳成下列几点。

1. 用户有自己的操作使用习惯，不存在所谓的"标准"操作方式。用户有自己的操作偏好，习惯的形状和颜色，习惯信号反应，习惯感知方向（在十字路口，眼视觉方向目的是交通信号灯），习惯思维（解决问题的习惯方法、决策的习惯方法、习惯性语言表达），习惯性动作。这些习惯是人们在长期使用经验中积累的操作经验，它形成了人们的因果期望。因果期望是用户把各种操作行动与后果建立起一一对应关系。由这些因果期望人们进一步形成行动期待和行动预测。例如要使汽车转动90°，方向盘应当转动多少。设计应当注意用户满足用户习惯偏好。

2. 情绪是个很复杂的因素，对操作使用过程有正面作用，也有负面作用。

3. 心理学中的"注意"有特定含义，它不同于日常口语。面临大量信息，人的感官、记忆和其他认知过程只能处理有限数量的信息，这种现象叫注意。换句话，注意是指"选择"信息和"专心"某事。各种感知器官和各种思维过程都需要选择信息进行处理，这样造成注意成为一个瓶颈问题，实际上，人只适合专心干一件事情。人的注意不可能专心集中很长时间，例如几分钟到十几分钟，超过这个时间后，人眼的寻找、发现、识别能力就会衰退。

4. 人操作机器时往往处在"心不在焉"的状态。

5. 人们往往不是专心致力于一件事情，而是同时干两三件事情，或者交叉干几件事情。更主要的非理性因素来自知觉、思维和动作。

6. 人的知觉能力是非理性的。用照相机拍摄一页文字的话，每个字都很清楚。而人眼看一页文字时，只有视网膜中心部位很小一个区域能够聚焦，它对应大约1°视角，因此每次只能看清（聚焦）有限的几个字，因此人眼只能逐字阅读，而不能像照相机那样同时并行输入很多文字。视网膜（除了盲区外）的其他部位只对"动"敏感，对"静"物不敏感。从这个意义上说，最好的人眼还比不上最差的照相机。因此人眼只具有有限的感知能力、有限的视角、有限的聚焦区。工作记忆大约能保存20秒钟。视觉缓存区只能保持7±2个信息块，例如7±2个菜单项目，7±2个符号等等。换句话，屏幕上一下显示过多信息，人眼不可能接受，只能增加视觉负担，引起疲劳或注意分散。人往往只注意想看的东西，只能看见理解的东西，忽视了那些没有注意的东西和视觉不理解的东西，往往看不见那些与他的动机不一致的东西。视觉信息超出用户的知识范围，就变成视觉不理解的东西，它会引起视觉的错觉和思维负担。换句话，屏幕上提供的图形符号应当符合用户的经验、常识和理解能力。

7. 不存在"标准"逻辑思维方式。两个数学家的推理方式也不完全一致，数学家也会"粗心"算错数字。一般说，用户的思维往往是非理性的，用户思维模型中并不存在惟一"标准"的、"理性"的科学逻辑和推理方式，各人的思维能力有相当大的区别。

8. 人很容易遗忘事情，忘记了要干的事情，忘记了操作方法，忘记观察显示器，忘记某个操作，忘记参数值，忘记了命令格式，忘记了存文件，忘记处在什么状态。因此，计算机"透明"、操作简单、给用户提供记忆帮助是人机界面设计中的三个最基本的要求。

9. 人的动作速度与准确性是矛盾的，要求动作速度快得话，准确性就差；要求动作高度准确，速度就慢。人机界面设计应当放宽精度和速度要求，以及操作"宽容"（容错）。

10. 操作使用中常常出现错误，包括错误感知信号信息，错误判断机器状态，错误解释信息，采取错误操作行动或无意识的误动作，错误评价机器执行结果。这些错误大部分是无意识的。

11. 人有时会糊涂，干事颠三倒四，甚至不可思议。

12. 人机的本质不同，人的思维想像不符合机器工具的状态和操作。

13. 周围环境存在许多干扰，它们包含紧张源和注意分散源。这些因素引起人的非理性行为，人人都有。这种非理性行为才是人通常的正常操作方式。设计师往往忽视了人操作时的非理性行为。人中心的设计就是要以人的正常操作状态为基础，提供条件适应人的行为。

人的非理性还表现在操作出错上，人人都会犯错误。用户出错应当是人机界面设计中考虑的一个重点问题。下面主要分析一下与计算机人机界面设计有关的出错问题。

二、异常操作

异常操作指在不常见的、不习惯的情况下用户的操作行为和反应。设计师往往只考虑正常情况的操作行为，没有考虑异常情况下的操作行为。用户往往也只学习这些机器的正常技术行为规律，并通过大量操作熟练适应了它。学习中往往不包含非正常过程和紧急情况的熟练处理。在非正常情景下，用户可能错误解释那些异常征兆，可能不知道应当怎么办，可能花很长时间观察思考，也可能错误处理。尤其是时间紧、危险性大、后果严重的异常情况时的操作行为对人机界面设计十分重要，汽车急刹闸可以包含许多研究课题，例如急刹闸时人体哪些部位容易受伤？当遇到行人突然闯到汽车前，司机怎么反应（有些司机转动方向盘，有些司机一脚踩脚闸，有些司机发呆等）？怎么减少高速公路上由于急刹闸引起的许多汽车碰撞？这种异常操作模型对设计安全应急操作很重要。设计应当提供条件，使用户在异常情况下容易解决问题，避免事故和人身伤害。

出错行为可能有两种类型：第一，以机器为中心的设计引起操作错误。例如用"热得快"烧水，当水开了，应当把它的插销从电源上拔下来，等沸腾的水平静后再把"热得快"从里取出来。这是电技术规律所确定的，这种操作是以技术为中心的，必须严格按照这个顺序操作。设计者可能认为，这个操作过程很简单，人人都能学会。实际情况往往不是这么单纯。当水沸腾时，四处飞溅，泼在书上，怎么办？人的直接想法是把"热得快"从水里取出来，把书擦干，很可能忘记"热得快"仍然接在电源上。换句话，操作中，会出现各种情况，人是按照目的去行动的，这种行动考虑优先于技术操作规则，结果"热得快"被烧坏，甚至出其他事故，即使电气专业人员也可能出这样的错误。按照过去技术中心设计观点，这是用户的使用错误，人必须按照技术要求来操作。按照人中心设计观点，这是设计错误（正如不安全火柴一样），人面向技术的操作理性具有一定限度。设计产品必须考虑各种可能的使用情景下的各种操作目的，尽可能避免操作失误引起的安全事故。在"热得快"上加一个可恢复安全保险就能解决这个问题。许多人提出一种从技术中心转向人中心的设计方法是：由用户的异常操作和操作错误来改进设计。上面所说的这种操作错误是由于面向技术的操作所引起的。第二，出错是人行为本质的一个重要方面，它是无意识的误动作。即使操作界面设计得符合人的行动过程，操作者也可能出现种种操作失误。尤其是与机器相比，人动作的准确度低，速度低，重复性不好。这要求机器操作必须具有一定的容错能力，即使用户操作出错，也不应当引起机器事故、人身伤害，以及严重后果。

三、技术操作中的出错种类

操作出错是非理性用户模型的重要组成部分。操作计算机中，人人都不想出错，但是人人都出过错。减少理解和操作困难、减少操作错误是人机界面设计的主要方法之一，为此要了解用户的操作困难和出错种类。用户操作困难和出错有下面5个主要原因：

第一，人行为本身就容易出错。许多人对人的出错行为进行了研究，其中影响较大的是瑞森（J. Reason）于1990年写的《Human Error》(New York, NY: Cambridge University Press)。该书主要研究了工业环境中技术行为的出错类型。在分析出错行为时，他按照技能行为、规则行为和知识行为三种技术行动方式，分别研究了它们的出错类型。诺曼（1981）按照人行动过程分析了各个行动阶段（例如在形成动机时，选择行动方式时，行动过程中等）的出错类型。他们建立了分析人出错的理论系统。他们的共同之处是把人的出错分为两大类。第一类叫错误，它指人选择了无法实现的动机和行动过程，在决策与解决问题中选择了无法实现的处理过程。第二类叫失误，由于不注意不小心或由于过分紧张，而引起的出错。

第二，行动过程中的出错。一个行动包括四个阶段：形成动机目的；构思行动计划；实施；评价结果。诺曼（1984）发现，人行动过程的各阶段的出错有一定的百分比分布。15%的出错出现在形成动机目的阶段，58%的出错出现在选择计划和执行过程，27%的出错发生在评价行动结果阶段。这表明，形成行动的各阶段，存在着固有的出错可能因素，它们与环境有关，也与人本性有关。通过人机界面设计有可能帮助用户减少这些出错可能性，主要方法是通过各种引导和提示，例如，提示动机目的，引导用户目的，减少选择可能数量，减少思维判断。

第三，从人行为向机器行为转换中的出错。人行为有它固有的特性，机器行为也有它固有的特性，人行为与机器行为方式不一致。人改变动机后，可以马上转入新的行动，这个动作转变过程往往是无意识的。机器却不能像人那样，自动从原来的状态进入新的开始状态，机器必须一步步按照状态变化。人往往忽略了机器的原来状态。另外，机器是按照它的技术原理运行的，不是按照人的行动方式。机器可以高速度运行，人的行动速度低。机器可以达到高准确度，人的操作准确度低。机器运行重复率高，人操作的精度低。机器可以长时间运行，人不行。那么人机界面应当以机器为标准、还是以人为标准？当然人不能适应机器。现在人们已经知道，设计的机器不能超过人的生理能力。但是，在评价操作事故时却不很清楚。如果以机器和技术为价值标准，就会认为那是人的错误所至，例如在操作冲床时会误伤手，在评价此类工伤时，人们有时会说："他不小心"，"他违反了操作规程"。如果以人为价值标准，就可能发现那是机器设计的错误。以人为中心的设计认为，应当通过设计避免这种错误操作，改进方法有下列几种：(1)当人手处于冲头下方时，用传感器强制控制机器停止工作；(2)采用两个控制开关，这样操作者必须用双手控制操作，不可能把手放在冲头下面；(3)把开关安装在远离机器的地方（例如2m远）；(4)要避免使用脚踏开关。

第四，由人机界面的错误设计引起的用户出错。这种设计错误的主要原因是设计者没有建立恰当的用户模型，包括思维模型、任务模型和非理性模型。常见的设计错误大约有以下几种：(1)人机界面的功能超过了人的生理限度，例如高速度、强振动、高温、高噪声；(2)要求用户把人行为适应或改变成机器行为；(3)以设计者的知识水平代替用户知识水平，以设计者的操作模型代替用户的操作模型，使用的语言引起的歧义理解和思维（逻辑、决策方式、解决问题方式）差别；(4)人机界面超过了人的脑力能力，或不符合用户的知觉和思维方式；(5)高度紧张和长时间操作，引起紧张源和危险源。

第五，升级换代引起的人机界面不一致。目前以增加计算机功能为主要目的，每3、5年就会出现一代新型计算机。它造成许多使用问题，给用户带来许多的困难和出错。

实际上，这5个原因往往混合在一起，最后表现为用户的操作困难和使用出错。下面举几个例子。

四、含义与理解错误

有一天李炀在图书馆系统终端发现，在他名下列出两本书，其中一本的日期是7月22日。这个日期的含义一般是借书的截止日期，而当天是8月2日了。逾期五天罚款三马克，逾期10天罚款10马克。他赶紧在用户终端上把这本书续期，但是系统回答说："不能再延期"。他马上乘车去办公室，找不到那本书，又请假乘车回家，也没找到。于是又回到图书馆，问管理员能否在他们的管理终端上查出来谁借了这本书。她说可以查出来，但是不能告诉李炀，因为数据保密。他说，"我只想知道是不是我借了"。她查出来后说不是他借了。他问："那为什么这本书记在我的名下？"她说："不可能"。她又在管理终端查了他借的书名，的确没有。但是她也看到，在李炀的用户终端上的确列出了该书。他们两人都糊涂了。这时走过来另一位管理员，在管理终端上查出李炀的名字后，又发现了第二页，上面写到，"在7月22日预订"了该书。原来"7月22日"是这个含义，看来是理解错了。到此为止，李炀花了四个小时。其实，在该系统程序中是能够区分"借书"和"预订书"的。为什么不在用户终端上注明呢？该程序注明"预订书"并不困难，但是，它少写了这几个字，使他白忙了半天。它在管理终端上也少写了每个用户记录的页数，因此那位管理员没注意到"第二页"。人爱忘事，许多设计者都注意到用计算机帮助用户记忆，提醒用户（例如时间和日程）。但是，给用户提供的信息必须有意义，必须与他们的行动相关，其中信息的含义和理解是最重要的事，应当给用户提供对他们有意义的完整信息，并从用户角度明显准确地解释信息，使用户容易准确理解它的含义。

五、误动作

正确的使用动机并不能保证操作行动一定能够成功达到目的。行动中人可能选错操作过程，也可能误看、误理解或误操作，因而没有能够达到行动目的。笔者写这本书时，使用了一个中文软件。操作中有时不知道手指碰了哪个键，操作方式被改变了，从"插入字"变成了"覆盖字"，笔者只顾看修改的文字，没注意它后面的文字，结果把文章改得一塌糊涂。有时不知道右手指碰了什么键，修改了半个中文字，于是它后面的全段文字全变成古怪的符号。而且，该软件把状态信息显示在屏幕最下面一行，那里是视觉不敏感的区域，人的视觉很少有意识地注意那里。怎么办？只好选择"不存"退出该文件，然后再进入。如果连这一点经验也没有就糟了。

用户好不容易写了一篇文章，全文只有一段，如果在修改第一个字时，无意中删了半个字符，结果全篇文章都变成了古怪的符号存了起来，能把人气个半死。如果此类软件用在股票市场上，用在核电站控制，用在飞机操作，用在密码通讯，其后果不堪设想。

这个键盘布局的设计问题是，只考虑了怎么样把各种功能安排在键盘上，没有考虑人手的动作习惯。一个手指有时会无意识地同时压下两个相邻键，有时会误碰了邻近的键，恰巧它构成了一个操作命令，例如打括号时要同时用"上档键"和"2"，但是很任意打成"上档键"和"3"，这恰恰是一条"删半字符"的命令。使用计算机中，一般希望保持操作的一致性（包括命令格式、操作方式，操作状态）。操作方式和操作状态的转变后、有时并不引起人的注意，人误以为还在原来的状态下操作，这可能引起其他意想不到的问题。因此这类操作应当安排成比较复杂的动作（例如用两手的指头同时操作,用菜单操作），状态显示信息不应当放在屏幕最下一行。视觉最敏感的区域是在左上方那1/4屏幕（一般在那儿安排文件、编辑命令的菜单）。

计算机键盘的右部是数字键盘，一般是三行三列，数字零在键盘最下方。而数字电话键盘布局不同。有人曾调查了三组人群（邮局工作人员、家庭妇女、空中交通控制人员）操作这两种数字键盘的出错率。结果表明，计算器数字键盘出错率为8.2%，电话数字键盘出错率为6.4%。还有人发现，经过两年集中训练的电话接线员操作数字键的出错率（2.96%），仍然高于操作电话数字转盘的出错率（1.6%）（Sanders/McCormick，1987，285-287）。精确是机器的特性。不精确是人动作的特性。大量的准确数据不能靠人手在键盘上输入。解决这个问题有两种方向：首先，凡要求数据输入准确复杂的地方，可以用条纹码和扫描器。其次，凡是靠人手输入的地方，加宽机器输入失误的宽容（容错）性，例如用菜单代替键盘，菜单面积应当比较大。同样，对语言输入也必须有较大的宽容性。

电话机按键式号码盘的布局对人行为有什么影响？应当把它设计成什么排列顺序？1960年贝尔实验室曾对这次进行了专门研究（Deininger，1960）。他们把10个数字键设计了15种布局，把数字按顺序水平排列，竖直排列，矩形排列，圆弧形排列等，以及任意排列数字顺序。另外，还考虑了按键尺寸，字符大小，按力大小，以及按键后的声音反馈、触觉力反馈等等。总之，把能够考虑到的情况都包含在内了。实验的目的是看看这些因素对用户拨号时间及出错有什么影响。按照人们的想像，各种不同布局对电话拨号速度和出错率有较明显影响，操作已经习惯的键盘可能比较快，而且出错少。事实出乎人们预料，这15种设计布局对拨号时间和出错率没有多大影响。用户拨号行为的主要因素是看他怎么依赖记忆力。有些人把整个电话号码先记在脑子里然后凭记忆来拨号码，这种方式拨号较快，但是出错率较高。有的人一边拨号一边看笔记本上的电话号码数字，这种方式拨号较慢，但是出错率较低。这个实验与我们的想像相反。但是，这个实验是否能够说明人们日常使用电话号码盘经验不起作用呢？实验中人们的紧张程度和专心程度与日常不一样,这个因素起了多大作用？笔者对这个问题也注意过，当人的大脑比较疲劳时，注意不太集中时，经验起一定作用，这时使用圆形拨号盘较省脑子，而使用矩形数字拨号盘时要有意识地集中注意。换句话，电话拨号盘最好设计成多种多样，供用户自己选择。

六、专家用户的出错

人们往往以为高级操作员出错少，这是一个错觉。卡德等人（Card et al，1983）研究了专家用户执行两种任务（文字编辑和电子线路设计编辑）时的出错率。一位专家用户操作了70次编辑动作，操作命令顺序出错率为37%，其中一半错误在操作过程中被发现纠正。15%的命令操作产生错误结果。一位专家用户在电子线路设计编辑

图4.6.1 条纹码读入器可以大大减少人工读数错误，广泛应用在超级市场和图书馆中

任务中，操作了 106 次，出错率为 14%。

汉森等人（Hanson，et al，1984）曾作过一个调查，16 位中等水平或专家水平的 UNIX 用户（科研人员和经理）进行文字编辑然后发出电子邮件。他们一共操作了一万条次命令，总出错率为 10%。有的命令的出错率较低（3%），有的命令出错率很高（50%）。后一种操作命令应当是设计改进的重点。

一般说，专家用户的出错率为 10%～20%，大部分是失误，其中 50% 的出错在生成命令期间被发现纠正（Kitajika & Polson，1995）。

使用操作系统和使用文字编辑软件写文章，操作失误一般不会造成重成大损失。但是在生产过程控制、核电站、银行、军事等许多应用场合下，操作出错就会造成难以弥补的恶果。这时，人机界面设计必须首先考虑使用户操作错误不会产生意外恶果。

七、输入方式设计错误

可用性设计不能孤立考虑用户操作行动（知觉、思维、动作），还必须考虑使用环境和情景、文化社会因素。脱离后二者，往往引起可用性问题。1993 年有个公司设计了一种卫星定位的汽车导航系统。他们花了大量精力把德国一切地名（小到一个村名）都输入该系统中了。用它可以找到德国任何一个地方。只要用键盘把目的地打进去，该系统就能在你这个开车的过程中告诉你行驶方向和路径。他们请了一些潜在用户，让他们乘车感受了它的优越性。最后，征求用户意见，大家都说："好，好，好。"设计制造者满意，潜在用户满意，就可以投入生产。但是，这个系统却始终没有投入市场。问题出在键盘输入方式上了。键盘是干什么用的？输入地名。用键盘输入时，必须准确敲键盘。人的动作会有失误，想敲 A 键，却敲了 S 键，机器对此一点也不宽容。更主要的是，假若一个人开车（这是经常出现的），半途中突然想到另一个地方去，他怎么输入地名？一手握方向盘，另一手敲键盘？这很可能出事故。为了安全，他从高速公路上开下来，找到一个停车处，敲完键盘，然后再开车。也许他半个钟头也找不到下高速公路的路口。假若两人同车，一人开车，另一人敲键盘，突然一个急转弯或急刹车，他十指压在键盘上，会不会出现意想不到的问题？人操作键盘时必然会出错，这种错误会造成什么后果？敲错一个字母，人有时不会察觉，也许开到方向相反的另一个地方去了。用户的注意力要放在计算机上，还是放在开车上？实际操作环境是否允许人专心安静地使用键盘？设计用户界面必须考虑使用环境，必须考虑操作的各种情景，可能出现的问题。用户敲键是否出错？不仅要考虑计算机的输入问题，还要考虑在实际环境中，可能引起的其他问题。

上述各方面构成非理性用户模型的初步要点。严格说，心理学认为人的行为过程时时都可能从理性转变成非理性，德国心理学家库尔（J. Kuhl）已经建立了这种模型。

第七节　人机界面设计与输入器件

许多书对人机界面设计提出的"金规则"，这种提法有些过分。人们对人机心理学的研究仅仅处在基础阶段，计算机的发展也处在"初级"阶段，许多人机界面实验有一定局限性，因此，忽略用户的操作实验，只是强调具体的设计规则是不恰当的。本节对人机界面设计提出一些具体建议，仅供参考。

人机界面设计应当使用户能够时时控制系统，时时了解计算机的状态和行为。用户每输入一个操作后，必须能够及时得到系统的反馈或反应信息。如果得不到系统反馈、不知道计算机系统在干什么、无法按自己的愿望选择控制操作，或操作太琐碎冗长，都会使用户感到心烦。计算机行为的一个特点是"微操作"，一条指令只完成一个很微小的机器动作。这种机器行为方式与人的行为方式有很大区别。人机界面设计应当把计算机的微操作组织转换成符合用户愿望的"宏"动作，尽量给用户提供简单灵活的操作动作，提供操作的一致性，尽量减少用户输入动作的复杂性。人机界面设计应当减少用户的视觉、记忆和逻辑思维负担，减少或防止用户出错，减少学习负担。给有经验的用户应当提供简易操作方法。人机界面涉及许多器件和应用，本节只分析最常用的几个问题。

一、对话（dialog）设计

简单人机对话是比较容易编程的。首先要明确用户与计算机的人称，谁是"你"，谁是"我"。通常，"你"指用户，"我"指计算机操作系统或用户界面，"我"常常被省略。

对话的主要目的是让用户选择操作行动，人称与操作动作的含义必须保持一致性，并容易被用户理解。这些操作可以用动词（例如："存"，"删除"）表示，这种操作比较麻烦，往往用"是"和"不"表示，这时语义逻辑要符合日常表达方式。例如：

你要存文件吗？请你选择下列答案之一：

是（即：要存文件）

不（不存）

消除此问题

这种对话解释了各种答案的含义，这在编程上并不困难，却给用户带来方便，没有学过的人也能懂它的含义。"消除此问题"提供了对该操作步骤"反悔"的可能性，人机界面设计把这种机构称为"操作可逆"，提供一种操作的同时，还要提供它的逆操作。它也可以被看作是一种"出错处理"功能。人机界面设计中应提供操作可逆功能，还应当提供简单出错处理功能。

有些软件设计的对话如下：

你要存文件吗？

是

不

消除

"消除"在这是什么含义？消除什么？消除文件？用户操作到这里，不得不想一想。没有学过的人很难明白它的含义。又如：

你不要存文件吗？

是

不

消除此问题

这里"你不要存文件吗？"不符合人们日常思维逻辑，使用户难以明白"是"与"不"的含义。

二、菜单设计

采用菜单的优越性是命令直观显示，用户不必记忆操作命令。上述人机对话往往被设计成简单菜单方式，供用户选择操作。从数据结构讲，菜单可以被设计成链型（线性）、树状、或网状结构。

菜单设计的一个主要问题是多层菜单的深度与宽度。当菜单所含的条目较多时，应当增加菜单宽度还是菜单的层次深度？增加宽度会使许多条目同时显示在屏幕上，有时显得很乱，视觉寻找时间较长。增加菜单层数会影响直观可见性，增加用户的盲目性。有人

(Snowberry，et al，1983) 曾研究过这个问题，在屏幕上给出一个要寻找的词，让用户在64个词的菜单中寻找这个词。这64个词采用五种方法排列组织起来，其效果就像多层菜单：第一种是用2叉树结构，每次显示两个词，这样一共构成6层菜单。第二种是用4叉树结构，每次显示4个词，一共有3层菜单。第三种是用8叉树，每次显示8个词，一共有2层菜单。第四种是把这些词分类后同时显示在屏幕上。第五种是不分类同时显示这些词。实验结果表明，第三种方法（每次显示8个词，一共有2层）的效果最好。

1984年又有人 (Kieger，1984) 研究了这个问题，把64个条款建立了五种树型结构的菜单：

8×2：第一层菜单有8个条款，每个条款下接8个条款，一共2层；

4×3：第一层菜单有4个条款，每个条款下接4个条款，一共3层；

2×6：第一层菜单有2个条款，每个条款下接2个条款，一共6层；

$4 \times 1 + 16 \times 1$：一个4条款的菜单，再接一个16条款的菜单；

$16 \times 1 + 4 \times 1$：一个16条款的菜单，再接一个4条款的菜单。

实验结果表面，2×6 的菜单操作最慢，准确性最差，用户最不喜欢这种菜单；8×2 的菜单的操作测度最快，准确性最高，用户最喜欢使用。有人 (Norman and Chin，1988) 进一步用256个条款，实验了各种形状的树型结构，他们认为应当采用较宽的菜单，深度固定为4层，这样可以减少菜单数目，使用户较容易熟悉菜单。另外还有一些人对菜单进行了实验。这个实验表明，较宽的菜单使用户的操作较容易，菜单层数不能太多。每层菜单的条款最好适应人的短期记忆力所允许的信息块（5~9个）。另外，菜单设计时要考虑菜单项目的使用过程和优先顺序，按照用户任务过程，按照用户习惯，按照用户分类方法把菜单项目归类。综合各种实验结果，每层菜单条款应当为4~8个，层数为3~4层，宽度选择优先于深度。

菜单条款应当分类，可以按照用户任务分类，或按照操作过程分类。菜单跳转应当灵活，从每个菜单条款，用户应当可以跳转到上一级菜单，可以跳回主菜单，也可以跳转到其他相关的菜单。较难懂的菜单条款应当设联机解释帮助。

近些年，人们倾向采用图标或示意图表示某些菜单条款内容。图标是用画面、图像或符号表示具体对象和概念，准确说，图标应当表示对象的含义，并且尽量简单，符合人们的常识或知识水平，使人一看就明白它表示的含义，这样可以使人使用视觉直接识别或形象思维（使用左半脑），减少用户阅读文字和逻辑思维负担（右半脑）。图标可以在较小的屏幕面积（64×64 像素点）表示一个目录、文件、或菜单条款，较小的图标可以节省屏幕面积。绘图绘画软件中多用图标表示绘图工具（刷子、铅笔、直线、字符、圆）和绘图行动（擦、建窗口）。而文字处理软件却用文字菜单表示行动（编辑、字型、工具、窗口）。迄今为止的软件并不一定采用了最适合用户的表示法。究竟应当采用图标还是文字菜单，是有若干因素影响的：(1)采用数量适当、易懂的图标，可以减少用户思维负担。如果图标是程序员自己想像造出来的，别人并不一定认识，这样就失去了它的意义，反而增加了用户思维和学习负担。(2)有些人习惯于形象思维，有些人习惯于逻辑思维，不同人有自己的思维风格（cognitive style）。(3)图标与文字表示的信息不完全一样，用文字可以表示抽象概念，这些概念有时难以用图形表示。图形可以较容易表示的对象，有时用文字却很复杂。(4)必要时，可以把图标与文字结合在一起表示对象，空中交通管理使用的显示屏上显示出每个飞机，同时用文字表示出它的型号和有关数据。(5)中文软件的菜单不应当生搬硬套外国软件。英文词汇的字母冗余量很大，占用屏幕面积较大，中文与英文表示有较大区别，中文词简短，冗余量小。应当通过实验来确定何时、何物用中文或用示意图。

此外，还有若干因素确定菜单的可用性。菜单上字符的显示速度，计算机系统对用户选择菜单条款的响应时间,是影响用户操作的两个重要参数。如果显示速度很慢,每个菜单所含的条款就应当较少。如果响应时间较长,每个菜单所含的条款应当较多。

给有经验的用户要提供菜单的简易输入方法,例如,用CONTROL键与一个字母组合命令。

三、键盘命令语言

键盘命令语言广泛用于文字编辑、操作系统、数据库操作、电子函件、财务管理、饭店管理、车票飞机票管理、计算机辅助加工等等。键盘命令语言的结构影响用户的阅读、理解、思维、操作和出错,它的基本设计目的是改善用户界面:命令和信息表达应当面向用户,要准确、简短、易懂、易写、易纠错、易学、易长时间记忆。其中在许多场合,用户的无意出错会造成难以估计的后果,减少和避免用户出错是人机界面设计中的一个目的。命令的结构直接影响用户的操作难易,设计命令语言高一层目的是:命令表达紧密对应现实需要,便于用户实现各种任务的操作,便于解决各种问题,与过去的书写方式兼容,新用户和专家用户都感到使用很灵活、视觉直观。一个广泛的设计错误是提供的功能过多,命令格式复杂,这进一步造成执行速度慢,帮助功能增多,出错提示信息增多,用户使用手册增多,造成用户学习和操作困难和出错。罗森(Rosson,1983)研究了IBM机上的XEDIT文字编辑软件的使用情况。他在一个科研中心,观察了15个秘书5天使用该软件的过程,这些人已经使用了18个月,每天使用50分钟到6小时,平均每人使用了26条命令,最多的也仅仅使用了34条,而该软件提供了141条命令。至今,许多软件开发人员仍然误认为增加软件功能是主要目标。命令语言设计最重要的目的可能是:任务操作的过程直观,这一点是比较困难的。采用键盘命令语言的局限性是:用户必须记忆操作命令,人们往往把计算机命令语言同日常自然语言混淆。

命令语言的基本构成方法有下列几种:

1. 简单命令结构:一条命令只完成一件任务。如果命令语言较简单时,可以采用这种方法,一般用户较容易学会。如果命令语言很复杂,含有大量命令时,采用这种方法就会引起许多问题。UNIX系统上的 vi editor 采用这种方法提供了许多命令,同时又要保持击键次数少,不得不使用了许多复杂策略:单一字母命令(用h表示留一空格,b表示退一个字)、大写单一字母(L表示最后一行,G表示进到某一行)、CONTROL键加字母(用CTRL-P表示上移一行,CTRL-N表示下移一行)。表面上看这种命令语言很简短,实际上,用户学习要费较多时间记忆。

2. 命令动词+变量宾语,例如,delete Filename。这种构成方法与人们的日常思维习惯相似。

3. 命令+选择项+变量。从编程来说,这种方式解决了复杂功能的命令构成,但是如果不经过用户使用实验,可能会引起许多预料不到的实际使用困难问题。许多人批判UNIX的命令语言。据调查(Hanson et al., 1984)用户使用UNIX中的常用命令时句法出错率较高,例如 awk 的出错率为34%,cp 为30%,mv 为18%。

4. 层次命令结构:把命令组织成树型结构,第一级为命令动词,第二级为操作对象变量,第三级为目标变量,例如:

命令动词	对象变量	目标变量
CREATE	DIRECTORY	SCREEN
	FILE	LOCAL PRINTER
	PROCESS	LASER PRINTER
		FILE

其中CREATE是命令动词,它有三个操作对象:DIRECTORY、FILE、PROCESS,其中每个对象又有若干可能的目标。如果组合恰当,可以构成许多面向用户任务命令。例如用6个动词,5个对象,3个目标,可以构成6×5×3=90个任务种类。HELP功能可以采用这种结构,例如查找EDITOR的命令DELETE WORD的解释,用户可以揿入: HELP EDITOR DELETE WORD。这时用户的困难是:不知道HELP解释了哪些词。解决该问题的办法是:当用户揿入HELP后,屏幕上自动显示一个菜单,提供全部解释的命令清单,当用选择EDITOR后,再显示一个清单供用户选择。MS-DOC 5.0采用了这种树形命令结构方法。这种命令结构适应人们解决问题时常常采用的树状发散型思维方式。

命令结构应当保持一致性。所谓"一致性"有两种含义:(1)一致的命令格式应当符合日常语言的使用习惯。(2)同类命令采用一致动词。例如"删除字"、"删除行"都用同一个动词。(3)命令构成应当具有一致的规则,使用户容易明白它的规则,命令用词符合人们的生活用词习惯,例如,采用一致格式:动词+宾语+修饰符,并且动词、宾语、修饰符的位置应当一致。(4)命令动词的位置应当一致,例如在中文和英文命令中,它处于第一个词位。但是在某些图形图像识别处理中,用户使用指示器件在屏幕上直接选择对象时,操作对象应当处于命令的第一词位。

有人 (Carroll,1982) 研究了控制机器人的4种命令语言结构对用户操作的影响,这4种命令语言结构是:(1)一致性的层次结构(命令结构采用层次结构,动词和宾语保持一致性,例如用MOVE ROBOT FORWARD表示机器人向前进,用MOVE ROBOT BACKWARD表示机器人向后退,用MOVE ROBOT RIGHT表示向右,MOVE ROBOT LEFT表示向左);(2)一致的非层次结构(用含义一致的单一动词构成命令,例如用 ADVANCE、RETREAT、RIGHT、LEFT分别表示上述4条命令);(3)不一致的层次结构(命令采用层次结构,但动词不一致,用MOVE ROBOT FORWARD、CHANGE ROBOT BACKWARD、CHANGE ROBOT RIGHT、MOVE ROBOT LEFT表示上述4条命令);(4)不一致的非层次结构(用含义不一致的动词构成命令,用GO、BACK、TURN、LEFT表示)。语言心理学实验中曾认为,一致性的层次结构的计算机命令具有优越性。32个大学生实验结果表明,这些人不喜欢不一致的非层次的命令语言(第4种),最喜欢一致的非层次的命令结构(第2种)。一致性命令格式(第1、2种)容易记忆,也有利于用户解决问题。一致性的层次命令(第1种)的操作出错率最低,而且疏忽率也最低。而不一致的层次命令(第3种)的用户出错率和疏忽率最高。

键盘操作命令的格式对人的记忆和操作有很大影响,李 (A. Y. Lee,1994) 研究了三种字符命令构成,这三种是:(1)符合规则的有助记功能的缩写(例如把delete character缩写成DC,把delete word缩写成DW);(2)有规律的无助记功能缩写(把delete character表示成SP,把delete word表示成SC,把delete sentence表示成SI);(3)无规则无助记功能缩写(把delete character表示成ctrl-K,把delete word表示成ctrl-Z)。他发现,最后一种命令格式既难学又难记。它不符合人日常的语言经验和语言感知。

命令设计时,应当考虑怎样便利用户的操作速度,还应当考虑怎么减少用户操作出错。这二者有时是矛盾的。有些命令要求大写(用shift键),要求专用字符或CTRL键,这些命令的操作较容易出错。设计缩写命令可以使专家用户节省操作时间。缩写命令的结构同命令语言结构一样,都应当具有一定构成规则,这些构成规则应当符合用户思维习惯。为了方便用户,命令名最好包含较多同义词,例如命令"删除",应当使delete、erase、remove、cut都有效,这样可以减少用户记忆,减少出错,提高操作速度。

四、自然语言系统

自然语言计算机系统包括四个部分：言语（speech）存储和处理，言语产生（言语综合），分离的单词识别，连续言语识别。

言语存储和处理可用于声音电子函件，首先用计算机存储口语信息，并通过电话网络进一步处理，例如存储个人电话录音、天气预报、飞机时间表、商业经济信息等，然后通过电话网络再发送给别人。

言语产生又叫言语综合。它已经被用于游戏机、自动售货机、有些机器设备等等，例如机器设备可以发出提醒警告言语，保险柜和汽车可以提醒你："门没锁。"锁门前，房门会问你："你带钥匙了吗？"这样应用言语产生给产品设计提供了新的前景，用它可以使许多机器设备会说话，提醒人们不要忘记事情，讲述正确操作顺序，提醒不要错误操作机器设备，避免危险事故。又例如计算机阅读系统用扫描机读入文字，通过转换，变成对应的语音输出，可以使盲人"阅读"非盲文书籍。

分离单词识别器件可以识别个人口语单词，它可识别的英语单词量很有限，约几十个到一百多个。使用前，首先要对该器件进行特定用户口语识别训练，该用户把一个单词重复一两次，使器件熟悉该用户的言语。这种单词识别主要应用在某些特定情况，例如，在进行化学实验和操作复杂机器设备时，人的双手被占用，无法操作键盘和其他输入器件，人眼必须一直监视对象，无法看计算机屏幕，或人必须走来走去，无法固定坐在计算机旁。目前，这种分离单词识别已经成功地应用在一些方面，例如言语控制机械加工，残疾人轮椅控制，飞机发动机检查等。在单词控制自动加工系统中，工人戴头盔显示器，显示当前的加工数据，通过言语及时控制加工过程，这种系统使用的词汇很有限：向左、向右、直线、慢、快、停等。用CAD进行设计时，要输入大量数据，敲键盘容易出错，速度也较慢。有人通过研究发现，在CAD系统中用语音输入比菜单输入的速度快。目前单词识别仍然存在一些问题，当环境背景声音变化，或当用户感冒，或用户着急，或单词发音相似时，单词的识别率将出现问题。它的改进方向主要集中在：增大可识别的单词量，消除口语识别训练，改进在恶劣环境下的识别率。自然语言交互作用（NLI）指使用熟悉的自然语言（中文、英文）命令操作计算机。这样用户可以直接用自然语言键入命令，或通过言语来控制计算机，而不需要学习计算机命令语言的句法和逻辑，也不必使用菜单。操作过程中，计算机显示一个提示符：请用户使用自然语言询问，然后就可以进入自然语言对话方式。研究人员打算证明自然语言系统比命令语言系统和菜单系统在商务绘图处理中有优越性，可是对用户出错、操作时间方面的实验结果出乎预料，NLI与其他方法并没有明显区别(Hauptman & Green, 1983)。使用NLI应当考虑两个基本可行性问题：(1)自然语言本身的特点。(2)什么环境、什么课题适合NLI应用？是否应当用口语识别系统来代替计算机操作系统、文字编辑？在什么环境使用这种软件？这些问题需要进一步实验。假定一种计算机实现了操作系统的口语输入，这种计算机系统被应用在学校的计算中心，一间大房子内设置了20台终端，每个用户都通过口语同计算机讲话来操作计算机和发送电子函件，这个房子可能会吵晕了头，谁也无法安静操作，也无法避免别人偷听，不想偷听也不行，临座的人说话，自然灌进你耳朵，这种系统受谁欢迎？

近几年来，许多公司还进一步研究开发连续言语识别，它的目的是设计人机自然界面，例如用计算机听写报告文章、扫描录音带、广播节目、电话等。但是它比单词识别复杂得多。1992年有人认为今后一二十年内还难以出现商业化的产品。实际情况大大出乎意料。

IBM 公司设计了连续言语听写软件 ViaVoice 于 1997 年曾在法国、意大利、澳大利亚、德国获奖，用户可以按照自然方式说话，单词之间不需要停顿，它配置了 SpeakPad（言语识别单词处理环境），设有 22,000 个单词的字库，适用于 WINDOWS 95 和 WINDOWS NT4.0，该软件在美国仅 74 美元。1997 年 IBM 成功设计了 ViaVoice Gold 连续言语识别系统，并称为继键盘和鼠标之后最重要的创新。该系统能够自动正确拼写文字，不需要人工检查，速度快于熟练的打字员，用户只需花几分钟就能学会怎样听写。在使用过程中，该系统还能学会用户的词汇和用词习惯，并且允许多用户共同使用一个系统。它含有 22000 个单词的词库，可以被扩展到 64000 个单词，它还提供了 260000 个单词的词典。它的麦克风具有消除噪声功能。它可以根据上下文区别同音词。IBM 公司声称用该系统可以与 PC 机自然对话去打开文件、打印文件、发电子函件、编排文字、游览万维网，用它可以直接在 WINDOWS 95 和 WINDOWS NT 中听写文字和电子函件，用它还能建立通常的命令，快速调用插入常用句子、段落、地址等。它不仅可以用英语，还能够用法语、德语、西班牙语、意大利语。使用该系统需要配备 WINDOWS 95 或 WINDOWS NT 4.0（它需要 32MB RAM），该软件在美国价格为 124 美元。优先推荐使用带有 MMX 的奔腾 150MHZ 或更高速的机器，125MB 硬盘和 CD 驱动器，配备 Creative Labs 公司的 Sound Blaster 16（或兼容器件）或 Mwave 公司的有声系统。它支持许多软件，包括 Microsoft Word 97 和 Word7.0、Microsoft Office 95、Excel7.0、Access7.0、Lotus1-2-3、Freelance97、WordPerfect7.0 等等 23 个应用软件。详细情况可以参见下列网络地址：

　　http://www.software.ibm.com/is/voicetype

五、直接操作对象

　　施奈德曼（Shneiderman，1982）把直接操作定义为：(1)连续表示出所感兴趣的对象。(2)用形象动作或带标号的按钮操作代替复杂的命令句法。(3)对操作对象的快速增量式的可逆的操作应当看见。直接操作对象有两层含义，屏幕上应当形象地显示出操作对象，用户可以用鼠标、轨迹球等输入设备直接操作屏幕上的图标，而不必通过记忆操作键盘命令的转换来操作。这种设计目的是使机器适应人的行为特性，把面向机器的操作转变成面向用户任务的操作。最明显的例子是 Macintosh 计算机的直接操作界面，它的功能相当于面向用户的操作系统，屏幕上提供了简单的命令菜单，用各种图标（icon）表示文件和目录，用户可以直接用鼠标点菜单来建立目录和文件，或删除文件及目录，这样，用户可以直接思考他的任务，不必被操作系统的键盘命令操作转换费心。这种直接操作是对计算机操作系统的一次主要改进，用户不必再花费很多时间学习和记忆操作系统的命令。有人（Margono & Shneiderman，1987）研究对比了 30 个新手使用，Macintosh 的直接操作界面和 MS-DOS 的文件操作命令（例如 "create"，"copy"，"rename"，"erase files"）的效果差别，这些用户较喜欢直接操作界面，完成同样任务的平均时间是 4.8 分钟对 5.8 分钟，平均出错为 0.8 对 2.0。有的人的对比研究结果是：用户操作时间没有明显区别，但是使用直接操作界面时，用户出错明显减少。此外，采用直接操作界面还有下列优点：(1)新手用户的学习时间也有明显区别。使用屏幕直接操作，用户只要看一看别人操作，学习最简单的菜单概念和鼠标操作就行了，几乎不必学习计算机操作系统的键盘命令和概念。这也是许多工业设计师和广告设计师喜欢用 Macintosh 的主要原因，虽然它比 IBM PC 机贵得多。他们说键盘命令的语法"不通人性。"(2)大大减少了操作系统命令的记忆负担。(3)错误处理是用户较头疼的一个操作问题。一遇到错误处理，用户往往要看手册，理解出错原因和处理方法。采用直接操作界面后大大减少了出错，也大大减少了错误处理。(4)各种系统命令都用菜单显示给出，通过选择菜单或修改表格可以直接操作各种系统命令,这样用户可以很快掌握许多系统任务的操作,例如设置打印机、设置语言、设置日期和时间与网络相接等。直接操作应用越来越广,包括计算机控制加工过程、远距离操作、远距离会议、手术、虚拟现实等等。

  计算机编程是很困难的,面向各种实际应用的编程(例如零件加工程序)也很难不出错,许多人认为用直接操作可以代替某些编程。例如给机器人编程有时是通过预先移动机器人的手臂描过要编程的路径,CAM编程可以采用这种方法,给实际运动工具和器械编程似乎往往可以采用这种方法。

  远距离直接操作的设计往往存在下列困难和问题:

  1. 操纵对象的现场看不见,提供给用户的信息不符合用户的愿望。工人在传统工艺方式下,积累了相当经验,听一听加工声音,看一看火花颜色,就能判断工具材料硬度和加工过程。这种工艺经验是通过各种感官、现场的各种现象积累起来的。计算机控制加工改变了传统的工艺方式,工人看不见机器的直观加工现场,过去的工艺经验再也不起作用了,他只能通过屏幕看到显示的文字信息(加工控制信息和加工后的反馈信息),这种加工反馈信息是由程序员编程时写的,并且已经固定了。这些信息可能不完整,例如显示了长度和宽度,却没显示高度。这些信息可能不符合工人经验,例如显示了坐标信息,却没有显示各有关尺寸。这些信息还可能受传感通道局限,例如只装备了座标传感,而缺少视觉传感、声音传感和温度传感,工人只能知道现场座标,看不见直观现场,不知道工件温度,也听不到声音。这样出现若干问题:谁应当对加工负责?工人?程序员?怎么使程序准确全面反映加工过程?

  2. 用户控制动作与其效果之间存在时间延迟。计算机网络的硬件和软件在发送用户动作和接收反馈时存在时间延迟。它包括两个因素。第一,传送延迟:用户命令要经过调制解调器引起的时间延迟,这个时间延迟有时相当长。第二,操作延迟:计算机微操作需要的时间。例如,从地面控制中心操纵太空站上的机器手动作,时间延迟可达6~7秒。这种时间延迟使用户通过屏幕看到的东西并不反映对象的当前状态,而是6秒钟前的状态。用户发出操纵动作后,也必须等6秒钟后才能看到效果。人机界面设计必须要防止这种时差引起的误操纵,当用户发出一个动作命令后,就应当封锁用户输入,不接收任何用户输入,只是等待第一个动作命令被执行后反馈回来的信息。用户在终端受到该反馈后,才能输入下一个命令。

  3. 没有预料到的干扰。远距离操纵可能受外界干扰,也可能受其他人的干扰。这些干扰可能往往是事先没有预料到的,操作过程中也没有被意识到。例如,远距离手术中,远距离通讯可能突然中断,或传输通道堵塞。远距离讨论显微镜下试片时,突然实验员无意识地移动了试片位置,而对方人员没有发现,仍然在张冠李戴地进行讨论。这要求人们事先要有约定。

六、操作和控制器件

  操作和控制器件有三维球(空间球)、三维鼠标、三维操纵杆、轨迹球、弦键盘、声音识别等。

  三维球是三维图形图像和虚拟现实的一种交互式控制器件,主要用于CAD、CAM、CAE。例如Spaceball 2003包含一个球体和8个功能按钮,可以用于实时交互三维图形控制,用手指轻轻地推拉这个球,屏幕上的图形就会按照你的手力方向移动,还可以实现图形的放大和缩小功能,用它代替了屏幕菜单。据该公司声称,这种控制器件比二维鼠标的操作速度快1~2倍。功能按钮的标准作用如下:(1)内定设置:接通平动和转动方式;(2)断开平动方式：限制图像只能转动；(3)断开转动方式：限制图像只能平动；(4)接通或断开一个坐标轴：限制运动只能沿着一个轴；(5)灵敏度控制：调节球的"感觉"灵敏度。灵敏度高，移动图像所需要的压力较小；(6)图像复位：回到最初的图像。这种器件可以用于DEC、HP、IBM、SILICON GRAPHICS 和 SUN 工作站，也是当前应用最广的三维器件，价格 739 美元。

三维鼠标是另一种6自由度的跟踪器，例如Ascension技术公司的6自由度鼠标可以代替其他跟踪器中的接收器。如果用户只需要数据手套的部分功能时，也可以用三维鼠标作为漫游工具，代替数据手套。它可以用在虚拟现实中，作为视角控制器、照相机光源和漫游辅助工具。

力反馈操纵杆，例如Immersion公司制造的冲击杆（Impulse Stick）可以把操纵力量的大小输入到系统中，是第一个力反馈操纵杆，最大力输出为1磅，价格2495美元。医学模拟使用这种器件可以感觉心脏跳动，实施虚拟手术。工程上使用它可以感觉弯曲和结构特性。教学中用它可以使学生通过直接用手操直观理解物理规律。另外，还可以用于残疾人器械、遥控机器人、游戏机等等。

七、直接输入器件

最常见的输入器件是键盘，主要供输入字符和数字。当数据输入量很大时，或长时间操作，操作人员容易疲劳和出错。为了解决这些问题，设计各种新型输入器件是一个很活跃的领域，主要思想是设计了各种简单的直接输入器件，这也是当前计算机发展的一个重要方向。当前使用的直接输入器件主要有图文扫描仪、条纹数字扫描仪、二维和三维数字化仪、言语输入器件、数字摄像机等。

CCD 条纹码扫描器用来把条纹码输入到计算机中去。它内部采用红色LED点阵光源，适用于各种标准条纹码格式，例如Code39、Code93、Code128、Code32、Codebar、UPC／EAN，MSI／Plessey还可以根据用户需要出来特殊码，例如HP公司设计的条纹码扫描器还能够处理邮政编码。它采用标准接口TTL或RS－232C，要配置光存储卡。

数字照相机拍摄数字照片，并把一定数量照片存储在照片存储卡（例如2MB 容量）上，这种照片也有一定分辨率（例如640X480像素点）。例如HP公司的PhotoSmart数字照相机采用24 bit颜色，2MB的照片存储卡可以存储正常照片（640X480像素点）32幅，或精细照片16幅，或超精细照片4幅。这些照片可以通过RS－232界面直接送入PC机，在WINDOWS 95 环境下进一步处理。

图文扫描器可以把照片、底片、幻灯片、图形转变成数字送入计算机内存储起来，供进一步处理。它是工业设计和广告设计的重要工具之一。

二维数字化仪可以把平面图纸上图形的点位置转换成XY数字送入计算机内存储起来。用这种输入方法可以代替用键盘输入数字。它的出错率较小。它是平面CAD的必备输入器件之一。三维数字化仪可以把立体东西的形状转变成XYZ数字坐标送入计算机。它是工业设计的一个重要工具，例如设计汽车外形时，首先由工业设计师用木料、塑料、或石膏设计制造出汽车外观模型，然后用三维数字化仪把它的外形的三维坐标输入到计算机中，供下一步设计制造模具。

新型输入器件仍然不断出现，1997年新型手提式三维扫描器获得美国传感器和仪器SBIR技术的年度奖（http://www.dewittbros.com）。最近还出现了三维彩色录像带。

八、常用输入器件的比较

计算机有4种常用控制器件用于文字编辑：鼠标步进键（键盘右部的五个键）、字符功能键（标有专用功能）和操纵杆。有人（Card, et al, 1978, 1983）研究了这4种器件的操作动作性能，包括手离开键盘的空字长键去寻找到一个器件的时间（表示为A），用该器件移动光标到预定位置（表示为B），总时间（A+B）以及操作出错率（表示为C）。结果表明：

鼠标：A = 0.36秒，B = 1.29秒，C = 5
操纵杆：A = 0.26秒，B = 1.57秒，C = 11
步进键：A = 0.21秒，B = 2.31秒，C = 13
字符键：A = 0.32秒，B = 1.95秒，C = 9

从中看出，用手寻找鼠标的时间最长，但是操作总时间（A+B）最短，出错率最少。其次是操纵杆。其他人的研究的实验结果也表明在当前常用的输入器件中鼠标最好。

第八节 用户说明书设计

一、为什么用户需要说明书

你使用筷子时，是否读说明书？也许你要笑了。我们中国人从小就学会了使用筷子，家家父母都很自然地要教孩子使用筷子，这已经成为社会化中的一个小小部分。然而在西方一些国家，的确给顾客提供筷子说明书，教你怎么用手指拿筷子，怎么用它夹食物，还配有插图。还告诉顾客中国人吃米饭时，并不是用筷子把米粒夹进口，而是把碗靠近嘴，用筷子把米饭拨进嘴。最后鼓励说，学习使用筷子并不难，中国儿童都会。可是，仍然有人觉得难。于是有人设计了一种筷子，上面固定了手指套，把指头穿进去，筷子就自然随着手指动作了。这个设计思想是"物我合一"。在什么情况下要给用户提供说明书？要回答这个问题，首先看看在什么情况下不需要说明书：

第一，当工具使用已经成为文化的一部分时，成为社会化的一个部分，人人都把它视为必需，并且通过家庭口传或社会学习学会工具使用，或者很容易在生活中观察到别人怎么使用，那么这些工具一般就不需要说明书了；

第二，工具的用户界面通过形状、结构、颜色等等提供了使用符号，人人都能理解。例如椅子通过它的形状告诉人"坐"的符号；

第三，人机界面符合大家的生活经验和常识，例如右手螺旋法则，只要看一看试一试，就能很快熟练掌握使用；

第四，人机界面提供的操作使用示意图，例如热水器上的示意图告诉了用户怎么注入自来水，怎么加热，怎么停止加热等等，通过这些图示，用户可以懂得使用方法。

如果不能用上述4种方法告诉操作使用方法，则不得不给用户提供说明书。

二、使用说明书是用户界面的一部分

说明书同任何文章一样，都是一种用户界面或读者界面，同样应当以用户为中心。以用户为中心的说明书应当具有三个特点：

第一，使用说明书应当符合读者动机和目的，应当以使用为中心，而不是计算机专业的动机和目的；

第二，使用说明书的结构应当考虑用户大脑的知识表达结构，而不是以计算机原理为中心；

第三，说明书的书写应当符合人的生活常识理解过程，而不是计算机专业的理论逻辑系统；

第四，说明书应当实用、通俗、简短，现在的计算机使用说明书太厚，企图讲述尽可能多的计算机知识。谁把说明书全部认真读完了？

人们需要知识，但是有目的，用户的目的是完成应用任务。人们只对完成任务有用的知识感兴趣，而不是越多越好，并不是人人都想掌握计算机原理成为计算机专家。现在的计算机说明书往往是面向计算机专业人员，而不是最终用户。它按照计算机知识系统（例如按照输入输出、文件管理、内存管理），讲述了各种操作命令的功能和格式。说明书应当符合用户动机和目的。

说明书阅读符合人的视觉感知和思维特性。必须配备许多示意插图，文字描述应当尽量少，避免不必要的详细描述。

说明书应当考虑人的知识结构和理解知识的过程。用户阅读说明书的目的是学会操作使用，这些知识包括概念描述知识和过程知识这两大类。书面文字是用顺序线性方式来表达这些知识，用户阅读时，要重新检索每个概念，各种相关的概念和操作过程被联系在一起，成为一个知识网，按照一定结构在大脑中形成了一个闭合的知识集。换句话，说明书的描述表达最好接近用户大脑这种知识表达结构，这样可以使人比较容易检索记忆。计算机用户大脑的知识网是什么结构？是各种使用目的和相应的实施操作过程。例如说明书首先讲述怎么开机和怎么关机，然后讲述各种任务的操作过程。这是用户关心的知识主题。此外，还需要知道灵活的应急处理和纠错方法。换句话，用户对复杂的命令格式和参数不感兴趣，而是对完成任务的完整的操作观察感兴趣。完整的命令格式和参数可以作为索引附录备在书后。

理解语言有三个方面组成，首先阅读词汇和句子，其次理解词与句子的含义，最后理解和考虑怎么使用。用户时时考虑的是他们的任务，说明书的思路应当紧扣这个主题，采用"面向使用"的语言，而不是"面向计算机原理"的语言词汇。人们常说表达要准确。计算机专业认为已经表达"准确"了，但是用户不一定认为准确。所谓"准确"，是与理解有关，怎么理解一个词句才算准确？理解它的含义，只有当读者较容易理解含义时，才会认为原文准确。然而，读者理解的含义却不一定是作者要表达的含义。换句话，误解是常常发生的。作者要想让用户们理解他的含义，就要站在用户的角度，把自己想像成计算机门外汉，用门外汉的语言、门外汉的生活经验和理解方法去写说明书，而不是用计算机专业的语言和理解逻辑来写说明书。尽量少引入计算机概念和术语，必要的计算机概念应当设法用人们日常熟悉的比喻来表达，或与他们任务有关的概念来表达。

使用说明书应当简短和通俗，告诉用户怎么通过尝试来学习。人们学习使用日常工具和用品时，主要不是靠阅读说明书，而是靠尝试。说明书应当告诉用户这一点，鼓励用户尝试。这是现在说明书中最缺乏的一部分。

笔者的受教育程度不能算太低。使用计算机也不算太外行，已经20年了。处在国外，不可能参加培训班，只能靠自学，大多数用户可能也主要靠自学。遇到问题实在解决不了，就只好发电子邮件求助别人。一个中文软件的确让笔者费了一番功夫。至今已经使用了1年了，但是仍然有些问题搞不明白，真让人有点自悲。例如什么叫"链形菜单管理器？""自行填充文本模式？""仿真文本模式？""目标显示模式？"这么多术语，与人们习惯的书写术语不一致，人们不得不建立新的书写概念。又例如，帮助功能中说："全显示模式在板面上同时显示文本和目标"，什么是"目标"？任何语言的词汇都有它传统固有含义，计算机专业词汇也不能脱离中文词汇的基本含义。脱离这种含义，无异于自造一种外文。中文有一个特点：望文生意。一般说，个别不懂的词可以猜出来大概意思。但是在计算机行业却形成了另一种中文语义，把原来许多简单的词义写得人看不懂。不信，可以进行检查：有多少非专业用户能懂"文本"、"器"、"模式"是什么含义？在英文中这些都是生活词汇。中文软件让什么文化水平的人才能掌握？从这方面来说，我们的计算机用户界面的发展方向与国外几乎完全相反。

三、最低限量原则

要减少用户学习困难，必须限定人机界面的计算机专业词汇和专业知识。克若尔（J. M. Carroll, 1990）和德拉珀（S. W. Draper, 1996）提出编写说明书的最低量原则，综合起来有下述几点：

第一，说明书应当以用户知识为基础，使用户感到有用，而不是以计算机专业知识和概念为中心；

第二，以用户任务操作过程为中心组织内容，可以在操作中作为参考，提供直接行动机会，鼓励和支持探索和创新，尊重用户活动的整体性；

第三，把工具说明固定在用户任务上。选择或设计用户的真实任务培训活动，它还应当反映任务结构；

第四，有利于识别和纠正错误。尽量避免错误，提供出错信息供用户发现和纠正错误；

第五，有利于阅读和查找。说明书要简短，不要面面俱到。

四、面向用户任务

如果计算机的人机界面简短直观，人一看就明白菜单含义，那就不需要手册解释描述各个操作命令了。用户更需要的是实现各种任务的操作过程。Free Hand Version 5软件用户手册采用了这种书写方法，以用户任务的操作过程为线条来编写用户手册。在"入门"手册中，讲述了怎么安装软件，然后描述了55个实际任务的操作过程，这些任务覆盖了一般用户的常用命令操作过程。这些内容正是用户所需要的。这本手册仅57页，用示意图表示操作过程，配少量文字解释。看过这本手册后，就能够满足用户的日常需要了。为进一步深入的用户，还提供了一本"用户手册"，它仍然以用户任务操作过程为线条，把各种操作命令系统地揉合在这些任务中了。这本手册共有273页。

第九节 软件工程人员对用户界面的设计思想

一、软件工程师设计用户界面的主要目的

从1980年代后期，计算机用户界面设计变成了热点之一，也成为国际激烈竞争的对象。当前有两类专业人员从事计算机用户界面的研究和设计。第一类是软件工程师，第二类是劳动学工程师（ergonomic engineer）。这两类设计人员有共同的设计目的：要考虑用户的操作任务，但是他们的思想方法上有很多区别。软件工程师从系统工程角度研究用户界面的设计，开发了用户界面管理系统（user-interface management system，简称UIMS）。软件工程师设计用户界面的目的主要有下列3个：

第一，用户界面软件标准化。苹果公司于1987年建立了一个用户界面设计标准，参见下列图书：

Apple Human Interface Guidelines: The Apple Desktop Interface, AddisonWesley, Reading, MA, 1987。

这个用户界面标准被广泛应用在几千个软件开发中。

IBM公司在这方面迟后了一步，于1989年和1991年也建立了普通用户访问，参见下列图书：

IBM Systems Application Architecture: Common User Access to User Interface Design, IBM Document SC34-4289-00 (October 1991)。

IBM Systems Application Architecture: Common User Access Advanced Interface Design Reference, IBM Document SC34-4290-00. (October 1991)。

IBM System Application Architecture: Common User Access, Advanced Interface Design Guide, IBM Document SC26-4582-0, Boca Raton, FL(June 1989)。

IBM System Application Architecture: Common User Access, Panel Design and User Interaction, IBM Document SC26-4351-0, Boca Raton, FL (December 1987)。

它的效果要若干年后才能看到。

第二，用户界面的一致性。1970年代后期到1980年代中期，人们认为计算机人机界面的一致性是一个重要设计目的。到1990年代中期仍然有人讨论这个问题。其中的主要焦点之一：什么应当一致？怎么样一致？键盘布局一致？新型号与老型号一致（兼容）？命令集一致？命令格式一致？操作方法一致？深入考虑下去就会发现这是个很复杂的问题，因为当时计算机中不一致的东西太多了。最早施乃德和希夫林（Schneider & Shiffrin, 1977）提出，对各种操作任务来说，外界的刺激信息（例如，屏幕的各种显示）与人的响应（例如操作命令）之间的转换应当一致，这样人可以自动地一致地转换信息，否则就要求更多的思维和控制性的思维处理。迄今为止一致性问题主要包括下列几方面：

1. 信息显示的位置应当一致，例如菜单，命令的位置；
2. 各种刺激之间的关系应当一致；
3. 计算机语言的规则应当一致；
4. 命令格式应当一致；
5. 菜单结构应当一致；
6. 文字编辑的各种操作应当一致（Tero & Briggs, 1994）。

莫闰（Moran, 1981）提出了定义一致性的一个系统框架：命令语言语法（CLG），以辅助设计者达到这些目的。为了考虑一致性，CLG把人机界面分为三个层次（系统概念层、人机交流层、操作器件层），在每个层次，要分别考虑内部系统和外部系统的一致性的定义。内部一致性针对系统的内部特性而言。外部系统一致性指系统的结构与外部各种其他结构（显示器、打印机系统等等，用户感知的任务等等）必须一致。根据这个模型，他提出了下述一致性概念：

系统概念指任务（用户的任务和系统的任务）和语义（完成这些任务所用的概念和方法）。他认为要使用户能够完全使用系统的功能，那么用户的相似目的（任务）应当具有相似的操作行动。在系统概念层要保持系统概念的内部一致和外部一致。内部概念一致指系统定义的任务结构一致，即相似的任务被分解成相似的子任务，系统中定义的概念体的语义（对象和行动）应当完整，任务和系统对象和语义过程表示的行动之间的转换保持一致。外部概念保持与用户的知识一致，把用户对任务的理解转换成系统任务。系统内具有相似语义过程的任务，应当被用户感觉成相似的任务。概念一致对用户操作、用户正确推理新任务的过程、用户对人机界面的评价起重要作用。

在人机交流层，内部系统要考虑句法（用户与系统交流时使用的命令的元素）和人机相互作用（命名原则、变量的位置）。外部系统要考虑命名与自然语义的相关性。

在实际操作器件层，内部系统要考虑空间布局（屏幕布局、界面对象的视觉特性）和使用的设备器件一致性。

他把这三个层次分为六个级别：任务，语义，句法，人机相互作用，空间布局，操作器件。通过这六级传递设计,使系统与用户从建立任务到操作行动保持一致,符合用户的任务概念、交流方法和操作动作。莱斯勒(Reisner,1981)也具有这种设计思想,他不是研究计算机系统设计,而是关注用户操作行动的顺序。他提出任务与操作行动之间的结构一致性,并用最少操作组成部分(尤其是所需的操作规则应当最少)来描述一致性。为此需要用一种方法来评价用户的操作行动。他用一种形式语法描述:用户学什么、记忆什么,由此来评价人机界面的一致性。评价时,记录下各种行动的次数(例如操作鼠标的动作、敲键盘动作),完成一项任务的行动次数,完成一组任务的步骤数目。

用户界面上到底什么东西应当一致?培内和格林(Payne & Green,1986)提出行动与语言一致性原则,并且在人机界面设计中应用符号学,建立了任务行动语法(TAG)。符号学是研究各种符号(字词、数学符号、音乐符号、图形符号、动作姿势、表情等),符号的思维处理过程(符号的含义,尤其是语句的含义),以及人们用符号进行交流时的所存在的复杂关系。符号学主要包括三部分:句法学、语义学和语用学。简单说,句法学研究符号(词)正确组合成句子的规则,语义学研究语句的含义,语用学研究发出符号和接收符号时人的行为表现,即语句的使用。日常生活中人们往往用语言表达行动。在计算机应用中,这个特点表现得更明显。操作计算机,就是通过命令语言表达人的目的和行动以及计算机的行为。用计算机命令来完成一个任务时,用户的行动必须转换成计算机的操作行动,培内和格林认为,这个转换过程必须遵守一定规则,这个规则叫从任务向行动转换的语法。用这种语法可以把一个简单任务用行动过程来描述出来。人使用计算机去完成某一任务(例如写文章)时,必须把他的目的用计算机操作命令的语言表达出来(建立文件、打开文件、打字、用编辑命令修改等),即把任务表达成交互式语言的语义结构;并且把他们的行动计划转换成用户命令表达的过程顺序,即转换成行动句法结构。他们认为这些转换过程应当一致,为此他们提出必须给用户提供一致性的人机界面语言,即操作命令应当句法结构兼容,词汇一致,动作语义一致。操作命令的语言表达形式必须表现它的功能,这样用户按照一定规则可以预测出操作命令能够干什么。当不同操作行动表现出相似形(例如各种编辑命令的操作方法很相似)时,或包括相同元素(例如"删","插入"命令都要含有一定的字词)时,行动句法结构(操作计划)必须兼容。使用的命令语言中的用词和符号应当保持的含义与它的用途一致,这被称为词汇一致。动作语义一致指语言的具体语义对一个操作命令所提示的期望(即一个操作的功能)应当对其他操作也有效。为了达到此目的,不一致的语言需要较多的规则,一致性语言只需要很少的语法规则。

上面这个方法用符号学解释人操作计算机的思维过程,其中很主要的一点是,它提出了操作计算机时,人的行动必须转换成计算机的操作,而且必须遵循一定规则。这个规则的难易程度当然影响计算机的可用性。还有其他人用符号学解释人的行动。他们得出的有益结论已经被广泛用于人机界面设计。但是符号学没有成为计算机人机界面设计的主流理论。主要原因是,它研究的对象是符号语言(这只是人机界面的工具之一),而不是研究人(用户)的行动。另外,符号学的思想基础也是行为主义,这也有一定局限性。

能否用最少的概念和因素表示用户界面操作一致性?当然可以。例如用户命令可以按照最少的软件规则来设计程序,但是它们不一定符合用户的需要。泰若和布瑞格斯(Tero & Briggs,1994)通过对60个人的实验后认为,如果用户看到一个命令就能够想象出它是干什么用的,他们就自然会使用这些命令,也不必学习这些操作命令。例如,看到命令"删除文件","删除字词",人们自然知道它们的功能含义;看到命令"删",就不明确删什么,要进一步学习思考和尝试它的功能。因此,用户界面操作命令的一致性应当指:操作命令应当与用户的行动期望一致，使他们的任务（目的）与操作行动一致。

总的来说，计算机操作的一致性主要包括：命令含义与用户的行动期望一致，命令格式与人的思维和行动计划一致，命令的操作与人的动作习惯一致，命令集与用户的任务一致。

第三，用户界面的有效性、可靠性、安全性、可移植性（各种软件数据可交换）和数据一体性。

二、用户界面管理系统（UIMS）

UIMS是用来描述软件工具，使设计师能够建立一个完整的用户界面而不必用程序语言来编程。它的主要思想是"用户界面独立"或"对话独立"，如同数据库管理系统中的"数据独立"一样。它们的共同目的是把逻辑设计（或用户界面）与编程实施方面分离开。在数据库管理系统中，信息设计和管理人员建立信息系统时，不必知道实际的文件操作（例如，索引管理、hash码算法、指针管理等等），改变实际文件组织、最佳算法、安全和其他与计算机有关的操作不应当影响信息设计和管理人员的数据。

用户界面管理系统采用了类似的方法。用户界面设计师可以不考虑菜单历遍算法(menu-traversal algorithms)、出错处理例程、帮助文字（help-text）存储策略，他们可以集中考虑用户界面的设计问题。内部一些算法的改变也不影响用户界面，用户界面的变化也不影响内部程序的算法。因此，UIMS的主要优点是开发过程变得开放，不必具有计算机专业水平的人也可以很快理解它的使用，并容易修改用户界面。同时，由于UIMS采用了标准，布局一致、术语一致，这样也保证了较高的设计一致性。UIMS对在线帮助功能（online help）、出错信息、提示文字比较注意。

然而，UIMS仍然处在发展过程中，版本常常更新，这使有些程序员不太愿意使用UIMS。有些UIMS只支持文字界面的菜单。今后的发展方向是图形用户界面。

第十节 多媒体和虚拟现实

一、层网式文字

"hypertext"可以有许多译法，从心理学角度可以翻译为联想文字或联系文字；从计算机专业角度，可以翻译成主题词文字、层网文字或锚链文字。它的出现不是偶然的孤立事件，而是体现了贯穿在人类历史中被考虑的一个基本问题：怎么样表达含义？怎么样进行人际之间的交流？我们人类创造了文字（Text）工具，用它构成头脑中的活动、表达含义、进行交流，交流的目的是改变他人和自己对事物的理解、进行社会控制。怎么样用语言进行交流和进行社会控制？用它写成书和文章。

然而人们对这种语言书写格式并不满意。人们模仿阅读思维方式，设计了一种新语言方法，用这种方法能够重新描绘画面、表达他们的理解，通过这种语言可以进行交流。这种语言不仅仅能够描述对象，而且能面向其他人建立各种关系。这种新的语言叫hypertext。1945年美国总统罗斯福的科学顾问布什（Vannevar Bush）在文章《与我们的思维一致》(As We May Think, Atlantic Monthly articale, July 1945)就提出文字书写结构应当与人认知思维方式相像。他用大脑心理学中的观点来支持这一方法，人的记忆组织像一个语义网，各种相关的概念被联系在一起，当时把它称为Memex。1963年英格巴特（Douglas Engelbart）提出了类似的系统NLS/Augment。1980年奈尔森（Ted Nelson）在类似的项目中使用了hypertext概念。

计算机媒体中的hyper一词，来源于科学幻想小说。科幻中声称存在着另外一层（维）空间，叫hyperspace。计算机领域中使用这个词带有这种浪漫色彩，由此又引申出HyperBook、HyperInfo、HyperCard、HyperTalk、HyperDocument等等。从计算机技术来看，hypertext是利用像菜单（或联结表）那样的技术，把一个主题词（例如，"计算机绘图"），通过一个链（link或hyperlink）同另一信息块（例如，"用一篇文章解释计算机绘图"）联系起来。

为什么设计了这种层网文字结构？这要从人脑的知识表达方式和传统的文字书写格式之间的区别谈起。传统的文字表达结构主要是按照顺序线性方式书写。与这种书写格式相反，大脑知识表达方法有两个特点：

第一，知识往往是分叉的树状结构，例如，关于计算机的知识可以被分成硬件和软件，硬件又分成处理器、控制器、内存、输入器和输出器等等。书面文字的这种结构很难表达树状知识。为此首先要把一个完整的树状知识拆开，然后按照顺序方式逐句逐段地叙述一个个主题。另外，有什么方法可以表达表示知识的树状结构？用示意图表。用它可以直观清楚地表示出计算机的各组成部分，很明显，这种表达方法比较容易被人理解。

第二，任何一个知识都可能与许多其他知识相联系，像一个网。例如，从计算机可能联系到它的发展历史，可以联系到人脑，也可以联系它的使用方法，制造厂家，价格等等。

怎么用书面文字表达彼此相关的概念和知识？这个问题实际上很难，曾使很多作者费尽脑子。一般是先分清一个相对的封闭知识集，把相关的概念很小心的隔离开。把这些问题搞清楚后，划分章节，描述一个个孤立的概念，最后再描述这些概念的彼此联系。这种书面表达的思路实际上是层次结构，但书写方式仍然是顺序线性的。阅读中不注意的话就容易忽略其中的联系。

怎么用书写表示网状的内容？这个问题更难。一般可以采用文学中的倒叙、插叙、联想、意识流等等（其实，文学中的这些方法也是受人脑心理学影响的结果），但是从表示结构来看，仍然是一行行文字的顺序书写格式。另外可以通过插入语来解释。然而，当插入语很长，需要用一大段文字表示时，往往用注解来表示，注解集中在书的后面，这种书写排版方式给读者往往带来不便。其实，表达网状知识，主要采用"跳转"写作方法，例如"参见上一节"等等。但是，如果经常这种写作方法，读者容易被搞昏了。

换句话说，传统的文字书写格式不符合人脑中的知识表达方式，也不很符合人的阅读认知方式，计算机的层网文字格式模仿了人脑的那种知识联系（联想）结构。使用这种结构，作者可以按照一条思路流畅地写一篇文章，其中的新概念词可以通过分层式结构进行解释，与文章相关联的内容可以存在另一层文字中。因此这种文字表达结构突破了传统的书面文字书写格式，它的目的是试图认识人的思维本质，这是计算机信息组织的一个重要优点，也是网络信息的主体部分。怎样使用层网文字来表达？这是用户界面设计的一个主要问题。网层文字的人机界面设计指南可参考下列网址：

http://eies.njit.edu/~333/review/ui-guidelines.8.html

层网文字的一个重要应用是层网媒体（hypermedia），层网文字也是这种媒体的核心部分。另外还可以联接其他媒体，诸如图像、声音、电影等媒体。因特网中的信息就是属于这种层网媒体。

二、网层媒体设计

网层媒体实际上就是用户界面。它的设计首先要考虑提供的信息内容符合用户目的。

因特网上的东西极多，用户要查询到所需要的信息并不很容易，往往要花费很多时间，造成很大浪费和负担。信息设计必须首先考虑用户需要什么，而不是信息越多越好。

其次网络信息设计要理解人的阅读和书写模型。人脑中信息是按照网络方式相互联系在一起的。书写东西时，人们先从大脑中相关的概念勾画出一个轮廓和层次结构，然后编排成词的线性顺序，写成句子、段落和全文。阅读时，人并不全是按照作者的思路逐词逐句顺序阅读。当遇到一个概念不懂时，会中断阅读，转向这个概念，当遇到彼此有关系的内容时，会翻前翻后寻找这些内容，人的思维又把书面的线性顺序文字转换成一定层次结构送入大脑记忆语义网中。这就是说，人的阅读和写作过程是一种非线性顺序的思维本质。一个好的文字书写设计应当面向读者的阅读方式，应当符合读者的兴趣和知识水准，符合人的思维，容易阅读，容易找到所要找的信息，容易理解和记忆，使用户能够很快找到所需要的信息。网层文字的基本设计思想是把一个很大的知识体组织划分成许多小块，把这些小块知识彼此联系在一起，用户每次只需要很少部分的知识。其中主要问题有：

第一，怎么适当勾画出一个孤立的知识体，把它与其他知识隔离开。这样，写作可以集中在这个知识体中，不至于下笔千言，离题万里。

第二，怎么构成信息模块。在设计具体网层文字表达时，不能简单按照传统书面书写的构思方式，必须分析怎么划分信息块，怎么把各个信息块联接起来。按照语义可以把信息块分成六种类型：概述，详细内容描述，主题（命题），摘要，专题和评论。换句话，传统的文章书写章节段落结构要转换成这六种信息块。一个概述节点相当于全文的大纲，应当使读者一目了然。可以用它作为父节点，联接其他五种类型信息块。

第三，怎么构成信息模块之间的层次和网状联系。把信息块划分好之后还要考虑信息节点之间的联接。信息彼此联接有两种主要类型：收敛型和发散型。一个主题词索引（例如计算机一词）可以联接两子信息块（例如硬件、软件），这两个子节点又可以分别联接N个子节点，例如硬件可以联接四个子信息块（处理器、内存、输入、输出），软件可以联接三个子信息块（数据结构、数据库、编程语言）。这样下去所联接的节点呈指数增加。这种联接叫发散式信息联接方式。一般说，这种发散式子信息块有下面几种情况：不断详尽论述，反命题论述，逻辑不清的烦琐描述和诡辩，论题多方面分叉深入，横向论述，外插式论述。这种结构会转移分散用户的阅读中心。程序员没有很好勾画孤立知识体，往往造成这种分散型结构。分散型结构还包括若干类型，其中一种叫"跑题"性结构，程序员设计信息媒体时，没有抓住主题，从一个中心内容跑到另一个主题了，然后又引起了分散型结构。设计分层式文字时，要避免这种发散式联接结构，采用收敛式联接结构，即，被主题词调用的子信息块不再调用多层信息块。这种收敛关系包括下列六种情况：说明（用子信息块说明主题词）；成员（列出主题词的全体成员，例如在主题词"浏览软件"下，可以列出netscape和mosaic），联想（由主题词联想到的东西）；通路（由该主题词可以转向另一个概念或段落）；主题词的代换词；推理（Balasubramanian, 1997；Rao/Turoff，1990）。

第四，要使读者始终能够控制漫游行动。把每页都同主页联系起来，把主页再同目录页（地图页）联系起来，这样用户最多通过三次选择就可以找到任何一页。在较简单的情况下，也可以把一页同其他任何一页联系起来。要避免五六重链才能达到目标。应当在每页的开始和结束位置给用户提供漫游指示。如果一页较长，应当在页头和页尾重复漫游项。必须限制嵌套层的深度，因为用户任意跳转几次后往往就糊涂了，不知道跳到什么地方了。

第五，你设计的漫游信息系统是整个网络的一部分，用户可能从网络的任何一个地方跳转到你处的任何一页或锚底。要从其他内容角度考虑你的网页，使用户从其他任何网页可以访问你的每一页。

网层文字和网层媒体的人机界面设计和应用,可以参考下面网址:

http://eies.njit.edu/~333/review/hyper.html

三、使用中的问题

使用这种网层文字经常出现的问题有3种:

第一,"我在哪儿?"当人阅读一本书时,他时时都清楚他读到哪儿里,第几章、第几节、第几页,是正文还是注解。当用户在网络上寻找信息,不断从一个主题词跳转到另一个信息块,经过多次跳转层次后,没经验的用户很容易迷路,如同进入迷宫不知道"我在哪儿?我从哪儿来?要去哪儿?"解决这个问题有几种方法。可以提供一个"地图",它是一个位置跟踪图,显示出与当前阅读文件相联接的各个文件;也可以提供总体示意图;还可以通过各种背景颜色来区分。通过错位窗口(不是完全重叠窗口)表示访问层次,通过文字或功能菜单提示"返回"或"下转"到哪儿一级。另一方面,索引词的层数不能太多。

第二,用户阅读是有目的的,这种操作属于任务驱动方式,但是也可能被其他有兴趣的主题吸引,忘记了他最初的漫游目的,变成由数据驱动的寻找过程。例如他最初要为开会要寻找苏州,然而,可能被杭州主题词吸引,在杭州漫游了一小时后忘记查询苏州。为此可以提供记忆帮助。

第三,当节点和联接过分多,使读者不得不看每一种选择,然后作出判断。这就像在瓜地挑瓜挑花眼,会给用户引起感知思维负担。

当前设计经常通过"导游"来帮助用户。引导用户漫游信息的功能叫导游。从设计方法上说,可以用许多方法表达导游功能,目前常用两种方法。第一种是用图形(图像)加文字,或者用象形的图标(icon)式的图像。第二种方法是用特征人物形象,例如用牛仔人物表示美国西部历史,引导用户去漫游美国西部。实验表明,一个媒体文件的录像、图像和图符中如果采用同一个人物形象,能保持用户感知的连续性。实验还表明,用户想知道为什么导游要引导他们去看一篇文章,是否他们是从导游的观点看这篇文章。但是,有主见的用户认为导游碍手碍脚。为解决这个问题,系统应当跟随用户行动,如果用户与导游行动一致,就可以自动给用户提供进一步信息,这就是适应用户行为。实现这种功能需要人工智能方法(Laurel/Oren/Don,P.62)。关于HTML语言编程,读者可以参考万维网上网址:

http://www.sirius.com/~paulus/html30.html

四、网络设计的社会学方面

国际计算机网络已经形成了一种前所未有的"电子社会"。当前人们还难以估计今后在这个社会里会出现什么事情,有些人研究因特网哲学问题,有些人研究它的社会学问题,许多人采取谨慎态度,认为将来公共网络的用户界面设计主要不是考虑技术问题,而是来自社会相互作用和社会组织的社会学问题。

第一,通过网络可以传播各种文化和价值,进行社会引导和控制,也可以传播犯罪,对社会产生预想不到的影响,由此许多国家建立相应的法律。

第二,信息被看成是财富和资本,因此要求建立版权法。

第三,网络病毒由来已久,对计算机软件和信息造成很大破坏。1997年11月19日18点我收到一个电子函件,内容如下:"此信息是今天早上从IBM公司收到下列信息。如果你收到电子函件的题目是JOIN THE CREW,绝不要打开它,它会破坏你的硬盘驱动器上的全部东西。把这封函件转发给尽量多的人,这是一种新病毒,没有许多人听说过它。另外,如果电子函件题目是 Penpal Greetings,也不要阅读,它伪装成一封友好信件,当你阅读它时,特洛伊木马病毒就感染了你的硬盘驱动器的自举部分,破坏了一切呈现的信息,这种病毒能够自己繁殖,当你阅读它时,病毒就跑到你电子邮箱中存储的其他人地址去了,这种病毒会破坏你和其他人的硬盘驱动器,如果这种病毒继续不断繁殖,就会破坏全世界的计算机网络。如果电子函件题目是 Returned or Unable to Deliver,绝不要打开它,这种病毒会寄生在你计算机部件里,使其失效。AOL 说,它是一种很危险的病毒,到目前为止还无法对付。"这条消息使我很紧张。第二天我又收到一封电子函件,它说:"每天都会发现新病毒。然而,也有一些是骗局,例如 Returned Mail、Bud Frogs Screen Saver、A Moment of Silence、AOL4FREE Scam、Join the Crew、Valentine Greeting、Irina、Deeyenda、Free Money、Good Times、Ghost、Penpal"。该发函人同时打出了它们的信息内容,以表明头一天的函件不真实。我又恢复了正常心情。没料到两天后,狼果然来了,把邮箱里存的一百多个邮件全部删光。5 年中我一共遇到两次病毒。

第四,其他无法预测问题。谁也无法预测今后网络技术可能发展到什么程度,是否会出现一种网络盗窃技术?是否会出现具有很大破坏性的软件?什么信息数据可以上网,什么数据不能上网?怎么把一个单位的计算机系统与网络联接?这些问题必须被考虑。现在至少可以确定,凡上网交流的信息都有可能被第三者截取。是否可以建立两个系统,一个系统与网络联接,供对外通讯联系,另一个系统不与网络联接,避免各种损失,只供内部使用。许多国外的大型企业、重要机构对因特网采取防范措施,例如禁止使用电子函件,以防失密。

第五,建立网络人际交往行为准则,促使网上的合作、交换、群体行动。交往合作的根本问题的人与人、人与群体之间的紧张关系,对个人有利的行为往往对其他人不利。探讨这个问题的目的是想建立可交往的网上社会。解决技术问题有许多算法,但是建立这种网上社会没有算法,只能靠探索和寻找方法。网上社会要解决的问题包括:长久的一致性行为、复杂的仪式、付费体制、财产权、网上社会历史档案、相互作用的结果、一定程度的冒险。怎么可以使人们合作?阿列如德(Axelrod)在《囚犯的困惑》(Prisoners Dilemma)一书中提出三个条件:第一,如果现在是最后一次合作,以后不再见面了,人们往往表现出自私。成功的社会必须促进今后的交往,促进网上群体交往的连续性;第二,必须能够辨别出对方;第三,必须能够了解对方过去的行为方式。这样可以使人按照适当方式行为。否则,人往往行为自私。

奥丝特罗姆(Ostrom)在《统治社会》(Governing the Commons)一书中也提出了成功社会的特点:首先,社会边界必须明确,这样就能清楚防止外人进来利用群体资源。例如一个协会的某些网上文件只允许其成员查阅。目前人们正考虑适当工具方法进一步解决这个问题。其次,群体要形成行为准则,以及控制行为的规则。网上社会要建立规则以控制使用群体资源,这种规则要符合需要和条件。最后,最成功的社会也必须建立监督和制裁制度。即使这样,也避免不了冲突,社会成员应当能够找到低花费的解决冲突的方式。当然,他们并没有分析网上社会。要建立信任,不得不付出适当的冒险,然而,网上社会设计要鼓励形成群体(例如俱乐部、协会),用这种方式控制那种冒险。毫无疑问,这些问题是网上用户界面设计应当考虑的新问题。(Kollock,1997)

五、媒体

计算机的存储量越来越大、速度越来越快、内部功能越来越强。计算机数据库、计算机图形和辅助设计、人工智能、网络通讯、模式识别等等许多专业中的算法也得到广泛深入研究和应用。但是它与人的对话能力却相当弱，尤其是输入功能很弱。人只能通过视觉来感知计算机形式的信息。人在日常生活中，人操作机器、自行车和日常用品时，实际上是通过看、听、接触、闻等等各种器官感知完整的信息，而计算机却不能产生这些信息表示。计算机人机界面的这些弱点成为限制计算机应用主要问题之一，它比计算机系统硬件软件的升级换代重要得多。最近十几年来，计算机研究和制造厂家强调了计算机的这些局限性，并把人机界面（包括硬件和软件）作为一个专门研究领域。尤其近几年来，特别强调各种媒体。多媒体用户界面的研究至今还不成熟，目前还不能作为一个单独的学科。

媒体（medium）指信息的载体，在纸上写信，纸就是媒体。最通常的媒体包括语言、图画、电影和音乐。计算机信息技术的发展引出了新媒体，像多媒体、网络通讯、虚拟现实等等。在计算机信息技术中，媒体也可能指一种输入器件，例如键盘、鼠标、微音器、摄像机。多媒体指通过特定的硬件设备输入输出多种信息载体，包括屏幕显示、电视（录像）、声音。另外，还包括软件形式构成的信息媒体（例如电子邮件等等）。有时它也指在终端上同时显示图形和文字。需要指出，当前的计算机网络不是为视声连续信息流设计的，怎么使用网络处理多媒体，是一个引人注意的研究方向。

各种媒体信息格式是由信息的颗粒度（granularity）表示的。颗粒度指各种媒体类型上信息被划分成块的尺寸大小，例如动画只有一种固定划分方式（一幅静态的画），用多幅静态画面构成动画。对动画的访问只能通过一种方法：动画片的画幅号。它大大减少了视像媒体在数据库中的联系，限制了用户寻找信息块的能力，地图旅游图一类的信息设计都受到它的限制。文字文件一般用多种层次颗粒度划分：文章标题、节、段落和字。设计多媒体信息系统时，最重要的功能是给用户在任何时候都提供许多选择的可能性，可以灵活寻找访问媒体信息。这涉及多种媒体交叉联接时信息的颗粒度。适合主题词索引文字系统的那些方法，往往不容易应用在多媒体表示方法中，例如把视像与文字组合在一起时，往往出现这种问题。要把这两种信息格式联系起来，需要使动画方式增加更多的访问结构。这个问题在多媒体设计中经常出现。

界面一致化是用户界面要考虑的一个重要问题。各种媒体往往有它自己的界面控制方法。各种媒体联接在一起时，用户界面控制方法应当一致，以减少用户学习和操作时的思维负担。换句话，应当按照用户的信息访问查找方式设计界面控制方法，而不是按照媒体的技术特性。为此，从一开始就要注意信息数据的结构划分。

六、多媒体的输入输出

多媒体输入输出的研究包括硬件和软件两方面，它的最终目的是实现多感官的自然感知，使用户能够专心沉浸在他们的行动中，自然无意识地操作输入输出设备。从硬件来说，人们主要是创造各种新输入输出设备和器件，例如二维和三维定位、口语的理解、跟踪眼、跟踪手、跟踪头的运动，姿势的辨别。按照人的各个感官，分别构成视觉、听觉、触觉信息耦合通道。

下面介绍几种输入器件。人的自然运动可以用六个自由度（三维平动，三维转动）和两个参数（空间位置和运动方向）表示。三维输入器件能够探测出运动的三维空间位置和运动方向。把这种传感器（它可以用机电转换、超声、惯性或光纤制成传感器）同计算机结合起来，可以探测运动轨迹，这叫跟踪技术。例如美国 VPL 研究公司制造的数据手套（VPL DataGlove），可以识别人手动作和姿势。又例如数据传感衣（VPL DataSuit）可以识别人体各关节的弯曲角度。力球可以探测施加在它上面的力。六自由度鼠标利用超声、电磁或陀螺来跟踪。生理传感器用皮肤电极探测肌肉活动、大脑电活动、识别语音命令。皮肤电极还可以用来跟踪眼运动。这些器件有5个主要衡量参数：测量滞后时间（例如滞后60微秒），测量精度（例如0.01到0.25英寸，0.1到1度），测量重复速度（例如每秒测量60次），测量范围，抗干扰能力。当前已经有许多公司制造这类输入器件。1996年美国Microsoft设计了一种新输入器件，叫简单球（EasyBall），供四至六岁儿童漫游计算机多媒体，促进培养儿童的肌肉控制能力。设计这个器件时，设计组分析了现有的轨迹球、触板、鼠标、键盘，把设计目标确定为，适应儿童人体尺寸、操作、思维和动作技能、并能够引起儿童喜爱。它像一个球放在容器里，可以转动，侧面有一个按键。该产品获得许多奖，包括1996年美国工业设计金奖（Kaneko，1996）。

输出方面包括三维图形声音输出，声音显示，电话，视觉显示把文字图形同声音组合在一起等等。输出器件的综合与同步化是一个重要研究方向。输出器件主要有头盔显示器(head-mounted display, HMD)，它可戴在头上，眼前位置设有小型液晶屏或光线纤维制成的显示屏，显示目标信息，这些信息可以是三维图像，也可以是文字。最初头盔显示器用于美国军事。现在已经用于机械加工过程等等许多领域。例如，在自动生产加工控制中，可以用头盔显示器显示加工过程信息，工人用自然语言口述加工命令，输入到加工机器，控制加工过程。

IBM公司的多媒体用户界面设计方法可以参考下列网址：
http://mime1.marc.gatech.edu/mime/papers/multiTR.html

七、控制空间

控制空间（Cyberspace）一词中的cyber出自希腊语的控制（Kubernao）一词。控制空间概念出自于盖布森（William Gibson）的著名科学幻想小说Neuromancer（1984年），它指的是一种全球式的计算机网络，把全世界一切人、机器、通讯通道以及信息资源都联在一起。通过它可以漫游到全世界，就像在一个虚拟空间上一样。它包含"控制"与"空间"两层含义，在实际应用中，人们有不同侧重，强调一个方面或另一方面的重要性。盖布森在小说中说，人可以在控制空间上操纵由计算机控制的直升飞机飞到指定目标。通过计算机可以把这个控制空间的通讯通道同真实世界联系起来，使控制空间的漫游者与真实世界交互作用。这部科幻引起了许多科学家和工程师的兴趣。1980年代中期，美国NASA建立了第一个这种虚拟环境，用于遥距离操纵和显示。

控制空间有几层含义。它是一个信息空间，有大量电子数据，例如互联网。在这个空间上，人可以漫游各地的图书馆、博物馆以及许多国家和地方，可以打电话，看电视等等。这个空间的另一层含义是一个几何空间，这个含义最直接导出了虚拟现实概念，用计算机生成一个连续的三维空间，它按照用户的运动和操纵（例如驾驶汽车）进行反应，如同用户在真实空间中运动和操纵一样。用户在目前的万维网上只能访问互联索引式文字文件、图像、音乐、电影、电子邮局。有人设想下一步的发展，要使虚拟现实与万维网接口。

控制空间的本质是什么？控制空间是知识的大地，是财富，是市场，是社会，也是个人天地。人类已经经过了农业时代和机器时代，现在进入信息知识时代。到1994年已经有135个国家的二百多万台计算机与互联网相接，这只是控制空间的一个微小部分。凡存在电话线、同轴电缆、光纤电缆、电磁波的地方，就存在控制空间。它的出现形成了新的行为观念，影响了个人、家庭、社会、政府和国家，超出了传统的物质概念（生产、能源、金钱和控制）。从理论上说，任何一个人都可以消费整个社会的信息产出，可以几乎不费代价地复制信息。过去20年中,美国的版权和专利法的主要修改就包括了"电子财产"。控制空间不仅仅意味着知识信息,更主要的是控制的含义,文化控制,军事控制,市场控制,知识控制等等。一百年来,美国不断扩张领土,这种价值也被扩张到控制空间,一些美国人认为"控制空间是美国的最新的国境线",是20世纪的美国梦(PFF,1994)。文化控制也表现在互联网上了。汉廷敦认为,人类的未来可能将由八种文化的相互作用来决定(中西欧与北美文化、斯拉夫东正教、儒家、日本文化、伊斯兰、印度文化、拉丁美洲以及非洲文化)(Cecora,1994)。在这个控制空间上,有些国家有意识地通过大量文章、电视、艺术、电影传播着文化(价值、生活方式、行动方式)。一个国家只靠科学技术能不能生存?没有文化行不行?科学能不能代替文化?我们的文化是什么?我们的哲学(人生智慧)是什么?这些都通过互联网上信息设计表现出来。

八、虚拟系统的组成部分

计算机人机设计分三层目的:简化操作、适应人行为和实现自然行动。自然行动是人机界面让用户能够自然专心沉浸在有目的的行动中,不被机器的输入输出干扰。自然行动包括:自然信息、自然感知、自然思维(自然逻辑)、自然动作、自然语言对话、自然学习等等方面的设计考虑。目前,虚拟现实就是朝这个方向发展。自然信息实际上指人在长期社会生活中接触、学会的信息表达方式,人们对这种信息表达很熟悉,并已经与自己的行动与情绪结合起来,形成了人生经验,遇到这种信息时,人不需要再学习,自然知道怎么办。放弃使用这种信息表达,而另外制造符号和信息表达方式,对任何人都是浪费。一幅照片可以很容易被理解,为什么用文字写一大段?说不清,看不懂。然而这种自然信息还不能完全满足人的要求,人们希望显示的信息能够弥补人视觉的缺陷,例如在图形上同时显示出距离、高度等等数字信息。这也就是设计虚拟现实的思想之一。一个虚拟系统是由下列几部分组成的:

1. 效应器(effectors),即效果输入输出器件,例如头盔显示器、传感手套、力控制球等等。它们可以产生虚拟环境中的预期效果,头盔显示器使用户感知很"真实"的现实,传感手套使用户感受到"抓"虚拟东西;
2. 计算机系统(又称为现实机,reality engine),它包括图形(图像)板、声源和三维声音处理器以及输入输出部件;
3. 应用软件,例如,飞机驾驶软件;
4. 图形软件,用于表示要显示的各种几何形状。

虚拟现实的技术最早来源于美国军事。在里根时期美国制定了"星球大战"计划,根据这个项目,1980年代初美国空军研制出头盔显示器。由于战斗机越来越复杂,驾驶员的任务也变得过分复杂,因此需要设计一种新的方式控制战斗机。把计算机与雷达组合在一起,并把控制和武器数据变成直观简单的三维图形送到头盔显示器,这样驾驶员可以直观看到飞机的位置、速度、射击目标等等。1982年"超级驾驶舱"项目进一步把它发展成为高分辨率、快速虚拟显示器。1977年伊利诺伊大学首先发明了弯曲传感手套Sayre,1983年贝尔实验室设计出数据手套,1985年NASA与VPL公司签订合同制造数据手套。1989年计算机辅助设计软件公司Autodesk和计算机公司VPL宣布了一种新技术,叫虚拟现实。虚拟现实是多媒体的应用之一。虚拟现实的概念很早就存在,例如立体电影,用模拟驾驶舱培训飞机驾驶员时用宽银幕电影同步显示外景。

虚拟现实的设计目的是创造新的计算机人机界面,提供自然信息、自然声音、自然思维方式和自然操作方式,以取代不符合人行为方式的复杂的人造符号信息、科学逻辑思维、键盘和鼠标操作。自然视觉信息用头盔显示器提供。头盔显示器（Head-Mounted Display，缩写HMD）是戴在头上的小型显示器，它用液晶屏（LCD）或CRT（阴极射线管）显示立体图像或图形，它可能是单色的或彩色的。它的重量越轻越好。要使人的视觉产生"身临其境"的感觉，要求视场至少要90°，视场角度越大，效果越好，为此目的要用头盔把显示器固定到用户眼前，最好形成180°的视场角度。要产生身临其境的效果，还应当配高保真的立体声耳机。它还主要有几个参数："会聚性"指左眼信息与右眼信息应当会聚成一幅图像，"视差"指左眼与右眼之间的距离，"分辨率"指显示屏的象素点数，"显示频率"指每分钟显示的画面数目，例如30Hz或60Hz。当前HMD的LCD的分辨率有下列几种：146 × 216，155 × 208，204 × 278，230 × 316，480 × 640，480 × 720等等。双CRT的显示器分辨率为：322 × 493，480 × 640，1024 × 2560等等。分辨率较低的显示器的视场也较小，例如146 × 216显示器的水平视场大约为30°～57°，垂直视场为16°～47°。

头盔显示器还有若干不同形式。1985年美国NASA设计了一种低分辨率单色的头盔显示器，叫"眼风"（Eyephone）后来VPL公司与NASA合作又设计了高分辨率的彩色LCD眼风。一般说，头盔显示器和眼风接口应当兼容。还有一种简易轻巧的头戴显示器叫单眼（Private Eye），尺寸约为9cm × 3cm。用它并不是去显示虚拟立体逼真图像，而是作为头戴显示器，距离右眼25cm处，以显示动态数据和简易图形。此外，各个公司给头盔显示器起了其他各种名字，例如"第七感官"、"控制脸"（CyberFace）、"飞行员头盔"等等。

虚拟现实采用三维的立体声音。这种自然声音效果可以用若干方法产生。最常用的是乐器数字界面（musical instrument digital interface，缩写MIDI）。它首先把声音采样，从模拟量变成数字量，然后用序列发生器（sequencer）形成多通道输出。下列因素影响人脑对声音的接收和处理，用这些因素来考虑声音的方向。听觉时间差：它指人耳的分辨率，它可以分辨70微秒（约1英寸）音差。听觉声强差：它指响度（声压）差。频率差：当声音围绕头部传播时，高频声音损失较快，因为它的方向性较强。与头部有关的传播函数（HRTF）：人的外耳收集声音，同时也加强了某些频率的声音。HRTF是综合量度外耳对一个声音各种频率的不同响应。很难获得该函数的模型。

自然运动和触觉器件用来测量和模拟产生运动、触觉和力反馈信号。人体的运动可以分为自然说话、眼运动、手与腕的运动、人体运动。人的这些自然运动可以用6个自由度表示：三个平动自由度（X，Y，Z），和围绕这三个轴转动的自由度。自然运动输入器件可以探测这些运动的空间坐标位置和方向（这被称为跟踪技术）。最简单的器件是带6坐标传感器的手杖（wand），它有各种形状，上面配置有一些开关按钮，控制显示图像的一些变量。最常用的是数据手套（例如美国VPL研究公司制造的器件DataGlove）或衣服（DataSuit）。贝尔实验室首先设计出数据手套可以测量手指弯曲、手方向和手腕位置，并在手指尖部装有触觉传感器，其目的是代替键盘，并用来识别姿势。1987年VPL研究公司设计了的数据手套，它在Lycra手套的手指背部装有光纤，当手指弯曲时，光纤也被弯曲，这样就使光纤内的光衰减，这个光信号被送入计算机处理，以确定手指的弯曲角度。多数数据手套有10个弯曲型传感器，装在每个手指根部的两个关节处。还有的在手背处装了磁接收器，并接到Polhemus公司的导航科学三空间跟踪器上。在附近一个固定地方装有磁发射器。跟踪器读出磁发射器和磁接收器的磁线圈的脉冲信号，以确定手掌的位置和方向。VPL数据手套是当前最好的产品，这种数据手套的手指关节弯曲精度可达1°，但实际测试的弯曲精度为5°～10°，这往往不能满足精密操作和复杂姿势识别的要求。这种数据手套的速度是30Hz，也不能满足高速手运动。数据手套当前价格为9000美元，磁跟踪器3500美元。除了这种光纤式数据手套外，还有超声式的、力敏电阻式的、磁式的。详细信息可以查阅网络网址：
http://ils.unc.edu/alternative/alternative.html

这些器件有下列主要参数：时间滞后：指传感器动作与传感器产生信号之间的时间差。时间滞后越小越好。假如时间滞后大于50毫秒，它就会影响人的动作。刷新速度：指测量速度。多数传感器的刷新速度至少为每秒60次。刷新速度越高，动态位置和方向测量的跟随性能越好。精度：指传感器跟踪位置和方向的信息精度。它与测量源的距离有关，还与时间漂移有关。平动精度为0.01～0.25英寸。转动精度为0.1°～1.0°。动作范围：指保证精度的条件下，人手或人体（传感器）运动范围。一般为3～8英尺。干扰：指器件对环境条件中的磁场、电场、光、声音、显示器辐射、惯性的敏感度。器件的抗干扰性对精密运动很重要。当若干传感器在较靠紧的位置使用时，可能会出现相互干扰。

VPL公司设计数据衣服也使用光纤传感器，装在50个关节处，配置4个Polhemus三空间跟踪器（手上2个，头上1个，背上1个）。

用数据手套可以构成虚拟手控制系统。数据手套有许多用途，例如用它控制机器手。当人手戴着数据手套运动或作各种动作时，它所控制的机器手完全跟随人手的自然运动和动作。用数据手套和数据衣服系统可以跟踪人体运动和手指动作。在医学上数据手套有许多用途。用它可以控制精密手术。用它可以构成"手套交谈器"（GloveTalker），把手指动作转换成有声言语。人们戴上数据手套，按照他特定的姿势动作，数据手套把这些动作信号送到计算机内的声音综合系统，它就能够说话，表达出手动作的语言含义。现在虚拟现实已经应用到军事、航天航空、医学临床、电子游戏、远程显示、影视制作、教育等许多领域，例如应用到各种远距离操作、微观操作等。用它可以显示分子结构，以便进行分子操作。美国弗吉尼亚州乔治·梅森大学和得克萨斯州休期敦大学，用虚拟现实创造"科学空间"（牛顿空间），实现无重力、无摩擦力环境（Dede/Salzman/Loftin, 1994）用于教学。在外科手术中，大夫用摄像机可以通过虚拟现实观察病人大脑和其他体内组织。在体育中可以有许多应用，例如用它可以设计虚拟网球训练。又例如，骑虚拟自行车时，如果速度很快，可以使人感到飞向天空，达到幻想效果。通过虚拟商店可以使人在家里参观和购买物品。有人从虚拟现实引出了"殖民化"概念，用这种计算机技术在艺术、娱乐、通讯、甚至哲学等等领域中开拓殖民地（Chesher, 1992）。例如，有人认为，从长远看虚拟现实要代替电视。美国有些大学的人机界面研究都从事这方面项目。波音公司把它应用到飞机设计和模拟中，索尼公司用它帮助顾客设计他们的厨房。现在虚拟现实还处在婴儿阶段，很难估计它对未来的文化和社会有多大影响，然而从现在发展来看，它的意义非同小可。

九、跟踪器

跟踪器可以跟踪人体运动和手动作。从广义说，数据手套和数据衣服也属于人运动跟踪器件。这里指狭义，跟踪器主要包括三维6自由度鼠标、力球、跟踪器（tracker）。上面已经提到虚拟系统中要跟踪器确定人体的6个自由度的位置和方向。从器件工作原理来说，跟踪器有电磁式、声控式、机械式、静电式、视频和光电式。

当前Polhemus公司（根据1998年信息）在制造跟踪器方面处于领先地位。该公司设计了下列跟踪器。ULTRATRAK PRO被称为当前最先进的全人体运动扑捉系统，它可以跟踪很复杂的人体动作，例如走动、跳跃、舞蹈，主要用于动画。跟踪系统主要包括一个固定位置的发射器，人体上装的若干个接收器，一个局部网和计算机系统。发射器LONG

RANGER是一个三合一的电磁线圈,固定在一个丙烯酸的球面中,它发射低频电磁场。使用时,将接收器(最多可达32个接收器)固定在人体某些部位(主要是关节),每个接收器是由小型三合一的电磁线圈构成,装在一个塑料盒中,接收器固定在人身上随人运动,用它探测发射器发出的磁场,同时接收器的位置和方向被实时测量。人可以在700平方英尺(约65m^2)的大面积上运动或舞蹈,接收器提供的实时数据通过以太网(ethernet)送到计算机中实时激活图像,图像刷新速度为每秒60次。对投棒球等等高速动作还可以从16个接收器采用120Hz刷新速度。该系统包含一个动作扑捉服务器(它有4到16个动作扑捉板,每个板有两个数据通道),一个VGA控制器,一个外同步输入,一个局部网通讯卡,以及键盘、VGA监视器、人体固定用具和35英尺(约10.67m)电缆。该系统的方向分辨率为0.1°,位置分辨率在15英尺(约4.57m)时为0.25英寸,方向精度为3°,位置精度在15英尺时为3英寸。使用温度为0°~40°。该系统价格:配4个接收器时为21500美元,配16个接收器时为36800美元。

　　FASTRAK跟踪系统主要用于跟踪和定位人头、手、和仪表位置。该系统标准配置有一个发射器和4个接收器,可以通过倍频扩大到8个系统(32个接收器),刷新速度为120hz。数据可以通过RS232界面,速度为115.2千波特,或IEEE488界面,速度为100千波特。发射器和接收器与上述相似。标准使用距离为10英尺,改用LONG RANGER发射器后,距离可达30英尺(约9.14m)。该系统主要应用于虚拟现实、供军用、头盔显示器系统、生物力学分析、动画或模拟图形处理、三维CAD数据库。该系统价格6000美元。

　　ISOTRAK II系统主要包含一个三维数字化仪和一个双接收器的动作跟踪器,主要用于6自由度跟踪和数字化,适用于中等精度和中等分辨率。价格2879美元。该系统包括系统电子部件、发射器、接收器、电磁笔、三维鼠标。主要应用在虚拟现实、头盔显示器系统、生物力学分析、立体定位、三维CAD数据库等等。

　　INSIDETRAK和INSIDETRAK HP是电路插板式的三维跟踪器件,配有一个接收器,可以直接插入PC机内。价格1489美元。

　　上述跟踪器都采用电缆把数据送到计算机处理,另外还有无线跟踪器,例如Ascension技术公司制造的MotionStar Wireless。它采用直流磁场发射器跟踪传感器的位置和方向。主要应用在医学和体育分析、电视动画、电影、三维游戏等等。配6个传感器的系统价格为55815美元,配20个传感器时为73630美元。

　　详细资料可参见:
　　http://www.thevrsource.com/industrial.htm

　　这里要特别提一下眼跟踪器(eye tracker)。设计计算机人机界面,必须观察用户实际操作过程。从用户操作中可以发现软件硬件中的问题和改进方向。怎么观察了解用户的操作过程呢?只凭眼睛观察用户的操作动作是很表面的很粗糙的,关键是了解用户在何时形成何种操作想法,遇到问题后怎么思考,操作后是否满意,何时疲劳了。让用户一边操作一边说自己的想法,这样用户很难像正常情况那样专心操作,这种方法不实用。让用户完成操作后讲述操作过程中的想法,这种追述往往不可靠。当用户操作计算机时,眼睛起重要作用。当他产生一个操作动机时,眼睛会在屏幕上、键盘上或其他位置寻找与此有关的东西,眼睛的视觉方向会表现出他的操作动机。当他失去操作控制或遇到困难时,眼睛会在屏幕上来回扫望,或表现出焦急,或表现出沉思,疲劳也可以从眼睛表现出来。因此,研究用户操作计算机过程、操作各种机器过程、用户的疲劳,主要通过观察用户的眼睛。这不是最理想方法,但是目前没有更好方法。为了观察用户眼睛运动,人们设计了眼睛跟踪器,它是认知心理学的重要实验设备之一。美国、德国、日本、英国、加拿大等国家都进行了许多眼跟踪实验。

眼跟踪器包括两个红外光源和两个摄像机头。用帽子或绑带把眼跟踪器固定在实验者头部，它的红外LED发射漫射光，它的两个摄像机头分别对准两个眼睛的瞳孔，把瞳孔和角膜反射光图像记录下来。大约采样速度为30Hz、50Hz、60Hz或1200Hz，这样测量数据的空间分辨率大约为$0.1'\sim 1°$。这些数据被送到计算机中，并用计算机控制眼跟踪、校准和数据采样。该系统的软件主要是一个实时数字图像处理程序。

本章练习题
1. 计算机能否理解人的思维？
2. 人脑活动能否用计算机代替？
3. 认知心理学的要点是什么？
4. 计算机为什么需要人机界面？
5. 人的知觉。有什么特点？
6. 为了设计计算机人机界面，需要建立什么样的用户模型？
7. 你认为当前计算机人机界面的主要问题是什么？
8. 怎么实现计算机的可操作性？
9. 软件设计的主要评价标准是什么？
10. 什么叫非理性用户模型？
11. 理想的输入器件应当具备什么性能？
12. 理想的人机界面应当是怎样的？
13. 你能否设计一个数控铣床的人机界面。

第五章 生态设计

第一节 生态概念

一、生态学

从英国工业革命以来,工程设计的指导思想一直是追求物质财富,在许多国家工业设计的目的也是追求占领市场。经济发展的决定因素是能源。这种设计思想到1970年代出现了变化。人们开始转向环境保护,并提出了生态产品观念,强调从生态系统角度从事设计。什么是生态或生态学?德文和英文中的生态学一词来源于希腊语oikos,含义是栖息地,家。logos的含义是研究。生态学作为一门科学,它的目的不是短眼光功利的实用主义,而是反映了设计的道德责任和对人类长期生存的考虑。1870年德国生物学家海克尔(Ernst Heinrich Haeckel,1834—1919)在研究达尔文进化论时,建立了生态学概念,他给出了第一个生态学定义:"我们把生态学理解成关于自然的经济的知识,即研究动物与它的无机和有机环境的全部关系,此外,还包括它与其他动物植物的友好的、敌对的、直接的和间接的关系。一句话,生态学是研究一切复杂的相互关系,也就是达尔文所指的生存条件。"注意,他并没有把生存条件单一归纳成生存斗争或竞争,生存条件也包括"友好"条件、"直接"和"间接"条件,例如人与水稻和小麦构成相互促进,二者不是敌对竞争。这种观点超过了单一的"物竞天择"概念。他把生态学定义为研究生命体与其环境的关系,他同时强调了自然世界中的生命体和非生命体。一方面当时人主要从宏观角度看世界,认为生态体系规模大于生命体,层次高于生命体,另一方面忽略了微生物,也忽视了人类制造的化学产品对环境的影响。1954年出现了第二种生态学定义(Andrewartha和Birch于1954年的定义),它认为生态学是研究生命体的分布和物种多样性,这一定义把生命体看作生态学的核心,他们的工作很明确地包括非生命体环境、生命体环境以及影响生命体种类和分布的因素,他们已经认识到气候变化是个重要因素。1971年欧杜姆(Odum,1971)从海克尔概念出发提出一个新定义,生态学主要应当研究生态系统或生态体系,他的愿望是建立一种新生态学:生态体系的生态学,研究自然的结构和功能作用。这些概念定义各有长短。纽约州米尔布如克生态体系研究所(IES,1997)给出了一个新定义:

"生态学是研究影响生命体种类和分布的各种过程,各种生命体之间的相互作用,生命体、生命体的转变以及能量和物质转换之间的相互作用。"IES的这个定义强调了以下几方面:

1. 注意力开始时集中在各种生命体、各种生命体的聚集体、生命体和他们副产物的综合体系;
2. 生态学的范围同时包括生物科学和物理科学;
3. 生态学课题的广泛性;
4. 综合考虑自然界的生命方面和非生命方面;
5. 根据生态特性,焦点可以有侧重地集中在自然界的生物体方面,或者非生物体方面;
6. 虽然许多专业强调生命体对物理世界的作用效果,还有些人强调物理世界对生命体的影响,但是实际上生命体与物理世界的关系可能是双方向的;
7. 生态学的生物方面与非生物方面的界限是模糊的;
8. 该科学的注意力集中在各种过程,各种相互作用和各种关系上,而不是在物理实体上。

生态学的基本观点如下：一种生命体的环境同时包括生物环境和非生物环境。它们内在相互作用包括多种过程，例如社会相互作用、内在的物种侵食、各种竞争。物种之间的相互作用包括侵食、共享资源引起的竞争、利用其他生命体作为生息处、以及各种互利互惠的相互作用。非生物环境对生命体很重要，包括温度、湿度、水、盐浓度、辐射、有机营养等等。生态体系中的每种成分可能会自己变化，也会受其他成分影响而变化，或影响其他成分。生态学的主要子科学是从各种组织层面上认识各种生物体系，从个例到群体、到群族、到生态体系。

生态学包括六个子学科：生理（功能）生态学集中研究个体，看他（它）怎么获得重要营养物、资源，在面临环境挑战和变化时他（它）怎样维持适当的内部状态，生理生态学研究了水与植物的各种关系，各种光合作用形式与有效光线和水的关系，动物的能量新陈代谢。行为生态学研究个体在选择配偶、食物、交往时的各种决策。种群（population）生态学集中研究某些物种群体，例如物种生命史（出生率和死亡率），性别比例，各种种群的原动力和规则、侵食、竞争和互惠共生的过程。群落（community）生态学研究特定地区的物种群体，例如决定物种多样性的因素，各物种之间的相互作用网。生态体系生态学研究在非生物环境中的各种群落，传统研究的问题是能量流动和侵食循环。自然风景生态学研究大规模体系的各种空间和暂态过渡演变方式。这些子学科可能相互交叉，它们之间的界限并不很明确。

生态学使用下列研究方法。最常用的方法是集中在生命体的一个具体群体上，一片森林，几个湖泊等等，采用数据统计分析方法，也有人集中在静态生态学上，例如研究生命体分布。生态学往往用进化论观点，生态与进化是交织在一起的，许多生态过程符合自然选择过程。有些生态学家在研究大规模问题时使用数学和计算机工具，例如全球温度升高问题。有些生态学家把它作为应用知识，含生态学内容较多的领域有森林业、生物控制、水产业管理、空气和水的污染等等。实际上，任何一个研究项目都会包含若干学科的问题和技术，因此生态学广泛采用多种方法。生态学与其他学科联系很紧密，首先是各种生物科学，生物化学用于生态学研究植物的新陈代谢，分子生物学的技术用来研究基因变化，此外还有分类学、进化生物学、生理学、医学。与生态学构成界面的学科有人类学、地质学、化学、数学等等。

生态学中研究的重要问题包括：什么因素决定物种的分布和多样种类？环境怎么按照时间和空间变化？生命体怎么影响这些变化？怎么对这些变化起反应？为什么在特定地区只存在这些物种？群落怎么沿着时间变化？能量怎么在生态体系中流动？各种生态体系怎么相互联系在一起？

二、生态系统

早在1935年，坦斯勒（Tansley）首先提出生态系统概念，生态系统是"这样一个完整的系统（按照物理含义），它不仅包括各种有机物，而且还包括各种物理因素，它形成了所谓的生物体的环境，广义上说指栖息地。虽然我们主要对有机体感兴趣，但是当我们考虑问题时，不能把它们与特定环境分开，它们与这个环境形成了一个实际系统。正是这个系统形成了地球表面的自然的基本单元，这是生态学家的观点。"生态系统是相互作用系统，它包括生命体与生命体的各种相互作用，他（它）们与各种环境因素的相互作用。这些相互作用可以用人际关系、人机关系、人环境关系表达出来。换句话说，生态系统概念强调生命体之间、生命体与环境的各种关系。一般说有三种生态系统。第一种是单个生命体，它要求无限资源,并产生无限废物。第二种是半循环的生态系统,它由若干生态部分构成,其废物可以循环使用,这个系统只从外界需要有限资源和能源,只向外界产生有限废物。自然界的许多种生命体相互联系构成各种网,形成生物环境圈,在这些系统内部可能有大量原材料流动转换,但是该系统与外界的输入输出流动却很少,从长期角度来说,这种系统是不持久的,因为流动只朝着一个方向,最终该系统会垮了。为了成为持久生态体系,各种生物生态体系经过长期进化,大自然已经形成了完全循环过程,一种生命体的废物,却是另一种生命体的资源,这就是第三种循环原料生态系统,它可以完全消化废物,只需要输入能源,地球就是这种生态体系,在数百万或数亿年的进化过程中,自然生态体系建立了该体系中的每一种所需要的生态循环实体,形成了完全的循环。

从1780年英国工业革命以来,经济发展速度超过了历史上任何时期,同时也出现了许多问题,包括人生态问题和环境生态问题。人生态问题指人与人关系(家庭关系、社会关系)变化、心理精神问题、职业病和工伤以及社会问题(人口爆炸、人口老化、无节制的消费和贫困)。环境生态问题包括:地矿资源迅速减少,生物种类迅速减少,垃圾废物成山,自然环境、水、空气污染,全球温度升高,大气臭氧层被破坏,沙漠地区扩大,地面臭氧含量增多,许多国家缺水缺粮。过去人们认为经济系统主要由教育、技术、资源、资本决定。生态问题使人类逐渐认识到不能只顾经济获利,必须从生态角度建立新的系统论和系统设计理论,必须改变以前的消费观念。人类工业使用原材料和资源的理想方式最好能够像这种自然生态体系一样。按照这种观点,工程设计和工业设计不能只狭隘考虑设计对象,而应当把它放在生态系统中考虑它与生命体和环境的各种关系,包括小规模关系和大规模长远关系,包括考虑天然材料的来源、能量的循环、人造材料的再生循环、废物的处理循环、对其他生命体和自然的影响、对环境温度、水、空气的影响等问题。为了对环境进行管理保护,1993年国际标准化组织(ISO)成立了技术委员会TC207,并建立了环境管理标准系列ISO14000。

三、生态问题温室效应

这里不想全面分析污染和生态问题,只简单介绍一下温室效应,人口问题,沙漠化问题和臭氧问题。温室效应是指地球表面温度升高。从19世纪后期以来,全球年均温度上升了 $0.5℃$,到2100年预计上升 $1\sim4.5℃$,最可能 $2\sim3℃$。从 $1962\sim1987$ 年印度洋900m处水温升高了 $0.5℃$,海平面上升了 $3.5cm$。近几十年来人们一直试图发现,究竟是自然原因还是人为原因引起这种温室效应。1995年2月著名的德国玛瑟斯-普朗特气象研究所所长哈瑟曼说,自然力量引起温度升高的可能性只有1/20 (Science News, Vol 147, June 10, 1995, P.362)。这主要是由于燃烧地矿、农业和生物燃烧(每个人的生命过程就是缓慢燃烧),使大气中的二氧化碳、甲烷、二氧化氮浓度显著增高。这些放热量超过了过去10000万年的总和。温室效应将使温度升高,高纬度陆地的温度比海洋升高得快,它使冰川溶化,海平面在2100年时升高 $15\sim95cm$(大约 $50cm$)。

人口迅速增加问题。1800年人类人口达到10亿,或者说花了200万到500万年时间人口才达到这个数字,然后用了130年时间(到1930年)达到20亿,用了30年时间(到1960年)达到30亿,用了15年时间(到1975年)达到40亿,用了12年(到1987年)达到50亿,仅仅9年之后(1996年)就达到60亿。根据联合国资料,从1990年到2025年世界人口可能会增加32亿,其中70%在20个发展中国家,其中有印度(增加592百万,以下人口数字以百万计),中国(357),尼日利亚(188),巴基斯坦(144),孟加拉(119),巴西(95),印度尼西亚(83),埃塞俄比亚(66),伊朗(66),扎伊尔(64),墨西哥(62),坦桑尼亚（58），肯尼亚（53），越南（51），菲律宾（49），埃及（40），乌干达（37），苏丹（34），土耳其（34），南非（28）。与此同时许多国家出现的问题是农业土地面积减少，缺乏粮食和淡水。世界资源研究所（DIEOFF，1997）公布了一份调查材料：1970年到2000年土壤肥力减少5%，2010年一年将蜕化4.5%，2040年蜕化12%，主要因素是重金属和化学物品污染、受气候影响、受紫外线辐射。从1960年代到1990年代的40年中，全世界耕种土地面积减少了几乎1/3。每人需要多少食物呢？地球上能够生产多少粮食呢？联合国定义一个男人每天需要3000卡能量，一个妇女需要2200卡。据估计现在每年世界的食物生产量可以供75亿人口食用，粮食是当前世界上的一个严重问题（Kormondy，1996，P.410）。

土地沙漠化问题。沙漠约占地球陆地面积的1/3。根据联合国资料，每年沙漠面积扩大80000km^2，受沙漠化威胁的面积达3.9百万km^2，相当于前苏联、美国和澳大利亚的面积总和，它已经成为各国严重关切的一个问题。

当前有80多个国家缺乏淡水，40%的人，也就是20多亿人得不到清洁水源，缺乏卫生设备。1980年联合国会议上通过了国际饮水供应和卫生十年计划，它宣布到1990年所有发展中国家的人民都可以得到清洁的饮用水。各国共耗资1340亿美元，给10亿人提供了用水，又为7.5亿人安装了污水处理实施。可是，到了1990年发展中国家人口增加了8亿，仍然有10亿人缺乏清洁水。与此同时，水的消耗量不断增加。据估计，今后20年耗水量可能比现在要增加一倍。据《人民日报》（海外版）1998年5月4日报道：我国"沙漠化面积占国土面积的27.3%，现以每年2460km^{2}的速度在扩大，每年因荒漠化造成的直接损失达540亿元。荒漠化对生命财产造成的直接威胁已不是耸人听闻。1993年5月5日西北72个县发生的沙尘暴使1200万人受灾，85人死亡，死亡牲畜12万头，555万亩耕地被毁，其经济损失难以计算。我国水土流失面积占国土面积31.2%，每年流失土壤50亿吨。黄土高原总面积46万km^{2}中，水土流失面积竟达43万km^2，每年流失表土约厚1cm；而通过恢复植被形成1cm厚的土壤，至少要200年时间。水资源危机正威胁着我国农业和人民的生存。我国人均水资源排在世界的第88位。全国570个城市有300个缺水，其中108个严重缺水，影响工业产值2000多亿元。自1972年以来，黄河屡屡断流。我国农村有0.6亿人长年饮水困难，每年缺水300亿m^3，年受灾农田3亿亩，减产200亿kg。据1998年3月28日某媒体报道："中国是世界上最大的煤炭消耗国，每年烧掉十亿多吨煤。专家估计，中国每年因燃煤而排入大气的二氧化硫已超过2000万吨。中国以煤为主的能源结构造成了三成国土遭受酸雨的严重污染。燃煤过程中排放的大量二氧化碳，也影响到人类的生存环境。据估计，大气中二氧化碳每增加一倍，地面温度就上升两摄氏度，同时引起全球生态环境恶化。"

臭氧问题。大气层中同温层中的臭氧可以吸收太阳光线中的紫外线。1977年后每年春季南极上空的大气层同温层中的臭氧减少了40%，被称为臭氧洞。南极臭氧洞是氯化学物引起的，这样大量紫外线照射到地面上，容易造成皮肤癌和白内障，毁灭有些海洋生命，使有些粮食作物生长困难，引起地面温度略为升高。1997年3月NASA和NOAA（美国国家海洋和大气管理局）的卫星监视系统测量的数据表明，北极上空臭氧层突然减少。它比1979~1982年3月的臭氧平均值减少了40%。这些臭氧数据和图像可以在因特网上看到，网址在：

http://jwocky.gsfc.nasa.gov

http://pao.gsfc.nasa.gov

近一些年来地面臭氧引起人们注意。它是光化学引起的，往往发生在夏天，被称为夏雾。由于臭氧层受破坏，在近15年中地球表面的太阳紫外线幅射量增加，而且主要在中高纬度区，即人口集中地区和世界农业地区。德国马普（相当我国科学院）大气化学研究所（BMBF,1996）制出计算机模拟地球表面臭氧分布图（见彩色插图）。它认为19世纪末我国西北地区就是世界上臭氧含量最高地区，这一地区现在扩大到整个黄河流域和长江流域，仍然是世界上臭氧最高地区。据NASA大气科学家海尔曼（DIEOFF,1997）说，每十年在北纬55°地区的臭氧增加6.8%，它包括英国、德国、俄国、斯堪的纳维亚国家等等，在南纬55°包括智利、阿根廷等等。总的来说，100年来北半球地面臭氧浓度连续增加，至今原因不清楚。臭氧浓度在每立方米240微克以上时会损害肺和人体功能。美国用老鼠实验结果表明，臭氧浓度达到每立方米1000到2000微克时引起肺癌。儿童受臭氧影响后容易引起过敏、呼吸道和肺部炎症、免疫功能减退。另外对植物和海洋生物也有不利影响。

1992年11月18日1500个国际、国家和地区的科学组织签署发表了《世界科学家对人类的警告》，他们代表了69个国家、13个人口最多的国家、19个经济最发达的国家，包括绝大多数诺贝尔科学奖获得者，科学院院长，其中有我国科学院院长周光昭和赵忠尧。该文说："同温层臭氧耗尽威胁着我们，日益增加的紫外线辐射到地球表面，它对许多生命体有损害或致命危险"。"地面空气污染和酸雨已经广泛伤害了人类、森林和农作物。掉以轻心的开发可能枯竭的地下水源损害了粮食生产和其他基本人类系统。对全球地面水的过分使用已经导致80个国家的严重缺水，它涉及到全球人口的40%。河流、湖泊和地面水的污染进一步加剧了水源限制"。"破坏性的榨取海洋是很严峻的，尤其在生产世界主要食用鱼的海岸线地区。总海洋捕捞量已经超过了所估计的最大承受量。有些鱼种已经处于灭种的危险。河流把大量冲蚀的泥土带入海洋，同时也带来了工业、城市、农业和生活废物，其中许多东西有毒"。"1945年以来地球表面植被蜕化了11%，此面积比印度和中国面积总和还要大，世界许多地区的人均粮食生产量在减少"。"热带雨森林和亚热带旱森林正在迅速毁灭。按照当前速度，有些重要森林将在几年内消失，决大多数热带雨森林将在下世纪内消失，同时还有大量植物和动物种类"。"特别严重的问题是，现在生存的各种物种中到2100年将有1/3消失"。"其中许多危险是在若干世纪不可逆转的，或永远不可逆转的。其他过程可能还要增加威胁。由人的活动增加了废气，包括从地矿燃料中释放的二氧化碳，减少森林，可能改变全球气候。全球性变暖仍然无法确定预测，人类也许可能忍受，也许问题很严重，然而潜在的危险是很巨大的"。"地球是有限的。它吸收废物和破坏性的流出物的能力是有限的。它提供粮食和能源的能力是有限的。它提供人口增长数目是有限的。我们几乎正在逼近这个极限。当前在发达国家和发展中国家的经济实践将冒着危险，不可缺少的全球系统将被无法补愈地损坏。无限制的人口增长导致对自然的过分需求，它将抵消一切对未来能承受努力。如果我们想停止破坏环境，我们必须承认人口增长限度。世界银行指出，世界人口在达到124亿时还不能稳定下来，联合国的结论是，最终可能达到140亿，几乎是今天54亿人口的3倍。但是，即使在此时此刻，每五个人中就有一个人生活在绝对贫困中，连饭也吃不饱，1/10的人营养不足"。他们提出五条必须做到的事情。"(1)我们必须控制住破坏环境的活动,恢复和保护地球体系的整体性"。"(2)我们必须更有效地管理好对人类生活很重要的资源"。"(3)我们必须稳定人口"。"(4)我们必须减少和消灭贫困"。"(5)我们必须保证性别平等，保证妇女对生育的控制决定"。全文见：
　　　http://dieoff.org/page8.htm。

四、有病建筑

人类有70%～90%的时间在室内度过，不适当的建筑会引起四种综合症，这种建筑被称为有病建筑。第一种，身体疲劳无力，昏昏沉沉。第二种，头疼，恶心，头昏眼花。第三种，眼鼻脖感到刺激发痒、干燥，皮肤干燥发红。第四种，水眼，如同花粉过敏的症状。它的产生因素很多，其中主要有下面几条：

缺少新鲜空气。人静坐一小时需要15升氧气，同时呼出13升二氧化碳。如果一个人在一间$50m^3$的密闭房子里，一小时后室内二氧化碳就增加一倍。人体内二氧化碳过多，会感到疲劳、身体不舒服、难以集中注意力、头疼、记忆力减退。

空调设备可能产生负作用。1991年德国法兰克福对许多银行和保险公司进行调查，结果表明：空调设备、噪声、紧张、工作压力是四种严重干扰因素。在大型建筑中空调设备会带进来许多有害物，例如烟灰、毛茸、细菌、病毒、沙石、废气和臭氧等等。它还发出噪声引起神经紧张。

地下氡辐射对人造成不利影响。在自然辐射中，使人容易受危害的放射性物质中40%来源于氡222。它可能来自建筑材料，但是更主要来自建筑物地下（尤其在地下室）和自来水。氡辐射容易引起肺癌，对抽烟者危险性更大。对德国人来说，吸入的自然辐射中有一半来自氡，住房内的平均氡辐射量为每立方米40～50贝奎尔（Becquerel），它导致12%的肺癌概率，挪威的调查结果是10%～30%的肺癌是由氡辐射引起的。减少氡辐射的方法是经常打开门窗，保持室内通风，特别是保持地下室自然通风。

1930年代德国用石棉作为建筑物的保温材料，1945～1978年作为房顶和隔墙材料。石棉粉被吸入过多后，容易引起肺病、胸膜病、肺癌等等。1991年德国停止生产和使用石棉。

电磁辐射对人体有若干影响，使人体组织发暖，使肌肉和神经紧张兴奋，甚至出现痉挛，使大脑功能受影响（尤其是用手话机长时间通话后）。低频电叠加高频脉冲后可能使白血病几率增加八倍。在高电压场中容易患失眠症、头疼、夜间易醒、神经紧张、免疫功能减退。家庭电器用品增多容易引起各种病状，例如电暖被子、暖水被子、收音机闹钟等等，都很容易引起失眠、头疼、胃病、心律不齐等等。印度在实验室用老鼠的实验结果表明，微波容易引起肝、睾丸、大脑的癌变。使用微波炉时应当保持30cm的距离。空调器、电扇、通风设备应当被设计为距离人至少一米远。电钟、电扇等等连续使用的电器距离人头部至少40cm，床头灯走线不应当通过床头，机械闹钟比较好。电暖气应当距人一米。电冰箱和洗衣机应当距离卧室至少2m。人距电视机至少2m（Wormer，1996）。

五、日常有毒物品

过去日用品设计中使用了许多有毒材料。下面简要介绍几种。

氯 许多氯有机物伤害肝、肾和神经系统，它还引起癌症和遗传异变，损害免疫功能和生殖功能。有人估计化学工业已经制造出11000种物品含有氯，例如被用作造纸工业和纤维素工业的漂白消毒剂，被自来水厂和游泳池用作消毒剂。家用清洁剂、包装材料、电视机外壳、运动鞋、许多玩具和有机溶剂也含有氯。地毯、电缆、灭火剂、化学清洗剂、纺织品漂白剂也含有氯。聚氯乙烯是传统的大量生产化学品，德国用它制造窗户框架、地板薄膜、电缆等等。过去人们认为氯乙烯无毒，1970年代发现它引起肝癌。氯有机物很难溶于水，但是很容易溶于脂肪，例如海豹体内聚氯二苯含量很高，鱼类体内的聚氯二苯或氯溶剂的含量比水里多上万倍。1970年代以来，它已经引起国外几次人与动物的大批死亡，使更多人中毒。

多氯二苯(PCB) 现已知大约有290多种PCB。它的化学性能和热性能很稳定，不易燃，用于变压器油、冷却、各种技术用油、防火材料、塑料和清漆的软化剂、印刷颜色和复印纸的附加成分，还用于服装和农药填充料。它伤害神经、大脑和肝，容易引起癌症。1989年德国禁止使用它。

四氯化碳 是一种化学清洗剂,用于服装纺织品的清洗。它能引起癌症。

氯乙烯 它引起癌症,对神经、肝、肾有害。

丙烯醛 不饱和醛,毒性很强。它主要产生于各种燃烧过程,例如用食用油过热煎、炸、烤食物,蜡烛火焰,壁炉开口冒出的废气,抽烟,火柴燃烧等等。它能够引起结膜炎、支气管炎、喉炎、咽炎、眼帘肿、眼帘颤抖、疲劳、头昏。

醛 自然界有许多种类的醛,最常见的是甲醛气体,它无色、有刺激气味、有毒。它可以用作为胶粘剂,例如砂纸、闸的垫片等等,用于压层纸版、纸处理、医用消毒剂、皮革和皮家具、肥料、绝缘材料、化妆品、清漆和颜色染料、化学清洗剂、衣服。它还存在于芳香族材料、有机溶剂中,也产生于抽烟、汽车废气中。它刺激黏膜皮肤、减退免疫功能、引起过敏、刺激神经系统、引起呼吸道病、肠胃病、疲劳、失眠、记忆力衰退、头昏、耳鼻喉病、皮肤病、眼发炎、掉头发、湿疹、肾病、情绪压抑、易受刺激。人在日常生活中几乎无法避免甲醛,家具、衣服、书籍、抽烟、化妆品都含有它,尤其在炎热天气,室内潮湿,各种物品很容易释放出甲醛,因此室内要保持干燥。新买的衣服要先下水清洗。防止被动吸烟。卧室内尽量少存放书籍。保持室内通风。

酒精 德国每年有1万人因酒精而死亡。交通事故中有一半与酒精有关。

苯胺 有芳香味胺类和苯基胺。在化学工业中用它制作颜色染料和医用药物,还用在许多加工材料中,如塑料薄膜。在颜料、清漆、胶中作为胶粘剂。也产生于汽车废气和抽烟过程。它可以被皮肤吸收,对血液和神经有毒,可以引起癌症。

汽油 是多种化学成分的混合物。它燃烧时产生许多有毒物质。作为溶剂时,它对神经系统和心脏循环系统有损害,还损害肺。慢性汽油中毒表现为头疼、麻痹、肌肉无力萎缩、失眠、知觉麻木。

苯 是化学工业最重要的原料之一。在自然界有机物腐烂和燃烧时会产生苯。家庭壁炉燃烧木材和煤时放出苯。油燃烧时放出苯。抽烟放出苯。马达烧毁时也放出苯。交通车辆繁忙的马路附近含高浓度的苯。家庭用的停车房内如果让汽车发动机运转时有很高浓度的苯。苯对儿童尤其危险。长期吸入苯会损害免疫功能和遗传特征,引起血癌。苯还存在于抽烟和颜色染料中。这些材料引起白血病、眼病和呼吸道病、头疼、昏昏沉沉、视觉干扰。

苯乙烯 是一种有机溶剂,对大脑和神经系统有害,引起头疼、疲劳、皮肤水疱,还可能引起癌症。

甲苯 是一种溶剂。它引起皮肤干燥、呼吸紊乱、头疼,伤害肝、肾和神经系统。

混合二甲苯 它是一种溶剂,也是塑料、染料、清漆、胶粘剂工业的产品。它引起头疼、神经紊乱、呼吸道刺激和眼刺激,对心脏、肝和神经系统有害。

铅 对人的血液、神经和肾有害。慢性铅中毒对儿童和孕妇特别有害,引起智力障碍。室内的铅含量主要存在于灰尘和小便中,以及交通车辆繁忙的马路附近。

镉 是提炼锌时的副产品。抽烟时放出镉,工业区附近的农作物中也含镉。它伤害肾。

酯 溶剂中含有酯。一般是可以燃烧的液体,有水果香味。

酚 用于颜色染料中。汽车废气中和抽烟时放出酚。它影响食欲、引起头疼、失眠、四肢无力,引起皮肤过敏。它损害神经系统、肝、心脏和肾。

六、毒苛辛

我把 dioxine 翻译为"毒苛辛",它有250多种变种,都有剧毒。人人都应当了解这个有毒物。它化学名称太复杂,一般人很难记住。毒苛辛会引起婴儿先天性缺陷,增加各种癌症几率，损害神经发育，引起思维和行为缺陷，使免疫功能降低（容易生病），引起男女生育和性功能障碍，容易流产，荷尔蒙异变，损伤肝脏、皮肤、胸腺、骨髓。婴儿对毒苛辛更敏感。

毒苛辛来源很多。它在自然界主要来源于森林大火和火山爆发。在人类环境中毒苛辛的主要来源是燃烧含氯物质。毒苛辛污染还来源于采用氯工艺的造纸厂和聚氯乙烯（PVC）。医院废物中含有大量PVC塑料，燃烧这些废物会产生大量毒苛辛。汽车燃料中如果含有氯化物，也会发出毒苛辛。铜铅钢的再生熔炼过程中也产生毒苛辛。另外，当有机物与食用盐或金属在一起燃烧时产生这种物质。燃烧垃圾、家庭暖气燃烧、炉灶燃烧也会产生毒苛辛。化学塑料是毒苛辛的主要来源之一，电视机外壳、计算机外壳、CD等等设备受热时可能放出这种物质。日常生活中，毒苛辛的一个主要来源是脂肪，毒苛辛易溶于脂肪，例如牛肉、乳制品、奶、鸡、猪肉、鱼。由于这种毒物沉积，鱼体内毒苛辛的含量可能比周围环境高1000倍。

七、垃圾

工业化国家每年产生的垃圾数量是很惊人的。写这本书时手头没有美国的垃圾统计资料，这里只好看一看欧洲共同体和德国的一些情况了。据估计，欧共体每年有22亿吨垃圾，其中农业垃圾占大部分。每年产生的工业垃圾约1.6亿吨，其中有毒垃圾占3000万吨（每人平均约100kg有毒垃圾）。1985年欧共体国家每人给垃圾桶里丢弃的垃圾为200kg到500kg，换句话，每人每天丢1kg垃圾。从1980年到1985年大约每年垃圾增加6%。当时回收的废物只有废纸、玻璃和金属，而德国把大部分废纸出口到欧洲市场上，现在欧共体各国都感到这些未经分类的废纸难处理。据资料统计，1990年德国的垃圾山大约在2.49亿吨到5.31亿吨之间，总共垃圾约30亿吨。另外，没有被作为垃圾统计的最多垃圾是能源废渣，原东德地区有25亿褐煤矿渣，原西德地区7000万吨废煤渣。每年西德地区从港口和河流中挖掘出含重金属泥水约4千万吨，从中产生2700万m^3淤泥。交通部门每年消耗100万吨油，其中有一半通过润滑、氧化以及在土地和河流中流失。德国每年从外国买进铀，为此至今已经在北美、澳大利亚等等国家造成10亿吨含放射性的废矿渣。

每年德国产生多少垃圾？据1987年到1988年统计，德国生产部门产生2.68亿吨废物，居民区产生3400万吨垃圾，一共约3亿吨，其中80%来自原西德，20%来自原东德。

据1990年统计资料，德国的家庭垃圾约1800万吨，每人平均230kg。建筑工地、污泥、超级市场、商场、街道还有垃圾2.84亿吨，每人平均4吨。能源和生产领域每年产生30亿吨经过处理的"剩余物"，这些垃圾中许多是有毒物或放射物，每人平均40吨，其中一部分被出口到国外了。德国每年生产大量氯有机物。其中聚氯乙烯占第一位，人均每年20kg（居世界第一位），每年报废五分之一。

1985年德国家庭垃圾中，废纸和硬纸板占16%，包装物占1.9%，金属占3.2%，玻璃占9%，塑料占5.4%（其中15%是聚氯乙烯），纺织品占2%，灰土占10%，植物占46%(Natsch, 1994)。1985年西德总共消耗1000万吨纸，人均消耗174kg纸，是世界上纸消耗最多的国家之一。通过这些纸，每人平均消耗400kg木材和73000L水，这些水可以使洗衣机不停地使用四年 (Brun, 1989)。

怎么解决这些垃圾问题？一是设计小型产品，二是减少不必要的包装，三是处理垃圾。

产品小型化可以节省原材料，减少生产废料，也可减少垃圾。小型化已经成为生态产品的首要标志。因此，当前汽车设计、计算机设计、日用电器设计都朝这个方向发展。

减少包装可以减少家庭垃圾。包装物包括塑料袋、硬纸壳、饮料罐、玻璃瓶等等，这些包装物占家庭废物的大约20%，其中大量来自超级市场。自选市场对各种商品的包装要求很高，例如500g米（和面粉）为一包，一棵白菜用一个塑料袋，一个黄瓜也用一个塑料袋，各种水果都用塑料包装，既不新鲜又增加垃圾。

大城市垃圾处理是一个很困难的问题。最初人们试图通过燃烧来处理垃圾。然而，燃烧一吨家庭垃圾会产生326kg无法利用的废渣，还产生500到600m³的有毒无机物烟气（其中含有二氧化硫、一氧化氮、二氧化氮、一氧化碳、二氧化碳、氟化氢、氯化氢），和有机的有剧毒气体，以及24kg烟尘（其中含重金属镉、银汞和铅），同时放出大量热。这种处理垃圾的办法是不可行的。

解决垃圾问题的惟一有效方法是再生循环。这要求设计垃圾分类回收系统，更重要的是要求人人都能够自觉把垃圾分类投入垃圾桶。垃圾的主要成分是生物垃圾（例如废菜叶、鸡蛋壳等）和原料垃圾（例如废纸、玻璃、罐头壳、金属等）。现代化城市必须建立垃圾分类回收系统，市民必须接受有关教育，自觉把玻璃（区分无色玻璃、绿色玻璃、棕色玻璃）、废纸、罐头壳、塑料、废旧家具区分存放。其中废纸应当进一步分类。然后将它们分别送到各个工厂里再生循环。

现代化城市的另外一类垃圾是废旧电视机、电冰箱、洗衣机、计算机、各种电器用品。回收再生时必须把塑料壳、电缆线、电子器件、印刷线路板拆开，然后分类处理。过去的电器设计没有考虑这个问题。这对器件生产厂家提出了新的设计任务，要求各类电器用品容易拆卸分类。

垃圾中最难处理的是塑料。一般可以用热解、氢化作用、水解等方法进行再生循环。

热解处理：把废旧塑料扎碎放在密闭的旋转炉内，加热到700℃到800℃干馏、溶化、热解。这种可以得到43%的可燃气（甲烷、乙烷等等），26%的油（汽油12%、煤油4%），4%的水和25%的填充剂（炭黑）。同样，废轮胎和废电缆也可以这样处理。

氢化作用：把废旧塑料加高压（400Pa），加温到500℃，同时通入氢，使它分解，生成可燃气和油。

水解：把废旧塑料加压100Pa，加温到300℃，通入水，使塑料分解成可燃气和油。

氢化旋转分离法：以上方法是把塑料处理成可燃气和油，而真正要把废塑料再生循环，必须用机器把塑料分类回收，经过处理加工变成新塑料。目前比较有效的工艺方法是处理回收聚烯烃类塑料，例如聚乙烯等等。首先把塑料轧碎，经过清洗后再碾成粉末，送入离心机处理，由于各种塑料的密度不同，经离心处理后可以分离开各种塑料粉末，取出来聚烯烃，把它干燥、溶化、生成颗粒状产品。这样就可以再生产使用了。分离出来的其他塑料大约占40%，是不可再分离的混合物，由于经济原因，不再把它进行分离出来，直接送入垃圾炉燃烧处理。1989年德国投入了第一台氢化旋转分解设备，每天两班加工，每年可以处理4000吨塑料。对环境来说，这种技术比其他方法好，它能在溶化处理前把聚氯乙烯分离出来再生使用，产生的污水比较少。它的缺点是只能把60%的塑料再生循环。然而，它是目前最有前途的塑料再生处理技术。

1950～1960年代我国许多大城市已经有废物回收系统。1970年代西方工业化国家建立垃圾分类和处理系统。但是到1998年我国垃圾处理仍然处在萌芽阶段。据《人民日报》（海外版）1998年6月5日第2版报道："北京一年堆起的生活垃圾相当于两座半景山！北京郊区堆放垃圾的耕地已经超过1万亩！""1995年昌平的一座垃圾堆放场先后3次发生爆炸"。"北京市从世界银行贷款1.2亿美元，向农民征地1000余亩，建成亚洲最大的卫生填埋场，它的日处理量虽然达到2000吨，但只能对北京现有垃圾的1/6进行无害处理，其使用寿命也只有12年。"

第二节 生态设计

一、新设计概念

可持续发展和生态产品

当人们的环境保护意识提高后，生活观念会变化，选择产品的观念也发出相应变化。在以往的现代化意识驱使下，人们追求新、更好、更高级、高速度、快节奏，不断更新用品，这些价值代表了现代性。在这种价值作用下，设计的产品往往寿命很短，不把产品质量和使用寿命放在第一位。具有环境保护意识后人们不再追求这些价值。过去德国设计师批判"流行性"设计的道德观念，尝试改变现代社会的消费意识。现在刺激购买力的美学观念逐渐被用户抛弃，人们不再追求时装、华丽的产品和高级用品。后现代状态下人们对物质的特点改变了，成为后物质价值，它包括下列含义：重新发现简朴，节制复杂性，设计简单，对"慢"的再发现，享受慢节拍生活。尤其是德国文化传统中"weniger is mehr"（少就是多，简单就是好）重新得到人们的承认，它例如巴赫的音乐旋律很简单，因而人人都很容易学会，又例如功能主义设计提倡节约简单，强调质量，这种产品得到广泛传播。与此相反，"只要人们头脑里和日常生活中的发展观念是与物质富裕等同，就不可能有生态经济方式。"（Schmidt-Bleek，1994，190）

怎么发展经济？继续提高数量增加的速度？不可能，因为地矿资源有限，会破坏生态平衡，会造成环境污染。1980年代许多人提出了新的"可持续发展"概念，认为只有把经济发展变成地球的生态循环的一部分，这种发展才可能持久下去。还有人提出了"发展质量"概念。1992年瑞士政府的《NAWU报告》（Lutz et al，1992）中说："质量发展是依赖同样不变的原材料、不增加自然环境的负担下，提高生活质量。我们把生活质量理解成对物质和精神的满意"。德国总统威尔茨卡（Weizsaecker，1992）认为，我们世界的经济也许可以从质量上一直继续发展，但是不可以无限的增加（数量），最终它必须在物质材料方面达到一个稳定状态。这种新的价值概念给工业设计者提出了全新的任务，许多设计师感到失去了方向，在1993年国际工业设计协会会议上，许多国家设计师感叹"设计危机"和"环境危机"，许多设计师认为设计师无所适从，意大利米兰的多姆思美术学院院长曼兹尼（E. Manzini）提出今后的设计应当减少产量，同时提高质量，同时设计还应当包括从文化和社会方面考虑发展方向。

1992年德国的社会调查中，81%的人希望产品在环境保护方面发展和创新（Hopfenbeck/Jasch，1995，44）。它对设计提出了战略意义：必须创新设计新的生态产品概念。它给设计提出了新的概念和要求，设计的目的不再仅仅被局限为提高效率、可用性、市场竞争等等，而是被看成生态系统的规划方法（例如，环境规划、城市规划、资源规划、废料再生规划等等已经成为许多工业设计系的内容），被看成是表现企业的人道和文化精神（改善人际关系、改善家庭关系、改善社会关系、改善人机关系、改善人与环境的关系、改变消费主义观念）。这些概念可以用设计师们习惯的思想模式表达出来：外形跟随生态（form follows ecology）和外形跟随心情（form follows emotion）。

生态设计是什么含义？下面举一个例子来说明。通常用设计很漂亮的塑料瓶来装洗头剂。洗头剂是人们日常必用品，洗头剂用完后塑料瓶就变成废料，而这种塑料很难再生处理。1991年汉堡的黑头公司（Hans Schwarzkopf，生产洗头剂的著名厂家）与德国新技术外形研究所联合首次举办了对环境友好的头发美容青年设计比赛。来自23个国家（包括美国、日本、独联体以及整个欧洲国家）的180个项目参加了这个国际设计比赛。意大利、德国、捷克、英国的设计师获奖。英国的设计获一等奖，它把洗头粉设计成像毛皮一样，使用时掰下来一块，放进水里溶化，产品本身的外形就是"包装"（没有任何附加包装物）。此外，还有其他许多环境保护设计比赛，有些是为了一个专门的保护项目，例如垃圾分放系统，有些是提倡新的行为方式，例如"大家共用，代替个人独用"设计比赛等等。

从直观上想像，生态产品的含义似乎不言自明，但是实际上很难定义，各种产品的侧重面不一样，有些产品的长期效果往往一时还看不出来。总括说，生态产品应当对人友好，对环境友好。对人友好的含义是指生理、心理和社会方面，它应当有利于人的身心健康，有利于改善人际关系，有利于改善家庭关系，有利于改善社会关系，有利于改善精神心理问题和社会问题。

生态产品还应当对环境友好。有人（Tuerck，1991，24）在这方面提出生态产品包含四层含义：第一层是核心产品，即传统的设计对象，过去设计师往往只考虑这个设计问题；第二层是形式产品，包括包装、标志和商标；第三层是延伸产物，例如免费送货、运输花费、安装调试、保险和服务；第四层是生态产物和对环境的影响：对空气的影响、水的消耗量和对水的污染、对土壤的影响、制造和使用时的发热和能量消耗、原材料来源、废物再生可能性、使用寿命、包装产生的废料。德国标准研究所提出，与传统产品相比，对环境友好的产品应当满足使用要求，在制造、应用和回收处理中需要较少的资源，对环境造成较少的负担。这就是说除了高功能质量外，生态产品还要求产品的生态质量，产品制造过程的生态质量，以及回收处理的生态质量。1993年德国经济研究所报告，所有工业国家已经开始研究30世纪的产品，其中信息技术和环境保护技术将是最获利的市场（Hopfenbeck/Jasch，1995，40 – 45）。

由此德国有人提出了相应的产品设计伦理（Tuerck，1991，33）：

第一，使用伦理：不应当设计短寿命产品去利用无知的用户，隐瞒副作用是不道德的（针对流行性消费设计而言）；

第二，环境伦理：设计中必须考虑计算环境（电水气）的消耗；

第三，社会伦理：评价新技术时必须考虑提供的劳动岗位数量，合理化不是造成更多的失业率（针对CIM设计而言）；

第四，劳动伦理：设计应当提供人道化的劳动，不造成岗位特殊和负担等级；

第五，精神健康伦理：对发展中国家企业责任要求要扩大，尊重人的尊严，不能剥削这些国家的资源；

第六，动物伦理：猎取动物来制造化妆品等等是不道德的。

二、生态产品准则

生态产品主要出发点是减少自然原材料消耗（使用二级代用材料）和能源消耗，减少废料和垃圾，防止对人、生物、自然环境的破坏。具体说，应当包括下列几方面：

第一，减少天然原材料消耗。消费设计有意识减少产品使用寿命，加速市场购买力，加速废物增加，加速原材料消耗。与此相反，生态设计应当尽可能减少原材料消耗，常用的方法是选择代用材料（称为二级材料），使用可循环再生材料，处理垃圾废物生成新原料，提高产品的使用寿命，提高产品的可维修性。几千年以来我国大部分家具是用木材制造的。为一人制造一把座椅，花费的木材量就十分惊人。1920年代包豪斯就注意了这个问题，设计了钢管桌椅。1960年代意大利发明了聚丙烯后，欧洲许多国家用它制造桌椅。美国从1940年代开始用玻璃纤维制造座椅但废物难处理。这些材料使用寿命长，颜色和外形很美观。要选择对生命体和环境无害原材料，选择长寿命原材料，可再生使用原材料，选择材料时必须考虑它的废物容易回收和处理，对环境没有污染或较少污染，并且废物和污染较容易处理。

第二，选择原材料还要考虑加工过程节省能源和水。制造产品需要消耗能量和水，或污染水，同时又发出热量和废物、废气，这些废物质又造成环境进一步恶化，它形成了一系列连锁恶性循环。治理污染很必要，但是这是消极方法。积极方法是节省能源和水，这要求重新规划工业概念，尤其是选择易加工原材料，创新设计制造工艺，采用低能耗，低放热过程，采用简单工艺。工业生产中消耗能源主要集中在制铝、水泥等等工业中，应当重点对它们进行规划和改进。

第三，减少包装造成的废物。许多日用品需要包装，消费设计靠包装来化妆打扮产品。包装的设计目的应当是反映企业文化，使人在市场上一眼就能认出该企业产品。它还应当表现出产品质量，介绍使用方法和注意事项。生态设计认为包装的目的是为了保持产品质量，保持产品可用性，保证产品安全和运输，尽量减少对用户无用的包装，并采用可再生材料包装。

第四，过去有些产品被设计制造成密封式，不可拆卸。一个零部件损坏，整个产品就报废了，这种废品中包含塑料、铜、钢铁等等材料，无法分离回收。现在应当把产品设计成可拆卸式和可修理式。其他一些产品（例如电视机）是由许多种原材料制造的，靠多种工序组装起来的。为了加工容易，为了保证质量，过去往往把产品各部件焊接或紧固在一起。当它报废回收后，需要把它拆卸，把各种原材料分类处理。生态设计从概念设计时就应当考虑产品部件容易拆卸，使各类材料可被回收再利用。

第五，尽量使产品小型化。这样可以同时达到上述许多要求。

德国的未来和技术评价研究所对生态产品提出了十二条准则。里斯又补充了六条（Hopfenbeck/Jasch，1995，124 – 127）：

第一，把原材料减到最小。它可以通过替换原材料，强度分析，缩小尺寸等等技术来实现；

第二，避免使用涂料（塑料、漆、染料等等）、附加品、粘合（混合）材料，尤其是含溴和镉元素的涂料。使用抗腐蚀材料代替电镀敷层；

第三，选择无害材料，避免重金属，例如含镉的颜色和螺钉，含铅的轴承材料（巴比合金），汞银。避免卤化原料，例如高温环境用的防火材料（防火衣），灭火剂，含卤颜色，聚氯乙烯。避免含甲醛的木材和人造材料。避免惯用的清漆，改用水可溶的清漆或粉末清漆；

第四，采用模块化结构，使部件容易安装、拆卸和互换；

第五，提高部件标准化，减少部件数目。把原理功能综合在一个部件中。使用标准化的功能原理部件，提高互换性和可维修性；

第六，减少原材料种类，减少人造材料种类，减少金属种类，减少陶瓷和半导体材料。减少一个部件中的材料种类。检验材料的相容性；

第七，提高寿命，使用高档材料，例如抗腐蚀材料，当然不要增加回收处理困难度。提高可维修性，例如部件容易互换，使用模块化部件，部件的结合（装配）

图 5.2.1 分类废品回收箱

采用新技术和标准化。提高维护性能，例如突出维护位置，提供加油孔和加油管道。寻找可能性今后去装备性能更好的部件；

第八，容易拆卸，最终目的是实现自动化拆卸。使用容易拆卸的组织件，尽可能使用无害、经济、自动化的拆卸技术，它可以用标准化工件或机器人拆卸。避免粘接工艺和焊接工艺。拆卸部位有利于工艺处理。采用力啮合组合方法，例如插入式、螺纹式、锁扣式、以及磁铁式和弹簧式；

第九，提供部件和设备回收处理特性，列出部件名和材料名；

第十，按照德国国家标准标注材料名。使用条纹码或磁性码，以便自动阅读识别；

第十一，采用易再生的原材料和部件。采用高级工艺材料，它不需要电镀层，不需要附加料，可以循环多次使用。采用钢板料，少用或不用多种塑料。采用相互相容的材料。采用纯的、热溶化的、可循环再使用的热塑性塑料。避免使用不同材料的加强料（例如玻璃纤维）和胶合材料（例如纤维胶合材料）。设计含油脂的部件时，要说明在产品最后寿命结束时怎么自动去油，油怎么被循环，部件怎么能被清洗干净。使用易循环的联结部件；

第十二，避免包装，或者使用可再使用的包装材料、可循环的包装材料、或生物可分解的包装材料。减少包装材料。采取可再使用的、多用途容器；

第十三，提高产品多用途的可能性。通过很小的变化来扩大产品的用途，例如把电话机与录音机和电传机组合在一起，电子信息处理设备用为播放音乐和电视机；

第十四，不受流行式样影响的设计（长远设计）。寻找长期性可接受的设计。这样可以减少被动适应市场要求，减少由市场带来的设计压力，给用户提供长期维修可能性。1992年AEG公司提出"好的设计是少设计"（Gutes Design ist wenig Design，AEG，1992）；

第十五，材料选择对表面工艺处理方法起决定性作用。较好的方法是让表面不要刺眼反光，通过颜色的深浅和表面纹理形成粗糙表面；

第十六，高度可用性（操作舒适），例如考虑操作的逻辑布局，按功能划分操作，集中在产品的本质上（不搞花哨东西），把不常用的操作部件放在视觉次要的部位，提供校正手段；

第十七，高操作安全性，避免错误操作；

第十八，有利于回收再利用。

与上述思想相似，德国、丹麦、荷兰、挪威、奥地利、瑞典、美国建立了生态设计方法、设计手册和评价方法。它们都详细规定了资源和材料原则，材料选择判据，产品长寿

图5.2.2 家庭分类垃圾箱

图5.2.3 1970年代德国北部运河沿河岸铺设了钢板以保护环境。河面上来往行船很多，但是无人向河里丢弃废物

命设计原理，再生设计原理。例如再生（recycling）概念必须结合一个产品的制造、使用、回收处理三大阶段，解决生产废料的再生，产品的再生，消耗物的再生。1993年福特公司首先在汽车工业中建立了可再生的汽车生产的设计准则。德国大型企业都建立了生态设计标准，它包括对产品和对环境的标准。对产品有五方面要求：材料、制造工艺、运输、使用、回收处理。对环境有十个要求：材料来源、耗水量、耗能源、对环境的辐射、产品寿命、回收再生、垃圾、使用信息、包装、国土消耗。西门子在欧洲大企业中首先建立了环保产品设计准则和再生准则。

三、生态设计的发展

生态设计在过去的外形和功能设计评价标准上，又增加了下列评价标准：优先使用来源充分的自然生长材料，节省原材料，材料种类单纯，易再生循环，对人和环境无害的材料，有材料标记，部件少结构简单，易拆卸维修，产品耐久寿命长。生态设计的发展经历了几个方面和阶段。

第一，改变工艺过程，减少对环境有害工艺，减少废料废水废气。这方面的内容超出了本书的范围。

第二，废物的回收再生，改善工艺提高可拆卸性能。我国在20世纪五六十年代时，许多城市有废品收购站，回收并分类废报纸、废玻璃瓶、有色金属、钢铁等等，有些人以此为生，走街转巷收购废品。那时德国也这样。1970年代后期1980年代初期德国建立了现代的回收再生体系，回收废纸和废玻璃瓶（按无色、棕色、绿色分类），红十字会回收洗干净的旧衣服，但那时还没有专门的家用电器的回收再生。德国Grundig电视机公司首先实现了娱乐电器的回收再生保险，对1992年9月1日以后售出的产品有效，并建立了生态技术中心，把塑料废料再生成可用塑料。德国联邦研究和技术部制定专门项的电视机回收和再生项目，由柏林的未来研究和技术评价研究所实施，然后交付给企业生产，1993年德国研制出可以全部再生的电视机。它不含有毒材料，不含对环境有害的清漆，外壳用钢皮，塑料含量从总材料量的40%降为0.5%，木料与胶合材料从15%减少到4%，耗电减少10到15W。1994年德国Telekom制造了可再生电话 Signo（Hopfenbeck／Jasch，1995，133、325—330）。

第三，改造产品。改变产品材料，减少难以回收循环的材料，降低产品功耗。改变结构，使产品易拆卸，提高部件互换性，易维修。减少产品的材料消耗，减小尺寸和重量。西门子计算机公司（在Nixdorf市）于1991年建立了环保产品设计开发部，在产品规划和开发方面研究了长寿命和材料再生。生态标准的核心是减少部件数目和材料种类，避免有害材料，提高部件互换性，利于维修。西门子公司从环境和谐角度分析了150种人造材料，从中只选出了30种用于产品，1994年开发出的打印机High Print 4905采用了插接式结构，很容易拆卸，消除了一切有害材料，它的90%部分可以被再生利用，很轻小，还具有节能功能（Hopfenbeck／Jasch，133、202、331）。Bosch制造各种电动工具，它大约有200个零部件，使用的材料有铁、钢、铝、聚酰胺，这些材料全部可以重新再使用。该公司回收废旧蓄电池，进行再生处理，镍和镉全部被再生使用。报废的微机也是一个废料来源，德国福劳霍夫（相当我国工程院）生产技术和自动化研究所研究了个人微机的装配工艺，提高了拆卸性能，过去拆卸一台微机需要焊、旋螺丝、夹钳、剪切等381次工序，现在只要25次，并且避免使用胶粘剂和电镀工艺，减少了材料种类，它的塑料外壳采用单一成分塑料，可以回收处理后再使用，减少了功耗，过去IBM微机耗电200～300W，现在仅30W。(Hopfenbeck／Jasch，133、226)。

第四，设计对环境无害的生态产品。IBM PS/2E 微机的零部件百分之百可以被回收重新利用，被称为绿色 PC 机。据当前科学研究的看法，氟里昂破坏大气层中同温层中的臭氧，因此要求取消氟里昂的使用。西方国家研究了一些新型制冷材料，例如1994年德国公司 Foron 设计了无氟里昂冰箱，它采用简单碳氢物丙烷、丁烷（20g）作为制冷剂，首先通过压缩机把它液化，然后让它汽化吸热。这种冰箱减少了70%能耗（Hopfenbeck/Jasch，323）。当然这种压缩机也要放热，并不能算完全的生态产品。真正的生态"冰箱"是水井和地窖（窑洞），过去在夏天炎热时，我国农民把易腐败食物用水桶放到水井下面或窑洞地窖里。1950年代有些城市居民也采用这种方法。窑洞冬暖夏凉，陕北人喜欢它。1980年代澳大利亚有些地区也兴起了住窑洞。

第三节　可持续设计

一、什么叫可持续发展

　　从工业革命以来，人们追求的是产量和效率。传统的工程设计和工业设计是以消费观念为动力，以市场需要为目标，追求人均占有的财富和能源。然而市场的需要变化很快，以消费为目的设计的产品不耐久。从地球资源来看，以石油煤炭这些不可恢复资源为基础的消费经济也不可能持久。世界资源研究所分析了世界经济发展历史，从1900年到1990年工业产出增加了20倍，消耗了地球上20%不可恢复的资源贮藏。按照1990年的消耗速度，地球上不可恢复资源还可以使用110年。然而从1990~2020年人口增加50%，工业生产只增加85%，不可恢复资源的消耗速度增加一倍，资源只够用30年，以石油为资源的生产在2000年到2010年期间可能达顶峰，此后必然会衰退，世界资源研究所估计人类依靠石油的体系从2025年世界石油产量将下降一半，到2030年将崩溃（DIEOFF，1997）。利用不可恢复资源是传统经济发展的关键因素，用传统工程技术设计的工程企业无节制地消耗不可逆资源，产生无限废物和有毒物，引起地球环境恶化，形成温室效应，这种发展不可能持久。人（世界人口的迅速增加），土（耕地面积的迅速减少，土壤恶化），水（饮用水缺乏）是影响人类持久发展的首要三大问题，必须发展新的科学技术解决。从工业化近二百年以来，发展机器技术、提高效率、解雇工人这三个目的形成了机器技术中心论，只有当经济复苏时才能提供就业机会，这种非人道的发展难以持久。

　　近些年来反思了这二百年的发展过程，突然发现人类不能再沿着这条路走下去了，必须建立持久发展观念。可持续发展包含下列思想：首先，它是面向未来考虑子孙万代的生存需要，考虑人的基本需要和产品的基本功能，解决可循环能源和材料问题。它改变了近二百年来的经济发展观念，不再追求提高速度、无节制地发展产量和数量，而是转变向改善生活质量，建立耐久的经济。它改变了传统的工程技术系统和理论观念，要求创立新的持久工程技术，技术和生产系统必须包括生态循环过程，不需要消耗地球上不可恢复资源，也不产生环境废物，这种持久技术和经济系统应当像自然界的生态系统。其次，它改变了传统的技术价值观念，持久性技术是为了满足人类的生存安全和精神安全需要，设计建立持久性企业机构（而不是短寿命的企业），以保证社会、精神、智力的长期安全稳定发展。目前这种思想仅仅处在萌芽阶段，但是已经引起的各国关注。它表现在以下几方面：

1. 建立持久性生活方式；
2. 建立新的持久工程技术；

3. 设计耐久产品；
4. 设计工业生态园；
5. 发展持久性能源。

二、持久性生活方式

人类必须改变生活价值和生活方式。首先要改变能源和财富概念。在现代化社会中人们追求物质生活，追求人均汽油和煤炭资源消费量，追求物质财富占有量，消耗这些不可逆资源就无法维持物质财富的持久。要寻找不依赖以石油为基础的工业技术，寻找代替燃气机的新动力资源。生活与生产不应当依赖那些不可逆的自然资源，而应当依赖可再生的自然资源（例如植物），首先要保证自然资源稳定，评价持久性生活水平的标志应当是人均太阳能、风能、水力等等持久性能源。这样首先要搞清楚一个问题：人均只能允许消耗多少持久性能量（家庭用品占有量、交通耗能量、水消耗量、做饭耗能、照明耗能等等）。这应当成为人的基本生活要求，也应当成为环境设计、城市设计、产品设计、工厂设计必须承担的一个责任。家政管理、企业设计和管理、社会管理的一个重要任务应当是按照这个标准有效分配资源、控制人口增长、管理废物回收再生循环，以达到长期稳定发展。

现代社会中，人必须具有社会责任感，习惯地把使用过的废物分离投放到垃圾箱中。

现代社会中人心理追求独立自主和自我实现，它使个人能力可以充分发展，它使人均占有财富增多，例如要求人均住房面积大，追求小轿车，不喜欢公共交通工具，个人用品占有量大等等。然而它也造成人际距离增大、群体不和谐、个人心理孤独。有些心理学家重新提出发展群体意识、家庭意识、改善人际关系。从设计上说，提倡设计公用设备设施和用品，这样也能节省人均资源和财富的消耗。

现代社会中的竞争观念把效率和速度摆在很高的地位，处处追求效率，处处追求速度，但是为此人们付出了巨大的能耗和代价。例如小轿车以每小时100km速度行驶时，消耗的能量是人步行的18.5倍。人们应当区分各种情况下的效率要求。

现代社会中由于商业需要（而不是用户需要），制造了消费攀比观念。各种商业广告刺激人们购买新产品。几乎家家户户都有一大堆没有用处的东西，有的东西可能只用了一两次，有的东西一次也没用过，其中许多塑料制品长期存放后放出有毒物。放着没用，丢掉可惜，最后还是作为废物丢掉了。现在人们重新发现节约是保持生态平衡的有益生活方式。

使用低熵用品。热力学中的熵可以被理解成热，低熵用品指同时兼备两个条件：

第一，从原材料到制造过程结束，耗能较少，放热和产生废物较少。

第二，使用过程中耗能较少，产生废物较少，放热较少。例如棉布和亚麻服装就比人造纤维的熵低，自然形状的东西比加工成型的东西的熵低。竹子、藤条制造的家具比木料的熵低，木料家具又比金属和塑料家具熵低。炼铝消耗电能特别大，每小时电解10吨铝需要200百万瓦电能，相当一个中等规模的核电站的发电量，任何铝制品都是高熵用品，现在各国普遍减少铝制品。

三、持久性工程技术

持久工程技术是以生态系统（不是狭隘的机器系统）为出发点，研究能够持久发展的技术。人们往往忽视了一个问题：使用技术是有目的。传统的工程技术，像机械工程、化学工程、电机电器工程等等只研究机器设计、产品制造，换句话，目的只是研究资源利用和消耗，不考虑废旧机器和报废物品的循环再生。它制造财富的同时，也制造出大量的有毒物、酸雨、垃圾、废物和温室效应。这种工程技术不是完整的技术，不是持久的工程技术，而是不负责任的工程技术。许多工程师不意识这个问题，因为工程中的"系统"观念把人们只局限到利用和消耗资源上了。工程设计和工业设计中使用系统概念，把机器、操作员和工件看作一个系统，以确定设计任务、功能和参数。持久性工程技术首先要建立新的系统概念。简单说，持久性工程技术具有下列几个思想出发点：

第一，工程技术系统不仅仅包括机器等等设计对象，还包括环境因素，包括资源、能耗、排放物、对环境的影响，还包括一切起长远影响的因素，还包括排放物的循环再生。经济系统不仅仅包括资本和劳动力，还包括自然有用资源，以及废物再生循环。

第二，自然资源分为可再生资源（植物）和不可恢复资源（煤炭和石油等等）。持久性工程的出发点有三个相关参数：可再生资源、人口和人均资源消耗。设计中的基本出发点是总人口的可再生资源消费不能超过环境的资源再生速度。

第三，工程技术应当首先发展持久性能源，而不是加速消耗利用自然界不可恢复资源。减少能耗，充分提高能量转换效率，充分利用能源，减少无效的放热过程，考虑解决二氧化碳问题。

第四，工程技术设计必须实现废物的回收再生循环。解决这个问题的方法是综合设计，一个过程的废物可以成为另一个过程的原料。最终实现工业生产过程不生产废物、有毒物和废气。

第五，寻找可再生资源作为生产原材料，而不是加速消耗不可逆地矿资源。近来人们重新发展竹子、藤条和大麻植物。它们生长很快，可以用来制造很多用品。

第六，任何工程设计和工业设计都必须具有熵的概念和热力学思想。简单说，熵表现为热，表现为状态无序紊乱。热力学第二定律说，凡做功，凡使用能量，有用能量的总和就减少，有用能量的减少转变成熵的增加，即变成热的增加和无序紊乱的增加，例如燃烧

图5.3.1 竹藤是持续发展设计的理想材料之一。竹子生长很快，竹子制品不引起环境污染，它引起各国工业设计的广泛注意

煤，煤的能量变成了热，并产生烟灰和二氧化碳。进一步说，如果想要把这些热、烟灰和二氧化碳重新加工再生成有用的能量，消耗的能量比它们能够产生的能量更多，这样会失去更多的有用能量，没有其他办法可以代替这一过程。燃烧一块煤就使低熵的自然资源转变成高熵的表现形式：热和废物。这样，自然资源被使用后在数量上等于最终返回自然的热与废物的总和，各种商品来来往往，最后都变成了废物返回自然，只有热增加了。经济过程和生产消耗消费过程就是这种熵增高的过程。从这一概念出发，采用耗能少、发热少、废物少的技术过程，熵的增加也比较慢，这种工艺工程被称为"低熵"技术。换句话，用低熵技术概念代替高熵的高效率技术概念，例如用竹藤制造家具比木材放热少，用木材又比塑料和金属放热少。相对用石油和煤炭生产能量来说，采用太阳能和风能可以被看成是"低熵"技术。

在这种生态学指导思想下，人们发展了各种持久性学科，例如持久性农业发展、持久性经济、持久性贸易、持久性工程设计和工业设计等等。并且提出生态系统对某一个物种的"承受能力"概念，把它定义为在一个栖息地不会永久性损害生态系统的条件下，可以支撑的一个物种的数量，例如对人类的承受能力。在现代化过程中，人们追求的是人均物质财富占有量。生态学观念改变了这种物质占有概念，它从人类对生态的冲击角度来观察环境的承受能力，人类对环境的冲击是由各种形式的消费、资源消耗速度、废物排放量决定的，因此相应的可承受人口总数是由人类对环境的总冲击决定的，它等于每人对环境的冲击量乘以人口总数。这一命题被称为人类生态第三定律（DIEOFF，1997）。

四、持久性产品设计

联合国环境计划的发展耐久产品工作组为非洲国家设计了一系列耐久产品。1/3的发展中国家人口缺少能饮用的净水，这些国家中90%的疾病是由于缺乏清洁饮用水，每年全世界40亿病例是由水引起，600万人死于水引起的疾病。为了解决水的消毒问题，有人设计了阳光水消毒器，它是两个扁平容器（二级水处理），内侧黑色，配有水管道。它简单实用，不需要燃烧宝贵的木材或草。还有人设计了太阳能热水器以及太阳能烧饭炉。

通常的手电筒需要配用电池，报废的干电池至今无法处理。1940年代就有人设计了摩电机手电筒，至今德国自行车上一直配备这种原理的摩电机。现在有人又设计了新的摩电机手电筒，里面是奈伦齿轮，靠大拇指压力来驱动小发动机转动。同样，电动剃须刀也需要电池。有人设计了惯性轮旋转式剃须刀，外面配了一根拉线，拉三次就能使惯性轮转速达到每分钟15000转，并维持一段时间。1958年英国就有人设计了发条机构的自动剃须刀，把发条旋八圈就可以剃须3分钟。洗衣机需要电源，没电地区就无法使用，有人给巴西设计了一种脚踏式洗衣机，脚踏机构像自行车，经过两级减速传动后驱动洗衣机的转轴。这个设计很受欢迎。

生态包装是另一重点考虑的问题，例如化妆品的包装瓶很难回收再用。荷兰有人利用葫芦作为化妆品包装瓶。在葫芦生长过程中，用人工方法可以使葫芦长成各种设计的形状，满足化妆包装的需要。法国有人用竹子设计自行车的车梁件，越南一人用藤条代替自行车梁（UNEP，1997）。

五、生态工业园

生态工业园。生态系统成为工厂设计和经济发展的一种很重要的模式。人们把生态系统概念用于工业形成了工业生态学。工业生态系统包括四个部分：原材料获取器、材料处理器（制造厂）、消费和废物处理器。它们应当在该系统内部形成循环再生，它从外界只需要有限资源，给外界只释放有限废物。工业生态学是一种新的工业设计方法，它寻求耐久发展产品和工艺，要求把一个工业系统放在环境中，考虑全部原材料和废物（尤其是有毒物）的循环，使资源、能源、资本达到最佳，以维持持久稳定发展。它是一个指导工业持久稳定发展的概念。它的基本思想是解决传统工业系统的两个问题：要求无限资源，输出无限废物。它的目的是形成一个系统，使一个产生过程输出的废物成为另一个生产过程的原料，寻找方法使工业与自然之间形成安全分界面，从而使工业输入输出与自然体系的限制达到平衡，减少工业生产的原材料和能源消耗，发展新能源体系，制定新的国家和国际经济发展策略。当前工业生态学的一个重要目标是发展生态工业园。人们用它来实施和检验工业生态。它提供一个场所促使各个企业之间的经济和环境合作。

世界上第一个生态工业园出现在丹麦一个古老的海港卡龙德堡（Kalundborg）。1986年在那里建立了一家石油精炼厂，后来与发电厂、石油精炼厂、制药厂、墙壁制造厂形成了一个工业园。这些企业建立了相互关系，循环使用蒸汽、煤气、冷却水和灰泥板，余热还被送给附近居民、养鱼业和农业的温室，其他副产品（硫、淤渣等等）卖给附近其他公司。这样降低了原材料和能源价格，减少了废物。1996 年美国 MIT 的哲特勒（N. Gertler，1997）的硕士论文《工业生态系统：发展耐久的工业结构》对它进行了广泛研究，综合成为一种工业生态发展的全局性模型。1993年美国总统的耐久发展委员会的生态效率组建立了生态工业园项目，以促进工业生态学发展。美国有四个地方已经开始建设生态工业园，它们是：田纳西州的 Chattanooga（1985年建立生态工业园，名为 Vision2000，它建立了四个生态工业园）、弗吉尼亚州的查尔思角港（Cape Charles，1994年开始建设耐久技术工业园），马里兰州的巴尔的摩和德克萨斯州的布朗思维勒（Brownsville）。

六、持久性能源

按照生态系统的设计观点，传统的工业生产存在两个主要问题，一是需要无限的资源（其中也包括能源），二是产生无限的废物。例如火力发电厂用煤来发电，地球上的煤储藏量很有限，燃烧煤发电是一个放热过程。近一些年来人们开始注意发展符合生态要求的能源，太阳能、水力、风力和地热。太阳每天辐射到地上的能量相当于人们使用的30年矿物燃料。利用太阳能不产生废物，不额外放热，是一种理想的能源。1958年我国就有人设计了太阳能灶，可以供家庭做饭用。到1996年，日本已经有200万太阳能热水器。为了利用太阳能，要改变房屋设计结构，房顶和墙壁可以安装太阳能热水器、太阳能电池，用来产生热水和电。这种建筑被称为太阳能屋，有人估计到2000年在全世界会建成数百万太阳能屋。再同雨水回收装置配合在一起使用，可以在一定程度上解决城市缺水缺电问题。很久以前人类就使用风力，19世纪美国有600万风车，但是后来大部分都作废了。1900年时丹麦有10万个风车，到1916年时已经有1300个风车用来发电。1931年苏联建立了世界上第一个10万瓦大型风力发电厂。现代许多国家已经注意发展风力应用。水力发电是另一个主要能源来源。第一个水力发电站出现在1882年，到1975年水力发电已占全世界总发电量的 1/4。现在人们又开始利用海水能源，例如用浮动海洋热能转换工厂，它是利用太阳加热的表面海水与深海的温差来发电。美国在夏威夷已经有一个小型工厂投入运行，日本、爱尔兰也在进行这方面的发展。地热有两种利用方法，一种是在有地下热水的地方可以建立地热发电站。1904年意大利建立的第一个地热发电站，输出350百万W。到1997年至少已经有八个国家建立了这种发电站。当今世界最大的地热发电站在美国加州基瑟斯（Geysers），它的发电量足够旧金山市使用。1975年美国地理勘探估计美国在30年中发展地热发电可以相当140座核电站。第二种是建设地下建筑，它的优点是冬暖夏凉防风（Kettler，1996）。

本章练习题

1. 怎么缓解城市用水紧张？
2. 怎么利用雨水？
3. 怎么设计具有隔声、防雨、保暖性能的塑料门窗？
4. 请你设计一个太阳能灶供烧开水。
5. 能否设计一种车，不用汽油、柴油、电瓶、核能？

第六章　西方现代性分析

如何看待西方工业革命？如何看待西方现代？这个问题似乎早有定论，其实不然，西方进入工业革命以后一直处于动荡之中，经常出现经济危机、战争、大量的社会问题和环境问题。1968年西方进入后现代，所谓后现代，就是不再追求现代，这是思想界的一个重要年份，其主要标志是价值观念改变了，西方重新思考西方启蒙运动形成的西方现代价值体系，大致存在五种思潮。第一，后现代派。他们认为启蒙运动以来的西方现代性不彻底，因此提出更彻底的价值观点。这一个思潮主要体现在以符号学为代表的解构主义和后结构主义等方面。这一派似乎只会提出一些叛逆性观点，而缺乏建设性思想，因此逐渐进入死胡同。第二，现代派。认为西方现代化是一个未完成的事业，应该继续下去。这一思潮以德国哲学家哈贝马斯（Juergen Habermas）1980年代的文章《现代性：未完成的项目》为代表，开展了现代派对后现代派的争论，它表现在伽达默尔／德里达（Gadamer/Derrida）的争论、哈贝马斯／福柯（Habermas/Foucault）的争论等等，还表现在艺术、建筑、各种媒体界。第三，古典派。他们认为西方现代性错了，应该退回到农耕社会，例如电影《后天》所代表的。第四，考证派。还有一些人没有参与这些争论，而是默默无闻，走遍欧美，重新进行艰苦细致的历史调查，花费了大量时间和精力，重新考察古希腊、古罗马，重新认识文艺复兴和思想启蒙运动，重新调查工业革命以来的历史资料，重新调查各种代表人物的传记。他们提供了大量新的史料证据。这些资料都是1960年代以后发表的，大部分是1990年代以后的，其基本观点认为西方在发展科学技术和艺术的同时，忽略了道德问题。这也许能够对人们重新认识西方现代性的历史提供新的高度和角度。第五，生态派。他们认为西方现代工业经济发展不能持续，因为它所依赖的地矿资源很快будет耗尽，它制造了大量垃圾和污染，因此要寻找新的发展方式，从追求数量转变为追求质量，并提出了可持续发展策略和生态设计观念。

设计是什么？设计是规划未来。西方思想启蒙运动规划了西方的现代性，然而这个规划存在许多问题，西方思想启蒙运动以来所造成的问题不仅仅是道德问题，而是全方位的问题，包括社会核心价值冲突问题、科学的局限性、技术的负面影响、前卫艺术的蜕变等方面的问题。本章将简要分析这些问题，其目的是提醒读者不要盲目模仿西方，尤其不要重复西方的历史教训，要能够重新思考我国的未来，规划我国的未来。

第一节　西方现代性

一、西方现代性是什么含义

思想启蒙运动形成了西方的"现代"观念，它在社会学范围里被称为"现代性"，在艺术范围里被称为"现代主义"。"现代"出现的标志是1516年英国人莫尔（1478～1535年）所写的《乌托邦》，他构想了一种人间理想政府管理下的社会和生活，这种人间理想的社会被看作是现代的最高目标。由此，西方现代的基本目的是规划人类理想社会生活。然而几百年以后的今天，西方现代早已经不是原来的含义了。

什么是现代性？西方已有几百本书讨论这个问题。西方社会学对现代性有许多定义和描述。它用如下概念描述社会的现代性：社会行政制度、社会生活、驱动力量、理性化、世俗教育、个人主义、工业社会、城市化、民主化等等。但是所定义的现代性都是以偏见性赞扬去描述西方当代社会，把它们所具有的特性罗列出来，这就叫现代性。其实，那叫西方性。迄今为止，并没有广泛适应于各种文化的未来社会结构的现代性。我们的未来应该是按照中国文化价值去规划的理想社会，而不是模仿西方过去的现代性。我们分析西方现代性，是为了思考我们中国的未来，而不是为了模仿西方。

通过分析西方诸多的现代性概念和长期思考，笔者认为西方现代性包含以下五方面含义。

第一，西方现代性的基本目的是叛逆西方传统文化的价值体系，尤其是背叛基督教文化价值体系，颠覆其世界观和人生观。为此，要推崇古希腊和古罗马文化，把古希腊人作为人类楷模，这是欧洲思想启蒙运动中所确立的观念。因为古希腊没有严格意义的宗教，西方用古希腊哲学、科学、艺术以及生活方式去反对宗教文化。古希腊的哲学家思想家不论有意无意，都忽视或否定了西方的道德体系。西方通过重新诠释古希腊文化而传播了享乐主义，促进物欲横流和性欲横流。两千多年来，西方现代性的这种叛逆核心价值一直没有变，一代一代传播下来，叛逆的内容越来越广泛，越来越深入，越来越彻底。如今，在西方后现代时期，科学和技术的负面效果成为批判对象，在这种情况下，艺术成为最重要的叛逆领域之一。为了反对传统，为了未来生存，也为了弥补科学技术的负面影响，当前西方现代性更提倡创新价值，更提倡求新求变，更提倡文化创意。

第二，西方现代性推崇古罗马的军国主义。西方把古罗马作为军国的楷模。历史上西方军国主义都推崇殖民地，例如，1415年葡萄牙占领了北非城市休达，开始了其殖民地的发迹，后来占领了巴西、非洲海岸和印度局部、安哥拉、莫桑比克、马德拉群岛、亚速尔群岛、印度尼西亚、马来半岛南部的马六甲、中国澳门地区。接着，西班牙开始了殖民时代，其殖民地包括：智利、哥伦比亚、阿根廷、巴拉圭、秘鲁、墨西哥、古巴、牙买加和加勒比海地区、菲律宾群岛，以及西北非加那利群岛、休达、梅利利亚。后来，亚当·斯密的《国富论》就以古希腊和古罗马占领殖民地为依据，提倡英国到海外扩张殖民地。由此英国曾经成为世界上最大的殖民国家，其殖民的国家共56个，地区2个（现在的国名）。西方第一次和第二次工业革命的国家几乎都对外扩张过殖民地。1945年后的民族解放运动逐渐清除了殖民地。如今，他们不是不想实行军国主义，而是由于享乐主义和个人主义的强烈自主性，而无法实行古罗马的军国主义。当前军国主义表现为推崇军事主动性，把军事工业作为高科技的首要发展目标。西方现代性把军队看成是国家主权的象征，如果一个国家依赖武器进口，实际上军事独立性已经不存在了，国家主权和尊严也不存在了。

第三，西方现代性推崇工业主义。工业主义目的是利用地矿资源，用机器大生产，以获取无限利润。工业化使得城市迅速发展。因此工业化不仅是一种生产方式，也是一种生活方式。为什么西方推崇工业主义？首先，西方工业化和资本主义观念是发现了金钱对于反对传统文化、实现享乐主义的作用。由此建立了西方的效率价值观念，效率等于金钱。其次，西方资本主义的诀窍不是自由，而是控制，工业化是一种新的控制方式，用机器能够更严格地控制工人。最后，工业能够比农业更快更有效地赚钱，更不依赖自然气候。西方社会学实际上把现代性等同于西方资本主义，并用西方资本主义模式去解释和判断一切工业化和现代化过程。然而，工业革命短短二百年就几乎耗尽了地球上的地矿资源，这是对西方工业主义的一个严重打击。

第四，西方现代性推崇商业主义。其目的也很清楚，通过商业主义能够尽快赚钱。金钱利润是商业的核心目的。由此，生产成为第二位的，商业成为第一位的。在美国，最优秀的人才首先集中在商业和军队，正体现了西方现代性的核心价值观念。如今，殖民地时代已经成为历史，商业主义对西方的意义就更重要。全球化的商业策略反映了西方现代性的全球控制观念。

第五，西方现代性需要复杂的社会结构。农业社会的结构比较简单。工业社会的迅速发展,严格的时间控制,高度集中的金钱利益,使得整个社会与每一个成员都成为巨大社会机器上一个零件,任何零件都可能给整个机器造成麻烦,因此需要十分严格复杂的控制,这使得社会结构十分复杂。这意味着,要成为该社会的一个成员,必须具备十分复杂的生存知识和能力。缺乏这些价值观念和知识,就很难在这种社会里正常生存。

西方现代性还包含其他一些含义,但是最基本的含义就是这五条。

二、西方现代性的历史时代

从广义讲,西方现代性包含如下历史时期:古希腊和古罗马时代,欧洲思想启蒙时代,工业革命,现代化时期。

第一次工业化:由18世纪初期(或中期)到1850年代(或1870年代)从英国、法国、比利时等国发生的工业化过程,以蒸汽机和纺织业为典型工业。这一代工业化在经济上依靠的仅仅是民间的中小型日用消费品的企业,它的政治条件是市民阶层革命先行,工业化后,发展到帝国主义阶段。

第二次工业化:由1870年代到1914年第一次世界大战,以美国和德国流水线、电气化和化学工业为代表的发展过程。第二次工业化的政治条件也是市民阶级革命,经济上主要依靠银行和民间大企业,工业化过程与帝国主义并存。

第一次现代化:从1918年第一次世界大战结束到1939年第二次世界大战爆发前,西方国家实施现代化过程,以汽车工业为象征。1920年代德国柏林成为西方科学和艺术中心,被德国称为"短暂的黄金时代"。欧洲落后地区(例如意大利和俄国)以及日本开始工业化,所以又被称为第三代工业化。这些国家在资产阶级革命上并不彻底,工业化与帝国主义并存,在经济上主要依靠国家和民间大型企业。这个时期形成了汽车工业。

第二次现代化:第二次世界大战后,从1950年代到1968年末,汽车大量发展,飞机工业的大发展,日用电器的普及为象征,西方国家成为经济发达地区的过程,经历了"原子能时代"、"自动化时代"。从1970年代起,以德国为典型的欧洲国家改变了工业化以来"发展经济数量"概念,转变为"发展质量",在西方国家的文化艺术界出现了"后现代"思潮。

1960年代日本高速发展经济进入工业化国家。从1960年代末到1970年代末,亚洲出现了四小龙:香港(中国)、台湾(中国)、新加坡、韩国。

1980年代以后,我国大陆开始工业化过程。印度、马来西亚、印度尼西亚、菲律宾等国也开始进入工业化过程。

三、西方现代化陷阱

西方现代性是什么含义?西方社会学家把西方现代性解释为一系列指标,城市人口率、教育普及率等。这些标准的背后潜藏着人均占有的地矿资源和物质财富。这些定义有两个作用:第一,把西方的某些价值作为普世标准;第二,把发展中国家引入歧途。这种现代化标准起码有一个陷阱:拼自然资源,看谁占有更多自然资源,看谁能够消耗更多自然资源。西方社会学家提出的这些现代化指标,都是以西方社会所实现的现状为依据,实际上是把它们作为现代化的普世标准,这实际上是西方中心论。一百多年来西方国家依靠殖民地掠夺了大量自然资源,建设了雄厚的工业基础和大量城市,如今他们制定全球化游戏规则,继续占有全世界的大量市场和自然资源。他们用这种方法把前苏联和东欧搞垮了。如今,如果我们也按照这套标准去实现现代化,可能也会垮掉。例如,其中一个指标是城市人口比例大于50%。近5年我国城市人口率从36.2%到43%(提高了6.8%,每年大约增加城市人口1%),就消耗了大约1亿亩耕地。2005年我国耕地面积只有18.27亿亩,而我国耕地面积的下限为18亿亩。这意味着，如果按照西方的城市化标准，我国要实现城市化就要搞垮农业，许多人将因为无粮食吃而饿死，这是一个陷阱。此外，城市率自然联系人口流动率和汽车占有率。如果我国人口的汽车占有率要达到美国当前的水准，那么需要8个地球。很可能在没有得到汽车的时候，已经迎来了战争，能源引起的战争，这是另一个陷阱。

我国耕地面积的变化　　　　　　　　　　　表6-1-1

年	城市化比例	耕地面积（亿亩）	人均耕地（亩）
1949	10.6%	14.44	2.7
1957	15.4%	16.77	
1979	20%	20.214	
1991		19.61	1.8
1996	30.48%	19.51	1.59
2000	36.2%	19.24	1.50
2005	43%	18.27	1.39

四、西方现代性的陷阱

简单说，现代性就是现代的特性。从社会学上看，日常人们所说的"现代化"是指实现社会学中的"现代性"。判断西方现代性，首先要判断它如何解释其目的性。现代化这样漫长的历史性过程，如果没有明确目的，是不会持续几百年或几千年的。仅靠那些表面描述的特性，是不会被一代又一代的人们认可的。很遗憾，西方大多数现代性定义中没有解释其目的，而只描述其表面特性，这些特性令人一看就明白，是按照西方现代所实现的去描述的。其次，要判断其描述的一致性。西方现代性具有若干特性，这些特性内部具有一致性，也就是说，都是从各个方面去实现其目的的，而不是与其目的无关的。由此，凡是不具有一致性的那些东西，往往不属于现代性的内容。例如，现代性与西方社会制度没有密切关系，现代性与工业化或经济增长率没有密切关系，现代性不是西方资本主义的代名词，现代性也不是西方自由经济。

西方现代性不等于"好"或"优越性"。西方工业革命以后的历史过程经常处在"繁荣——危机——复苏"这样的循环之中，一直被经济危机的可怕阴影笼罩。20世纪又出现了人类历史上最残酷的两次世界大战，人们看不出西方现代性的"发展"、"进步"表现在何处。至今，西方许多人日常生活最担心的是经济危机和战争。仅仅从1950年代以后西方才逐渐把现代化解释成正面特性。西方大多数社会学家按照西方社会历史概念，把现代化解释为包括工业化、城市化、政治民主、教育水平、富裕程度、社会动员程度的提高和更复杂的、更多样化的职业结构。这是明显美化西方现代性。实际上从1970年代以来，西方又再次大量分析西方现代性的矛盾。要注意谨防以西方现代化的名义，掩盖西方的殖民统治、经济危机、世界大战、家庭问题、道德问题、心理问题、环境污染、生态平衡问题以及无法解决的后现代问题等。现代化的主要负效应是战争可能性的强化、生态破坏、地方文化消蚀以及能源枯竭，西方现代化毁灭了比较亲密无间的社会。现代性也许不预示着一场全球大灾难，但这种可能性是不能否认的。

现代化不等于西方化。西方社会学家认为，现代化是各国的共同趋势，那么以西方文化为标准去判断其他文化就是偏见。例如，马克斯·韦伯曾认为，亚洲文化及宗教远不合宜现代化。这实质上是以西方文化价值系统为标准去判断其他文化。这本身就是西方中心论。

第二节 西方工业革命经验与现代化的负面作用

英国1760年开始搞工业革命时，德国是欧洲三流国家。当英国已经完成第一次工业革命时，德国才开始搞工业革命。德国从1870年开始工业革命，到1900年美国德国都超过了英国。为什么？主要有以下几条。这也是西方工业革命成功的经验。以下所谓的"经验"，是从西方1914年或者1950年代去看第一次工业革命的历史时期比较英国和德国所得出的结论。如果从1980年代西方后现代观念角度去看，则会得出几乎完全不同的其他结论。

一、西方工业革命的经验

1. 对人性的理解是根本。对人性的理解是各个国家发展策略的基本依据，是教育的基本依据，是企业规划的基本依据。英国采用的亚当·斯密"自私人"模型，美国泰勒的"经济人"模型都认为：人是受自我经济利益驱动的。因此提出了自由竞争的价值观念。历史表明，这是利用人的动物性的负面作用，它引起了人类有史以来最尖锐、激烈、长期的阶级斗争。对待劳动人民的政策是英国政府在工业革命时期最失败的地方。这也是任何国家政府都不希望的。其他国家在工业革命时期都极力避免在国内采用英国式自由竞争国策。例如，美国的资本主义被称为管理资本主义，德国的资本主义被称为有组织的资本主义。其基本出发点在于对人性的不同解释。德国采用了西方现代教育之父裴斯泰洛奇的"人的两重性"模型。其主要观点如下。第一，人具有动物性，它包括生理性、野兽性、群体性。例如"七情六欲"属于动物的生理性，野兽性就属于其极端的负面表现。如果某人说："我是人啊，我有七情六欲"，你就问他："动物是否有七情六欲？例如，猪。"此外，动物还具有群体性，海洋里的鱼群、候鸟群体、非洲的野生动物群体，都具有很强的群体行为一致性，如果人不经过严格训练，很难达到动物那种行为一致性。第二，人具有人性，主要包含社会性（群体性）和道德性。所谓人的道德性，主要指在价值作用下的自我约束力量。没有自我约束，也就没有道德性。人与动物兽性的基本区别在于：人应该受道德的自我约束。此外，人还有超越性，体现在超越自我、超越时代、超越文化等方面。

2. 教育是立国之本。西方现代教育的基本观念是，人性可改变，教育的基本作用是把人从所具有的动物性变为人性。德国19世纪的历史经验被总结为"教育救国"，把德国从一个欧洲三流国家转变成为世界最强大的国家之一。教育在工业化过程中起以下几个作用：第一，通过全民义务普及教育来改变国家，是最快的方法，是惟一的捷径。美国、法国、日本和西方许多国家在工业革命过程中，都采纳了这一经验，把全民义务普及教育放到第一位。到19世纪末，美国和日本的全民义务普及教育率达到99%。现在回顾各国历史也可以明确看到，凡是国家安定经济发展社会道德比较好的国家，都是实现了高度的全民义务普及教育的。第二，接在工业社会里，受义务教育是人生存的基本权利之一。在农耕社会里，家庭教育传授家庭文化，还传授各种知识。在工业社会里，家庭传授已经无法维持人在社会的基本生存，只有经过义务普及教育，才能接触到社会核心价值、行为方式和知识体系。不上学，找不到工作。这是工业社会基本规则之一。第三，教育预测未来。大学培育未来的国家领导人，普及教育培育未来的社会基层。看当前的大学教育，就能预测今后几十年国家的基本情况。看当前的小学中学和职业教育，就能预测未来一代国民基本素质。第四，教育的核心价值是培育未来的文化，教育的核心价值是培育未来的人性。理论上说，教育可以把人培育成设定的任何价值道德和行为方式，可以把人培育成各种类型的人。因为，在青少年阶段，正是价值道德行为方式塑造成型的阶段。在这个人生阶段，通过教育可以把各种人性或文化传授给他们。

3. 金钱是手段。金钱是手段，不是目的价值。西方工业革命的核心价值之一是发展经济。有些人以为，英国工业革命使人明白了钱的作用，其实这是被误解的错误观点。西方工业革命的教训恰恰也是由钱引起的。把金钱当作目的价值是不理性的，会使人像被鞭打驱赶的动物一样，整天浑浑噩噩忙忙碌碌，却失去了人性，必然破坏核心价值和道德，必然破坏正常和睦的人的生活。金钱是手段，效率利润应该适中，限制增长率。对于一个成熟的工业国家，经济增长率应该大约等于人口增长率。

4. 文化建设。文化是社会群体的行动方式，这种行动方式主要包含感知方式、认知方式、动作方式和感情方式。文化主要体现在社会核心价值、道德、行为方式这三个方面。文化的目的是维系社会群体的安定和发展。文化是社会群体共同生存的人文环境。换句话，把金钱当作核心价值，必然要引起冲突和不安定。而文化建设的目的正是为了弥补经济发展的负面作用。同样，企业文化是工业社会共同生存的人文环境，是群体共同生存的人文基础。只追求经济发展会引起一些负面弊端，导致贫富差距扩大，造成人际矛盾尖锐，因此必须同步发展文化。发展文化的目的是促进友好、善良和谐社会，弥补或制衡经济、科学技术以及艺术发展的负面作用。

5. 建立四大保险。四大保险指工伤保险、医疗保险、退休保险和住宅基金，这是维护社会基层人民正常生存的基本权利和条件。人需要具有基本生存条件。农耕社会里，家庭提供这种基本生存条件。工业社会里，家庭已经无力提供这些条件，而是由企业和国家提供这种条件。德国企业主采用了"慈善家长式管理"，西门子等企业主就给工人提供了工伤和医疗保险，它能够减少内部紧张压力，使得企业能够持续生存发展。如果企业只追求利润，而不顾及工人的生存，最终企业不仅无法得到利益，甚至连生存都无法维持。第一次工业革命中，英国出现了"铁路大王"、"煤炭大王"等，如今这些"大王"到哪里去了？而德国第一次工业革命出现的企业西门子、AEG等，能够从小变大，能够持续发展到今天，其中很重要的原因就是企业文化建设和四大保险。

6. 标准化。标准化指建立制造标准、流水线和通用机器与群体合作劳动。提高企业生产效率是西方企业的最重要的追求目的。主要依靠什么提高生产效率？当时西方主要采用四种方法。第一，英国许多企业采用残酷强迫手段，迫使工人付出长时间很辛苦的体力劳动，这引起了长期尖锐的阶级斗争。第二，美国一些企业采用泰勒制，把工人当作机器，采用定时的操作，这引起了长期的劳资对抗。历史表明这两种方法是低水准的做法，都被历史淘汰了。第三，采用标准化机器生产。第四，流水线生产。通过这两种方法减轻工人体力劳动负担，提高生产效率。

7. 效率适中。工业革命以来，西方大量企业把生产效率作为第一目标，无限提高生产效率。为此目的，工业革命中西方各个国家许多企业设计了专用机器，它只能生产特定的零件，它的生产效率很高。当生产过剩时，该产品就会被淘汰，这种生产机器也作废了。这样会使企业倒闭。这种高效率的专用机器是引起西方经济危机的主要原因之一。第二次世界大战后，西方国家普遍认识到这个问题，于是不再发展专用生产机器，而发展通用生产机器，使得企业能够比较容易改变产品生产。由此推广而言，生产效率是企业的基本考虑之一，但是还要考虑其他许多因素，例如，市场情景、各种资源、长远前途等，都属于要考虑的。这样综合的结果是，效率要适中，不能拼命提高效率。

8. 工业设计。工业设计是20世纪艺术的最大发展领域，它传播到西方各个国家。以德国为典型的工业设计代表了文化的力量，这些工业设计师是一群有社会责任感的群体，他们不为铜臭所动心，他们用"艺术"代表"高尚劳动"和"友好社会"，他们反对惟利是图，他们努力奋斗了几代人，从体制内用人文力量制衡金钱力量，代表弱势阶层，他们把工业社会的"以机器为本"的价值观念转向"以人为本"。

9. 资本主义的诀窍不是自由平等和竞争，而是控制、组织和管理。它严格控制就业、生产率和金钱。

10. 优先发展能源、交通等基础设施，优先发展工作母机，而不是消费品工业。

由于各国发展工业革命道路不完全相同，因此还能够列举一些各种不同的成功经验。

二、西方现代化的教训

1. 巨大灾难和高死亡率。西方工业革命成功以后，出现人类历史上最残酷的两次世界大战。第一次世界大战死亡人数1000万人，第二次世界大战死亡5000～6000万人。是否会出现下一次世界大战？可能由什么原因导致？大概什么时候爆发？在1918年后两三年中死亡人数为2000～5000万人，这是战争和人口迁徙流动导致。1889年世界上发生第一起车祸死亡事故至今，全球死于交通事故的总人数高达3200多万，这主要是由汽车引起的，因此有人说，汽车是人类有史以来最坏的设计（参见：www.ngjc.com/article/view_5564.html）。思想启蒙运动以来西方出现高精神病率与高自杀率，这是过分追求经济发展而付出的社会代价之一。我国情况也比较严重。读者上网可以查到这些情况。艾滋病是对人类性解放的惩罚。2006年7月全球有3860万名艾滋病病毒感染者，2003年和2004年死亡各300万人。艾滋病在我国已经进入普通人群，进入高传播率期。

2. 环境的破坏有以下几方面：

一是，垃圾。人类为了享受而进行无节制的工业生产，而工业生产的一切东西都将变成废物垃圾。一节一号电池能够污染1立方米土地。换句话，我们通过各种教育有目的地传播科学技术，而这些科学技术有计划地制造了各种工业垃圾。如果不改变这种科学技术，最终人类可能被垃圾山埋葬。

二是，废物污染。1952年伦敦的冬季烟雾污染，4天夺走4000多条人命。过后的两个月中，又陆续有8000多人死亡。在惟金钱利益驱动下，蔬菜水果、各种食品、家具、服装、建筑等各种人类用品都会被添加对人有害的物质。如今，工业生产污染河流、地下水源、空气和自然环境，海河、辽河、黄河、淮河污染最为严重，同时也污染了各种植物、动物和人类自己。每年体检中发现，大多数中年人都有肝囊肿。今后它会发展成什么？如果不改变这些科学技术造成的污染，那么就意味着人类正通过自己创造的科学技术去消灭自己。如何能够不继续发展污染？必须改变西方现代经济发展概念。如果不改变以地矿资源为主的，以增加数量为目的的经济发展模式，环境污染就不可能被消除。

三是，放热。工业革命以来人类的放热量高于过去几千年，工业制造、汽车、空调、城市放热，释放二氧化碳等活动，导致环境温度迅速升高。这又会导致疾病、旱灾、缺水、森林大火、沙漠化等。到2007年为止，我国660多个城市中有400多个缺水，其中有136个严重缺水。2007年6月17日国家林业局宣布，我国沙漠地区已达97万平方公里，占国土面积的18.12%，直接影响4亿人口的生活与生产。如果不改变这种状况，最终人类可能被热死烧死。

四是，臭氧层的破坏。1997年NASA和NOAA（美国国家海洋和大气管理局）的卫星监视系统测量的数据表明，北极上空臭氧层突然减少，比1982年的臭氧层平均值减少了40%。我国西北上空也存在一个臭氧洞。它会使太阳的紫外线大量进入地球，导致皮肤癌。而臭氧洞的形成可能与人类使用冰箱的氟利昂有关。

五是，地矿资源的耗尽。2001年中国矿业联合会会长、原地矿部部长朱训曾经说，我国45种主要矿产探明储量能满足2010年需要的仅有一半，能满足2020年需要的仅有6种。今后几十年中，石油会被耗尽，那么由石油制造的几千种化工原料将消失，石油工业将进入博物馆。地矿资源的耗尽直接动摇了工业革命以来的生产概念，以地矿资源为基础的现代化工业将不能够持续发展，人类必须寻找其他可持续发展的生存方式和生产方式。

工业革命以来的，西方利用技术科学制造了"第二自然界"，制造了人类所需要的各种物品。然而如今却发现这些技术几乎都存在负面作用。更危险的是，人类用这些技术也有计划地制造了核武器、生物化学武器、基因武器、垃圾、污染、高放热、破坏环境。如果无法同步处理这些问题，最终人类可能会在虚假的享乐中走向毁灭。

1992年，1500个科学组织发表了《世界科学家对人类的警告》，人类活动已经逼近地球极限。

第三节　西方现代科学的问题

什么是设计？设计是规划未来，启蒙运动规划了西方人间理想社会的基本结构：第一，建立自然科学知识系统作为真理正典代替宗教教义，以科学家代替宗教先知预言未来，由此形成自然科学基本价值。第二，建立美学或艺术教育（美育）感化道德和情感，代替宗教对人的感化作用，以艺术家代替宗教去感化人。第三，建立非宗教的世俗学校教育，代替宗教教育。第四，谁为人的楷模？古希腊人。一切以古希腊人为榜样。

一、西方现代科学的机械论价值观念问题

机械论是西方现代性的重要价值观念之一。它的基本观点认为，地球是一部机器，宇宙是机器，人也是机器，机械运动是自然界的一切运动形式。机械论出现在古希腊时代。1749年法国哲学家和医师拉·美特里写《人是一种机器》一书，把机械论推到新水平。在这种价值观念下形成了以下几个影响西方全局的价值观念：第一，西方工业革命以后形成了全面的"以机器为本"设计价值观念，把人看作工厂机器的一部分，工人就是机器，其基本目的是为了无限提高效率和利润，目的是为企业主利益，为了强势、征服或享受。这种观念导致劳动异化，残酷激烈的阶级斗争，破坏生存道德。第二，在西方的科学技术的"人机系统"中，也把人模拟成为机器特性，成为机器控制部件的一部分，用"数学模型"描述人的行为特性，而不是用心理学去描述。第三，美国19世纪末的泰勒制和动作定时管理方法，均以机械论为基础，把工人的劳动分解成若干基本动作，不允许工人有任何其他动作，并以此称为"科学管理"，这是把人动作机器化。泰勒称这套方法是"企业主的武器"，把工人逼向自私自利，鼠目寸光。第四，在计算机领域中，把机器智能看作人脑智能，计算机即人大脑，大脑即计算机。由此引起计算机操作中的沉重脑力负荷。第五，西方现代科学家把细胞称作机器。第六，机械论是西方科学认识论的基础，例如，物理学是西方认识物质世界的基本科学之一，物理学的基础是四大力学：理论力学、热力学、量子力学和电动力学。其基础是机械运动的牛顿力学。也就是说，把机械运动当作物质世界的惟一变化形式。由此出现了许多无法解释的问题。

美国科学家里夫金和霍德华在《熵：一种新的世界观》（上海译文出版社，1987年）中描述了西方的机器世界观和价值观："我们生活在机器的时代，精密、速度与准确是这个时代的首要价值。""机器成了我们的生活方式与世界观的混合体。我们把宇宙看成是伟大技师上帝在开天辟地时启动的一台巨大机器。它的设计完美无缺，以致它能够'运转自如'，决不会错过哪怕一个节拍。它是如此可靠，以致可以对它的运行预测到任何精度。""我们生活在机器的专制之下。虽然我们很乐意承认机器对我们的物质生活的重要性，然而我们

对于机器深深地侵入我们生存的内核却不很乐观了。''"机器的影响在我们的内心已经根深蒂固,以致我们以很难把机器与我们自身区分开来。甚至我们说的已经不再是我们自己的语言,而是机器的'声音'。我们'衡量'与他人的关系时,看的是我们是否与他们'同步'。连我们的感情也被看成是有利或有害的'振动'。我们不再是活动的主动者,倒成了'启动器'。我们避免'摩擦',成了'调谐器',不再主动注意。人们的生活或者叫'正常',或者叫'故障'。如果出了'故障',当然希望能很快排除,或者'重新调节'。"

美国科学家安德鲁·金利在《克隆——人的设计与销售》一书中说:"工业社会使机械论原理得到进一步加强,科学家不再把自然界看作是伽利略或牛顿认为的那种钟表世界,而是把它看成是产生无限热和能的宇宙大马达。人体不再被看作是笛卡儿或拉美特里认为的那种相对说来简单的机器,而是被看作类似于蒸汽机或发电厂一样的现代马达。正如历史学家安森·拉宾巴赫所说:'在19世纪,随着把能源转变成各种形式的现代发动机的演进,人们大大改变了笛卡儿把动物看作机器的理论……人体和工业机器都被看成是能把能源转换成机械工作的马达'。""尽管机械论在生物技术时代才盛行开来,但它不是过去热心的基因学家、科学医生、计算机专家或社论作者最近才想出来的专业词汇,这是自'机器时代'以来,已经在西方逐渐发展了几个世纪的一种信念。如果我们不了解我们怎么会把人体看作机器以及人体怎么会从神圣的形象变为生物技术的历史,我们就别想遏止20世纪的人体商场。""把人体看作机器的观念已成为现代信条,第十六届基因学大会主席罗伯特·海恩斯向听众明确宣布,机械论的原理是生物技术时代的核心组织原则:'至少三千年来,大多数人都认为人类是特别的、神秘的,是犹太教和基督教关于人类的看法。对基因的研究向人们表明,从深层意义上来说,我们都是生物机器。传统看法是建立在生命是神圣的这一基础之上……这一基础已经不复存在了,再也没人相信了。'海恩斯所说的这番话并非自说自话。几月前,《纽约时报》在一篇题为《工业化的生命》社论中直言不讳地说:'人类……是生物机器……这种机器现在可以改变、复制和申请专利。……'美国著名计算机专家马文·明斯基已把大脑称作'肉体机器',他要创造一种能代替我们大脑的计算机。"(林宏德著,116-118)

迄今为止,这种机器崇拜仍然是美国电影大片的主题之一,如崇拜机器人,机器是人造的神,是人征服宇宙的力量支柱。

以科学的名义,把人、地球和宇宙看作机器。这是科学的追求真理态度吗?这是高水准还是低水准?还是偏见?机械论是西方现代科学技术的基础之一。工业革命以来出现的各种技术几乎都有负面作用,从而严重破坏、伤害生命体或自然界。这是偶然的吗?不是。而是西方认识论的机械论的严重缺陷,它把人与自然看得过分简单,武断地认为一切都可以被描述成机器或机械运动,并误以为这样就已经掌握的全部真理或事实。

二、西方现代理性主义及其缺陷

1. 西方理性主义。理性主义包括许多含义,简单说,理性主义(Rationalism)是把推理(Reason)看作获取知识或进行判断的依据,把智力的逻辑推理(而不是感官的观察)看作判断真理的依据(而经验主义把感官经验看作知识的主要来源),其中往往用因果关系的描述作为理性表达方式。由此它强调逻辑推理的演绎法和归纳法等,强调分析因果关系。理性主义起源于古希腊毕达哥拉斯和柏拉图,在西方启蒙运动后形成了系统的思维方式、世界观和认识方法论。笛卡儿、莱布尼茨和斯宾诺莎把数学方法引入哲学,作为逻辑推理的正统方法,这是一种理性主义的尝试。康德批判了数学皇后论,他认为数学不是哲学的基础,因为数学从定义出发,而哲学从概念出发。康德的"三大批判",即《纯粹理性批判》、《实践理性批判》、《判断力批判》建立了理性主义体系,由此也形成了西方现代科学认识论和方法论。

2. 理性主义存在若干根本缺陷

第一，人类用因果关系或逻辑关系表达理性。理性主义的认识方法很有限。对于许多现象，人们感觉到存在因果关系，然而，很多问题似乎很简单，但是人类迄今搞不清楚其中的因果关系。这种问题太多太多，人类越来越多地发现人类对因果关系的认识太少太无能。甚至最伟大的哲学家和科学家，也只能解释某些个别问题，而无法解释自然界或人类社会的大量问题的因果关系，无法用理性表达。

第二，在理性主义观念下，机械论逐渐成为西方科学的理性主义重要认识论之一，它具体表现为功能主义和结构主义的认识论。简单说，功能主义认为把功能搞清楚，就获得真理了；结构主义认为把结构搞清楚就获得真理了。

第三，除了理性外，感性也是人的感知和认知特性，人类也依靠感觉、同情、想像去认识理解。不可能只存在理性，也不可能只存在感性。例如，科学方法论中强调逻辑性和实验性，然而当遇到重重困难之后，只有极少数人坚持下去而获得成功，这些人靠的不是逻辑性和实验性，而是"信念"或"想像"，这二者都是非理性的，没有科学道理的因素，换句话，理性并没有普遍有效性。

第四，理性不是普遍性规则，它对道德无效。在康德建立理性体系的历史时代，英国哲学家休谟就提出：道德不是理性判断的结果，不是说理教育的结果。道德是感情和感觉的结果。例如，许多人在道理上明白要遵守公共秩序，但是他们却从不遵守这些公共道德，他们在自己家里却很爱护各种财物。

第五，理性主义本身就是非理性。理性主义本身就是一种信念或信仰，它认为我们可以用推理去认识我们所生存的世界。为什么不能别的方法去认识？实际上还存在经验主义或实用主义的认识论。建立理性主义这一观念时并没有经过严格的逻辑证明，也没有经过归纳性的实验。只是康德等人提出的一种个人的价值观念。要求人们用三大理性进行思维，实际上，就是要求用康德的大脑去思维，也就是把人人变成康德式的主观者，这实际上是把康德思维变成惟一正统，或者当作认识真理的标准，这也是非理性的。

3. 什么是科学。西方在理性主义（以及经验主义和实用主义）基础上建立了（自然）科学体系。什么是西方的现代（自然）科学？当前存在四种观点。

第一，简单说，科学就是系统知识体。自然科学目的是认识世界，自然科学是人类不断认识自然界所积累的知识。几千年来，人类不断观察认知积累了许多知识，从某些角度了解了一些客观世界。如果用大视野回顾整个历史，才发现人类认知积累的知识太贫乏了。几千年了，出现了许多伟大的物理学家和诺贝尔获奖者，可是人类还没有搞清楚物理学的三大基本量纲中的时间和空间，仅对物质结构有一些了解。人类对许多最基本的概念都没有搞清楚，例如，生命没有定义，人没有定义，迄今也没有搞清楚什么是信息，什么是理解，什么是能量，什么是含义。再从日常生活来说，许多最基本的问题都没有搞清楚。

第二，几千年来物理学等自然科学的进展变化使人看到，后人总不断发现前人认识的错误和偏见，总在不断修正前人描述的科学知识，古希腊人提出地球中心论，被看作为科学知识，如今知道那是很可笑的。后来出现太阳中心论，也是错误的。我们怎么能够知道如今所掌握的知识是正确的？因此有人把科学（尤其指自然科学）看作是"可以被证伪的东西"。

第三，还有人认为，迄今西方某些科学其实并不科学，而是冠以科学名义的工具，例如美国泰勒制就是冠以科学的名义，而实际上是企业主的武器。统治了美国心理学界50年的行为主义曾经被称为科学，1970年代人工智能等，后来都被抛弃。

第四，西方科学实际上还有另一种判断标准。通过西方科学认识论去判断是否科学。如果按照这些科学认识论去获取信息，就被看作是科学的知识；如果不是按照这些获取的，就不被看作为科学知识。然而这些方法论本身就存在一些矛盾或悖论。自然科学的方法论主要包含三条规则：客观性、逻辑性和重复性。客观性指所研究的对象必须是可以观察的，不可观察的东西不属于自然科学研究的对象。这种判断是由主观判断的，这实际上并不说明它不存在，只说明人的感知能力有限。例如，20世纪30年代，在绘制原子内微粒的运行图时，发现了"测不准原理"，或者叫"不确定性"，发现观察本身就属于实验的一部分，因此观察结果任何时候都不会是完全客观的，由此人们只研究能够被人观察的现象。实际上人对许多现象无法感知，例如，动机、意识、思维过程。由于无法感知未知东西，因此你只知道你知道的东西，而不知道你不知道什么？逻辑性要求通过推理去得出结论，而推理是人脑思维判断规则，并不是自然界发展变化的规则。推理得到的结论并不符合客观，而反映了人脑思维规则。重复性要求研究的现象能够被他人验证。只出现一次的现象无法复现。有些现象几十年、几百年、几千年出现一次，无法重复验证。这些都说明自然科学方法论实际上更符合人的主观特性。

第五，西方科学认识论的最终目标是"揭示自然变化规律"和"预言未来"，也就是说是成为世界的制服者。这是过高估计的人类的能力。20世纪80年代量子力学发现了"混沌"（Chaos）现象，开创了有关不可预测性的科学，使人们又敬畏又绝望。混沌指什么？一个系统内密度越高，组成部分越多，相互关系越紧密，那么一些细小的、深层次的、甚至不可见的变化，对整个系统结构的破坏可能性越大。这就叫混沌现象。这个现象使得人们开始质疑几百年来的科学认识论和方法论，使得观察的内容、收集的数据、分析的方法发生根本变化。例如，过去"预言未来"最成功的领域之一是气象预报，然而人们越来越多地发现气象预报的准确率下降，不管收集多少统计数据，天气的变化的重大结果与微小的原因之间存在很大不对称性，使得有些原因和结果之间的关系变得不可琢磨，就好像说，一只苍蝇翅膀会扇动一次海啸。这意味着，万事可以毫无起因地随机发生。更准确地说，万物的发生可以完全超出人类所掌握的规律。从中人们又得出结论，不能用确定的分析模式去解释自然，因此人也无法掌握自然或控制自然。

三、认识自然与"人为自然立法"

自然科学的基本目的是认识自然世界，并积累科学知识。由于人感知认知的局限性，使认识过程添加了人为因素，使得所获得的知识中也包含了人工因素，而人对此无意识，以为全是客观规律，把这些人工因素称为人为自然立法。它有以下几方面。

1. 人通过感知和认知去观察认识或验证，除此以外，人还有其他途径认识和积累知识吗？没有。任何观察知识、验证知识和积累知识的方法都是主观的。

2. 人的认识受感知能力的限制。人的眼睛只能看到光波长度为370～760纳米范围的东西，如果把人眼的感知范围改变了，那么人看到的将是完全不同的世界，因此人的感知是主观的，不是客观的，不可能感知到外界全部真实，无法验证全部客观存在。例如，人的各种感官无法判别某些物质是否有毒，是否对人体有害。

3. 感官符号不是客观真实。凡进入到感官的信息就不再是客观真实，而被转换成各种符号信息，例如声音、振动、形体、文字、图像等。人的感官甚至制造了新的信息，例如，外界并没有颜色，但是经过人眼感知后，转换成为各种颜色。因此，自然科学把"可观察性"当作"客观性"是不符合事实的。实际上"可观察性"只满足人感知的能力，这本身是主观性的表现，并不是客观性的体现。很多客观真实是人的感官无法感知或无法直接感知的。例如，人并不知道我们没有感知到什么真实。无法全面认识随时间变化的信息。无法全面认识长时间间隔出现的信息，例如一百年重复出现一次的现象。无法全面认识远距离的信息。无法认识五官以外的信息。

4. 认知符号不是客观真实。同样，人的认知有局限性。凡进入大脑的信息就不再是客观真实，而是被转换成各种符号，例如，图像、文字、概念等。任何符号都不全面，也不真实，也不客观。客观的确存在真理或真实，人试图去认识它。人可能从某些角度去了解真理的某些方面，但是很难全面认识真理。

5. 人为建立概念。各种概念是人为建立的。为表述如何理解所观察的现象，人们从某个角度进行描述，或只抽出一部分有关的东西，放弃其他，这样形成概念。这些概念符合人大脑的知识存储和知识处理的认知能力，符合人的知识表达和交流。人的思维和语言描述过程是线形的，要按照顺序逐个逐词进行描述，而不能并行进行描述，而客观世界是并行同时存在的，同时变化的，客观世界比人的认识能力复杂得多。

6. 人为建立学科。人建立的任何学科都有确定目的，都是围绕这个目的去寻找所需要的信息，都是只从一个角度去理解外部世界，而不是全面理解。例如，古希腊从数学角度去理解世界，而不顾及其他特性，从而走到极端，出现"万物皆数"或"数学皇后论"。同样，物理也曾走到极端，阿基米德说："给我一个支点，我将撑起地球。"如今看这不是科学而是童话。西方各种科学的主要基础是机械论知识。牛顿力学把自然界的运动解释为机械运动，只研究机械力的相互作用，并以此为基础建立了理论力学、热力学、量子力学和电动力学，并用这四大力学规则去解释宏观宇宙和微观世界。难道外部世界只存在机械力和机械运动？迄今已经发现许多现象无法用这些机械论的观点进行认识和解释。于是人们又建立了化学、生物学等学科。这些学科仍然是从一个角度，一种概念出发去认识世界。这种方法的缺陷是无法认识全局整体概念。人类迄今没有能力把各种学科知识都综合在一起去解释世界。

7. 人为的认识论。为了认识客观世界，西方建立科学认识论。机械论是科学认识论的基础，认识论在各种科学中主要体现在结构主义和功能主义。简单说，结构主义认为把结构搞清楚，就认识了事物本质。功能主义认为把功能搞清楚，就搞清楚了事物本质。此外采用分析法去认识，也就是把外界分解成许多结构因素或功能因素，把每个因素分析清楚，就认为把整体搞清楚了。实际上，整体并不等于分量的算术和。同样，在人类社会中，理性主义、经验主义、实用主义等等，都是从某一个角度去解释世界。人类各种认识论符合人类的认知能力，并不完全符合客观世界，每种认识方法都存在缺陷。之所以出现这么多认识论观点，是由于人的认识能力局限性所致。人类迄今无法把各种认识方法都综合起来，即使能够综合起来，仍然无法应对客观世界的复杂和广大。

8. 逻辑推理是人为的规则。从古希腊起，人类就建立起逻辑推理，主要包括演绎法和归纳法。这些逻辑推理方法符合人的思维特性，然而客观世界的规则并不是按照这些逻辑形成的。人类各种推理方法都要建立假设，这本身就是人认知能力局限性的体现。认识过程中，都要简化问题，只关注一部分规则，而不是全面规则，这也是由于人的认识能力局限性造成的。

当前人类过高估计了自己的认识能力，误把逻辑当作客观真理的规律性，误把人积累的知识当作客观真理，误把人建立的理论当作客观真理。这实际上是"人为自然立法"。科学知识中是人感知认知后的符号积累或人脑推理逻辑的结果，它们包含了部分对客观真实的认识，然而符号不是客观真实，逻辑也不是客观真实。实质上，许多逻辑是人脑的推理规则或判断验证规则，而不是客观真理的规律或规则。此外，人类的感知和认知是片面的、暂时的，而且往往是表面的。

为什么科学界的学术欺诈能够迷惑一些人，而有些真实的知识却难以被承认？例如，为什么最初许多科学家不认同爱因斯坦的相对论？为什么最著名的电学家爱迪生和西门子最初都不认同交流电？为什么著名科学家最初不认同量子力学？为什么有著名科学家认为弗洛伊德的《梦的解析》是学术欺诈？这个世界到底是不是机器？人是不是机器？出现这些问题正因为西方科学认识论和方法论存在明显缺陷。

启蒙运动提出理性的目的之一，是用知识取代宗教。这是康德纯理性批判的基本目的，也是培根提出"知识就是力量"的目的。如今知识已经不是它原来的含义了。三百年来西方一些国家的教育普及率高达99%，然而信仰宗教的人仍然是大多数。西方国家并没有用知识取代宗教，人类用这些知识建立了自己的物质环境，也为自己制造了许多人文方面的麻烦，例如竞争、矛盾、欲望、孤独等，还用知识发明设计了大量武器侵略其他国家，知识成为帝国主义的武器，"知识就是侵略的力量"。

启蒙运动提出理性的另一个目的，是认为人能够通过推理去发现和认识因果关系，能够发现和理解自然规律，从而掌握这些规律。三百年过去了，人类才发现对自然的理解太少太少，不可能全面认识真理，更谈不上掌握自然规律。人类的理性很难发现和全面认识因果关系，理性已经不是过去的含义了，对有些人来说，理性变成了冷酷。

第四节　西方矛盾的现代价值体系

一、西方现代价值体系下的双重人格

西方现代价值体系的基本目的是反对宗教，使人自主自由强大有力摆脱宗教，然而另一个负面冲击是对人的心理的负面影响。时下流行一些矛盾观念的说法：房子越来越大，家庭越来越小；希望得到爱，内心却越来越冷漠；知识越来越多，判断能力越来越差；专家越来越多，水准越来越低；行为越来越快，耐心越来越少；收入越来越高，道德越来越低；买的越来越多，喜欢的越来越少；能征服外界空间，却不能征服自我；能打破原子，却不能打破谎言。这些都体现出追求西方现代概念所导致的矛盾价值概念和矛盾心理。这种矛盾观念最终很容易导致双重人格或者人格分裂。

文化的价值体系应该是一个一致性的体系，所提倡的理想、观念、信仰应该保持一致。如果文化的价值体系存在矛盾观念，必然引起广泛的社会心理不一致，甚至造成严重的社会问题和心理问题。这正是西方现代价值观念所存在的关键问题。从欧洲思想启蒙运动以来大约经历了三百年的历史，人们可以从这三百年的历史发现由其价值冲突导致的社会问题和心理问题。例如，"自由、平等、博爱"与社会不稳定的关系。亚当·斯密与泰勒的"人性自私"与卢梭的"人生而善良"都对西方产生深刻影响，但这两种人性观念是矛盾的，到底应该采用谁的观念呢？这些核心价值的矛盾在西方国家曾经造成了长期的社会冲突或不稳定。除此以外，核心价值的矛盾还使个人经常处在矛盾的心理状态和生活状态，导致大量的个人的双重人格或双重特性。

研究西方现代思想家会发现，其中有些人是人品高尚的精英人物，也有不少人本身就具有双重人格，他们说一套，干另一套。他们对人一套，对己另一套。他们今天这一套，明天那一套。他们的著作十分感人，而他们的行动却判若两人。简单说，他们缺乏一致性。从个人思想品德和行为上看，这些人决不是人类楷模。有些人说："他们毕竟有好的一面，我只学这好的一面。"实际上，他们是双重人格的人，他们在说感人肺腑的话语时，他们也同时做另一种事情。

例如，卢梭（Jean-Jacques Rousseau，1712~1778年）和伏尔泰（Voltaire，1694~1778年）是法国思想启蒙运动中最著名的思想家，他们都有很感人的著作，然而他们自己的思想和行为却是另外一种人的，甚至不如一般的常人道德和行为水准。卢梭是思想启蒙运动中影响最大的思想家之一。他最著名的观点包括：自由，人性善。他的著作《爱弥儿》是思想启蒙运动中影响最大的著作之一，曾引起西方世界现代教育几百年的革命。他告诫人们要按照

天性教育孩子，不要强加于孩子。然而他如何教育自己的孩子呢？他采取了比任何强加都过分的做法，把自己的孩子一生下来就统统都送到弃儿收容所，这些孩子大多数很快死了。当伏尔泰攻击他时，他的解释是：因为他太穷无法养活他们，孩子们在收容所能过上更好的生活，而且抚养孩子会大大妨碍他的作曲和写作（杜兰，1999，3，41）。他自称有5个孩子，据说他甚至连自己有几个孩子都记不清楚了（Roussean，2007）。伏尔泰嫉妒心很重。狄德罗说他"对每一座塑像都会嫉妒"。由于嫉妒心，他对卢梭嘲弄辱骂，说他是钟表匠的孩子，是"看到人就咬的疯狗"，是古希腊哲学家的狗偶然所生的疯子，背叛了法国的文明，并说《新爱洛绮丝》一书的前半部是在妓院写的，后半部是在疯人院写的。他自己说按照生辰八字他具有恶毒倾向，他毫无节制地讽刺、谩骂，甚至歪曲事实（杜兰，1999，3，234）。

这不是个别现象。当古希腊出现了现代性概念时，其中包括三代师生的哲学巨匠苏格拉底、柏拉图和亚里士多德。色诺芬在《回忆苏格拉底》中说，苏格拉底在少年时期就是他老师的至爱之人了……那时他相当沉溺在性爱之乐，但后来取而代之的是狂热的脑力工作。后来，苏格拉底是高级妓女阿斯帕西娅的座上客。阿特纳奥斯的著作《古希腊史论残篇》里写到："亚里士多德和高级妓女赫皮利斯生了个儿子尼科马科斯，并且至死还爱着她。""英俊的柏拉图不也爱着来自科洛丰的高级妓女阿基安娜萨吗？"（利奇德，2000）

文艺复兴有三杰：达芬奇，米开朗琪罗、拉斐尔。达芬奇是同性恋。拉斐尔贪恋女色、崇尚肉欲美，37岁死于荒淫无度。米开朗琪罗被怀疑也是同性恋。

此外，"俄罗斯之魂"的音乐家柴科夫斯基因同性恋而自杀。弗洛伊德是精神病。图灵同性恋自杀。被美国《时代周刊》列为20世纪著名哲学家和美学家的维茨施坦（美学家）是同性恋，自杀。如果要学习西方这些精英，就要有全面的思想准备。

二、西方价值体系中的不一致性

西方现代价值体系存在不一致性，它们很容易引起心理冲突或双重人格，典型问题如下。

1. 竞争与共存的矛盾。竞争是只为自己生存，它告诉你要斗争，要成为强者，不要心软，不要退让，要打倒对手。提倡竞争观念的依据是达尔文的进化论。共存是要与别人一起生存，它告诉你要宽容，要与人交流沟通，要与人合作。提倡这种生存价值观念依据的是生态学，它发现自然界各种生命体是相互依存的，竞争并不意味着消灭对方。例如人类要吃粮食，却并没有把小麦水稻消灭，反而种植得更多更好，人类排泄物又成为这些植物的营养。竞争与共存二者是对立的。一个人不可能与他人同时既共存又竞争。学校教育人们要善良，要群体合作，要与别人共同生存。而在社会上这样做却总成为失败者，那么就只能靠自我竞争而生存。在日常工作中，要求群体合作，但是在分配利益时却采取竞争。这使人很难搞清楚什么情况下应该竞争，什么情况下应该共存。这是每天人人都要思考的一个问题。更困难的是，它要求一个人既要凶狠又要善良，既要好斗又要温和。这些矛盾的价值会使人形成矛盾心理。在这二者的矛盾冲突中，善良观念逐渐衰退，强势观念逐渐增强，最终形成了社会达尔文主义。它把"强者生存"、"弱者淘汰"观念用于人类社会，为种族灭绝和战争提供了理论依据，这成为法西斯战争的依据之一。而在日常生活工作中，这种矛盾的价值观念每天都在冲击每个人的思想和感情，很容易导致心理压力、矛盾人生观，甚至导致双重人格。

2. 自由与责任的矛盾，自由与家庭的矛盾。思想启蒙时提出"自由"是为了反对宗教。几百年来，美国英国人信仰宗教的人数仍然占80%左右，而许多人却用自由针对责任、针对家庭、针对文化、针对道德、针对行为惯例等，把家庭、文化和惯例中的道德当作"束缚"，要摆脱家庭、摆脱文化、摆脱社会责任、摆脱文化传统、摆脱各种习俗、摆脱各种规章制度、摆脱社会职业工作。这样导致破坏家庭、自我中心、性解放等等。这时双重人格体现在，这些人没有责任感、没有感情忠诚，却又想享受家庭的温暖和别人对自己的责任感，他们不关心别人，却很关注的是别人能够关心自己、帮助自己。

3. 自我中心与群体观念的矛盾。思想启蒙运动建立个人主义观念，也是为了针对宗教，它的基本含义是依靠自己的独立思想和能力，依靠独立人格，不要盲从，它同时也意味着对自己行动负责。在西方三百年以来的历史中，西方人很少用个人主义针对宗教，却用个人主义针对社会人际关系，并与强势观念融合在一起，形成自我中心，使得彼此难以相处。它与群体的矛盾始终是一个难以解决的问题。强调个人自主，群体难以合作。强调群体一致，个人感到失落。后来有人提出：所谓个人主义就是个人在群体中主动发挥作用，以便从理论上把二者统一起来。它在实践中并没有解决彼此折中妥协的问题。实际上，个人主义还引起另一个问题，强调个人主义还使得那些能力弱的人感到无依无靠和生存的艰难，这些人经常被社会所淘汰，成为失败者或孤独者，甚至成为流浪汉和自杀者。西方许多个性和能力不很强的人们并不喜欢个人主义。但是为了适应社会生存，他们要拼命适应个人主义，这要求放弃自己的温和性格，要干许多超越自己能力的艰难工作，放弃正常的家庭生活，不能正常吃饭休息，要超过自己的天性造就顽强的意志力，甚至要变得冷酷，每天上班是工作狂，而下班后精疲力竭，却无法进入睡眠。更有甚者，20世纪萨特的"自我设计"和"自我选择"观念，以及马斯洛的"自我实现"理论（后面还要分析这两种观念），把个人主义推到另一个层面，强调我的需要：我的情绪需要，我的物质需要，智力挑战需要，更换职业的需要，对刺激的需要……如果得不到这些需要，情绪马上就会变得极坏，甚至歇斯底里。如今个人主义早已不是过去的含义了，早已不是思想启蒙运动时的含义了，它还融入了固执、冷漠、不善良、惟自我利益、对人不宽容等许多观念，从而变为十分强烈的自我中心。这些都与群体观念形成尖锐的矛盾，人际之间难以折中妥协，最终走向孤独。人性的一个基本特征是社会性，人脱离社会群体是无法生存的。每当一个人冷静下来时，也能够明白这种孤独个性的缺陷，也不满意这种状态，也希望自己有和睦的群体环境。但是，一旦身处群体环境之中，可能马上又变得无法与别人共处，感受到另一种孤独。他们想有一个家，却不能随和对方的习惯和性格。他们想摆脱孤独，却不能与别人长期共鸣。它导致矛盾心理，焦虑、孤独，严重者导致双重人格。回顾日常，它导致的矛盾心理太多了：交通越来越方便，沟通越来越困难；外貌越来越漂亮，内心越来越丑陋；拥有的越来越多，笑的越来越少；熟人越来越多，心里越来越孤独；离婚越来越多，自由却越来越少；时尚新颖越来越多，感情忠诚越来越少；个子越来越高，责任感越来越小；追求快乐，却不追求善良；希望人人爱我，自己却没有爱心；见识越来越广，心胸越来越狭隘。

4. 求变求新与感情忠诚的矛盾。西方现代艺术的核心价值是求新求变，由此形成了前卫派艺术，从19世纪后期到1960年代，前卫艺术创新走到尽头，一切艺术形式都有了，该出现的都出现了，艺术界无法再创造新的艺术形式了。这种局面在艺术界早已经成为定论。人们重新开始思考目的，艺术的目的是什么？作用是什么？前途是什么？然而在知识界，似乎才开始重复这条道德，如今又强调创新，强调求新求变，强调不断翻新产品。然而很少有人去思考这种创新的目的是什么，它是否能够可持续发展，对人类到底会产生什么综合影响。似乎与自由和个人主义的发展过程有些类似，很可能其正面目的很难迅速实现，而负面影响却立竿见影。在缺乏创新能力的情况下，强迫创新必然刺激各种假冒伪劣。虽然当前还没有看到它对知识和产品引起的巨大成就，但是已经看到许多冒牌和有害物，更危险的是引发了感情变异和家庭的破裂。人往往在控制最薄弱的环节上首先去冲突传统观念，这一次人又把求新求变用到社会上控制最薄弱的环节上了。难怪有人大声疾呼：什么都可以变，但是家庭不能变。家庭破裂至少要伤害三代人！且不说离婚的双方所经历的痛苦，其父母可能受刺激而暴发心脏病，孩子可能受刺激而犯罪。是否一个人要同时具备不断变化的能力和稳定能力？

5. 激情与温情的矛盾。几千年的生活使人类明白，稳定的感情或忠诚的感情是温和的、温柔的、或平和的。同样稳定的家庭感情也是温和的、温柔的、平和的。各种现代艺术都强调激情，因为各种现代艺术创作都依赖激情。文学创作、音乐创作、绘画创作等，都需要激情。这些作品对人的感染也是通过激情，使人们心潮澎湃。然而人的感情似乎存在一个特性：感情强度与持续时间有关。感情越强烈，持续时间越短，耗费的生命力越多，对人的负面影响也越大。它很容易超过一个人能够承受的生理和心理状态，这就是乐极生悲。某些形式的自杀是否与激情有关？这需要进行深入研究。感情越温柔、温和、平和，它持续时间越长，对生命力起促进作用。我国道家文化把平和作为很高的感情心理状态。心理学也有一个基本结论，在感情过分强烈或过分低沉的情况下，大脑认知能力的水平会下降。在平和感情下，大脑认知能力才能够更好发挥，人更能够深入思考，更能够思考得长远全面。这意味着激情与温情不可能同时在一个人心理存在，这二者对人的作用往往相反。

此外，还有美与堕落的矛盾，享受与破坏自然的矛盾等。

三、引起的社会心理问题

1. 高自杀率

19世纪欧洲最著名的社会学家之一杜尔克姆1897年在《自杀论》中研究了欧洲11个国家，发现新教地区的自杀率高于天主教地区。他认为，因为新教比较强调个人独立、自由精神和怀疑主义，比较容易陷入个人孤独。罗斯金认为16世纪以后的宗教改革，也导致艺术缺乏人类希望，使得人们失去了平和的精神，或者导致绝望而死去。

就全球而言，自杀发生率的高发国家竟达到每年10万人口中有25名（如挪威、瑞典、丹麦等）；低发生率国家每10万人口中有10名（如西班牙、意大利、爱尔兰等）。美国每年死于自杀者有30多万人，而自杀未遂者还是自杀致死者的8～10倍之多。就自杀者性别而言，各国男性普遍高于女性3倍，几乎在不同年龄组都是这样。

与自杀相关的危险因素如下：第一，年龄。老龄自杀、45岁以上自杀的死亡率增高。退休、丧偶、价值感日落、孤独及严重疾病是促发老年自杀的重要因素。青少年自杀。青少年往往被称为"危险年龄"，处于生理和情绪急剧变化时期，导致自杀的原因包括家庭父母争吵或离婚,学业失败和无助。第二,性别。国外男性自杀率高于女性。英国统计（1968～1971年），男性自杀平均率为9.0/每10万人口；而女性为6.8/每10万人口。第三，婚姻状况。自杀主要发生在单身、离婚、近期居丧或分离独居之间。第四，个性。人格偏异者有一种极端反常的个性，他们情绪易激惹、行为好冲动、思想固执，难于处群，其中有些人易导致暴力和施虐，甚至违纪犯罪。第五，健康状态。艾滋病、晚期癌症、反复发作的心、脑血管病症等。第六，心理障碍。95%的自杀行为具有心理障碍。从自杀人群中分析，有45%～70%自杀者有明显的情绪抑郁，因此抑郁症是比较容易导致自杀的心理障碍。抑郁症是一种以感情或心理障碍为主的精神障碍，最常见的是内因性抑郁症和心因性抑郁症，抑郁症患者之中有15%将以自杀为结局。第七，酒依赖。酗酒成瘾者称为酒依赖。酒依赖人群预期自杀几率为15%，几乎与抑郁症相仿。酒依赖者中2/3被认定有情感障碍。在具有冲动、反社会、家庭破裂情况下，酒成为自杀动机的促发性因素。第八，药物滥用。自杀多发生在其心境恶劣、情绪沮丧或无节制滥用过量之后的情绪反常之时。自杀是可以防治和干预的，最关键的问题是建立友好善良的人文环境，提高警觉、早期识别、认定，加强心理关怀，设立心理关怀热线电话及急诊、急救中心。（自杀问题，2004）

2. 高精神病率

精神障碍包括以下四种形式。第一，精神分裂症（俗称疯子）、精神病（如偏执性、感应性、情感分裂性等）、心理障碍（如人格障碍、进食障碍、睡眠障碍、性功能障碍、性变态等）和神经症（如恐怖症、焦虑症、强迫症、癔病、神经衰弱等）。精神障碍久治不愈或没有及时治疗，最终导致精神分裂症。正常心理与不正常心理没有明显界限。精神病分为轻度和重度两种。轻度精神病有焦虑、抑郁症、强迫症、癔病等。重度精神病主要指精神分裂症等难治性精神病。据世界卫生组织公布的有关数字，全球精神障碍患者多达4.5亿人，我国精神病患者达1600万人，大约占人口1.4%。中国精神病患病率从20世纪70年代的5.4‰上升到目前的13.47‰。大城市精神病发病率增长更快一些，这与大城市的价值观念、生活方式以及人情更冷漠有关。例如上海每年从0.32%上升到现在的1.55%，翻了近5倍。全国每年因抑郁症而自杀的人数为25～28万人（精神疾病问题，2007）。

第五节 西方现代科学对道德的作用

一、什么是道德

西方思想启蒙运动的基本目的是反对宗教，建立以人为本的世俗理想社会。然而工业革命的成果远没有实现这些目标，却导致了人类有史以来最残酷、尖锐、长期的阶级斗争，出现了两次世界大战，大量的社会问题和心理问题，其根源之一在于忽视道德问题。

道德是在价值作用下的自我约束。具有什么价值观念，也就具有同样的道德观念。然而道德是自我约束性，那么它就是内在的约束力量，不是外界的约束力量。文化主要表现在社会群体的价值、道德和行为方式上。价值决定道德，道德决定行为和感情。这四者不同，不能相互代替，也无法相互割裂。一个人的行为有礼仪，可能是道德的体现，也可能有其他目的，礼仪行为并不一定都是道德高尚的体现。许多人把礼仪行为当成道德。笔者曾在若干场合中提问什么叫道德，几乎无法能够回答。读者也可以自己进行调查，看看周围有多少人知道什么叫道德。这足以说明我们一百年来实施现代科学教育所存在的某些问题。

道德目的是什么？道德目的是为了造就高品质的人，使人具有善良和爱心，能够识别和抵御恶魔。道德目的并不是为了获取更大物质利益，把物质利益作为道德目的是错误的。从商的最终目的是利益，商人作为人，也应该同其他行业的人一样，具有社会的基本道德。然而商业活动基本目的是为了赢利。有人说："晋商具有商业道德。"他想通过这句话表达一个潜在的语义："有道德的商人能获更多的利益"。这是把道德当作牟利手段，是为了商业目的，这种对道德的定位考虑是不对的。商业道德的目的并不是为了物质利益目的，而是使商人也具有自我约束力量，以制衡商业活动中的欺诈、投机、不法等行为。

什么是善良？善良包含以下内容。善良意味着有爱心，爱心是奉献，而不是获取。善良意味着纯洁（忠厚），相信事物有向往美好的一面。善良意味着自律（谦卑），经常反省自己。善良意味着宽容，忍耐委屈和误解，不报复、不嫉恨、不攻击伤害人。善良意味着同情，换位思考，"己所不欲，勿施于人"。善良意味着一致性，心理健康，不是双重人格，也不是对己一套，对人另一套。笔者在大约90人的课堂上提出一个问题："认为自己明白什么叫善良的人举手。"举手的仅仅5人。下来后有一名同学说："当老师讲这个问题时，我想起家乡，我想哭。"

道德的作用是什么？是为了使得群体、社会或人类能够和睦共同生存。人的生存依赖群体或社会。为了能够使群体或社会生存，就必须对其成员实施控制，这些控制可以被分为内在控制和外界控制。内在的控制就是道德，外在的控制就是法律。为了群体和社会的生存，这二者缺一不可，这二者不能相互代替。如果没有道德，法律将形若虚设，法官就是强盗。如果没有法律，道德将形若虚设，强盗横行天下。

道德规范包含以下四方面。自理，也就是要对自己的言行负责。自律，约束自己不做不道德的事情。自迫，强迫自己履行责任义务。自省，经常自觉反省和改正自己过失。如果想简单地用一条道德规范去衡量什么样的人有道德，那就是自省。我们人人都会犯错误，我也犯错误，然而对待错误的态度不同，最终能够自省的人具有道德观念。

道德内容主要包括：自我责任感，家庭责任感，职业责任感，社会责任感。我们文化的传统道德，主要是关于家庭生活的，其道德主要体现在家庭责任感上。农耕社会里人主要与家庭保持联系，而与外界社会交往比较少，因此也缺乏更广泛的社会道德观念，也就是缺乏个人责任感、职业责任感和社会责任感。这样导致我们在当前工业化过程中出现了许多社会困惑，因此我们更急需建立这些方面的道德，也就是要建立个人责任感，职业责任感和社会责任感，同时还要保持家庭责任感。

如何使道德起作用。二百多年前，休谟曾说："道德不是理性判断的结果"（Moral approval is not a judgment of reason）（休谟，1997）。也就是说，对于大多数人来说，靠讲道理是很难提高道德的。很多人犯错误，并不是由于不懂道理，而是因为不能约束自己。如何使道德起作用？如何使人能够改善道德？主要依靠敬畏、体验、感化、自省。这个问题也是当前国内外道德教育的难点，大家都能感受到道德教育的效果。甚至有些人说，他道德最高的阶段是在他小学六年级。那么如何能够改善道德呢？

二、西方现代以科学和艺术的名义损害道德

什么因素对道德起负面影响？这个问题已经被讨论几百年了。例如1749年卢梭在《论科学与艺术》中曾认为，科学与艺术对道德起负面作用，科学与艺术没有给人类带来好处，只造成社会道德的堕落和种种罪恶。他引用古埃及的传说，是一个十恶不赦的魔鬼发明了科学。他认为，因知识和技艺进步，导致道德品性败坏，几乎成为历史定律。他列举了文艺复兴时代，艺术和科学腐蚀统治者和被统治者的力量，使意大利虚弱到不堪一击的地步，法兰西查理八世不费一兵一卒就占领其土地。同时代的伏尔泰也认为艺术与科学有时候是大多数罪行的原因（杜兰，1999，3，53）。实质上，价值观念确定了对待科学与艺术的态度，价值观念也决定道德。

西方现代观念把 "理性"、"力量"、"知识" 作为核心价值，其本身就缺乏道德判断。西方科学中的机械论把人看作机器，用机器奴役工人。社会达尔文主义是以科学的名义为战争提出理论依据。"知识就是力量"（Knowledge is power）本身只有强弱的实力判断，没有善恶好坏的道德判断，它对道德起负面作用。西方以科学作为征服自然的工具，征服其他国家民族的武器。亚当·斯密以社会科学的名义，提出了自由竞争促进了英国工业革命时期的尖锐长期复杂的阶级斗争。美国泰勒制管理方法是用机器奴役工人的方法，是以"科学管理方法"名义破坏道德。动作定时方法也是以机械论作为管理的基础，也是以科学名义，只为了无限效率，损害工人健康，增大工伤事故，导致劳动异化。卓别林的电影《摩登时代》就是对机械论和泰勒制的讽刺批判。当代西方科学以克隆技术冲击人类生存道德。

另一个问题是以艺术的名义破坏道德。这个问题在下一节分析。

第六节 古希腊古罗马与文艺复兴批判

一、古希腊道德批判：科学发达，道德颓败

几百年来，出版了大量书籍文章赞扬古希腊的哲学、科学、建筑、艺术等方面的成就，

然而却很少有关于其负面批评的资料，尤其是关于古希腊人的道德。1960年代以后美国历史学家威尔·杜兰写了一套书，重新考证和评价了西方的文明历史。威尔·杜兰在《世界文明史：希腊的生活》中写道："希腊哲学家虽非出于本愿，却毁灭了塑造希腊道德生活的宗教"（历史学家威尔·杜兰在《世界文明史：希腊的生活》，北京：东方出版社，1999年，1，262）。"公元前5世纪的雅典人不是道德的楷模；知识的进步已使他们之中的许多人脱离了其伦理传统，并且将他们转变为几乎不道德的人。他们因重法纪而享有盛誉，但是除了对自己的子女外，很少有利人的观念；甚至很少在良心上感到不安，从没有想到像爱自己一样地去爱他们的邻居。""他们想尽一切投机取巧的方法。""诚实的人，是轰动社会的大新闻，几乎被人看作怪物。""人们宁愿被人称作精明而不肯让人说自己诚实，怀疑诚实是头脑简单。要找出愿意出卖国家的希腊人，是一桩容易的事情。""希腊任何时候都不缺乏处心积虑想卖国的人。""一般雅典人都是享乐主义者。""他们在享乐方面没有任何罪的感觉，并且在享乐中，他们能立即为使其思绪陷入晦暗低潮的悲观主义找到借口。他爱酒，不因偶尔酗酒而感到惭愧；他好女色，而且几乎完全基于肉欲上的，容易为不正当的性关系原谅自己，不认为道德上的过失是一种罪大恶极、不可饶恕的行为。"柏拉图曾说："爱好财货使人为之痴迷"。"他们满脑子所想，无时无刻不是他们自己的钱财；每一个公民的灵魂就悬挂在这上面。""未婚男人，在性关系上，甚少受道德的约束。盛大的庆典，虽然其起源是宗教性的，但却成为男女相悦私下苟合的好机会。此种场合中，放荡的性关系受到宽恕"。"雅典官方承认娼妓制度，并且对操此行业者征税"。"卖淫在雅典已变成一门多元化而颇为发达的行业"（杜兰，1999，1，380–387）。历史文献电影Discovery的《亚历山大》中说，亚历山大是同性恋。

二、古希腊古罗马的裸体批判

许多书已经充分赞美了古希腊的艺术，但是一般很少提到的另一个重要问题是古希腊的艺术和审美观念紧密反映了他们的道德观念。奥地利学者利奇德在《古希腊风化史》（沈阳：辽宁教育出版社，2000）一书中引用了许多人的论点，批判古希腊的裸体雕塑和绘画，"观看他人裸体乃淫乱之根源"，"同性恋是裸体的自然产物"，"这个民族性格粗鲁，贪图感官享受，因此他们只能把裸体看作性刺激，除此之外不可能有别的"，"对情人裸体纯粹是为色情而欣赏，决非视为艺术品"，"拉丁语nudus（裸体的，英语词nude）这个词也可以解释为'粗野的，无教养的'"。德国学者基弗在《古罗马风化史》（沈阳：辽宁教育出版社，2000）也分析批判了古罗马人的道德观念。公元前720年第15届奥林匹克运动会开始了裸体竞技。最初的女子运动会也采取裸体竞技，后来改为穿紧身短衣裙，肩胸袒露。

古希腊的袖珍画画家们喜欢在花瓶和赤陶上描绘手淫情景。大英博物馆收藏的古希腊碗上画的女性是妓女，法国卢佛尔宫和柏林博物馆收藏的许多古希腊花瓶上也画着裸体女子与淫秽情景。古希腊许多文学作品中描写了少女的性行为。卢奇安的作品《欲望》、《妓女的对话》深刻洞察了古希腊妓女的生活方式。从中可以知道，女子同性恋在莱斯博斯岛特别普遍。古希腊人把女诗人萨福称为"第十位文艺女神"，而她一生的诗歌中都表现了对女子的同性恋。在古希腊存在的妓女阶层，被人们称为"维纳斯的女祭司们"，她们的生活成为古希腊文学的主要素材。对古希腊的文学艺术作品进行研究之后，人们发现有关古希腊高级妓女的作品数量十分巨大，许多文学作品对妓院进行了许多描写。在波利比奥斯时代，为一些妓女建造了祭坛和神殿。亚历山大城中最漂亮的建筑物都是以吹笛手和高级妓女的名字去命名的，这些女子的塑像与将军和政治家的塑像并列。臭名昭著的维纳斯神庙就是培养高级妓女的学校（基弗，2000，377）。另外，古希腊也存在妓院，许多女孩把卖淫作为第二职业。在古雅典，妓院的建立与智者梭伦有关。公元前464年，希腊人在奥林匹亚举行盛大竞技会，色诺芬获得五项全能，他曾经发誓说如果取得胜利，将挑选100个美女为神作奉献，这些都是高级妓女。亚历山大大帝攻占了波斯首都后醉酒狂欢，叫了一群名妓参加。高级妓女泰依斯就是亚历山大大帝的情妇，她的形象被搬上戏剧舞台。亚历山大死后，泰依斯又跟随了埃及国王变成了王后。弗里娜（又名拇莉萨瑞特）是一名雅典高级妓女，由于美貌和丑闻而出名，在希腊民众聚会时，她脱光衣服，散开头发，裸体走向大海。这一情景被阿佩莱斯创作成名画《海上升起阿佛洛狄忒》，被著名雕塑家普拉克西特斯创作成《尼多斯的阿佛洛狄忒》。阿佛洛狄忒神庙极其富有，能够供养一千多名高级妓女。

古希腊的"爱神"阿佛洛狄忒是什么含义？读者上网用google查一下Aphrodite就知道了，耻不可开口。从1920年代起，我国受西方影响的知识分子就带领群众砸烂庙宇，把中国古代的各种神作为迷信而批倒批臭。如今却热衷宣扬古希腊的神，书店里充满了宣扬古希腊各种神的书籍。这是西方的科学还是西方的迷信？

男子同性恋是古希腊的另一个十分普遍的社会问题。在大量的文艺作品中对男性的同性恋进行了描述。许多男人都要吸引一个男孩或年轻人，即性成熟的男性。他们从大清早到夜晚都待在一起，并在亲密生活中充当他的辅导老师、监护人及朋友。他们很重视体质锻炼，每天有四分之三的时间待在角力和体育学校里，在那里男子都是赤身裸体。因此"体育学校"在希腊语中派生出"裸体的"。 古希腊的大量文章表明，当时到处都可以用金钱或礼物占有少年男子，也就是男妓。

三、文艺复兴批判：科学艺术发达，丧失道德

如今各种书报刊物上几乎千篇一律都是赞扬文艺复兴，这是片面的和错误的。文艺复兴属于西方历史上第二个发展现代性的时期。这个时期的艺术与科学得到很大发展，同时也出现了西方社会性的道德问题。杜兰在《世界文明史：文艺复兴》中说，意大利"贪污充满政府每一个部门"，"即使社会上流的男子，也谈黄色的笑话，看黄色的诗，听黄色的戏剧，这似乎是文艺复兴时期最见不得人的一面"，"意大利人在消遣活动方面就如同猥亵方面，居于领导欧洲国家的地位"（杜兰，1999，2，750~754），教士们道德败坏、虚伪、贪婪、无知、傲慢，"他们是无耻的象征，是世界上最卑鄙无耻者的表率"（726页），妓女是"纨绔子弟和热情的艺术家们的宠客"，"同性恋，几乎成为复兴希腊文化不可少的一部分"，"卖淫的情况亦非常普遍……公元1490年时在罗马大约9万人口中，一共有6800个公娼。在威尼斯，在大约30万人口中，有11654个娼妓。一名妓女死时，罗马城人竟有半数哀悼她，米开朗琪罗还写诗哀悼她"（732），"在较大城市，多数女人都是坦胸露背"，"有些女人除了鞋子以外，可说一丝不挂"，"多数的女人为了保持身段的苗条，都穿着紧身衣"（741），文艺复兴时期同古希腊一样，"两性关系甚为混乱，政治上讲究诡诈"，"许多人实行堕胎"，"个人暴行和腐败超过了古希腊"。

德国马丁·路德1511年拜访意大利时，下结论说："如果有地狱的话，那么罗马便是建立在地狱之上，我也听见罗马人自己这么说"。"意大利人也不掩饰他们生活的放纵和道德的堕落，他们有时还著书辩解"。"意大利是欧洲国家中最腐化的，其次是法国和西班牙"，"德国人和瑞士人还保有许多古罗马人男性美德。""意大利所以道德堕落是由于她较富有，而政府及法律则较脆弱，同时知识的较高度发展也促成了道德解放"。1550年英国学者Roger Ascham说："我自己到过意大利一次，感谢上帝，我在那里仅住了9天，但是我在那么短暂的时间内，在一个城市，所听到的犯罪情况却远比我在伦敦9年内所听说的还要多。在那里，人们随意犯罪，既不会受到惩罚，也不会有人加以注意，就像在伦敦人们爱穿鞋子或凉鞋，悉听尊便，不会有人

干涉一样。"他还说:"一个英国人要是意大利化了,就变成了魔鬼的化身"(768~770)。

杜兰说:"意大利文艺复兴的绘画……也有错误,它的重点在于肉体的美……甚至于宗教画都有色情的色彩,躯壳的形式重于精神上的意义"(913)。

文艺复兴时期(14~16世纪)的欧洲出现几件大事:意大利艺术发展,1445年德国古腾伯格发明印刷术,1477年出版了马可波罗描述远方世界的书,1492年哥伦布发现新大陆。为了寻找殖民地和财富,哥伦布船队1492年从西班牙抵达加勒比海群岛,把大量欧洲疾病首次传到当地。当地居民缺乏免疫力,麻疹、破伤风、斑疹伤寒、伤寒症、白喉、流行性感冒、肺炎、百日咳、痢疾和天花,造成美洲一亿人死亡,占总人口的95%。美国德博拉·海登在《天才狂人的梅毒之谜》一书中写道,1493年哥伦布又把梅毒传入欧洲。哥伦布1506年死于神经性梅毒,此后欧洲死于梅毒的人数为1000万人,持续500多年,直到1943年开始用青霉素治疗以后才遏制了梅毒。这种疾病是对道德败坏的罪恶的惩罚。梅毒患者包括:音乐家西方浪漫主义音乐家贝多芬、舒伯特、舒曼,表现主义代表画家凡高开枪自杀时年仅37岁,德国哲学家尼采(还是疯子),文学家波德莱尔、福楼拜、莫泊桑(还有精神病,43岁死)、王尔德、海涅、雨果,以及林肯、希特勒等(海登,2006)。

第七节 西方现代艺术批判

思想启蒙运动规划了若干角色取代宗教,其中艺术家的作用在于感化人的情感,以脱离宗教信仰,同时使人保持原来宗教影响下人所具有的温和性格和道德品质。

一、西方现代艺术的若干变化阶段

西方现代主义艺术的基本价值是叛逆宗教传统文化,它们又可以被分为古典派现代主义和激烈派现代主义。古典派现代主义主要包括(新)古典主义艺术和浪漫主义艺术。而激烈派现代主义包括印象派、表现主义、未来派中的极端激烈派等等。

1. 艺术是资产阶级革命先锋派(前卫派)。西方现代艺术的产生,是由于思想启蒙运动反宗教的需要,其代表思想是新古典主义美学思想,以及新古典主义艺术流派。因为它是继古罗马的贺拉斯的古典主义之后再次标榜以古希腊古典艺术为典范,因此被称为新古典主义。它在政治上拥护王权,从总体上服从封建国家,崇尚理性和自然人性论。它认为理性高于一切,强调以理性衡量文章的价值,否定感性的意义,作品中多表现理性与感情的矛盾,以理性克制感情,推崇和塑造了许多英雄人物。它在艺术上运用古典优雅的规范语言模仿古希腊典范,注重格律和模式,遵循艺术法则。新古典主义不完全赞同文艺复兴观念,而认为人是不完美的,有原罪的,人的潜力有限。它强调秩序、理智、克制、宗教政治经济哲学的保守主义。它认为人本身就是艺术最合适的表现对象,艺术的基本价值是——实用,因为它对表现智力(而不是情绪)是有用的。它强调从整体观念去设计细节,因此需要对称、比例、一致、和谐和优雅等设计观念,他们认为这些观念能够促进心情愉悦、传达交流,具有教育功能以纠正社会上人们所存在的动物性。新古典主义的典型思想主要包括:尊重古典,不推崇创新观念;关注社会现实中能够保持社区群体共同生存的思想;信仰自然或事物应该具有的规律,而不相信创新;艺术标准是"发现",而不是"发明"。这种艺术精神反映了世界观念(宇宙观念)、人生观念(生存观念、生活观念、人世观念)、价值观念。它在艺术形式上表现为现实主义倾向。它在17世纪法国发展得比较突出。它的代表人物是法国的布瓦洛、高乃伊、莫里哀、普桑、安格尔等,英国的蒲柏、约翰生,俄国的罗蒙诺索夫等。新古典派现代主义时期,艺术是资产阶级政治的一部分,艺术家是资产阶级革命家,是革命先锋派。其代表人物之一是法国著名画家雅克·路易·大卫(Jacques-Louis David, 1748—1825年),于1785年画了著名油画《贺拉提乌斯兄弟之誓》,因其古典主义和对法国革命理想的献身而闻名。他参加了法国大革命,并成为革命共和国法令委员会成员。他说,该委员会认为,艺术在各方面都应该帮助传播人类精神进步,致力于把优秀人民的崇高奋斗的典型事迹宣传给子孙后代。他绝对严格要求各种艺术都应该强有力地贡献给共和国法令。对于他来说,艺术就是政治,就是政治理想,国家的荣誉是第一位的,每一个艺术家都应当为国家的荣誉而创作,否则作品将被统统没收,画家要么监禁,要么流放。大革命爆发后,大卫创作了一系列反映法国革命历程的作品,他曾为宣传革命历史而绘制过一幅长达几百码的大型油画,以传播法国资产阶级革命精神。大卫是个爱国主义者,坚信爱国主义画笔具有道德教化作用,曾为拿破仑画了《跨越阿尔卑斯山圣伯那隧道的拿破仑》。拿破仑倒台之后,波旁王朝宣判他对路易十六犯有弑君之罪,大卫不得不离开巴黎,过着流亡的生活。1825年大卫77岁客死他乡。

2. 艺术是开拓资产阶级真善美的先锋派。其代表人是英国19世纪后期的浪漫主义思想家和画家罗斯金(John Ruskin, 1819—1900年)等人。罗斯金认为,美学属于研究道德感情的一个分支。他说:"艺术品位不仅是道德的一部分和道德指数,而且品位正是道德。"(见Ruskin, 2007)。他提出,美的愉悦有四种来源:第一,它是一种印在外部事物上的良知的记录;第二,是神圣事物象征性的标志;第三,是现存事物的幸运;第四,是它们对自己的职责和作用的完美履行(罗斯金,《现代画家》第二卷,259)。罗斯金区分动物性快乐和认知快乐说:动物性的快乐,把美看作为感官上的愉悦,这属于低级感知过程,被称为感觉(Sensation)。他明确说:放纵者寻找的愉悦是低级的。视觉听觉存在高级的愉悦,从这种感知中产生愉悦、崇拜和感激。这种高级的审美,就是对美的思考,这是感情性的理解思考过程,属于高级的认知过程(罗斯金,《现代画家》,2006,第二卷,160)。他认为"不同种类的审美或感官快乐(正确的称呼)之间可能存在着不同的美"。感官快乐存在高贵或低贱的不同级别。他认为,对待感官快乐的态度首先在于不同的感情驱动意图:克制和放纵。"只有当人们的愿望战胜或阻止他们理智的行动时,他们才是不克制的"。"那些被称为不克制的人,通常被一致认为是最卑鄙的"。不克制的过剩纵情导致罪恶的愉悦。当人们在纯粹的激情下冲动时,所有的人都会变得不温和。面对过分纵情与触摸和品尝中的愉悦,绝对缺乏意志的人们就被称为放纵者或不克制者。他强调,放纵者在寻找愉悦中低人一等(罗斯金,《现代画家》第二卷,159)。他提出典型美,生命美。他批判达芬奇的风景画的作用是消极的,是装饰主义的。他批判文艺复兴时代奴役劳动人民,把建筑工人变成了奴隶、机器、动物工具,文艺复兴艺术是衰落的象征。他反对亚当·斯密在《国富论》中鼓吹的劳动分工,他认为这引起了贫困。痛恨自由英国的竞争。这些思想深刻影响着莫里斯,由此引起了欧洲的艺术与手工艺运动。

浪漫主义强调情感、意志的作用。情感与意志是无规律的,具有特殊性、变动性、多元性和不确定性。它和启蒙运动提倡的理性的普遍性、规律性、不变性、一元性、确定性是根本对立的,因此浪漫主义是西方思想启蒙史中的一次重大转变。浪漫主义反对启蒙运动宣扬的普遍理性和任何理性的普遍性,它要求个性解放和感情自由,在政治上反抗封建主义统治,在文学艺术上反对古典主义的束缚。它抵制古典派的那种秩序、平静、和谐、平衡、理想化、和理性。在一定程度上也反对资产阶级思想启蒙运动,反对18世纪的理性主义和物质唯物论(Physical materialism)。它强调个性、主观、灵感、激情、天才、非理性、想像力、自发性、情绪、梦幻和超越。它广泛赞扬情绪,而不是理性;赞扬直觉感官,而不是思想才智;赞扬大众民间文化、民族和文化传统;赞扬中世纪时代;赞扬英雄天才和特殊人物，表现他们的激情和内在的奋斗，特别爱好异国情调、美丽、情绪激动、遥远偏僻、神秘色彩和畸形怪异等等。浪漫主义认为只有艺术能激励人们依据理性的原则，按照道德理想行事。即使人知道什么是善恶，仍然可能做恶事。因为人的行动的主要源泉是刺激、想像和激情。如果人们接受审美教育，从自然人冲动转变到理性冲动，心灵得到净化，行为文雅，就会实现理想社会。艺术是积极力量，艺术活动中的人才是自由主体。浪漫主义认为，工业化丰富了物质生活，但也破坏了人与自然的和谐关系，使人丧失了纯真，所谓的文明人，只不过是成了金钱奴隶，是恶魔般的市侩。他们反感象征工业革命的城市生活，主张从那些未被工业文明冲击的偏僻地方、甚至原始野蛮的部落去寻找人类的精神财富。这意味着，从一开始，一部分先锋派艺术家是资产阶级的叛逆者，他们用一个极端（原始野蛮社会）去反对另一个极端（工业社会的残酷），而没有像例如艺术手工艺运动的改革论等，采取"体制内改革"态度，从现实中探索解决社会问题的系统方法。更有些艺术家从原始部落往往没有发现自然人的友好善良生存方式，而是人类的粗野的动物性，他们发现了一些自然的原始艺术，同时也接受了不文明的原始生活方式。法国浪漫主义的先驱者是思想家卢梭、文学家雨果和乔治·桑等。在音乐界代表人物是贝多芬、舒伯特、柏辽兹、门德尔松、肖邦、李斯特和瓦格纳等。他们的作品为新生资产阶级提供了精神和情感依托，成为开拓资产阶级社会文化的主力，这使他们成为资产阶级革命的先锋派。迄今美国重大题材现代电影仍然采用19世纪的浪漫主义音乐，其仍然是史诗电影的主题音乐。

3. 艺术是激烈派个性和个人生活方式的体现。它起源于19世纪末的印象派绘画，体现在此后一些艺术派别中。西方现代性标志之一是享乐主义，因此它的基本需要是体现他们价值观念所追求的快乐，需要表现个人、表现个性，印象派符合这一目的，最初它的典型作品是愉快的风景画、幽闲的生活、穿着厚呢子衣服的现代人。印象派的创始人是马奈（E·Manet Manai，1832—1883年），马奈提出了"纯艺术"的概念，有些人以此作为借口，有些人以此掩饰真实动机，这是西方激烈派现代主义艺术的一个重要转折，意味着反叛西方传统道德观念，反叛西方现代艺术脱离启蒙运动的"理想主义"思想体系，艺术不再是资产阶级革命先锋，艺术不再是资产阶级政治，艺术不再起心灵净化教育作用，反对承担社会责任，这是西方现代主义艺术的第一次价值转变，从此艺术与其他社会职业一样，成为谋生手段，成为这些画家的个人行为，成为个人生活方式，注重表达画家本人的心理感受，体现个性，以后艺术家们逐渐脱离社会成为一个比较孤立职业的群体。这也就是为什么激烈派现代主义注重绘画的形式和色彩，而不注重内容的美丑。激烈派现代主义者从第一幅绘画就把女性裸体作为其象征，从此裸体绘画成为西方现代主义激烈派的象征。法国画家和印象派的先驱者马奈被看作是第一个现代派画家，他的作品《草地上的午餐》（1862年）表现了一个侧身坐地的裸体女性与两名男子，1863年第一次展出时引起社会极大愤慨和震惊。这个裸体模特叫维多琳·默兰。马奈还以她为模特画了《奥林匹亚》，默兰裸体躺在床上。1862～1874年期间至少有9幅画是以默兰为模特。默兰的性关系混乱，也是同性恋者，后来还成了酒鬼。西方激烈派现代主义绘画从一开始就把性裸体作为绘画主要目的之一。典型代表是尼采，他提出艺术创作的激情来自酒醉和性冲动。洛斯（Adolf Laos，1780—1933年）对西方激烈派现代主义艺术描述得比较深刻，他说："所有艺术都是色情的"。"把身体绘画当作装饰的根本，是一种适合原始人而不是现代欧洲人的做法"。德国艺术大师格罗兹（George Grosz，1893—1959年）曾经批判把娼妓作为绘画的正面角色，他说娼妓是德国民间传说中的恶毒少女，导致梅毒和毁灭（罗伯特·休斯《新艺术的震撼》，上海人民美术出版社，1989，144）。法国后印象派画家高更（Paul Gauguin，1848—1903年）个人生活无着落，更不顾家庭，富庶和罪恶不断困绕着他。他憎恨城市资产阶级文化，周游世界试图去找人间天堂。为此目的，他去法属殖民地塔希提岛，法国航海家称赞其为"伊甸园"。然而当他达到那个地方时，看到的却是殖民地、妓女、酗酒、没精打采的混血儿。高更在塔希提感到寂寞，寻找女人，一位妇女把13岁的女儿特拉芙交给高更作妻子。两年后返回法国，他对欧洲工业文明感到失望，别人又嫌弃他。后来高更与一名爪哇籍女人结婚，这个女人拐走了他的财产，高更又染上梅毒，靠卖画度日。他听到女儿去世的噩耗后，绝望而自杀。也许这些人生经历使他彻底反思，"希望他的绘画成为道德寓言"，"他设想自己为一个道德教师，不仅仅是一个视觉工程师，面向广大观众宣讲宗教的或道德的问题"。他在自杀前，画了一幅反映内心对人生疑问的画《我们从哪里来？我们是谁？我们往哪里去？》，表现了什么，对启蒙运动思想体系的绝望或遗憾？对人生的迷茫或反悔？他自杀未成，他又在塔希提住了6年，转到一个临时的小棚里，虽然得到土人的看护，却终于因为缺医少药，得病不治而死（休斯，1989，109）。"人是什么"这个问题是西方思想启蒙运动以来的康德哲学没有解决的问题，也是20世纪末21世纪初西方后现代研究的最重要问题。荷兰印象派画家凡·高（1853-1890）曾创作了大量的作品，如《向日葵》、《收获景象》和《夜间咖啡座－室内》等，但仍无法卖出以养活自己。1882年结识妓女西恩并同居。后来靠弟弟养活一直到自杀。1888年厌倦巴黎的城市生活，来到法国南部小镇。10月与高更同住，二人性格差异很大，艺术分歧很多，经常吵架，互不相让，后来凡·高精神失常（癫痫），一次争吵后失去理性，企图刺杀高更，高更跑走。凡·高割下右耳的一部分，献给当地一个妓女。后来凡·高去接受精神病院的治疗。1890年7月27日下午，他外出作画时开枪自杀。29日黎明，凡·高去世，只有37岁。请记住他的遗言："The sadness will last forever……"西方社会学对自杀问题长期调查表明，精神病人自杀率比较高。他的悲惨人生正反映了西方现代社会病态和心理病态，也正是我们应该谨慎思考预防的。作为画家，他创作了许多著名作品。作为一个生活在社会上的人，不是人生楷模。

4. 艺术表现法西斯价值观念。这是艺术的第二次价值转变，主要表现在未来派艺术。这是激烈派现代主义的最极端体现。"未来派"一词是1909年意大利诗人马里内蒂(F.T.Marinetti)首先提出，他宣称自己是本国最现代的人，他强调要为文化和社会的变化、发明创造而欢呼，他赞扬现代的新的美，像汽车新技术和它的速度美、力量美和运动美，号召抛弃传统的价值、文化价值、社会价值和政治价值，并毁灭这些文化机构，诸如博物馆和图书馆等等。这篇文章充满火药味。1910年《未来主义画家宣言》说："我们将用我们的力量同盲目的、无意义的、势利的、受到博物馆展品支持的宗教进行斗争"。"我们背叛那些无勇气的、古老油布上的神的崇拜"，"科学进步的成功已经引起人性产生深刻变化"，"摧毁对以往历史的崇拜、对古代人的执着、假学者和学院派的形式主义；废除一切模仿；大胆激烈振各种原创，各种艺术批评都是无用的和危险的；勇敢和自豪地坚持'孤独'，他们企图用此来压制一切改革者；反对'和谐'和'好品位'等口号的奴役，这些标准可以被用来摧毁伦勃朗、戈雅、罗丹；扫除过去所采用过的一切主题和对象；支持我们日新月异的世界，胜利的科学将使它继续壮观美丽"。它赞美机器和机械运动、速度、精力、机器的力量、生命力、变化的、不得安宁的现代生活，它对视觉艺术和诗产生较大影响。这种反传统潮流后来变成了完全相反的另一个潮流，成为意大利法西斯的宣传工具。他们也许没有想到，第一次世界大战用机器制造了空前的大规模杀人武器。后来投入到意大利纳粹的怀抱，他们把现代战争赞扬成为最高艺术表现形式。虽然这个流派于1920年代消失，然而马里内蒂的想法，例如梦幻金属人体，仍然存在于日本的一些电影中。未来主义影响了20世纪的结构主义、超现实主义、艺术装饰派。如今一些日本军国主义者仍然以"现代东方设计师"的身份在意大利宣扬侵略中国的那场战争。

5. 艺术表现西方的现代社会病态和心理病态。其代表是表现主义。西方许多现代派艺术的最终归宿和落脚点是表现画家的个人的心理状态，这也是西方现代主义艺术的又一次价值定位。

第一次世界大战前，欧洲许多帝国主义政治主宰者，用激动人心的口号："国家"、"牺牲"、"荣誉"、"善与恶的决战"、"建立永世正义"、"挽救文明世界"、"结束一切战争的战争"等，把整个西方社会激发成为战争狂热状态。最初欧洲许多知识分子以"爱国主义"名义走上战场，却看到人类历史上第一次用机器（重机枪）大规模屠杀的恐惧，他们很快转为失望、颓废，反对战争。国家民族之间成为仇敌，整个欧洲社会处于悲观绝望中。这次战争毁了欧洲一代人的心灵，尤其在艺术界导致精神崩溃，使得他们仇恨一切形式的权威，仇恨一切传统形式。从此西方现代主义艺术家发生第三次价值转变，这是一次根本逆转，而不再是资产阶级革命政治力量的新古典主义，也不是资产阶级文化开拓者或教育先锋派的浪漫主义，而是从宗教叛逆者成为资产阶级的叛逆者。那些具有"自我中心"观念的艺术家，反对资本主义和帝国主义的丑陋，用"表现主义"隐含着"焦虑"，他们表现对战争的担忧、焦虑、恐惧和悲伤。但他们自己的精神也被摧毁，缺乏健全心理，缺乏社会改革责任感和改革能力，他们用无奈发泄性的无政府主义，用放荡不羁去对待社会罪恶。他们成为无政府主义者，也成为西方现代社会病态的表现者，最后导致自我放弃和自我毁灭。这也是西方社会病态的另一种表现形式。蒙克（Edward Munch, 1863–1944），生于挪威，客居德国，表现主义艺术的先驱人物之一。蒙克的一生反映了当时社会悲剧，一生风雨飘摇，童年丧母、成年丧父、姐妹多病，人生对他来说一场噩梦。他作品的核心是关注现代社会中个人精神的痛苦，发泄个人情感创伤、生与死、孤独与焦虑、恐惧与呐喊。他的代表作《呐喊》中，一个面容消瘦的人在桥上狂呼，天空中漂浮着红、蓝、黄三色粗犷蠕动的色线，似乎隐喻死将来临。表现主义不再具有资产阶级的理想主义，不再刻画美的无利害愉悦，相反，是理想主义的破灭。表现主义者们，具有人道主义精神，但是缺乏新古典主义和浪漫主义所具有的资产阶级革命性和教育性，从资产阶级理想主义或先锋派回落到社会现实，与那个时代的社会主流思潮一样，缺乏健康健全心理，缺乏社会改革责任感和改革能力，是无奈发泄性的无政府主义。这同样是西方社会病态的一种表现形式。他们惟一的英雄是"自我"，是画家的自我陶醉与痛苦，1925年德国艺术大师格罗兹（George Grosz, 1893–1959）写道："这种表现主义的无政府状态必须停止……这一天将会到来，艺术家不再是这种放荡不羁、目空一切的无政府主义者，而是一个健全的人在集体的社会中从事明确的创作"（休斯，1989，67）。

二、如何看待西方现代主义艺术

1．西方现代艺术价值观念的转变。综合上述可以看出，西方现代主义艺术在二百多年来价值观念的定位经历的几个历史变化阶段：

第一阶段，新古典主义和浪漫主义艺术是西方现代资产阶级革命先锋派。

第二阶段，浪漫主义艺术是西方现代的教育者。

第三阶段，印象派是西方资产阶级尤其是激烈派现代主义个人生活方式的体现，裸体绘画是激烈派现代主义象征。

第四阶段，未来派艺术成为法西斯代言人。

第五阶段，表现主义是西方社会病态和心理病态的反映。

2．西方古典派现代主义

西方现代艺术发展阶段 　　　　　　　　　　　　　　表6-7-1

发展阶段	西方现代主义艺术的价值定位	
第一阶段	资产阶级革命先锋派和教育者	新古典主义和浪漫主义
第二阶段	表现资产阶级激烈派的个性和个人生活方式，裸体画是其象征	从印象派开始
第三阶段	法西斯代言人	未来派
第四阶段	西方社会病态和心理病态的表现者	表现主义等

上面已经分析过西方现代主义古典派的基本思想,古典派现代主义基本观点大致如下。

第一,古典派现代主义认为艺术是革命先锋派。古典派现代主义继承了思想启蒙运动思想,建立了艺术的新角色作用——传递现代主义和反宗教的艺术,建立世俗理想社会。艺术承担重大的社会责任,艺术是通往世俗理想社会的传播媒体,艺术具有反宗教的目的,艺术即政治,现代派艺术即资产阶级革命的一部分,艺术家是理想家、革命家或改革家。

第二,古典派现代主义认为艺术具有教育作用,这种教育对人的感情有感化作用,强调真善美对道德的感化作用。他们坚信他们呈现的绘画表现了好的价值和道德、高尚的行为、鼓舞人的基督教情操、公正的品行、高尚的牺牲,作为样板和典范,以改善世界。实际上,古典派现代主义也延续了古典主义艺术的价值观念。

第三,艺术是传播社会文化的传播载体,是维持文化传统的连续和发展的人文因素之一。这是任何一个社会稳定存在的人文基础之一。艺术,正如科学,不是个人行为,艺术是农业社会和工业社会政治的体现,艺术不可能脱离政治、社会和文化,因此历代君主统治者都坚持艺术应该成为促进社会稳定或社会变革的精神力量。事实上,如果历史上没有君主集权统治,任何社会底层大众的生活也需要维持文化传统的连续性。例如,美国独立革命后成为民主共和制度,仍然维持古典主义文化观念及艺术。就连推崇"自由、平等、博爱"的激烈的法国大革命后也如此。

第四,美育目的是修复弥补社会心理病态。从1870年西方进入工业社会,1918年进入现代社会,艺术的作用或美育,已经不是原来的意义了。在社会转型时期,物质世界的巨大变化带来了心理巨大困惑,对精神造成巨大冲击。史无前例的、长期的、尖锐的、残酷的阶级斗争,绝对贫困、青少年犯罪、劳动异化和人心冷漠,给社会每一成员带来内心深处巨大冲击。即使古典派现代主义艺术家,也遭遇到同样的社会心理冲击,面对现实,他们思考探索解脱途径。罗斯金、莫里斯、包豪斯和乌尔姆造型学院等,一直坚持着艺术弥补和制衡技术负面作用,艺术弥补修复精神心理匮乏,有些人,例如康定斯基和蒙德里安等人,曾经经历过神秘主义,东方宗教,把它融入艺术之中。在西方艺术家中,很少人像卓别林那样,深刻认识到机器时代对人类心理的负面作用,并在《摩登时代》和《城市之光》中揭露这些心理病态,最后导致美国政府不允许他居住在美国。

第五,强调人性美,活力美。

3. 西方激烈派现代主义

第一,激烈派现代主义最基本的观点是强调彻底颠覆传统,不保留传统的连续性。

第二,激烈派现代主义提倡一系列崇拜,包括叛逆崇拜、未来崇拜、战争崇拜、偶像崇拜、机器崇拜、自我崇拜、性崇拜等等。

第三,强调人体美,从人体美,到裸体美,到促进性解放。

第四,强调感官刺激,例如视觉刺激、触觉刺激、听觉刺激以及性刺激等。

4. 如何看待西方激烈派现代主义艺术呢?以下两个作者的观点也许对读者有些参考作用。桑塔亚那(George Santayana, 1863—1952,美国现代哲学家、诗人和文学批评家),在《艺术中的理性》(1905年)中说:"那些美的艺术很少成为人类进步的原始因素。如果它们表现道德的伟大和政治的伟大,而且还足以提高这种伟大,那么它们就取得了一种尊严。但是当这种表现的功能被放弃时,它们就成为浮夸的艺术了。这种艺术家成为漫不经心地闹着玩的人,而公众则分为两个阵营:一种是过分喜爱这种艺术家的装模作样的浅薄的艺术爱好者,另一种是使自己越来越显得粗鲁的下等人。两种势力都使艺术家堕落,而艺术家则有助于培养这两种人。一种信赖和假充内行的气氛笼罩着艺术家的态度,并随其影响蔓延开去。宗教、哲学和习俗也逐渐会受到这种风气的影响,变为一种随意的幻觉或

西方古典派与激烈派对美学与艺术的典型观念的对比　　　　表6-7-2

现代主义	取代宗教，建立人类自由、自主、自治的理想社会。功利主义目的性。人本性善良，但是社会腐败使人不好，通过教育改善人	
两类现代主义	古典派现代主义	激烈派现代主义
如何对待宗教	理性代替信仰，建立世俗道德，建立世俗审美判断力。	彻底叛逆一切传统（宗教）观念
如何看待人本性	人有两重性： 动物性（生理性，群体性），人性（社会性，道德性） 我国传统文化认为人有三重性：动物性，人性，超越性	强调原始性（裸体，无羞耻感，生理性，动物性），自私性，金钱驱动。人本性不可改变
世界观	强调有序性，自然规律，一致性	强调无序性、混沌、强调不确定性。叛逆崇拜，未来崇拜、战争崇拜、偶像崇拜、机器崇拜、自我崇拜、性崇拜等等
对教育态度	通过教育使人从动物性转变到人性	适应天性，发展天性，回归原始性
如何对待自我	强调群体共生性	强调自我中心
如何对待社会	强调社会责任感的各个方面	强调自由解放，摆脱政治，摆脱社会责任
对待传统文化	延续传统文化（含宗教），逐渐发展新传统文化	打破一切文化传统，摆脱各种习俗
美学核心观念	强调美与崇高（高尚）。无利害（无私，无生理欲望）的愉悦，是道德的主题，是道德和情绪反应，是良心的记录	性展示，生殖崇拜。感官愉悦，人体肉欲愉悦，与道德无关
美育目的	代替宗教，净化心灵和感情，道德高尚，情感平和，行为高雅，善良，同情。弥补社会心理病态	精神刺激，视觉刺激、听觉刺激、触觉刺激、性欲刺激。建立感官愉悦
艺术的作用	向着最和谐的完整的人生发展	自由，自我表现，性欲表现
美的极端形式	人性美、典型美、活力美	从人体美走向肉欲观念
20世纪的发展	工业设计	若干现代艺术流派

卑劣的捧场。当这种风气在不同的领域出现或涉及不同的对象时，称为浪漫主义、形式主义、唯美主义和象征主义的这类弊病，就在不同的时代中产生。不用说，那些艺术自身首先受到损害。因此艺术成为对丑恶的存在物的一种令人讨厌的装饰。"（张德兴，625）

德国心理学家梅伊曼（Ernst Meumann，1862-1915）在《美学体系》（1914）一书中说："今日艺术似乎正处于全面的瓦解过程之中。这种瓦解过程有多方面的意义：从前艺术家已经完成的、独立自足的'作品'上面，可以看到长久辛劳造成的拱顶石，现在这些作品已瓦解于新的艺术手段的实验或试验。但尝试并非艺术创造，最多只是它的准备阶段，而'试验'也不是艺术作品，最好的情形也只能是艺术作品的一些成分。其次，应用艺术已一再瓦解为纯粹的手艺。如果人民抛弃了一切艺术形式，只把艺术对象的目的当作范例，这时人们从事的就只是手艺而不再是艺术了……当代艺术家大半缺少知识，缺少技术和科学的教养，基于这些原因，就只能对艺术手段的效果，如颜色、音调、噪声、手触质感等等作出判断。"（张德兴，199）

第八节　评论四人

2000年前后，西方四个人对我国负面影响比较大，他们是尼采、萨特、弗洛伊德、马斯洛。我国网络媒体上大多数文章是正面推崇这些人的，甚至出现一些谎言。有时候一些缺乏人生经验的青年人说："起码他们说的是正确的。我学他们好的一面。"但是要注意有些西方现代思想家属于双重人格,他们的许多文章充满了美好的词语,然而他们说一套,干另一套;对人一套,对己另一套。

一、尼采

尼采(Friedrich Wilhelm Nietzsche, 1844—1900),德国人,1889年精神错乱,彻底背叛传统文化,"狂人"和"疯子",患梅毒而死。他把艺术创作的源泉归结于低俗的酒醉和性欲(动物生理性),他在《偶像的黄昏》中说:"为了艺术得以存在,为了任何一种审美行为或审美直观得意存在,一种心理前提不可或缺:醉。首先须有醉提高整个机体的敏感性,在此之前不会有艺术。醉的如此行行色色的具体种类都拥有这方面的力量:首先是性冲动的醉,醉的这种最古老最原始的形式。同时还有一切巨大的欲望、一切强烈情绪所造成的醉;酷虐的醉;破坏的醉;某种天气影响所造成的醉,例如春天的醉,或者因麻醉剂的作用而造成的醉;最后,意志的醉,一种积聚的、高涨的意志的醉。——醉的本质是力的提高和充溢之感。出自这种感觉,人施惠于万物,强迫万物向己索取,强奸万物,——这个过程被称为理想化。"以冒充的权威吓唬人"不亚于神圣的柏拉图(叔本华自己这样称呼他)的一个权威认为另一种意见是正确的:一切美都刺激生殖,——这正是没的效果的(proprium特性),从最感性的到最精神。""为艺术而艺术——反对艺术的目的的斗争,始终是反对艺术中的道德化倾向、反对把艺术附属于道德的斗争。为艺术而艺术意味着:'让道德见鬼去吧!'""医生的道德。——病人是社会的寄生虫。在一定情况下,更久地活下去是不体面的。"他在"现代性批判"标题下,没有批判现代性,而是要废除婚姻,"现代婚姻已经失去其意义,——所以人们废除了它。"西方激烈派现代主义的基本立场是彻底批判、彻底破坏,只有破坏,但是从提不出建设性思想。

尼采和瓦格纳对希特勒有较大影响。希特勒焚烧了许多思想家的书籍,但是只保留了两个人的著作:尼采和瓦格纳。希特勒在《我的奋斗》中曾经赞扬作曲家瓦格纳。他的音乐和种族主义思想对纳粹有比较大的影响。甚至希特勒说:"要了解纳粹就首先要知道瓦格纳。"尼采很崇拜瓦格纳,认为他是德国活着的最伟大的创造性天才。

尼采反对平等和民主,反对社会主义。他信仰"优等民族"到来。在尼采给他妹妹伊丽莎白·尼采的信中,表现出反犹太人。1885年他妹妹伊丽莎白·尼采与反犹太人首领弗斯特(Bernard Förster)结婚。后者是从瓦格纳(Richard Wagner, 1813—1883)那里批发了反犹太人观点。伊丽莎白·尼采与纳粹建立了密切关系。至于尼采与希特勒的关系,伊丽莎白·尼采曾在一封信里写道:"我知道希特勒在尼采著作里发现了什么——那就是扮演英雄角色的思想,这是我们拼命所需要。"她还说:"假如我哥哥过去遇到希特勒,他那最伟大的愿望可能早已经实现了……我最喜欢希特勒的朴实和自然……我绝对钦佩他。"尼采和希特勒都把犹太人称为"聪明的奴隶",他们都把犹太教伦理称为"败血症"。他们都赞扬"金发野兽",尼采称高贵的金发野兽是古罗马人、阿拉伯人、日耳曼人和日本人。他说"金发条顿人(日耳曼人)是人类发挥其全部潜能的希望"(尼采《道德家谱》)。希特勒的"金发野兽"指古老的亚利安民族,把它称为全人类文化的征服者。尼采预言一种新的道德将会出现,它是利用人的权势意志,这个人就是"超人"。他说"人是野兽,是超级野兽,更高等的人是野蛮的超人,他们是同一种人"(尼采《权力意志》)。他认为恐怖能够产生人类更高的状态。他预言征服者要保持野兽的特性。他在《权力意志》中说:"一个大胆的统治民族正在站立起来……目标是准备重新评价一个特殊强大的人的价值,在智力和意志方面有最高天才的人,这个人及其他周围的精英将成为地球的主人"。希特勒在他《我的奋斗》中认为自己就是尼采预言的超人(尼采资料,2007)。

希特勒与墨索里尼公开声称是尼采的信徒。希特勒多次参观尼采档案馆,并朝拜尼采的妹妹伊丽莎白·尼采，从私囊里拿钱向尼采档案馆捐款。墨索里尼致信给尼采的妹妹称尼采是他最喜爱和最崇拜的哲学家，也为尼采档案馆捐款。1945年苏联红军占领魏玛，查封了尼采档案馆，宣布尼采的思想是"法西斯学说"。1970年代以后的某些后现代派的思想源自尼采。

通过上述举例可以看出尼采思想体系的实质，也能看出它会导致什么后果。为什么如今在我国某些人群中能够传播尼采？这个问题值得深思。西方思想启蒙运动以来，出现两种思潮：古典派现代主义和激烈现代主义。这二者有许多区别，其中最主要的区别之一是前者主张延续传统，后者极力主张叛逆传统或颠覆传统；前者主张建设，后者只会造反。尼采正好为后者提供了彻底叛逆的语言。这里为那些推崇尼采的人献上几句话：

激烈派现代主义对待人类社会只会叛逆传统、只会颠覆传统，靠此只能够造反但是无法生存的，崇拜尼采的人要谨慎保护自己的心理健康。

二、萨特

萨特（Jean Paul Sartre，1905—1980），法国人。他一岁时父亲病逝世，11岁时母亲改嫁，他鼓吹存在主义。存在主义的基本含义是存在优先本质，以反对传统的观点"本质优先存在"。它的意思是说，我们没有预先确定的本质控制我们是什么、控制我们做什么，或者对于我们什么是有价值的。我们有彻底自由的决心，我们的行动独立于外界影响。他提出无责任无道德的选择自由，认为没有预先决定的本质，而是通过这些自由选择创造了人的本质。他与女友签订两年协议，提出居而不婚，这是西方激烈派现代主义典型的彻底颠覆家庭传统的一个事例。他不要结婚，只要同居女友，并且只有两年，二人不必住在同一屋檐下。他还说，除了二人的爱之外，还可以同时有其他意外的风流韵事。他说通过这些自由选择我们创造了我们的价值。这一观点受到西方各国批判。他认为"存在先于本质"，除了人的生存之外没有天经地义的道德或体外的灵魂。道德和灵魂都是人在生存中创造出来的。人没有义务遵守某个道德标准或宗教信仰，人有选择的自由（性解放），破坏感情责任的感情忠诚。萨特认为，人的自由是绝对的，因为人生活在一个孤立无援的世界上，人是孤立的，科学、理性、道德等对人都不相干，它们都不能告诉我们生活的真理、生活的方式，同时，它们对人也没有任何的控制和约束，因此人有绝对的自由。人就是自由本身。他鼓吹自我中心和自我设计观念。他说，人生不是别的，它乃是自我设计与自我实现的过程。

实际上，我们不是我们存在的本源。我们发现我们存在于不是我们创造的世界。我们面临着选择我们本质和价值的责任，由此，我们在选择人的本质和价值时，面临着自由选择中必须面临的巨大的责任。我们没有绝对自由，无法控制外部世界，我们只能局限于所能控制的范围内。

在中国发生文化大革命时，西方国家也出现了大规模的学生运动。在1968年5月法国"文革"中，学生几乎都读过萨特的书，把他奉为思想领袖，而且整个运动中，萨特都支持学生，给学生作报告，在电台上讲话，鼓励学生把大学砸了上街。1971年他在写书时使用毒品中枢神经系统兴奋剂苯异丙胺（Amphetamine，Corydrane），后来这种兴奋剂在学生和知识分子中流行。萨特的存在主义使得当时青年一代成为异化的一代，他的哲学被看作为颓废哲学。1970年代出现的各种形式的自我放纵都通过存在主义被说成是自我设计过程的一部分，性滥交、暴力、无视法纪和礼仪、吸毒等都是存在主义作用的特有的恶行，那个群体被称为垮掉派，其原因也可以归结到萨特（萨特资料，2007）。

三、弗洛伊德

弗洛伊德（Sigmund Freud，1856—1939）认为意识分为三种功能层次：有意识、潜意识和无意识，最后一个是最有影响的一部分。

1900年《释梦》一书，基本观点是"日有所思，夜有所梦"。而中国早已经有《周公解梦》了。《性学三论》(1905年) 一书使他名声大败，马斯洛批评它是"色情作品"、思想肮脏的泛性论者、"维也纳浪荡子"(马斯洛)。获得诺贝尔桂冠的彼德·梅达沃认为弗洛伊德的心理分析是"本世纪最惊人的知识诈骗"。马斯洛批评弗洛伊德的研究只是"为了骚扰那些神经过敏和精神病患者，而不是人类的正面品质和特性"。马斯洛建立人本心理学时，其中一个目的也是为了纠正弗洛伊德"骚扰心理不正常人"的心理学方向。

美国著名作者里查德·威布斯特1995年曾写《为什么弗洛伊德错了》和《弗洛伊德的虚假记忆》。他在《弗洛伊德和犹太－基督教传统》(The Times Literary Supplement, 23 May 1997) 中写道："弗洛伊德并没有作出实质的、理性的发现。他只是创造了一个复杂的伪科学，它应该被看作是对西方文明的一个伟大的讽刺之一。在创造他的独特的伪科学中，弗洛伊德发展了专制的、反经验的理性风格，它对我们时代的理性病态具有不可估量的作用。他的独特的理论体系、他的思维习惯和他的整个科学研究态度都远离任何负责任的调查方法，因此没有任何依据这些基础的理性方法能够保持下去。"

1873年弗洛伊德上维也纳大学医学院。31岁时作为神经和大脑专家开设私人诊所。他改变了传统的用电击疗法治疗神经病，而采用催眠暗示治疗歇斯底里病，被认为是江湖骗子。1896年开始采用心理分析给病人治病。他给病人说，只要额头上有压力，就会在眼前看到图片形式的回忆，对此进行追索，会发现导致病源的思想，他很快发现这只是另一种暗示形式。加利福尼亚大学伯克利分校教授克如斯在《记忆战：弗洛伊德辩论中的遗产》(1995年) 中写道："他是一个吹牛者。1896年他发表了三篇关于歇斯底里症的意识形态的文章，声称他已经治好了X名病人。最初说13人，后来又说18人……1897年他对这个理论失去信心，但是以前曾告诉同事这是治疗歇斯底里症的方法。因此他有科学义务去告诉人们他大脑的变化，但是他没有。他甚至到1905年连一点暗示也没有，他并不是不清楚这些。与此同时，这13名病人在哪里？这18名病人呢？你读过弗洛伊德—弗莱斯的通信，你发现弗洛伊德的病人那时离开了吗？一直到1897年他没有任何值得说的病人，他没有治好任何病人，他也完全清楚这一点。好了，假如科学家今天那样做，他当然要丢掉他的工作。他会丢掉研究基金。这对他一生都是可耻的。但是弗洛伊德如此辉煌控制了他自己的传奇，人们能听到像如今这样的告诫，以为是真的，而且通过各种方式相信这种思想体系。"冯·色德博士说，弗洛伊德的大多数心理分析理论是他使用可卡因的附带结果。可卡因提高了多巴胺能的神经传递，增加了性兴趣和强迫性思维。长期使用可卡因能产生反常的思维方式（弗洛伊德资料，2007）。

为什么弗洛伊德的理论能够传播下来？因为它触及了西方工业革命以来大量增加的精神病问题，这个问题伤害了千万个家庭。它是几百年来西方现代价值观念和社会心理所积累的问题，要普遍解决这个问题，除了通过医学研究之外，同样需要分析西方现代社会价值体系。那是一个矛盾的价值体系，经常引起心理冲突和无法解决的人生重大问题，由此也导致比较高的自杀率。另一方面弗洛伊德的性理论也适应了西方现代激烈派对性的需要，在西方现代价值驱动下，享乐主义所导致的出现的不健康的追求。

四、马斯洛

为了批判和纠正统治美国心理学界的行为主义理论和弗洛伊德"骚扰心理不正常人"的心理学方向，马斯洛 (Abraham Maslow, 1908–1970) 1954年和1957年出版了《动机与人格》(许金声等译，华夏出版社，1987年)，提出人的需要层次理论，主要包括人的生理需要、安全需要、归属需要、尊重需要、自我实现需要，此后人还有认知需要和审美需要。这一理论在 1950 年代和 1960 年代对心理学的发展起了重大作用。

为了分析心理健康者的需要，他选取的对象是美国很有成就的著名人物，例如林肯、托马斯·杰斐逊、爱因斯坦、埃莉诺·罗斯福、简·亚当斯、威廉·詹姆士、史怀泽、A·赫胥黎和斯宾诺莎、乔治·华盛顿等，大约只有 30 人左右。实际上，占 99% 以上的普通人并没有这些动机。大学生中是否普遍具有自我实现潜能呢？马斯洛在三千名大学生中只找到一人。他说"有一二十人也许将来可作为研究的对象"。自我实现者并不是人类道德典范。自我实现者并不是完美的人，他们也有常人的许多缺点弱点，他们有时愚蠢、挥霍、粗心，会显得顽固、令人恼怒厌烦。他们发脾气并不罕见。他们非常坚强，不大被大众舆论左右，偶尔表现出异常出乎意料的无情。

1960 年代末和 1970 年代初，在马斯洛人本主义心理学"自我实现"的影响下，80% 的美国人以各种方式投入到"自我实现"的追求中，发生了空前的个人主义大爆炸。

丹尼尔·扬克洛维奇（Daniel Yankelovich）在《新规则：在一个天翻地覆的世界寻找自我实现》（译名《新价值：人能自我实现吗？》1982 年）中扬克洛维奇认为，马斯洛的人本主义心理学在很大程度上受了萨特的存在主义哲学影响。他在广泛系统的社会调查中发现，1950 年代美国典型的家庭是丈夫工作，养活一家。他们基本观点是："尽管我们不再有什么共同之处，我们仍然住在一起，甚至孩子已经长大了，我们的婚姻也未彻底破裂。""我永远不会觉得我对父母尽够了孝心。""我过去从未想过不生孩子。""当然这是一份令人不愉快的工作，可这又有什么关系？我日子过的不错，我养活着老婆孩子，我还想得到什么？"这些观念的本色是：我付出艰辛的劳动，我对人忠诚，我信仰坚定，我含辛茹苦，但是我为家庭作出贡献，我先人后己。我付出了许多，我也能够得到很多，我得到了不断提高的生活标准和妻子的忠诚，得到了孩子的正派健康成长。当我老了，孩子会照顾我，可谢天谢地，我不需要这些。我们有一个好家庭，好职业，我受到朋友和邻居的尊重，在生活上颇有成就感。

1950 年代严格遵守道德规范，1970 年代却讲求选择自由，一心只想自己，自我放纵，不考虑后果，猛烈地冲击传统观念。当人放纵自己时，欲望是无限的。物质需要得到满足后，又提出了肉体和精神的需要，例如创造力、安闲、独立自主、享乐、参与、冒险、活力、刺激、柔情等等。1960 年代末和 1970 年代初，在马斯洛人本主义心理学"自我实现"的影响下，80% 的美国人以各种方式投入到"自我实现"的追求中，发生了空前的"我的需要"大爆炸。自我中心自私自恋，认为满足自我需要越多，自我实现程度越高："我的需要"——感情需要、性的需要、物质需要、智力挑战的需要、表现自己的需要，女权主义、性解放、家庭破裂。

他们在社会上去寻找"舞台"，在女权运动中，在自助追求中，在济贫运动中，在性解放中，在追求自身形体美中，在追求享受中，在追求新体验中……以自我实现作为价值观，不负责任地随心所欲，用自己人生进行了各种危险的尝试。轻率地结婚、离婚、同居、早育、吸毒、公开的色情画、裸体、婚外恋、同性恋以及公开的性行为，对自身形体美的新追求。令人心灰意冷而不能自拔的是，家庭的破裂、频繁的更换配偶、调换工作、更换居住地，无休止地反复考虑自己的需要和未被挖掘的潜力。大量妇女不顾及家庭和孩子，51% 的妇女外出工作，五分之一的学龄前的母亲在为工资而工作。年轻人变得越来越烦恼、忧郁，情绪不稳定，没有奋斗目标，无所事事，不安情绪的年轻人每年都增加。

作者认为"他们所作的尝试是危险的"，并称其为"用生命去孤注一掷"，"以自我实现的名义铤而走险"，"当他们一旦醒悟过来，便会大吃一惊，发现自己要么婚姻破裂，要么错误地改变了职业,要么就是对选择什么样的生活道路茫然不知所措","社会变得分裂沉沦,家庭一片混乱,职业道德败坏,经济丧失竞争能力,伦理观念颓废,人人以自我为中心,甚至个人自由远比以往减少"。

没有道德约束时,人的欲望是无穷的。人们追求的自我实现,是以"科学"的名义追求无穷的欲望。1980年代以后,社会教训越来越清楚了,追求自我实现的结果只能得到孤独而失去一切。从此西方各国都批判自我实现理论。

从自我实现理论的起源与后果可以看出以下几点:第一,人与社会是一个十分复杂的体系,其中的许多因果关系迄今没有被人类搞清楚。西方启蒙运动的哲学家和思想家把这些问题想像得过分简单了。马斯洛为了纠正一个历史时代的错误,却引出了另一个时代的错误。第二,马斯洛的自我实现理论和萨特的存在主义理论对西方1970年代出现的大动荡有关系,其结果造成家庭破裂,毒品泛滥。信仰这两个理论的终后果是造成孤独。第三,西方启蒙运动以来的许多价值和思想体系都存在各种片面性和错误。人生过得很快,当明白因果关系时已经老了,这是使许多人后悔的教训。然而这种教训被一代一代重复着。

第九节　当前设计界的不足与改进方法

一、我国现代设计存在的不足

西方工业革命中出现的一些问题,如今在我国也出现了。西方不少文章说,中国应该比他们当初干得好一些,因为可以借鉴西方的历史经验教训,然而我们不少人却不是这样思考,宁愿用一代人的生命代价去重复受西方的惨痛教训。设计是规划,工业设计是规划工业社会。我们当前的主要问题是缺乏长远眼光,缺乏有责任感的、高水平的规划,表现在如下几个方面。

1. 培养现代设计人才的目标不明确。我们要培养什么样的人?人人都会说,要培养人品好、能力强、知识多的人。但实际上,我们多数教师重视知识传授,对人品教育往往束手无策。知识教育不能替代人品塑造,能力培养也不能替代道德培养。如果人品不好,知识越多,能力越强,其负面作用越大。如今各行各业中出现了一些职业道德问题,正反映了我们教育的普遍缺弱。这一代学生从生下来,听到看到的就是"金钱"、"竞争"和"实力",人心冷漠已经成为普遍现象,他们知道什么是善良吗?本人在一次课堂上对107名大学生说:"自己认为知道善良是什么含义的举手。"只有5人举手。有的学生说:"我从小到大,从来没有一位老师教育我们什么是善良。"对此我感到十分伤心。为此我大声疾呼善良与爱心高于知识。我们必须解决三个问题:第一,要转变教育观念,人品道德重于能力和知识,教育首先要塑造好的人品,人文教育必须渗透在各门课程和科学研究中。第二,人文教育中,首先要培养善良和爱心,这样他们才可能有分辨能力,干正确的事情,少干或不干坏事,这样才可能有抵御侵蚀和打击。第三,工业设计必须有社会道德,道德教育不是空谈,道德教育必须针对工业化过程中的社会问题、心理问题和环境问题。

2. 缺乏具有崇高社会责任感和具有牺牲个人利益的设计人才。包豪斯一些艺术家是世界顶级艺术家,例如康定斯基等人,他们不是美术界的三流人才跑到设计界来懵人,也不是在美术界无法生存的人到设计界来寻找饭碗。他们有社会责任感和使命感,把开创工业设计作为事业,建立了新的艺术领域。他们放弃全世界艺术界的主流,而埋头思考现代社会的新审美观念,经过多年努力终于创造出几何形体为主的新造型体系。最终各种艺术先锋派都从历史上消失了,工业设计成为20世纪艺术的最大发展。做到这些成就,是要有崇高的社会理想的,是要付出巨大个人代价的,我国当前缺乏大量的这种艺术人才。在此我大声疾呼：崇高纯洁（Sublime）的艺术创作首先需要高尚纯洁的爱心和善良之心。如果把"高尚艺术"变成"高价艺术"，广大老百姓就只好寻找其他艺术了。

3. 设计人才缺乏文化建设的创造性。包豪斯把文化建设作为设计的主要任务之一。我国大约还要十多年才能从物质方面实现工业化，而在精神文化上需要更多时间才能适应工业时代。设计师担负着规划设计我国工业时代精神文化的重任。很遗憾，如今没有几位教师明白这一重任，因此我们培养的设计师中没有几人明白他们的这一重任。与此相反，如今网上、街头广告充斥"美女"形象，难道这些不都是艺术设计界搞出来的？其直接作用是打击大多数女性的自信心，诱发她们的嫉妒心，对男性进行性诱惑，这将直接影响到下一代人的家庭观念和社会稳定。有人称，性张扬和性诱惑如同鸦片、恶魔和癌症，染上这个毛病后很难医治好，惟一的办法是预防和避免它。在此我大声疾呼：保护灵魂净洁，远离恶魔绝症。

4. 设计人才的培养缺乏当代的审美观念。包豪斯培养出世界一流设计师。而我们不少工业设计专业培养的学生4年中没有设计过一个能够被生产的产品，反而把三流绘画当作产品设计，使得学生从学校毕业出来就很难找到职业。我们面对的社会正处在一个新的陌生的工业时代，我们必须潜心研究我国人民当代的审美观念，必须研究我国未来可持续的发展策略，必须能够抵挡各种不良的潮流。这需要耐得住孤独、失败等痛苦，正如罗斯金、莫里斯、以及包豪斯当年一样，如今很少有人具有这样的社会责任感和事业心，每年从学校向社会上推出的人大量低水平，双重性格，是次品、废品。而我们有些教师一点也不为误人子弟而感到亏心。我在此大声疾呼：不善良者，不得为师；无责任感者，不得为师；无能力者，不得为师。我在此大声疾呼：人人起来，杜绝纸上谈兵、闭门造车、剽窃抄袭和弄虚作假。

5. 存在着追求金钱名利而危害设计行业的行为。包豪斯的艺术家们不是把个人金钱名利放在第一位，包豪斯许多作品没有署名，他们的教师甚至出售自己的作品，来给学生提供助学金。虎狼吃饱之后就不会伤害人，而凶恶的人在吃饱喝足之后才开始害人。我们有些人眼光短浅，只为追求个人眼前名利和金钱，失去职业道德，不择手段，最后把设计行业搞得声誉败坏。我国当前各个城市都有许多这样的故事。在此我大声疾呼：金钱至上，虎狼不如。

6. 设计人才培养的人文素质有待提高。工业设计、图文设计、服装设计、媒体设计等，是在创造新时代的社会生活文化，这关系到下一代人要建立的是一个友好公正的社会和幸福的家庭，还是弱肉强食的社会或家庭被破坏的个体社会。如果从事设计的人本身就缺乏对工业时代文化的深入理解，将对社会产生很大的危害，他们就可能会成为西方社会病态、心理病态和环境病态的继承者和传播者，而不是我国未来幸福社会的创造者，更不会为弱者服务。我国许多学校的设计专业缺乏高水准的人文素质教育，甚至有些教师给学生传播着颠覆传统的叛逆观念、自我中心、单打独斗、性解放观念、如何抄袭、如何蒙骗客户等缺乏职业道德的观念和行为方式。在此我大声疾呼：人文素质高于专业素质。

7. 我们必须重新思考追求无限富裕的后果。提倡"以人为本"是为了克服"以机器为本"造成的对人的奴役危害。然而只强调"以人为本"又会导致人欲无穷，导致无节制的放纵。当我们体验过各种物质享受之后，只剩余一个东西被永久保留下去：废物。人类解决问题的速度远跟不上自己制造问题的速度。这种物质享受不可持续。长此下去，最终我们将被废物毒死，被垃圾山所埋葬。眼望那垃圾山，哪一样东西不是设计师的得意作品？各种毁灭人类的生活方式，哪一样不是被设计出来的？在此我大声疾呼：追求无限物质享受的设计实际上是规划如何加速人类灭亡。工业革命以来这几代人将成为人类历史上最自私的人。人属于大自然中的一分子，要想维持人类较长生存，必须实现维持自然界正常循环。自然界正常生存，人类才能正常生存。在此我大声疾呼：为了子孙的生存，我们必须尽快转到以自然为本的生活观念和设计规划观念上。

二、我国现代设计的改进策略

1. 坚持以自然为本的设计观念。提出以人为本是为了弥补以机器为本的弊端，然而人欲无穷，只有以自然为本才能抑制以人为本的负面作用。以自然为本主要包括生态设计和可持续发展策略的设计，以自然为中心，重新规划设计人类的生活概念、工作生产概念、城市概念、建筑概念、产品概念、能源概念、交通概念、生活概念、交流概念、消费概念、效率概念等等，在这种系统规划思想的基础上重新设计各种东西。我国道家观念就是以自然为本的哲学体系。人类可持续的生存方式和最终设计观念是实现以自然为本的生存方式和生活方式。

2. 坚持人格、人文、能力教育模式，培养一批高素质的设计人才。针对我国现代设计存在的问题，经过6年实践，我建立了PHA（人格、人文、能力）教育模式，要求把善良和爱心放到最高地位。

(1) 人格，包括尊严、意志、心理健康等。我们培养的设计师要有尊严，就是既要尊重自己也尊重别人，有善良的爱心，不伤害别人的善良和纯洁，是非分明，善恶分明，好坏分明，能够区分公正原则与实力原则。以便在今后工作中摒弃无赖与泼妇行为方式。

我们要培养设计师意志坚定、艰苦奋斗，使这些设计人员在今后的实践中不出现软弱无能和脆弱等问题。

设计人员一定要心理健康，要善良、诚信、是非分明、平和、性格外向，以解决可能出现的控制欲、猜疑、麻木不仁、报复、忌妒、冷酷、好斗、自私、贪婪、懒惰等问题。

(2) 人文，包括价值观念，道德和行为方式。设计人员必须要有如下价值观念：善良、勤劳、俭朴、开拓（创新）、理性，要有高效率、高质量的工作和生活。坚持克服懒惰、贪婪、占小便宜、僵化、情绪化、鼠目光、急功近利的价值观念。

要培养设计人员的社会基本道德，使他们具有自我责任感、家庭责任感、群体责任感、社会责任感、职业责任感、法律责任感。在工作中要改变极端的利益驱动，要逐步转变到使命驱动、责任驱动、角色驱动、社会核心价值驱动等。

我们要培养社会群体思维方式和行为方式，克服自我中心、单打独斗、拉关系、搞帮派、封闭思维行为方式。

(3) 能力，我们培养的设计师必须要有良好的行动能力、认知能力和应对能力。

行动能力要求有明确的目的动机、能够制定计划、能够实施、能够评价。这四方面表明是否能够独立干事情。

认知能力要求提高学生的观察、思维（探索发现式）、理解、表达、交流、发现解决问题、选择与决断能力。

应对能力包括能够灵活对付问题而不失人格信誉。

(4) 为了培养高素质的设计人才，我们建立如下四条道德标准（四自）：

自理：一思一念一举一动，自己都要负责任、承担后果。

自律：社会和心理存在各种无形的禁区，能够识别各种诱惑下的"不可为"，抵御各种贪欲和好斗性。

自迫：社会和心理还存在各种无形的命令，被称为责任和义务，自己能够强迫自己去做这些事情。警惕以"自由"、"打破精神束缚"、"打破枷锁"、"反对压抑"等口号反对责任与义务。

自省：自己能够经常反省自己，不断改进自己的人文素质。

我们制订了设计实践10学分，每个暑假和寒假到企业参加实践三到四周，或完成一个企业设计项目，获得一个学分。在PHA方面严重违规，扣一个学分。几年来这个教育模式对培养高素质的人起了重要作用，受到家长与企业广泛欢迎。2004年我们西安交通大学工业设计系获得陕西省普通高等学习教学成果特等奖，2005年获得国家级高等教学成果二等奖，也是该届获奖的惟一工业设计本科专业。

调查与思考问题

西方建筑设计的一个悖论。西方建筑史上记载了历史上许多著名的设计风格，例如古埃及、古典希腊、罗马帝国、奥斯曼时代、浪漫主义、歌特式、文艺复兴时期、巴洛克和罗可可、古典主义、历史至上派、理性主义、现代设计、城市花园、后现代等。这些建筑史书上为每一种建筑风格写了大量赞美语言，为许多设计大师歌功颂德，这些丰功伟绩造就了西方现代化的城市，使得城市成为西方现代性的一个标志。可是，从另一方面看，西方工业革命以来也出现了空前的三大问题：社会病态、心理病态和环境病态。西方出现的社会病态主要表现为：贫富差距扩大、家庭破裂、青少年犯罪、毒品、性解放、艾滋病等。西方出现的心理病态主要表现为：不善良、人情淡漠、金钱至上、享乐主义、物欲横流、叛逆崇拜、偶像崇拜、战争崇拜、自我中心。环境病态主要表现为：环境污染、温室效应、臭氧空洞、自然循环被破坏、掠夺式地开采地矿资源、交通安全、城市垃圾、城市成为犯罪中心等。西方建筑设计史中几乎从没有分析这方面的问题，难道这些问题与建筑设计和城市规划没有关系？请你进行调查和思考，看看哪些建筑设计和城市规划对这三方面问题起了促进作用或提供了条件？尽量深入发现所存在的有关问题，从而汲取历史教训，为我国今后的规划和设计提出一些有意的建议。

本章结论

1. 西方现代性不是一个人类理想社会模式。通过几百年实践后发现，西方思想启蒙运动的价值体系中包含了许多错误，例如彻底叛逆传统、强势高于公正、无限效率、享乐主义。为此人类付出了巨大生命代价，其中主要包括两次世界大战以及潜在的核战争、生物化学武器战争，危险疾病（梅毒、艾滋、病禽流感等）的高死亡率，大量的交通事故等。

2. 西方思想启蒙运动把人类社会估计得过分简单，它的价值体系是缺乏长远眼光的片面的矛盾的体系，它引起许多矛盾冲突，例如竞争与共存、科学与道德、自我与群体、个人主义与社会化、实力与公正、自由与责任、理性与情感、个人与家庭、物质享受与心理平和。这些冲突的价值观念导致极端自我中心和每个人的心理冲突，由此导致无法克服的社会病态、心理病态和环境病态。社会病态主要包括空前残酷激烈的阶级斗争、人为的生存斗争（自由竞争）、扩大贫富差距、金钱至上、毒品、性解放、家庭破裂、青少年犯罪、战争。心理病态主要包括各种心理不健康，例如彻底叛逆、双重人格、征服心理、精神病、高自杀率、不善良、人情淡漠、懒惰、贪婪、自私、嫉妒、好斗、骄傲、感情不忠等。环境弊病主要包括环境污染、地矿资源即将耗尽、环境温度升高、地球外层臭氧洞、这些都危及生命体和自然循环。

3. 西方享乐主义源自古希腊，是无穷贪婪欲望驱动的结果，在人类历史上曾导致大规模的灾难，哥伦布把梅毒带回欧洲，死亡1000万人，直到1940年代才用抗菌素治疗此病。仅过了30年，1980年代西方又出现性解放，这一次又出现了艾滋病，每年死亡300万人。为什么人类不接受教训？

4. 西方现代性科学的客观性、逻辑性、复现性和预测性都未估计到的认识论和方法论的问题。西方的科学现代技术的在几百年里几乎耗尽了几十亿年所形成的许多地矿资源，制造了许多污染，破坏了自然循环，因此它无法持续发展。

5. 西方现代技术几乎都存在负面作用，对生命体和自然界产生破坏性影响。当人享受完现代技术的成果后，一切人造产品都要变成废物垃圾污染环境，因此可以说人类有计划地产生了各种垃圾，从而危及到生命体和自然环境。

6. 西方现代主义最初试图用美学教育使人摆脱宗教，以净化心理、消除腐化、行为文雅，那时现代艺术是资产阶级革命先锋派，后来成为西方社会批判工具，逐渐转变为个人行为方式和享乐手段，表现西方现代的社会病态和心理病态，最终激烈派促使动物性的愉悦崇拜，极端享乐主义把感官愉悦和肉欲当作美，导致动物性的性欲横流、破坏家庭、青少年犯罪。到1960年代以后不再存在先锋派艺术。

7. 西方后现代研究没有前途。

8. 为了解决西方现代性的弊端，西方出现了可持续发展的设计策略，它包含以下两种设计思想：生态设计和可持续发展的设计思想。生态设计是维护自然循环的设计，把人看作为自然循环中的一个环节，而不再把人看作是自然的征服者和利用者，只有维护整个自然循环系统的正常运行，人类才能够正常生存，破坏自然循环，也就在毁灭人类，因此要依靠人类的科学技术去恢复自然循环。可持续设计是利用可快速再生和可循环的资源，而不利用地矿资源的设计，从而使得人类能够延续生存下去。

9. 我们不能再重复西方现代性的历史性错误，我们必须思考我国自己的未来，我们应该探索可持续的生存概念和未来的理想社会，我们必须谨慎利用有限的自然资源去探索设计新的生存概念、生产概念、生活概念、交通概念、能源概念、城乡概念，例如设计风能发电和太阳能发电等，探索新的建筑材料，新的不利用汽油的交通工具，打破目前来自古希腊的城市概念，设计适合我国文化的人居环境，而不是城市与农村的概念，以消除当前城市的各种弊病，从而使得当现有资源耗尽后，能够采用这些新的概念继续生存。这是工业设计的主要任务。希望青年人成为未来的思考者、探索者、开拓者、规划者和组织者。这就是研究型大学的任务。

本章练习题

1. 什么叫现代性？
2. 思想启蒙运动的核心价值观念是什么？
3. 西方现代性对发展中国家的陷阱是什么？
4. 西方工业革命的经验是什么？
5. 西方工业革命的教训是什么？
6. 什么叫理性主义？有什么不足？
7. 西方现代科学方法论存在什么不足？
8. 什么叫人为自然立法？
9. 西方现代价值体系中存在哪些矛盾观念？
10. 什么叫道德？你认为什么因素对道德起负面影响？
11. 西方现代主义艺术曾起过什么作用？
12. 如何看待古希腊道德？
13. 如何看待文艺复兴时期意大利的社会道德？
14. 西方现代教训是什么？
15. 我们应该如何规划未来？

本书结论

一、什么是工业设计

提出这个问题，并不是让你去背几个工业设计的定义，而是去了解工业设计是怎么一回事情，理解这个专业的目的、含义、思维方式和行动方式，知道工业设计是干什么的？怎么干？从而能够尽快进入专业角色。

"设计"有两层含义：开拓创新，规划未来。"设计"自古就有，而"工业设计"是以开拓创新思维方式来规划工业时代的未来社会。工业设计针对工业革命以来出现的问题，用各种价值观念探索和协调人与人、人与物、人与自然之间的关系。在不同时代，工业设计关注的焦点问题不同，设计思想也不同。

工业设计的基本思维方式如下：首先要了解你的对象，探索发现社会的主导价值观念（核心价值），人们普遍的追求、愿望、兴趣或理想，人们普遍关注的问题，由此建立人模型（包括思维模型和行动模型），在此基础上规划新的概念，例如生活概念、工作生产概念、城市概念、能源概念、交通概念、交流概念、消费概念等等，以弥补科学技术发展引起的负面作用。在这种规划思想的基础上，发现和解决问题，塑造新的产品和环境，改善人与人的关系、人与物（设计物）的关系、人与自然的关系。

对工业设计师来说，设计必须创新，模仿就是剽窃。创新行为包括几个特点：对问题敏感，能够及时触发自己的思维；具有超人的意志和勤奋；探索发现式思维方式；能够及时抓住思想火花；善于交流等。创造性不可学，也不可教，这并不等于不能创新，要想创新，还需要掌握可持续的设计思想，这是从事设计的关键方法之一。

二、综括起来大致有三种工业设计思想

1．"以机器为本"

从英国工业革命以来，西方形成了追求无限财富、无限享受人生的目的价值观念，由此产生了以效率和利润为典型代表的方式价值观念。在这种价值观念下，形成了"以机器为本"的设计。也就是说几千年来的"劳动"含义被改变了，劳动变成了被强迫的压榨行为，变成了少数人追求无限富裕的手段。于是人们赋予机器确定的价值观念，"机器"的含义是"企业主"、"老板的无限利润"、"解雇工人"、"战争"、"殖民"、"你死我活"等。"以机器为本"的典型设计思想主要包括：亚当·斯密的《国富论》中提出的"自由竞争"（又被称为放任主义），泰勒制，基布瑞斯的动作定时法，行为主义心理学，英美以机器为中心的人机学（工效学，工程心理学），为解雇工人而设计的CIMs，无限追求和刺激消费等。

2．"以人为本"

针对上述"以机器为本"设计思想，产生了"以人为本"的设计思想。它在19世纪的典型代表是艺术与手工艺运动，它的目的是恢复劳动的正面含义，"艺术"的含义是"净化劳动观念"、"自给自足"、"使劳动愉快"、"公正"、"友好"。

在20世纪，"以人为本"设计思想主要要体现在下述几方面：

以包豪斯和乌尔姆造型学院为代表的现代设计思想，以意大利为代表的新现代设计思想。他们的设计思想是依赖人本哲学和人道主义思想，通过工业设计发展新的大众社会生活文化，提出技术美，包括几何美、材料美、表面机理美和工艺技术美。它面向为大众需要进行设计，讲求实用、经济、质量、物美价廉、适应人的心情。包豪斯最先提出了创新

设计是对工业设计师的最重要的要求。

1857年波兰人亚司特色波夫斯基建立的劳动学（ergonomics，又叫人机学）首先在工业环境内部提出"使人们以最小的劳累为自己和大家共同的福利获得最大的成果和最高的满意。"1950年代后，劳动学在欧洲大陆工业环境中得到普遍发展。这些学科建立了人社会学模型、生理模型和行为模型，主要设计思想是减少人的体力负担和职业病。改进设计工具和机器，使劳动组织和劳动方法适应人体生理，提高机器的安全性和可靠性。

1950年代皮亚杰提出认知发展心理学，1970年代后美国提出认知心理学和认识科学，同时期德国发展了心理学行动理论。这几种心理学理论以及前苏联的活动理论被应用在各种思维工具（例如计算机）设计中。认识心理学被用来建立思维模型，行动理论被用来建立任务模型。这二者叫理性用户模型。

1980年代后期在英国和美国形成新的"以人为本"的设计思想，开始批评以机器为本（或技术中心论），提出人中心设计，使自动化技术和机器为人服务，减少失业，减少对人的压抑。

但是这些模型主要关注人的"正常思维"和"正常行为"。人的行为实际是非理性的：知觉能力有限，认知能力有限，受情绪影响，因此笔者建立了非理性用户模型，其主要思想是使机器适应人的行为特点、适应知觉和认知、适应动作特性、减少人的脑力负担，通过设计给人提供自然思维和行为条件，并弥补人的缺陷。

3．"以自然为本"。

一百多年的历史经验表明，"以人为本"的设计思想只能有限改变"以机器为本"造成的负面作用，远不能从根本上解决后者引起的对自然环境的破坏。笔者归纳了1970年代以来出现的再生设计和生态设计思想，提出"以自然为本"的设计思想。为了人类的持续生存和发展，必须重新考虑工业革命以来的思维方式和行为方式。人类只是自然环境的一部分，维护自然生态的循环是维护人类自身生存的前提，无限富裕和无限享受最终会造成不可逆转的结果。人类必须从生态学世界观重新规划人类的生活概念、工作生产概念、城市概念、能源概念、交通概念、交流概念、消费概念等。在这种思想的基础上重新设计各种东西。

参考文献

[1]Adams,J.A.(1989):Human Factors Engineering. New York:Macmillan Publishing Company.

[2]AEG(1992): Design oder nicht sein. Nuernberg: Unternehmensinformation.

[3]Anderson,J.R.(1982):Aquisition of cognitive skills. Psychology Review, 89, 369-406.

[4]Anderson,J.R.(1990):Cognitive psychology and its application.New York: W.H.Freeman and Company.

[5]Aviuris,N./van Liederkerke,M.H./Lekkas,G.P./Hall,L.E.(1992): User interface design for cooperative agents in industrial process supervision and control application. Int. Journal Man-Machine Studies. Vol.38,1993,873-890.

[6]Balasubramanian,V.(1997):http://eies.njit.edu/~333/review/hyper.html#0.

[7]Balzert,H./Hoppe,H.U./Oppermann,R./ Peschke,H./Rohr,G./Streit z,N.A./(Eds.): Einfuehrung in der Software-Ergoomie. Berlin: Wahter de Gruyter & Co.,1.

[8]Bandura, A. (1977): Social learning theory. Englewood Cliffs,NJ: Prentice-Hall.

[9]Barnes, Ralph M.(1963):Motion and time study: Design and measurement of work.New York:John Wiley & Sons.

[10]Bauhaus Archiv,Musseum: Samlungs-Katalog (Auswahl) Architektur, Design, Malerei, Graphik, Kunstpaedagogik. Gebr. Mann Verlag, Berlin, 1981.

[11]Beeching,W.A.(1974):Century of the typewriter. New York: St.Martins Press.

[12]Benyon,D./Murray,D.(1988): Experience with adaptive interfaces. The Computer Journal, 31, 465-473.

[13]BMBF(1996): Sommersmog. Bundes-ministerium fuer Bildung, Wissenschaft, Forschung und Technologie.

[14]Boedker, S.(1990): Activity theory as a challenge to system design. Denmark: Computer Science Department of Aarhus University.

[15]Boernsen-Holtmann, Nina (1994): Italian Design. Cologne: Benedikt Taschen Verlag.

[16]Boff,K.R./Kaufman,L./Thomas,J.P.(1986): Handbook of Perception and Human Performance. New York: Wiley and Sons Publication. 30-39.

[17]Boring, E. G.(1950):A history of experimental psychology. New York: Appleton.

[18]Born, K. E. (1985): Wirtschafts- und Sozialgeschichte des Deutschen Kaiserrechs (1867/71-1919). Stuttgart: Franz Steiner Verlag.

[19]Bowers, Brian (1991): A History of Electric Light and Power. London: Peter Peregrinus and the Science Museum.

[20]Braverman, H.(1977):Die Arbeit im modernen Produktionsprozess. Frankfurt: Campus.

[21]Bridgman, P. W. (1927): The logic of modern physics. New York: Macmillan.

[22]Broehan,T.(1994): Avantgarde Design 1880-1930. Koeln: Benedikt Taschen Verlag.

[23]Brun,R.(1989): Abfall vermeiden. Frankfurt/Main: Verlag Fischer.

[24]Buerdek, B.E. (1987): Design - Geschichte, Theorie und Praxis der Produktgestaltung. Koeln: DuMont Buchverlag.

[25]Bullinger,H.-J./Lorenz,D./Muntzinger, W.F.(1989): Survey about the analysis and reduction of stress factors for hand-held power tools. In A. Mital (ed.), Advances in industrial ergonomics and safety I. London: Taylor & Francis.

[26]Byars,Mel (1994): Design Encyclopedia. London: Laurence King Publishing.

[27]Card,S.K./English,W.K./Burr,B.J. (1978):Evaluation of mouse,rate-controlled isometric joystick,step keys, and text keys for text selection on CRT. Ergonomics, 21, 601 − 613.

[28]Card,S.K./Moran,T.P/Newell,A.(1983): The Psychology of Human-Computer Interaction. Hillsdale, NJ: Erlbaum.

[29]Cardwell, D. (1994): The Fontana History of Technology. London: Fontana Press.

[30]Carroll,J.M.(1990):The Nurnberg funnel: designing minimalist instruction for practical computer skill. Cambridge, Mass: MIT Press.

[31]Cecora,J.(1994):Changing values and atitudes in family households with rural peer groups, social netrworks, and action spaces. Boon,Germany: Hundt Druck.

[32]Chant, Colin (1991): Science, Technology and Everyday Life 1870-1950. London: Routledge and Open University.

[33]Chesher,C.(1992):http://english.hss.cmu. edu/Cultronix/chesher/.

[34]Chin,D.N.(1991): Intelligent interfaces as agents. In J.W.Sullivan/S.W.Tyler (Eds.), Intelligent user interface. New York: ACM Press. 177-206.

[35]Christensen, J.M.(1976):Status, effectiveness and future of human engineering. In: Kraiss/Moraal(Eds.), Introduction to human enginnering. Koeln: Verlag TUEV Rheinland.

[36]Collins, M./Papadakis, A.(1989): Post-Modern Design. New York: Rizzoli.

[37]Cypher,A.(1991): Eager: Programming repetitive tasks by examples. In Proceedings CHI91,1991, 33-39.

[38]Dadkao, J.(1989): Technik in Deutschland vom 18 Jahrhundert bis zur Gegenwart Frankfurt/M: Suhrkamp Verlag.

[39]Dede,C.J./salzman,M./Loftin,R.B. (1994):The delevopment of a virtual world for learning Newtonian mechanics. In P.Brusilovsky/P.Kommers/N.Streitz(Eds.), Multimedia, Hypermedia, and Virtual Reality. Berlin: Springer.

[40]Deininger,R.L:(1960):Human factors eigineering studies of the design and use of pushbutton telephone sets. Bell System Technical Journal, 39,995-1012.

[41]De Noblet, Jocelyn (1991): France: Modernism and Postmodernism in the French Manner.In: Carlo Pirovano (Ed.), History of Industrial Design.1919-1990. Milan: Electa, Milan.102-121.

[42]DIEOFF (1997): http://dieoff.org/page0.htm.

[43]Draper,S.W:(1996):http://medusa. psp.gla.ac.uk/~steve/MinMan2.html.

[44]Erhohh, M.(1990): Designed in Germany since 1949. Berlin: Prestl Verlag.

[45]Feldenkirchen, W. (1992): Werner von Siemens: Erfinder und internationaler Unternehmer. Berlin: Siemens Aktiengesellschaft.

[46]Finniston, Sir Montague (1980): Engineering out future. Report of the Committee of Inquiry to the Engineering Profession. London:Her Majestys Stationery Office.

[47]Fischer, W. (1987): Zwischen Kunst und Industrie, der Deutsche Werkbund. Stuttgart: Deutsche Verlag-Anstalt.

[48]Fisher,G./Lemke,A.C./Mastaglio,T./Morch,A.(1991):The role of critiquing in cooperative problem solving. ACM Transaction on Information Systems. Vol.9, No.2, 123-151.

[49]FJW(1993): http://www.ergoweb.com/Pub/Info/Std/fjw.html.

[50]Form (1984): Die Form 1984/85, No. 108/109. 12-16. Germay.

[51]Garvin,D.A.(1983):Quality on the Line. Harvard Business Review September-October.

[52]Gertler, N.(1997): http://Syssrv9vh6.nrel.gov/industria/.

[53]Gibson, J.J.(1979): The ecological approach to visual perception. Boston: Houghton Mifflin Co.

[54]Goetz,J.(1997):Haesslichkeit in Uniform. Design Report, March 1997, Germany.

[55]Grandjean, E. (1979):Phyysiologische Arbeitsgestaltung. Landsberg: Ecomed Verlag.

[56]Gropius,Walter(1913): Die Entwicklung moderner Industriebaukunst.In: Jahrbuch 1913.

[57]Gropius, Walter (1914): Der stilbildende Wert industrieller Bauformen. In: Jahrbuch 1914.

[58]Gropius, Walter (1919): Was ist Baukunst? In: Harmut Probst/Christian Schaedlich, Walter.

[59]Gropius. Band 3.Verlag fuer Architektur und technische Wissenschaften, Berlin.

[60]Gropius, Walter (1925): Grundsaetzen der Bauhauproduktion.In: H.Probst/ C. Schaedlich, Walter Gropius.Band 3.Verlag fuer Architektur und technische Wissenschaften,Berlin.

[61]Gropius, Walter (1956): Apollo in der Demokratie. In: H.Probst/C.Schaedlich, Walter Gropius. Band 3. Verlag fuer Architektur und technische Wissenschaften, Berlin.

[62]Gundler, B. (1991): Technische Bildung, Hochschule, Staat ud Wirtschaft. Hildesheim: Georg Olms Verlag.

[63]Haammainen,H./Alasuvanto,J./Maantlyaa,R.(1990): Experiments on semiautonomous user agents. In Y.Demazeau & J.-P. Mueller (Eds.), Decentralized artificial intelligence. North-Holland: Elesevier Science Publishers. 235-249.

[64]Hackstein, R.(1977): Arbeitswissenschaft im Umriss. Essen. Haeckel,E.(1870): Generelle Morphogie der Organismen: Allgemeine Grundzuge der Organischen Formem-wissenschaft, Mechanisch Begrundet durch die von Chales Darwin Refomierte Descendenz-Theorie. Berlin: Verlag von Georg Reiner.

[65]Hanson,S.J./Kraut,R.E./Farber,J.M.(1984): Interface design and multivariate analysis of UNIX command use. ACM Transaction on Office Information Systems. 2, 42-57.

[66]Hardtwig, W. / Brandt, H. -H. (1993): Deutschlands Weg in die Moderne: Politik, Gesellschaft, und Kultur im 19 Jahrhundert. Munich: C.H.Beck. Hauptman,A.G./.

[67]Green,B.F.(1983): A comparison of command, menu selection and natual language computer program. Behavior and Information Technology, 2,2, 163-178.

[68]Hoeber, Fritz(1913): Peter Behrens. 81. In Selle, G.(1994): Geschichte des Design in Deutschland. Frankfurt: Campus-Verlag.

[69]Hopfenbeck, W./Jasch. C. (1995): Oeko-Design. Verlag Moderne Industrie, Landsberg /Lech.

[70]Hull, C.L.(1943):Principle of behavior. New York: Appleton.

[71]Huyssen,A.(1984): Mapping Postmodernism. In: C.Lemert (Ed., 1993), Social Theory. Boulder, Colorado, USA: Westview Press.

[72]IAEA(1996): Safety Series. Vienna: International Atomic Energy Agency.

[73]IES(1997): http://128.8.90.214/classroom/pbio235/lecture02.html.

[74]Isao Hosoe/Ann Marinelli/Renata Sias(1990): Playoffice: Toward a new culture in the worldplace.

[75]Jost, W.(1993): Denkschriften zum Fach- und Fortbildungsschulen in Preussen 1878-1896. Koeln: Boehlan Verlag.

[76]Kagan,J./Havemann,E(1972): Psychology: An introduction. New York: Harcourt Brace Jovanovich.

[77]Kaneko,S.(1996):Microsoft easyb all. Innovation,the quarterly journal of the IDSA, 1996, Winter.

[78]Kass,R/Finin,T.(1988):A general user modelling facility. In E.Soloway(Ed.), Proceedings of CHI 88 Conference on Human factors in Computing Systems, New York, NY:ACM,1988, 145-150.

[79]Kay,H.(1984): Computer Software. Scientific American, Sep, 1984, 52-53.

[80]Kay,H.(1990):User Interface: A Personal View. In B.Laurel(Ed.), The Art of Human Computer Interface Design. Reading MA: Addison Wesley Publishing Co.

[81]Kettler,C.(1996): http://www.kettler.com/.

[82]Kitajima,M./Polson,P.G.(1995): A comprehension-based model of correct performance and errors in skilled, display-based human-computer interaction. Int. J. Human-Computer Studies, 43, 65-99.

[83]Knaster,B.(1994):Presenting Magic Cap: A guide to general Magic revolutionary communicator software. Reading, MA: Addison-Wesley Publishing Co.

[84]Koch,M./Reiterer,H./Tjoa,A M.(1991): Software-Ergomonie. Wien: Springer.

[85]Kollock,P.(1997):http://www.sscnet.ucla.edu/faculty/Kollock/papers/design.htm.

[86]Krishnamurthy,B./Rosenblum.D.S.(1991): An event-action model of computer-supported cooperative work: Design and implementation. In K.Gorling/C.Sattler (EDs.), Proceedings international workshop on CSCW, Berlin, April 9-11, 1991.

[87]Kettler,C.(1996): http://www.kettler.com/.

[88]Kiger, J.I.(1984):The depth/breadth trade-off in the design of menu-driven user interfaces. International Journal of Man-Machine Studies, 20, 201-213.

[89]Kormondy, E.J.(1996): Concepts of ecology. RIver,NJ: Prentice Hall,Upper Saddle River.

[90]Kraiss,K.-F./Moraal,J.(Eds.): Introduction to human enginnering. Koeln: Verlag TUEV Rheinland.

[91]Kubler, George (1972): The Shape of Time. New Haven: Yale University Press.

[92]Lai,Kum-Yew/Malone,T.W./Yu,Keh-Chiang(1988): Object Lens: A Spreadsheet for cooperative work. ACM Transactions on Office Information Systems. Vol.6, No.4, 1988, 333-353.

[93]Laurel,B./Oren,T./Don,A.(1992):Issues in multimedia interface design: Media integration and interface agents. In M.M.Blattner/R.B.Dannenberg (Eds.), Multimedia Interface Design. Reading, Massachusetts. USA: ACM Press, Addison-Wesley Publishing Co.

[94]Laurig, W.(1990): Grundzuege der Ergonomie. Berlin: Beuth Verlag.

[95]Lee,A.Y.(1994):Memory for task-action mappings:mnenonics,regularity and consistency. Int. J. Human-Computer Studies, 40, 771-794.

[96]Lemke,E./Mayer,P.(1984):Angewandte Sicherheitstechnik:Handbuch des Arbeitsschutzes und der Sicherheit in Technik und Umwelt. Munich: Ecomed Verlag, Landsberg.

[97]Lindinger, H.(1983):Kriterien einer guten Industrieform. In: Die gute Industrieform, Hannover.

[98]Lindinger, H.(1990): Ulm Design. Berlin: Ernst & Sohn Verlag.

[99]Lindinger, H.(1991): Germany: The nation of functionalism. In:C. Piravano (Ed.), History of Industrial Design 1919-1990 The Dominion of Design. Milan: Electa. 86-101.

[100]Loos, Adolf (1908): Ornament und Verbrecher. 100. In: Selle, G.(1994): Geschichte des Design in Deutschland. Frankfurt: Campus-Verlag.

[101]Luczak,H.(1993): Arbeitswissenschaft. Berlin: Springer-Verlag.

[102]Lueder, D. (1989): Das Schicksal der Dinge. Dresden: VEB Verlag der Kunst.

[103]Lutz,R./Capra,F./Calenbach,E./Marburg,S.(1992): Innovations-Oekologie. Ein praktisches Handbuch fuer umweltbewusstes Industrie-Management, Munich u.a.1992.

[104]Lux,A./Bomarius,F./Steiner,D.(1992):A model for supporting human computer cooperation. Paper presented at AAAI workshop on cooperation among heterogeneous intelligent systems. San Jose, CA, July 14, 1992.

[105]Maes,P.(1994): Agents that reduce work and information overload. CACM,July,1994, Vol.37, No.7, 31-40.

[106]Malone, T.W./Lai,Kum-Yew/Fry,C.(1992):Experiments with OVAL: A radically tailorable tool for cooperative work. Proceedings of the conference on computer-supported cooperative work, ACM, New York, 1992, 289-297.

[107]Malone,T.W./Grant,K.R./Turbak,F.A./Brobst,S.A./Cohen,M.D.(1987):Intelligent information-sharing systems. Comm. ACM 30, 5, 1987, 390-402.

[108]Marcus, G.H. (1995): Functinalist Design: On Onging History.Prestel Verlag, Munich.

[109]Margono,S/Shneiderman,B.(1987):A study of file manipulation by novices using commands versus direct manipulation. 26th Annual Technical Symposium, ACM, New York, 57-62.

[110]Marr,D.(1982): Vision. San Franciscon: Freeman.

[111]Martin,H.(1994): Grubdlagen der menschengerechten Arbeitsgestaltung. Koeln: Bund-Verlag.26-27.

[112]Maulsby,D.L./Witten,I.H./Kittlitz,K.A. (1989):Metamouse: Specifying graphical procedures by example. Proceedings SIGGRAHP 89, 1989, 127-136.

[113]McClelland, C. E. (1980): State, Society, and University in Germany 1700-1914. New York: Cambridge University Press.

[114]McKeachie,W.J.(1976): Psychology in Americas bicentennial year. American Psychology, 1976, 31, 819-833.

[115]Miller, G. A. (1956): The magical number seven, plus or minus two: Some limits on our capacity for processing information. Psychological Review. 63. 81-97.

[116]Misky,M.(1988):The society of mind. New York: Touhstone Books.

[117]Moran,T.P.(1981):The command language grammaer: a rpresentation for the user interface of interactive computer system. International Journal of Man-Machine Studies, 15, 3-50.

[118]Mueller, Sebastian (1974): Kunst und Industrie: Ideologie und Organisation des Funktionalismus in der Architektur. Munich: Carl Hanser Verlag.

[119]Meurer, Bernd (1991): The Birth of Contemporary Design. In: C.Piravano (Ed.), History of Industrial Design 1919-1990 The Dominion of Design. Milan: Electa.

[120]Moraal,J.(1976): What is human engineering? In: In: Kraiss/Moraal (Eds.), Introduction to human enginnering. Koeln: Verlag TUEV Rheinland.

[121]Natsch, B.(1994): Gute Argumente: Abfall. Verlag C. H. Beck, Muechen.

[122]Naylor, G.(1990): Great Britain: Thereticians, industry and the Craft Ideal. In C. Pirovano (Ed.), History of Industrial Design: 1851-1919 The Great Emporium of the World. 110-123. Milan: Electa.

[123]Noble, David F. (1984): Force of Production: A Social History of Industrial Automation. New York: Oxford University Press.

[124]Norcio,A.F./Stanley,J.(1989): Adaptive human-computer interfaces: A literature survey and perspective. IEEE Transaction on system,man,and cybernetics. Vol.19, N0.2, March/April,1989.

[125]Newell,A.(1982):The knowledge level. Artificial Intelligence, 18, 1982, 87-127.

[126]Norman,D.A.(1981):Categorisation of action slips. Psychology Review,88,1-15.

[127]Norman,D.A.(1984):Four stages of user activity. In:D. Shackel (Ed.), Human-Computer Interaction: INTERACT 84. Elsevier Science Publishers B.V.North-Holland, 507-511.

[128]Norman,D.A.(1988):The psychology of everyday things. Basic Books. Norman,K.L./.

[129]Chin,J.P.(1988):The effect of tree structure on search in a hierarchical menu selection system.Behavior and Information Technology 7, 51-65.

[130]Norman,D.A./Fisher,D.(1982): Why alphabetic keyboards are not easy to use: Keyboard layout doesnt matter much. Human Factors, 24,509-519.

[131]Nulli,Andrea/Bosoni,Giampiero (1991): Italy: The Parallel History of Design and Consumption. In:Carlo Pirovano (Ed.), History of Industrial Design 1919-1990. MILAN: Electa, 1991.

[132]Oborne,D.J./Branton,R./Leal,F./Shipley,P./Stewart,T.(1993): Person-centered ergonomics: A Brantonian view of human factors. London: Taylor & Francis.

[133]Opperman,R.(1994):Adaptive user support. Hillsdale,New Jersey: LEA,Publisher.

[134]OSHA(1991): http://www.ergoweb.com/Pub/Info/Std/stdadnot.html.

[135]Palaniappan,M./Yankelovich,N./Fitzmaurice,G./Loomis,A./Haan,B./Coombs,J./.

[136]Meyrowitz,N.(1992): The envoy framework: An open architecture for agents. ACM Transactions on information systems. Vol.10, No.3, 1992, 233-264.

[137]Payne,S.J./Grenn,T.R.G.(1986):Task-action grammars: a model of the mental representation of task languages. Human-Computer Interactiono,2,93-133.

[138]Peter,O.H./Meyna,A.(1985):Handbuch der Sicherheitstechnik. Munich: Carl Hanser Verlag.

[139]Pevsner, N. (1974): Pioneers of Modern Design. England: Penguin Books. Germany: "Die Form", 1932, 297-324.

[140]PFF(1994):http://www.pff.org/pff/position.html.Cyberspace and American dream.

[141]Pirovano,C.(1990): History of Industrial Design 1851-1918 The Great Emporium of the World. Milan: Electa.

[142]Probst, H,/Schaedlich, C.(1987): Walter Gropius, Band 1, 2, 3. Berlin: Verlag fuer Architektur und tecnhische

Wissenschaften.

[143]Pulos, A.J. (1991): United States: The wizards od standardized aesthetics. In: C. Piravano (Ed.), History of Industrial Design 1919-1990 The Dominion of Design. Milan: Electa. 160-181.

[144]Raehlman, I. (1988): Interdisziplinaere Arbeitswissenschaft in der Weimarer Republic. Opladen: Westdeutscher Verlag.

[145]Rao,U./Turoff,M.(1990):Hypertext functionaly. A theoretical framework. Int. Journal of Human-Computer Interaction.1990.

[146]Reason,J.(1975):How did I come to do that? New Behavior, April 24.

[147]Reason,J.(1990):Human error. New York:Cambridge University Press.

[148]Reble, Albert (1967): Geschichte der Paedagogik. Stuttgart: Ernst Klett Verlag. Reising, Gert: Das Museum als ffentlicheitsform und Bildungstraeger buergerlicher Kultur. Darmstadt, Germany: Eduard Roether Verlag.

[149]Reisner,P.(1981): Formal grammar and human factors design of an interactive graphics system. IEEE Transactions on Softwre Engineering, SE-7(2),229-240.

[150]Reuter, W. D. (1992): Horst W. J. Rittel: Plannen, Entwerfen, Design. Stuttgart: Verlag W. Kohlhammer.

[151]Rolt, L.T.C.(1986): Tools for the job: A History of machine tools to 1950. London: Her Majestys Stationary Office.

[152]Rosson, Mary Beth (1983): Pattern of experience in text editing. Proc. CHI83 Conference on Human Factors in Computing Systems, ACM, New York.171-175.

[153]Royle,E.(1985):Modern Britain: A social History 1750-1985. London:Edward Arnold. Sato.

[154]Kazuko (1988): Alchimia: Contemporary Italian design. Berlin: Taco.

[155]Schaedlich, C.(1986): Die Baukunst ist keine angewandte Archaeologie. In: H.Probst/C. SchaSchaedlich, Walter Gropius. Band 1. Berlin: Verlag fuer Architektur und technische Wissenschaften.

[156]Shafran,L.M./Zavgorony,E.A.(1995):Ships operator. In W.Wittig (Ed.), The influence of the man-machine interface on safety of navigation. Koeln: Verlag TUEV Rheinland.

[157]Shardanand U./Maes,P.(1995):Social information filtering: Algorighms for automating "word of mouth". CHI95 Conference Proceedings, 210-217.

[158]Schmidt-Bleek,F.(1994): Wieviel Umwelt braucht der Mensch? MIPS-Das Mass fuer oekologisches Wirtschaften, Berlin.

[159]Schneider,W./Shifrrin,R.M.(1977): Controlled and automatic human information processing: II perceptual learning, automatic attending, and a general theory. Psychological Review, 84, 127-190.

[160]Schultz, D. (1981): A history of modern psychology 3ed. Academic Press, New York.

[161]Selle, G.(1994): Geschichte des Design in Deutschland. Frankfurt: Campus-Verlag.

[162]Shepard,R.N.(1967):Recognition memory for words,sentences and pictures. Journal of Verbal Learning and Verbal Behavior. 6, 156-163.

[163]Shneiderman,B.(1982): The future of interactive systems and the emergence of direct manipulation. Behavior and Information Technology.1,237-256.

[164]Shneiderman, B. (1992): Designing the User Interface. Reading, Massachusetts: Addison-Wesley Pub.

[165]Siebenbrodt, M.(1978):Walter Gropius als Paedagoge. In: H. Probst/C. Schaedlich, Walter Gropius, Band 2. Berlin: Verlag fuer Architektur und technische Wissenschaften.

[166]Singleton,W.T.(1974):Man-machine systems. Harmondsworth, Middlesex: Penguin Books.

[167]Skinner, B.F.(1953):Science and human behavior. New York: Macmillan.

[168]Smith, W. D. (1991): Politics and the Science of Culture in Germany. New York: Oxford University Press.

[169]Snowberry,K./Parkinson,S.R./Sisson,N.(1983):Computer display menus. Ergonomics, 26, 669-712.

[170]Stassen, H.G.(1976): Man as a controller. In: Kraiss/Moraal (Eds.), Introduction to human enginnering. Koeln: Verlag TUEV Rheinland.

[171]Staufer, M. J.(1987): Programme for Computer. New York: de Gruyter. Sternberg,R.J.(1996): Cognitive psychology. Sea Harbor, Orlando: Harcourt Brace & Company.

[172]Stonier,T.(1997): Information and meaning. Berlin: Springer.

[173]Tansley,A.G.(1935): The use and abuseof vegetation. Cambridge University Press.

[174]Teasley,B.E.(1994):The effects of naming style and expertise on program comprehension. Int. J. Human-Computer Studies, 40, 757-770.

[175]Tero,A/Briggs,P.(1994):Consistency versus compatibility: A quistion of levels? Int. J. Human-Computer Studies. 40, 879-894.

[176]Thomas,C.G.(1996):To assist the user: On the embedding of adaptive and agent-based mechanisms. Munich: R. Oldenbourg Verlag.

[177]Tomaszevski, T.(1978):Taetigkeit und Bewusstsein. Beitraege zur Einfuehrung in die polnische Taetigkeitspsychologie. Weinheim/Basel: Beltz Verlag.

[178]Tuerck, R. (1991): Das oekologische Produkt, Schriftenreihe Unternehmensfuehrung, Band 1, 2.Auflage, Frankfurt am Main.

[179]Tyler.S.W./Treu,S.(1989):An interface architecture to provide adaptive task-specific context for the user. Int. Journal of Man-Machine Studies,1989, 30, 303-327.

[180]Venda, V.F.(1989):Ergonomics, education and safety systems research in the USSR. In: A.Mital (Ed.), Advancs in industrial ergonomics and safety I. London: Taylor and Francis.

[181]UNEP(1997): http://UNEP.FRW.UVA.NL.

[182]Usher,A.P. (1959): A History of Mechanical Inventions (1929). Boston 1959.

[183]Vaekevae, Seppo(1990): Product Semantics 89. Helsinki: University of Industrial Art.

[184]Wagman,M.(1991):Cognitive science and concepts of mind. New York: Praeger.

[185]Warncke,Carsten-Peter(1990):De Stijl 1917-1931. Koeln: Benedikt Taschen Verlag.

[186]Waston, J.B.(1913): Psychology as the behaviorist views it. Psychological Review, 1913, 20, 158-177.

[187]Watson, J.B.(1919):Psychology from the standpoint of a behaviorist. Ist de., P.10. Lippincott, 1919.

[188]Waugh, N.C./Norman,D.A.(1965): Primary memory. Psychological Review. 72. 89-104.

[189]Wayner,P.(1995): Agent-enhanced communicator. BYTE,Feb.1995,103-104.

[190]Weimer,D.M.(1992): Introduction to part 1. In:M.M.Blattner/R.B.Dannenberg (Eds.), Multimedia Interface Design. Reading, MA: ACM Press, Addison-Wesley Publishing.

[191]Weyer,S.A./Borning,A.H.(1985):A prototype electronic encyclopedia.ACM Transaction on Office Information Systems. Vol.3, No.1, 1985, 63-88.

[192]Weizsaecker, E.U.v.(1992): Erdpolitik, 3. Auflage. Darmstadt.

[193]Wichmann, H.(Ed.,1984):System-Design, Bahnbrecher Hans Gugelot 1920-1965. Munich: Offsetdruck Bierl, 8-14.

[194]Wildhagen, F. (1991): The Scandinavian Countries: Design for the Welfare Society. In: Carlo Pirovano (Ed.), History of Industrial Design 1919-1990. Milan: Electa. 148-159.

[195]Wingler, Hans M.(1962):Das Bauhaus: 1913-1933 Weimar Dessau Berlin. Schlauberg: Verlag Gebr. Rasch & Co. und M. DuMont.

[196]Wingler, Hans M. (1980): Das Bauhaus: 1919-1933, Weimar, Dessau, Berlin, die Nachfolge in Chigago seit 1937. Schlauberg: Verlag Gebr. rasch & Co. und M. DuMont.

[197]Woodehad,N.(1991):Hypertext and hypermedia: Theory and applications. Wokingham, England: Addison-Wesley Publishing Comapy.

[198]Woodson,W.E./Tillman,B./Tillman,P.(1992): Human Factors Design Handbook.Second Edition.New York: McGraw-Hill.

[199]Wormer, E. (1996): Gifte im Haus. Munich: Suedwest Verlag.

[200]Wright,P./Lickorish,A.(1994):Menus and memory load: navigation strategies in interactive search tasks. Int.J. Human-Computer Studies, 40, 965-1008.

[201]Yong, C. A./Wynn, R.(1972): American Education. NY: McGraw-Hill.

[202](美)威尔·杜兰.西方文明史:希腊的生活.北京:东方出版社,1999.

[203](美)威尔·杜兰.世界文明史:文艺复兴.北京:东方出版社,1999:4.

[204](美)威尔·杜兰.世界文明史:卢梭与大革命.北京:东方出版社,1999:41.

[205]弗洛伊德资料.http://en.wikipedia.org/wiki/Sigmund_Freud#_note-11.

[206](美)德博拉·海登.天才狂人的梅毒之谜.上海:上海人民出版社.2006.

[207](德)奥托·基弗.古罗马风化史.沈阳:辽宁教育出版社,2000.

[208]霍德华.熵:一种新的世界观.上海:上海译文出版社,1987.

[209]休谟.人性论.北京:商务出版社,1997:495.

[210]罗伯特·休斯.新艺术的震撼.上海:上海人民美术出版社,1989:144.

[211]精神疾病问题 (2007):http://www.cnjsbkf.com/bjbl02.htm
　　　　　　　　　http://www.jinbw.com.cn/jinbw/xjkzk/xjk-yhj/20070524913.htm
　　　　　　　　　http://bbs.tpxz.com/index.php/action_viewnews_itemid_3455.

[212](德)利奇德.古希腊风化史.沈阳:辽宁教育出版社,2000.

[213]林宏德.人与机器.南京:江苏教育出版社,1999:116-118.
[214]卢梭资料（2007）:http://en.wikipedia.org/wiki/Jean-Jacques_Rousseau.
[215]尼采资料（2007）:http://www.history.ucsb.edu/faculty/marcuse/classes/133p/133p04papers/MKalishNietzNazi046.htm.
[216]Ruskin（2007）:http://www.quotationspage.com/quotes/John_Ruskin.
[217]罗斯金.现代画家(第二卷).桂林:广西师范大学出版社,2006:160.
[218]萨特资料（2007）:http://www.kirjasto.sci.fi/sartre.htm.
[219]张德兴.二十世纪西方美学经典文本(第一卷).上海:复旦大学出版社.
[220]自杀问题（2004）:http://www.39.net/disease/jsb/jswj/cr/80172.html.

插图来源

图1.1.1：作者自拍照片。
图1.1.2：同上。
图1.2.1：Jan Gympel：Geschichte der Architektur，Koeln：Koenemann Verlag，1996。
图1.4.1：作者自拍照片。
图1.5.1：德国Braunschweig市Object by Loeser公司产品目录。
图1.5.2：M. Broste/M. Ludewig/Bauhaus—Archiv Museum fuer Gestaltung：Marcel Breuer，Koeln：Benedikt Tascchen，1992。
图1.6.1：德国Lossburg市VOEKLE Bueristuele公司产品目录ROVO CHAIR。
图1.6.2：德国Ulm市Georg Ott Werkzeug— und Maschinenfabrik公司产品目录。
图1.6.3：作者自拍照片。
图1.6.4：作者自拍照片。
图1.6.5：德国Braunschweig市IKEA 97产品目录。
图1.6.6：同上。
图1.7.1：Carlo Pirovano (Ed.)：History of Industrial Design，Milan：Electa，1991。
图1.7.2：同上。
图1.7.3：瑞典工业设计基金会广告：Swedisch Industrial Design。
图1.7.4：Carlo Pirovano (Ed.)：History of Industrial Design，Milan：Electa，1991。
图1.8.1：意大利米兰市Cassina公司出版的：Le Corbusier专刊1997年。
图1.8.2：同上。
图1.8.3：同上。
图1.8.4：瑞士Birsfelden市VETRA公司产品目录，1992年。
图1.8.5：同上。
图1.8.6：同上。
图1.8.7：同上。
图1.8.8：德国Braunschweig市IKEA公司产品目录：IKEA 97。
图1.8.9：同上。
图1.9.1：意大利PEP PEREGO公司在德国慕尼黑分公司的产品目录。
图1.9.2：德国Osnabrueck市Schaeffer公司产品目录：ProBABY，Herbst/Winter 1997。
图1.9.3：意大利PEP PEREGO公司在德国慕尼黑分公司的产品目录。
图1.9.4：同上。
图1.9.5：同上。
图1.9.6：同上。
图1.9.7：同上。
图1.9.8：德国Kiel市ORTOPEDIA公司1997年产品目录。
图1.9.9：同上。
图1.9.10：德国biberach市KAVO公司产品目录Kavo INTRAmatic LH/CH—Pragramm 1997。
图1.9.11：德国西门子公司产品目录 Die neue Epoche SIDEXIS 1997。
图1.9.12：同上。
图1.9.13：同上。
图1.9.14：德国Finnentrop市Media—hesse公司1997年产品目录。
图1.9.15：同上。
图1.9.16：德国Wichende市Schmitz und Soehne公司1997年5月目录。
图1.9.17：同上。
图1.9.18：德国Jungingen市Bosch +Sohn公司产品目录。
图1.9.19：同上。

图 2.1.1：制造自拍照片。
图 2.1.2：同上。
图 2.2.1：Giancarlo Iliprand (Ed.)：Omnibook, 1985. Fagagna, Udine (Italy)；Pieroeigi；Molinari.
图 2.2.2：同上。
图 2.2.3：德国 Braunschweig 市 Object by Loeser 公司产品目录。
图 2.2.4：同上。
图 3.8.1：作者自拍照片。
图 3.8.2：作者自拍照片。
图 3.8.3：同上。
图 3.8.4：同上。
图 3.8.5：同上。
图 3.8.6：同上。
图 3.8.7：a：德国 Ulm 市 ULMIA 公司产品目录。b：作者自拍照片。
图 3.8.8：德国 Wolfcraft 公司 1997 年产品目录。
图 3.8.9：同上。
图 3.8.10：同上。
图 3.8.11：同上。
图 3.8.12：同上。
图 3.8.13：同上。
图 3.8.14：德国 BOSCH 公司 1993~1994 年产品目录：Gewerbliche Elektrower-kzeuge Programm。
图 3.8.15：同上。
图 3.8.16：作者自拍照片。
图 3.8.17：同上。
图 3.8.18：同上。
图 3.8.19：同上。
图 3.8.20：同上。
图 3.8.21：同上。
图 3.8.22：同上。
图 3.9.1：德国 BOSCH 公司产品目录：Bosch Heimwerker-Programm 1996~1997。
图 3.9.2：同上。
图 3.9.3：德国 BOSCH 公司产品目录：Gewerbliche Elektrowerkzeuge Programm 1993~1994。
图 3.9.4：同上。
图 3.9.5：同上。
图 3.9.6：同上。
图 3.9.7：同上。
图 3.9.8：德国 AEG 公司产品目录：Power Tools 1997 年 3 月。
图 3.9.9：同上。
图 3.9.10：同上。
图 3.9.11：同上。
图 3.9.12：德国 BOSCH 公司 1993~1994 年产品目录：Gewerbliche Elektrower-kzeuge Programm 1993~1994。
图 3.9.13：同上。
图 3.9.14：同上。
图 3.10.1：作者自绘。
图 4.3.1：出自 (Staufer, 1987)。
图 4.6.1：作者自拍照片。
图 5.2.1：作者自拍照片。
图 5.2.2：同上。
图 5.2.3：同上。
图 5.3.1：同上。